実験医学 別冊

創薬・タンパク質研究のための
プロテオミクス解析

バイオマーカー・標的探索，作用機序解析の
研究戦略と実践マニュアル

編集
小田吉哉／長野光司

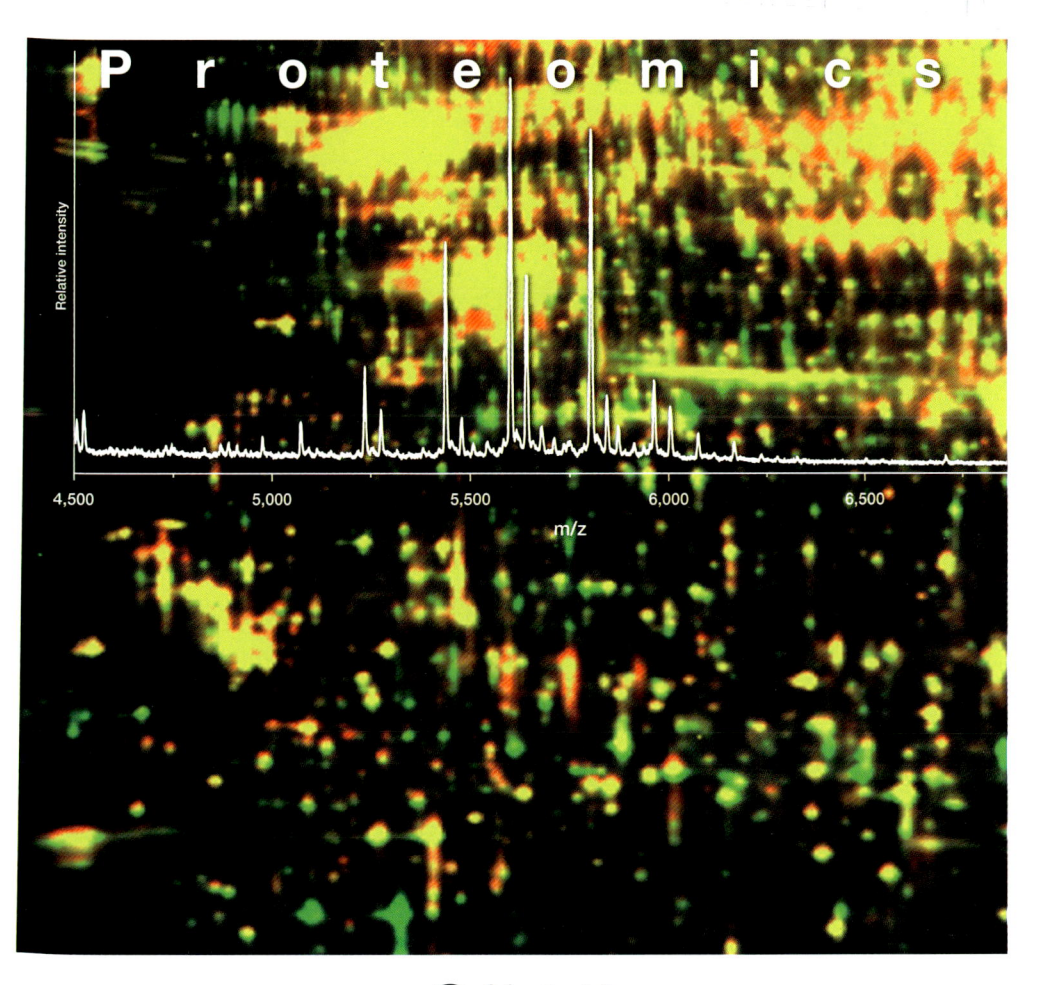

羊土社
YODOSHA

【注意事項】 企業名，商品名やURLアドレスについて

本書の記事は執筆時点での最新情報に基づいていますが，企業名，商品名の変更，各サイトの仕様の変更などにより，本書をご使用になる時点においては表記や操作方法などが変更になっている場合がございます．また，本書に記載されているURLは予告なく変更される場合がありますのでご了承下さい．

羊土社のメールマガジン
「羊土社ニュース」は最新情報をいち早くお手元へお届けします！

主な内容
- 羊土社書籍・フェア・学会出展の最新情報
- 羊土社のプレゼント・キャンペーン情報
- 毎回趣向の違う「今週の目玉」を掲載

● バイオサイエンスの新着情報も充実！
- 人材募集・シンポジウムの新着情報！
- バイオ関連企業・団体の
  キャンペーンや製品，サービス情報！

いますぐ，ご登録を！
（登録・配信は無料）　➡　羊土社ホームページ　http://www.yodosha.co.jp/

序

　ヒトゲノム計画によって2003年にヒトゲノムが解読されて以来，生命科学では，オミックス解析，つまり種々の網羅的解析が行われてきた．そしてかつてないほど多くの潜在的薬剤分子標的が公有財産として確保されているが，それらの多くは未だ詳細な情報が少ないため製薬会社は活用できていない．つまり新しい分子科学技術は，必ずしも新規薬剤の開発につながらない．その一方で多くの製薬会社は1990年代後半から2000年初期にかけて，価格抑制が厳しくない米国市場に注力して大きく成長し，また大型製品依存というビジネスモデルを成功させた．そのためオミックス技術やその情報の活用にあまり熱心ではなかった．また医療技術が進歩すれば，かつては治らなかった人が治療によって寿命を延ばすことができるが，高齢化によって再び（別の）病気になる．これを繰り返すうちに診察や治療がだんだんと難しくなっていく．すなわち高齢化が進むにつれて，それを対象にした創薬研究の難易度が増している．そして高齢者一人当たりの医療費は若年層のそれよりはるかに多く，人口の高齢化に伴い世界各国のGDPに甚大な経済的影響を及ぼしている．その結果，米国市場も医薬品の価格を抑制する流れに変わったため，製薬会社に対して単に大幅な値下げを求めるだけでなく，真に有効で既存品より優れているという裏づけのある新薬を要求するようになった．何よりも医薬品市場における価値を決定しているのは，製薬会社ではなく，医療費の支払い当事者なのである．製薬会社はこの変化に敏感でなくてはいけない．

　これまで製薬企業は標的として約500種類の分子を検討し，大手各社では200万種類以上の化合物ライブラリーを手がけてきたと言われている．しかしこのような既存のやり方では，もはや効率的に薬を生み出せない時代になっている．これまでの薬剤は単一の万人向けであり，大集団に狙いを定め，経口薬として慢性疾患を治療し，疾患の症状を改善させるものが大きな成功を収めてきた．またこのような従来型の研究アプローチは既存品や先行品との医薬品の差別化が主目的であり，その差別化に患者さんの感覚という主観的な根拠も利用してきた．しかしこれからのアプローチは，従来型の画一的な新薬の探索に着目するのではなく，疾患をより詳細に把握することに力を入れる必要がある．例えばベータブロッカー薬は15〜30％の人には効かず，抗うつ薬は20〜50％，インターフェロンは30〜70％の患者さんには効かないと言われている．このような場合，疾患への理解が進めば薬剤が効かない，あるいは効きにくい患者さんは別の病気に分類される可能性がある．つまり今は同一疾患であるかのように考えられている疾患を異なるものとして分類できるようになるかもしれない．このように病気のサブクラス化，つまり特定の薬剤に反応する可能性について患者さんを細分化できれば，過去の大型製品のような単一的なアプローチは終わるであろう．そして客観的な指標を病気の分類の根拠とするため，これからの薬剤は病態自体が主な差別化要因となる．

　ところが多くの場合，疾患の分子生物学について，われわれが知らないことは知って

いることよりも遥かに多い．そのため今までは真の創薬に何ら貢献してこなかったオミックス研究を再度見直すことは大変重要である．また創薬研究で最もコストがかかる臨床試験において，今までは標的分子のバリデーションが欠如しているため薬剤がヒトに作用せず，臨床試験での失敗につながっていることが多い．疾患を分子レベルで正確に再定義できれば，標的分子のバリデーション，バイオマーカーの特定は容易になって，薬剤開発の成功確率は高まるであろう．また薬剤開発が難しくなっている理由は適切な化合物がないだけでなく，臨床試験を受ける対象患者さんの供給自体が減っていることもある．その理由として臨床医からはヒトでの副作用が不明な薬剤を使用することへの恐怖感，患者さんにとっては治験に参加するために遠出することが億劫ということと，プラセボを投与されたくないというのが主な理由である．また臨床試験のように非常に高度に管理された環境では，稀な副作用や薬物相互作用を検出できないことも多い．よってフェーズⅢに変わるイン・ライフ試験によって，つまり小規模で的を絞った臨床試験を継続的に実施することで，これらの課題は解決すると思われる．どの疾患のサブクラスに絞るかについても病気を理解することとバイオマーカーが非常に重要になっている．つまりここでもオミックス研究の重要性を製薬業界は再認識するべきであろう．

　そしてこれまでの経験から，疾患を理解し治療する鍵を握っているのは遺伝子地図ではなく，タンパク質とその相互作用であることに人々は気がつきはじめている．幸いプロテオーム解析など多くの技術が登場してきており，このような網羅的解析は数多くの標的分子候補をもたらすため，製薬会社は研究のやり方を大きく変えて，どの標的が真に重要で，そのうちどれが治療の対象になるかについてもっと真剣に注力するべきであろう．また製薬業界は分子科学および電子基盤の発展と充実をもっと推し進めることによって，医薬品の探索研究や開発研究，臨床研究，それに製造のコストを大幅に下げることができ，発展途上国のいくつかの市場においても収益性のあるビジネスが展開できるであろう．そして近い将来，製薬企業では疾患治療を目的とした薬剤の開発にとどまらず，薬剤とその疾患への罹患のしやすさを評価する診断薬，予防法，疾患の定義と進行度（重症度）および薬剤への適応度，薬剤の効き具合の測定キットなどをパッケージ化して患者さんをサポートするサービスを商品化する時代が来るであろう．

2010年6月

小田吉哉

本書のねらい

　新技術が一般的に広く利用されるようになったとき，イノベーションが起こる．逆にいかに優れた技術であってもそれが多くの人に利用されない限りは，その技術の価値は認めてもらえないだろう．そんな一般論を考えているときにふと，現在のプロテオミクス解析にもあてはまるのではないかと思うことがあった．質量分析計やプロテインチップといった技術を基盤とするプロテオミクス解析は飛躍的に発展し続けている．こうした解析技術は控え目に言っても，創薬研究において近年特に必要性が高まっているバイオマーカー探索や作用機序解析に対して，一定の貢献はしうる程度に成長しているのだが，有効活用されているとは言い難い．これは技術開発をする側と技術を何かに利用する側にある溝がどんどん大きくなっていることが主因ではないかと考えている．技術を利用する側の専門外の大多数の創薬研究者にとっては何の役に立つのかイメージができないまま技術が進歩していくので，その内容についてはますますわからなくなっているのではないだろうか．この溝を埋めるためには技術を理解できる人間が技術をよく知らない人に技術の詳細な説明ではなく，それがどんなことに使えるのかをわかりやすく伝える必要がある．

　そこで本書は現在のプロテオミクス解析についてあまりよく知らない多くの創薬研究に携わる研究者が，この技術はどのようなことがどの程度できるのかということをイメージできるように，具体例を盛り込みながら，わかりやすく伝えることをめざした．こうした本書の主旨をプロテオミクス解析の技術に造詣が深く，有効活用されている，第一線でご活躍の先生方に大変恐縮しつつも伺ってみたところ，ご快諾いただくことができた．どの項目を取ってみても，先生方の創薬研究に対する熱意が伝わってくる内容で，非常に役立つ情報が盛り込まれており，技術をどう役立てているのかが理解できると思う．ご多忙の中，ご執筆いただいた先生方にこの場を借りて厚くお礼を申し上げたい．本書を手にした方がプロテオミクス解析が今後ますます創薬研究に役立つ可能性を秘めていることを感じ取り，これがきっかけで共同研究を始めたり，自分のところでも技術基盤を確立する，あるいはすでに確立されている方でも新たな視点で創薬をめざした研究を開始するなどして，プロテオミクス解析が一層充実し，創薬研究におけるバイオマーカー探索や作用機序解析を加速させるのに少しでも役に立つことがあるとすれば望外の喜びである．

2010年6月

長野光司

本書の構成

第Ⅰ部　原理編
プロテオミクスの基盤技術について，歴史と現状から，解析の原理，解析技術を用いてわかること，今後の展望までを解説．

第Ⅱ部　実践編
第Ⅰ部で解説された技術を，バイオマーカーや薬剤標的探索，作用機序解析等に利用する際の研究のワークフローや研究戦略について，具体的な研究事例とともに解説．

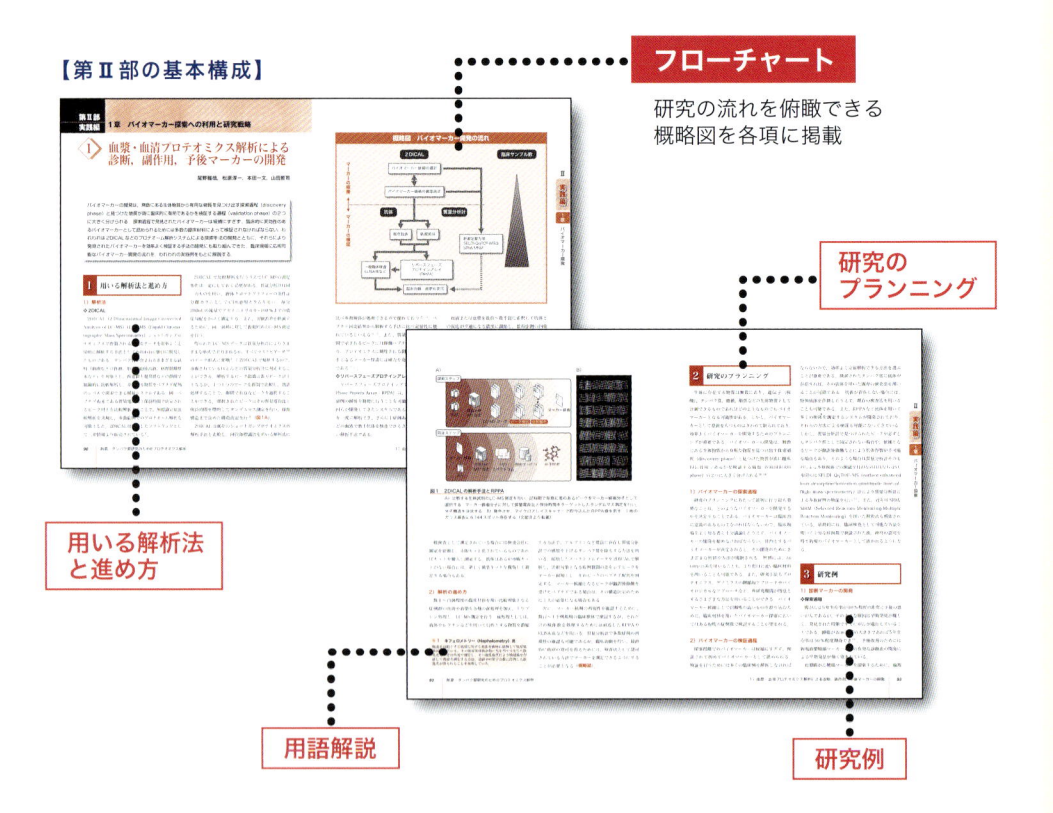

【第Ⅱ部の基本構成】

フローチャート
研究の流れを俯瞰できる概略図を各項に掲載

用いる解析法と進め方

研究のプランニング

用語解説

研究例

第Ⅲ部　技術開発編
医薬品開発を促進するプロテオミクス解析の技術開発の最先端について解説．

実験医学 別冊

創薬・タンパク質研究のための
プロテオミクス解析

バイオマーカー・標的探索，作用機序解析の
研究戦略と実践マニュアル

序 ……………………………………………………………………… 小田吉哉　3
本書のねらい ………………………………………………………… 長野光司　5

第Ⅰ部　原理編 ～タンパク質・プロテオミクス解析の技術基盤～

1) LC-MS解析による大規模同定と定量法 ……………………… 新川高志　14
2) リン酸化プロテオミクス―リン酸化タンパク質の大規模同定と定量
   ………………………………………………………… 今見考志, 石濱　泰　23
3) in vitro安定同位体標識法によるリン酸化の定量解析 … 松本雅記, 中山敬一　31
4) 細胞表面タンパク質の大規模同定と定量法 ………………… 長野光司　38
5) ケミカルプロテオミクス―薬剤結合タンパク質の同定法 ……… 小田吉哉　46
6) 血清/血漿からのタンパク質の同定 …………………………… 片山博之　56
7) 尿からのタンパク質の同定 ……………………………………… 山本　格　62
8) Selected Reaction Monitoring（SRM）を用いた
   定量的フォーカストプロテオミクス ……………………………… 上家潤一　68
9) プロトアレイによるタンパク質インタラクトーム解析 ………… 佐藤準一　75
10) プロテオミクス解析のバイオインフォマティクス … 青島　健, 小田吉哉　81

第Ⅱ部 実践編 〜創薬研究へのタンパク質・プロテオミクス解析の利用〜

1章 ● バイオマーカー探索への利用と研究戦略

1) 血漿・血清プロテオミクス解析による診断，副作用，予後マーカーの開発
　………………………尾野雅哉，松原淳一，本田一文，山田哲司　90

2) 血清・血漿バイオマーカー探索のための新しい前処理法の開発
　………………………朝長　毅，小寺義男　97

3) グライコプロテオミクスによる疾患糖鎖マーカー探索…………和田芳直　104

4) グライコプロテオミクスによるがんの血清バイオマーカー探索
　………………………梶　裕之，池原　譲，久野　敦，澤木弘道，伊藤浩美，成松　久　112

5) 腎炎／膀胱炎バイオマーカー探索………………………………平本昌志　119

6) 蛍光二次元電気泳動法（2D-DIGE法）を用いたプロテオーム解析
　………………………近藤　格　125

7) 病理組織サンプルからのバイオマーカー探索
　………………………木原　誠，板東泰彦，西村俊秀　134

2章 ● 薬剤標的探索への利用と研究戦略

1) 生理活性物質による創薬標的同定のコツ
　………………………佐藤慎一，村田亜沙子，白川貴詩，上杉志成　141

2) アフィニティー樹脂を用いた創薬標的探索………………………田中明人　147

3) 作用機序未知抗がん剤の標的同定―プラジエノライドの標的探索…小竹良彦　154

4) 生理活性ペプチド探索のためのペプチドミクス……佐々木一樹，南野直人　162

5) リン酸化プロファイリングによる創薬標的探索………矢吹奈美，長野光司　168

3章 ● 作用機序解析／病態メカニズム解析への利用と研究戦略

1) プロテインチップを利用した抗がん剤の作用因子解析…明石哲行，矢守隆夫　175

Contents

2) 融合プロテオミクスによる病態メカニズムの解析
　―抗がん剤感受性にかかわる腫瘍細胞内シグナルの解析
　　　　　　　　　　　　　　　　荒木令江, 森川　崇, 坪田誠之, 小林大樹, 水口惣平　**182**

3) アルツハイマー病治療薬開発をめざした
　γ–セクレターゼ基質のプロテオミクス解析　　　　　　　　　井上英二　**191**

4) γ–セクレターゼの構造・機能解析
　―プロテオミクス解析による創薬標的分子の同定　　　　富田泰輔, 岩坪　威　**197**

第Ⅲ部　技術開発編　～創薬に向けた更なる技術開発と応用～

1) タンパク質導入法の開発とその医薬品応用への道　　　　　　富澤一仁　**204**

2) タンパク質複合体解析と創薬　　　　　　　　　　　　　　　夏目　徹　**209**

3) 医薬品開発の効率化に向けた薬物体内動態予測法の開発
　　　　　　　　　　　　　　　　　　　　　吉田健太, 前田和哉, 杉山雄一　**215**

索　引　　　　　　　　　　　　　　　　　　　　　　　　　　　　　　　**225**

表紙解説

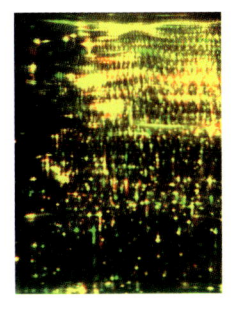

● 2D-DIGE 法による典型的なゲル画像
　（詳細は 127 ページ図 2 参照）

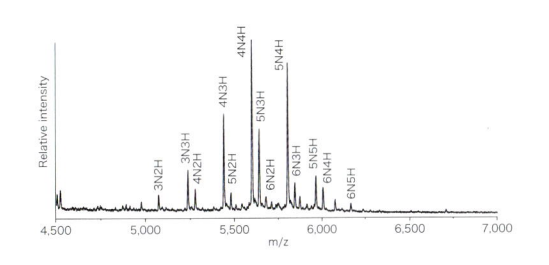

● 糖ペプチドの MS による IgA1 の O 型糖鎖プロファイリングの例（詳細は 110 ページ図 2B 参照）

巻頭カラー

図1

2D-DIGE法による典型的なゲル画像
（127ページ図2参照）
大型の電気泳動装置（バイオクラフト社製）を使うことでたくさんのタンパク質スポットを観察することができる

図3

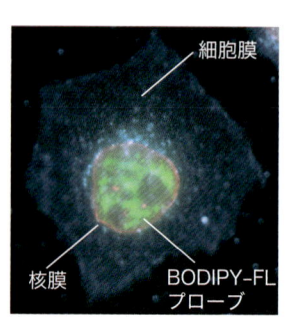

プラジエノライド結合タンパク質の同定
（158ページ図2B参照）
BODIPY-FLプローブの局在：細胞膜をコンカナバリンAで，核膜を抗ラミンA抗体によって多重染色を行った（161ページ文献11より転載）

図2

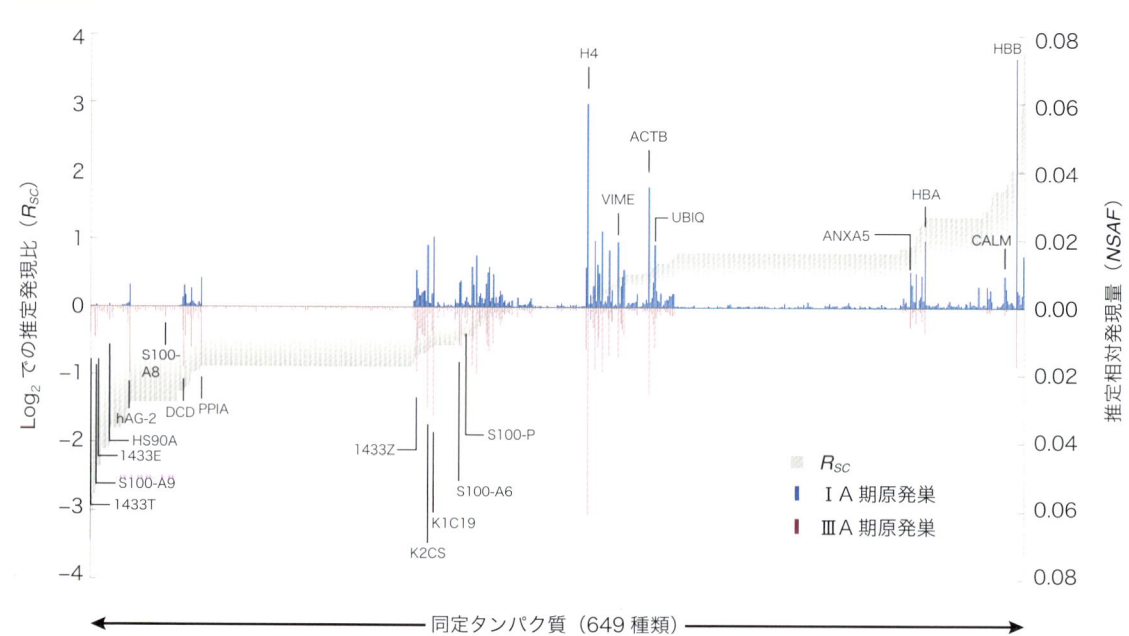

原発巣群間における同定タンパク質649種類（X軸）に対する発現比（R_{SC}）と相対発現量（$NSAF$）の計算値（139ページ図1参照）
タンパク質は発現比順に並べられている

Color Graphics

図4

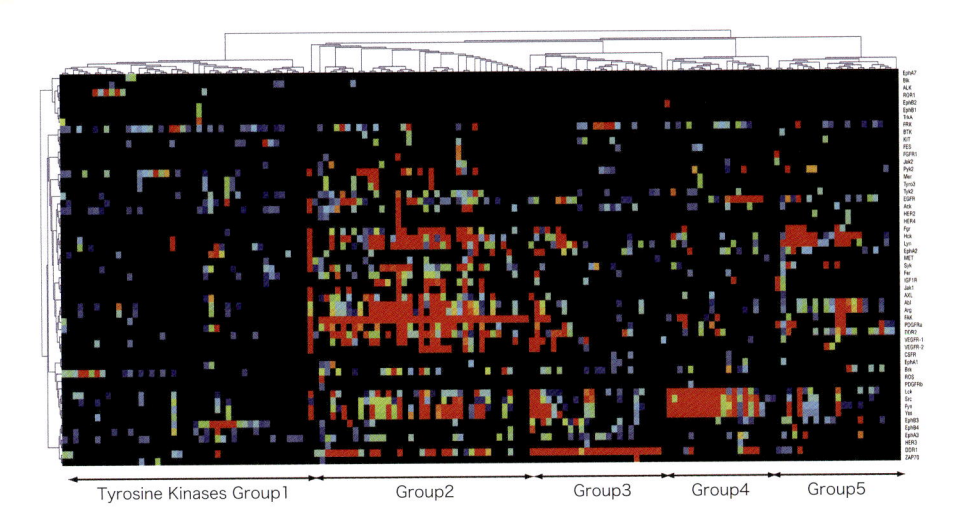

非小細胞肺がん臨床組織のチロシンキナーゼリン酸化によるクラスタリングパターン
（174ページ図3参照）
各チロシンキナーゼのリン酸化のスペクトラルカウントをGSK3βのスペクトラルカウントで補正し，階層的クラスタリング解析をした．この解析からチロシンキナーゼのリン酸化状態により，150の非小細胞肺がん臨床組織を5つのグループに分類することができた（174ページ文献1より転載）

図5

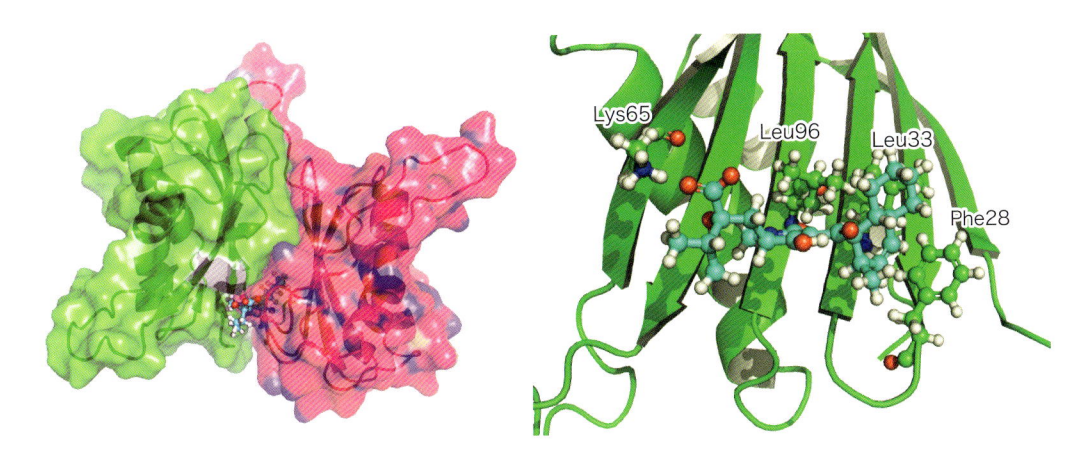

in silico **による化合物のドッキングモデル**（213ページ図3参照）
計算機によるシミュレーションから，化合物が相互作用界面を構成する，緩やかな曲面にはまり込むことが示された（214ページ文献18より転載）

執筆者一覧

● 編集

小田吉哉　エーザイ株式会社バイオマーカー＆パーソナライズド・メディスン機能ユニット

長野光司　中外製薬株式会社鎌倉研究所

● 執筆者 [五十音順]

青島　健　（Ken Aoshima）
エーザイ株式会社バイオマーカー＆パーソナライズド・メディスン機能ユニット

明石哲行　（Tetsuyuki Akashi）
財団法人癌研究会 癌化学療法センター分子薬理部

荒木令江　（Norie Araki）
熊本大学大学院生命科学研究部腫瘍医学分野

池原　譲　（Yuzuru Ikehara）
産業技術総合研究所糖鎖医工学研究センター

石濱　泰　（Yasushi Ishihama）
慶應義塾大学先端生命科学研究所

伊藤浩美　（Hiromi Itoh）
産業技術総合研究所糖鎖医工学研究センター

井上英二　（Eiji Inoue）
株式会社カン研究所

今見考志　（Koshi Imami）
慶應義塾大学先端生命科学研究所

岩坪　威　（Takeshi Iwatsubo）
東京大学大学院医学系研究科神経病理学

上杉志成　（Motonari Uesugi）
京都大学物質・細胞統合システム拠点

小田吉哉　（Yoshiya Oda）
エーザイ株式会社バイオマーカー＆パーソナライズド・メディスン機能ユニット

尾野雅哉　（Masaya Ono）
国立がん研究センター研究所化学療法部

梶　裕之　（Hiroyuki Kaji）
産業技術総合研究所糖鎖医工学研究センター

片山博之　（Hiroyuki Katayama）
エーザイ株式会社バイオマーカー＆パーソナライズド・メディスン機能ユニット

上家潤一　（Junichi Kamiie）
麻布大学獣医学部獣医学科

木原　誠　（Makoto Kihara）
株式会社メディカル・プロテオスコープ

久野　敦　（Atsushi Kuno）
産業技術総合研究所糖鎖医工学研究センター

小竹良彦　（Yoshihiko Kotake）
エーザイ株式会社オンコロジー創薬ユニット

小寺義男　（Yoshio Kodera）
北里大学理学部分子生体動力学研究室・附属疾患プロテオミクスセンター

小林大樹　（Daiki Kobayashi）
熊本大学大学院生命科学研究部腫瘍医学分野

近藤　格　（Tadashi Kondo）
国立がん研究センター研究所プロテオーム・バイオインフォマティクス・プロジェクト

佐々木一樹　（Kazuki Sasaki）
国立循環器病研究センター研究所分子薬理部

佐藤準一　（Jun-ichi Satoh）
明治薬科大学薬学部生命創薬科学科バイオインフォマティクス

佐藤慎一　（Shin-ichi Sato）
京都大学物質・細胞統合システム拠点

澤木弘道　（Hiromichi Sawaki）
産業技術総合研究所糖鎖医工学研究センター

白川貴詩　（Takashi Shirakawa）
京都大学物質・細胞統合システム拠点

新川高志　（Takashi Shinkawa）
中外製薬株式会社鎌倉研究所

杉山雄一　（Yuichi Sugiyama）
東京大学大学院薬学系研究科分子薬物動態学

田中明人　（Akito Tanaka）
兵庫医療大学薬学部・先端医薬研究センター

坪田誠之　（Nobuyuki Tsubota）
熊本大学大学院生命科学研究部腫瘍医学分野

富澤一仁　（Kazuhito Tomizawa）
熊本大学大学院生命科学研究部分子生理学

富田泰輔　（Taisuke Tomita）
東京大学大学院薬学系研究科臨床薬学

朝長　毅　（Takeshi Tomonaga）
医薬基盤研究所プロテオームリサーチプロジェクト

長野光司　（Kohji Nagano）
中外製薬株式会社鎌倉研究所

中山敬一　（Keiichi Nakayama）
九州大学生体防御医学研究所分子発現制御学分野

夏目　徹　（Toru Natsume）
産業技術総合研究所バイオメディシナル情報研究センター

成松　久　（Hisashi Narimatsu）
産業技術総合研究所糖鎖医工学研究センター

西村俊秀　（Toshihide Nishimura）
東京医科大学外科学第一講座

板東泰彦　（Yasuhiko Bando）
株式会社バイオシス・テクノロジーズ

平本昌志　（Masashi Hiramoto）
アステラス製薬株式会社研究本部創薬推進研究所

本田一文　（Kazufumi Honda）
国立がん研究センター研究所化学療法部

前田和哉　（Kazuya Maeda）
東京大学大学院薬学系研究科分子薬物動態学

松原淳一　（Junichi Matsubara）
京都大学大学院医学研究科消化器内科学

松本雅記　（Masaki Matsumoto）
九州大学生体防御医学研究所プロテオミクス分野

水口惣平　（Souhei Mizuguchi）
熊本大学大学院生命科学研究部腫瘍医学分野

南野直人　（Naoto Minamino）
国立循環器病研究センター研究所分子薬理部

村田亜沙子　（Asako Murata）
京都大学物質・細胞統合システム拠点

森川　崇　（Takashi Morikawa）
熊本大学大学院生命科学研究部腫瘍医学分野

矢吹奈美　（Nami Yabuki）
中外製薬株式会社鎌倉研究所

山田哲司　（Tesshi Yamada）
国立がん研究センター研究所化学療法部

山本　格　（Tadashi Yamamoto）
新潟大学大学院歯学総合研究科附属腎研究施設構造病理学分野

矢守隆夫　（Takao Yamori）
財団法人癌研究会 癌化学療法センター分子薬理部

吉田健太　（Kenta Yoshida）
東京大学大学院薬学系研究科分子薬物動態学

和田芳直　（Yoshinao Wada）
大阪府立母子保健総合医療センター研究所

第I部
原理編

タンパク質・プロテオミクス
解析の技術基盤

第Ⅰ部 原理編

① LC-MS解析による大規模同定と定量法

新川高志

高速液体クロマトグラフィー（LC）と質量分析計（MS）を組み合わせたLC-MS法は，短時間に多くのタンパク質を同定できるため，タンパク質・プロテオミクス研究における強力な解析ツールとなっている．この技術は現在も進化し続けており，1回の分析で同定できるタンパク質数はさらに増加し，翻訳後修飾の解析などについても目覚ましい進歩を遂げている．また，タンパク質の定量解析においても従来の安定同位体標識法に加え，非標識法やSRM法など多くの解析法が確立されてきている．

1 技術開発の歴史と現状

1）LC-MS法の技術進展

　LC-MS（liquid chromatography-mass spectrometry）法とは，LCとMSを組み合わせ，タンパク質混合物の酵素消化で生じたペプチド断片の質量分析データをもとにして，試料に含まれるタンパク質を同定する方法である．LC-MS法は，あらかじめタンパク質をプロテアーゼによりペプチド断片化した試料を用いるため，電気泳動法のようにタンパク質の性質に影響されることがない．また，MS装置へ導入する直前にLCで分離するため，夾雑物の影響を受けることなく測定ができる．さらに，再現性もよく測定の自動化に適しているため，効率的な大規模解析への適用が容易であるといった特徴を有している．

　近年になってnL/分の超低流速で再現性のよいクロマトグラフィーが可能なLCが開発されると，複雑で微量な試料の解析が可能となり，分離様式の異なるクロマトグラフィーを組み合わせた多次元クロマトグラフィーによるタンパク質の大規模解析が行われるようになった．代表的なものとしては，イオン交換クロマトグラフィーと逆相クロマトグラフィーを組み合わせたオンライン型の二次元LC-MSシステムが挙げられる．また最近では，イオン交換クロマトグラフィーの代わりに等電点電気泳動を用いて，より細かく分離したペプチド画分を逆相クロマトグラフィーによるLC-MSで測定するオフライン型の二次元LC-MSシステムなども利用されるようになってきている．

　このようにLCが低流速化および分離性能の向上という進化を遂げた一方で，MSの方もさまざまなタイプのものが開発され，その性能も大きく改良されてきた．LCから次々と導入されてくる大量のペプチドイオンを精度よく効率的に測定するために，MSには測定の高速化・高精度化・高感度化が求められている．これらの要求には相反するものがあるが，イオン化効率の向上や検出器への導入効率の向上といった改良を行ったり，さまざまなタイプのMSを

表 プロテオミクス解析に使用されている一般的な質量分析計

種類	特徴	利点	用途
三連四重極	高速度型	測定質量を絞ることで感度UP	SRMによる定量装置として普及
イオントラップ	高速度・高感度型	MSのn乗の測定が可能	同定解析の汎用機として普及
Q-TOF	高精度型	感度,速度,精度にバランスの取れた万能型	同定・定量装置として普及
Orbitrap (IT-FT)	高感度・高精度型	2つの検出器による多機能測定が可能	同定・定量装置として普及

組み合わせることによって大規模解析に対応できるMSが開発されてきた.

現在のところ,LC-MSによる大規模解析用のMSとして一般的に普及しているものとしては,四重極型(Q),イオントラップ型(IT),飛行時間型(TOF),フーリエ変換型(FT)やハイブリッド型(Q-TOF,IT-FT:Orbitrap)が挙げられ,さまざまな使用目的に対応できるようになってきている(表).本来それぞれのMSにはそのタイプによって,a mol (10^{-18}) レベルのペプチドイオンが検出できる高感度型や1秒間に数十回の質量測定ができる高速度型,また数ppm以内の質量誤差で測定ができる高精度型といった特徴があるのだが,近年開発されているMSの多くは,特化した以外の特徴においても高いレベルの性能を備えていて,fmol (10^{-15}) レベルの検出感度をもち,1秒間に数回以上の質量測定が可能で,数十ppm程度の質量誤差で測定できるものがほとんどである.このような超低流速LCと高性能MSを組み合わせたLC-MSシステムを使用することで,数時間〜数日の測定で数百〜数千個のタンパク質を同定できるまでになってきている.筆者の研究室では,一次元のLC-MSによる3時間の測定で約1,000個,オフラインの二次元LC-MSによる30時間の測定で約3,500個のタンパク質を同定できている.

2) 安定同位体標識による定量法の開発

大規模なタンパク質の同定が可能になると,LC-MS解析によって比較定量を行う試みがなされて,安定同位体標識による定量法が開発された.この安定同位体標識法には大きく分けて代謝標識法と化学標識法の2つの方法があり,どちらもLC-MSシステムにより一度の測定でタンパク質の同定と定量が同時に可能となる.近年まで代謝標識法は培養細胞にしか適用できないと言われていて,組織や臓器などには化学標識法が一般的に用いられてきたが,代謝標識法を用いた組織や臓器からの定量解析も最近になって報告されるようになっており[1],両者の間に大きな差はみられなくなってきた.

この安定同位体標識法による定量法では,2つ以上の試料の間でのタンパク質の相対的な量的変動を見るという使い方が一般的であったが,同定されたペプチドと同じものを安定同位体で標識し,これを量のわかっている内部標準品として使用して,相対比較することによって,絶対量(存在量)を測定することも可能となってきている.さらに,近年になって注目を浴びてきているのが,選択反応モニタリング(selected reaction monitoring:SRM)法による定量測定法である(第Ⅰ部-8参照).この方法は,測定するペプチドイオンを絞ることで夾雑物の影響を排除し,感度を向上させることができるうえ,試

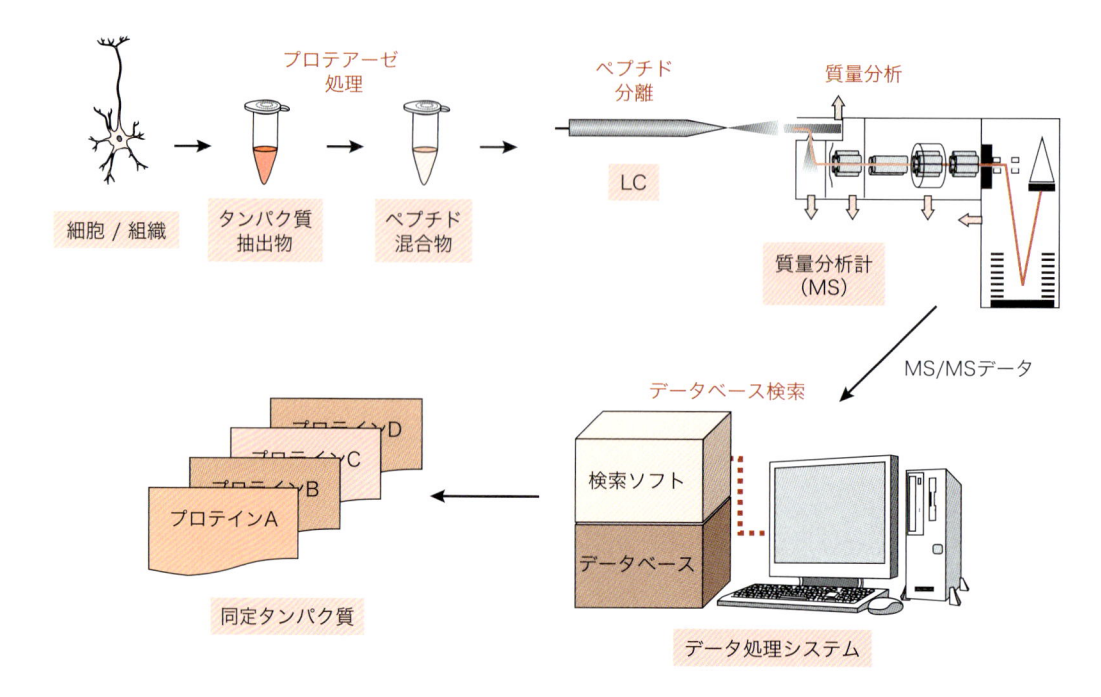

図1　LC–MS/MSシステムによるタンパク質の同定
細胞や組織などから抽出したタンパク質をペプチドに断片化したものを試料としてLCで分離する．LCで分離されたペプチドをオンラインで順次MSで質量測定を行い，質量情報を取得する．得られた情報をもとにデータベース検索を行いタンパク質を同定し，必要な整理を行う

料をラベル化するための前処理が不要なため，簡便に正確な定量測定ができるという特徴をもっている．このSRM法においても安定同位体で標識したペプチドを内部標準品として使用することで絶対量を測定することが可能である．このように現在では，LC-MS法を用いた数時間〜数日の測定で数百〜数千個のタンパク質についての同定および定量情報を取得できるようになっている．

3) ソフトウェアの進歩

こうしたLC-MS法による大規模解析が可能となったのは，装置や測定法などのハード面での進歩だけでなく，得られた測定データを迅速・正確に処理するプログラムの開発など，ソフト面での進歩も大きな要因となっている．初期の頃は，数時間の測定で同定されたタンパク質情報を整理するだけで数日〜数週間という時間を要していたためか，測定後のデータを迅速に整理することを目的としたソフトの開発がほとんどであった．その後，測定データ間の比較や一連の測定データをまとめて統合解析するソフトへと発展し，現在では他のオミックスデータおよび生化学データベースと連携して情報を付加したり，さまざまな統計処理による多面的な解析ができるソフトへと進歩してきている．

2　解析の原理

プロテオミクス研究のためのLC-MSシステムは，一般に超低流速でペプチドを分離できるLCとペプチドのアミノ酸配列情報を得るためのタンデム質量分析法（MS/MS法）などが適用できるMS，ならび

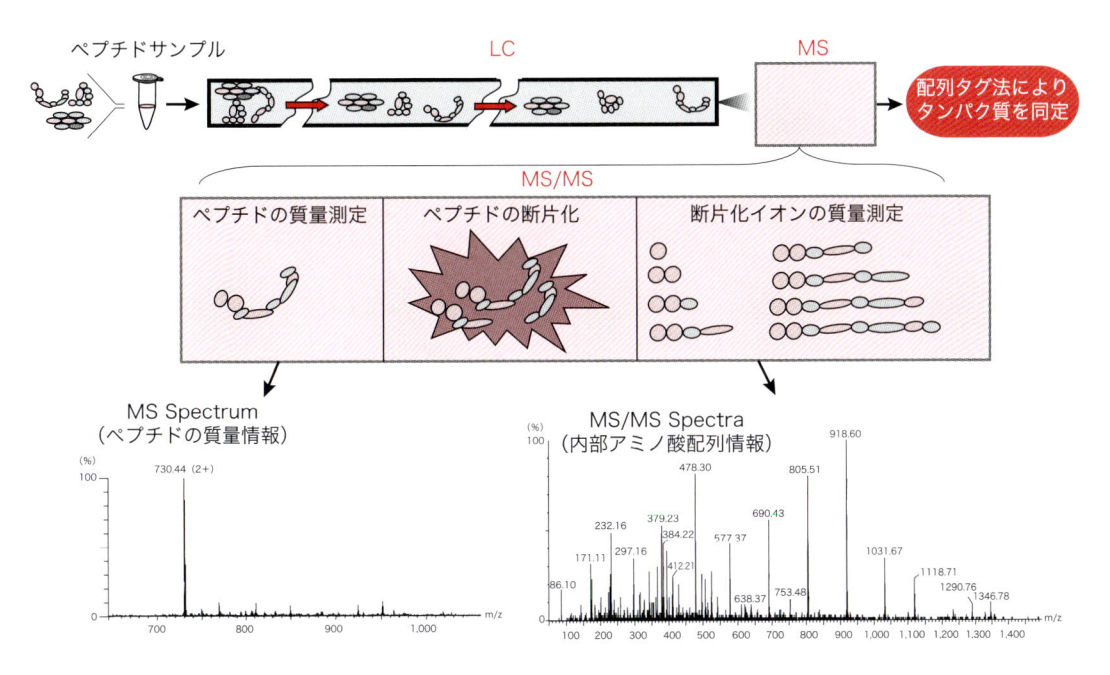

図2　LC-MS/MS法の原理
LCで分離されたペプチドは順次MSに入り，3stepでの質量測定が行われる．まず，MS測定によりペプチドの質量情報を取得し，ついでそのペプチドを断片化する．最後に断片化イオンをMS/MS測定して内部アミノ酸配列情報を取得し，これらの情報を用いて配列タグ法により，タンパク質を同定する

にMSからの情報をもとにタンパク質を同定したり，同定したタンパク質情報を整理・解析するためのソフトウェアを搭載したコンピュータ（PC）から構成される（図1）．

まずLCであるが，LC-MSシステムを用いてタンパク質の大規模解析を行うにあたっては超低流速で再現性のよいことが必須となる．その理由としては，まず，LC-MSにおける測定の感度がLCからMSへ導入される試料の濃度に依存することが挙げられる（つまり，LCの流速を1,000倍遅くすれば，理論上MSへ導入される試料の濃度は1,000倍濃くなり，試料量が1/1,000でも同じ測定感度が得られることになる）．次に，試料の複雑性が挙げられる．細胞抽出液などに含まれているタンパク質をトリプシンなどのプロテアーゼで消化すると数十万〜数百万種類以上といった大量のペプチド数になり，これを測定するためには，LCでの分離をよくして，できるだけ同時にMSへ導入されるペプチドイオンの数を少なくするとともにMSへの導入速度を下げて，測定時間を長くとれるようにすることが必要である．以上のような理由により，LCの低流速化は感度の向上と大規模解析には必須の条件である．

次にMSについてであるが，ハイブリッド型MSを利用したシステムを例にとって説明する．このシステムでは，試料に含まれるペプチドをLCで分離しながら，まず，イオン化した複数のペプチドイオンから，第一段目のMSで自動的に特定のイオンを選択する．次に，衝突室とよばれる二段目のMSで不活性ガスと衝突させてペプチドを断片化したのち，生成した断片化イオンを三段目のMSで質量測定することで，最終的に試料ペプチドの精密な質量値と一部の内部アミノ酸配列情報を取得することができる（図2）．

最後にデータ処理であるが，PCに搭載された検索

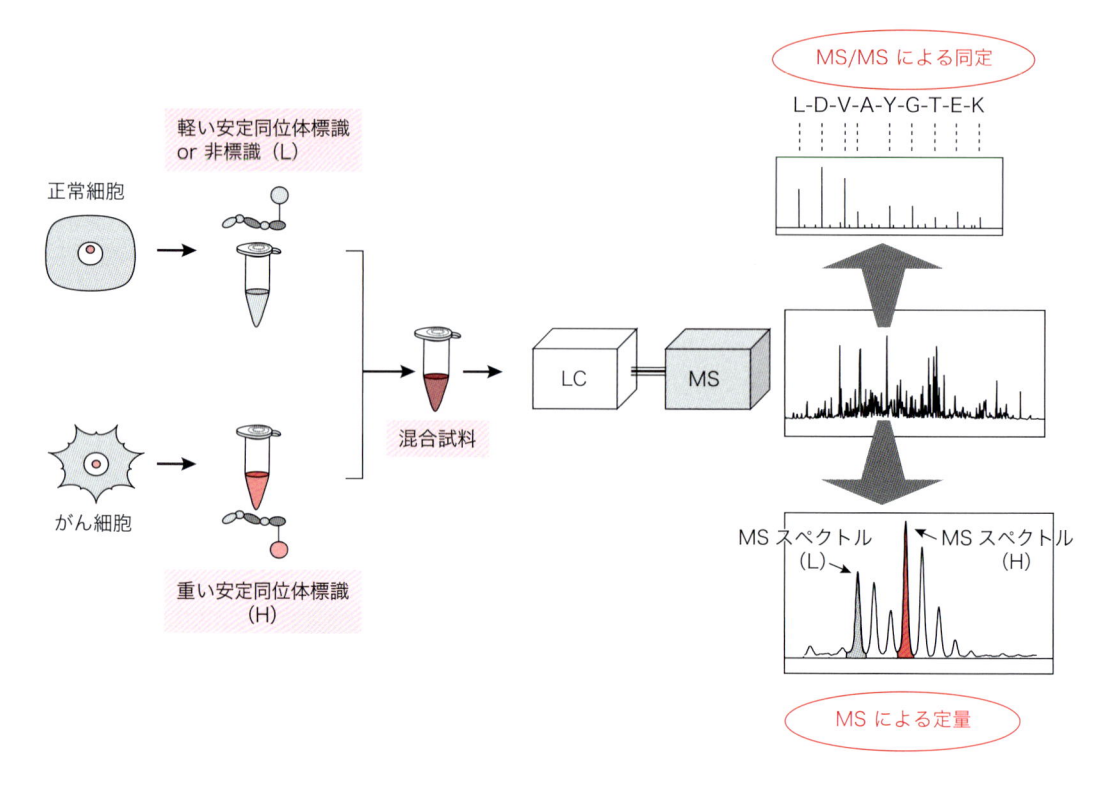

図3　MSスペクトルによる定量法
一方を軽い安定同位体で標識（もしくは非標識）し，他方を重い安定同位体で標識する．両者を混合して，LC–MSで測定し，MS/MSスペクトル情報からタンパク質の同定を行い，MSスペクトル情報から定量解析を行う

エンジンは，これらの質量情報をもとにして配列タグ法[※1]とよばれる方法により，このペプチドが由来したタンパク質を同定する．このようにして検索エンジンを用いて同定されたタンパク質情報には，さまざまな重複情報などが含まれているため，同定後に各研究目的に適したデータ処理を行うことが必要である．特にLC–MS測定の進歩により，数千以上のペプチド・タンパク質情報が短時間の測定で得られるようになってからは，同定後のデータ解析を手作業で行うことはほとんど不可能となったため，さまざまなデータ解析ソフトウェアが開発された．これらのソフトには，検索エンジンの同定結果や測定データから同定・定量に関する必要項目を取り入れ，さまざまな視点から整理してビジュアライズしたり，複数の測定結果から何らかの傾向を見出すために統計処理を行うなどさまざまな機能が組み込まれている．筆者の研究室においてもSTEM[2)]というソフトウェアを開発し，データ解析に利用している．STEMは検索エンジンであるMascotの結果と測定データから必要な情報を取り込み，一定のクライテリアに従って重複情報の削除や定量情報の付加および必要に応じた再計算や情報の再整理を行うものである．例えば，リン酸化タンパク質のデータの場合は，同定されたペプチドのうちリン酸化ペプチドのみにつ

※1　配列タグ法
ペプチドの精密な質量値とタンデム質量分析法によって得られる断片イオンの質量情報をもとに，そのペプチドをコードするタンパク質を同定する方法．

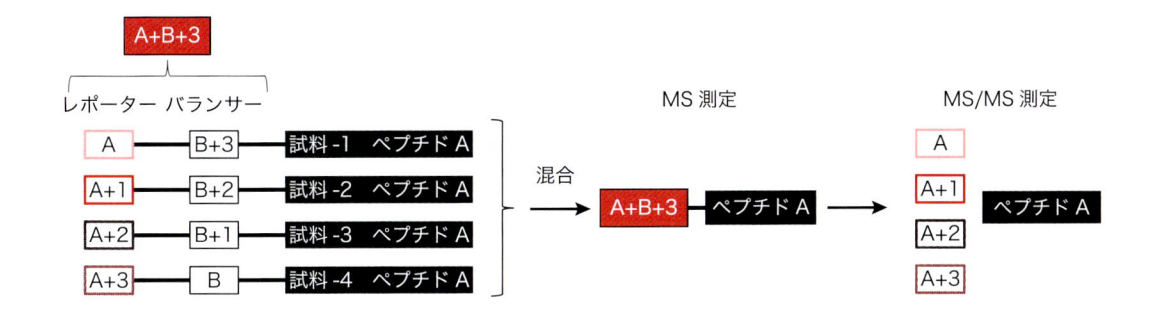

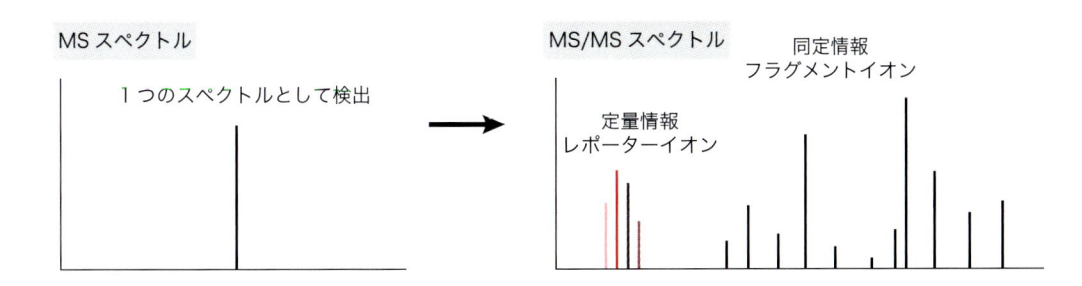

図4　MS/MSスペクトルによる定量法
標識は，質量の異なるレポーターイオンをもち，質量は同じになるように工夫された試薬を用いる．比較したい試料のそれぞれに反応させて標識し，混合後にLC-MSで測定する．標識試薬の質量は同じなのでMSスペクトルは1つになるが，MS/MSスペクトルには，それぞれの試料由来のレポーターイオンが検出され，このイオン強度により定量解析を行う

いて，リン酸化サイトの情報などを再整理して一覧表示するようになっているのであるが，非リン酸化ペプチドの情報や削除された重複情報にも簡単にアクセスできるように紐付けがなされている．

次に定量法の原理について，1) MSスペクトルによる定量法，2) MS/MSスペクトルによる定量法，3) SRM法，4) 同定情報を利用した定量法に分けて解説する．

1）MSスペクトルのイオン強度を用いた定量法

この方法には，代謝標識法と化学標識法の2種類があり，どちらも安定同位体を用いることで比較したいペプチドに質量の差を生じさせて比較定量解析を行うものである（図3）．例えば代表的な代謝標識法であるSILAC (Stable Isotope Labeling using Amino acids in cell Culture) 法の場合，標識する試料の培地に^{13}Cでラベルしたアルギニンとリジンを加えて培養を行い，タンパク質を抽出する．これを通常の培地で培養した試料から抽出したタンパク質と混合した後，トリプシンで消化する．この混合試料をLC-MSで測定すると，同じタンパク質由来のペプチドイオンが標識体と非標識体で質量数に差が生じるので，別々のペプチドイオンとして検出される．この2つのイオン強度を比較することでタンパク質の相対定量を行うことができる．

次に，化学標識法であるが，システイン残基をビオチン化試薬を用いて標識するICAT (isotope-coded affinity tag) 法を例に挙げる．まず，2つの試料から別々にタンパク質を抽出した後，一方に安定同位体標識した化合物を，他方には非標識の化合

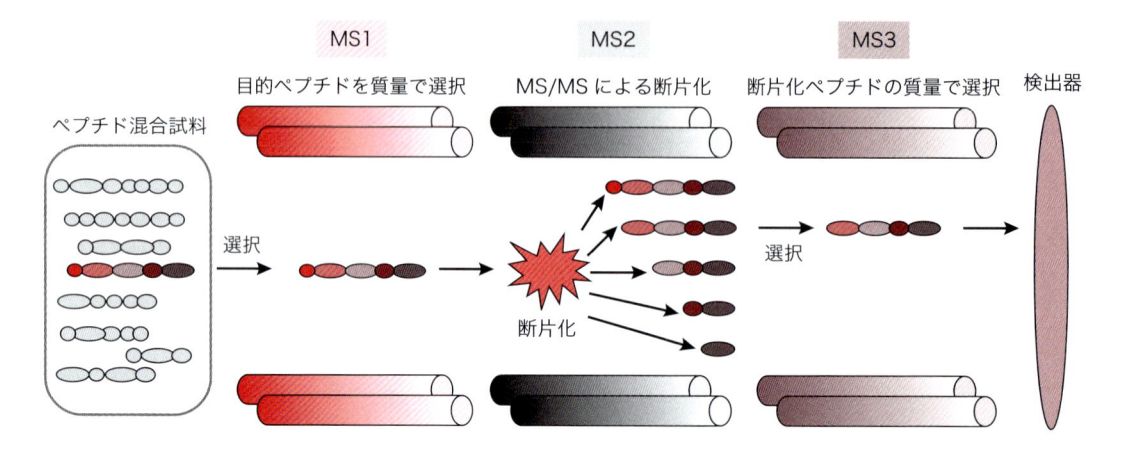

図5　SRM（selected reaction monitoring）法
第一のMSで目的とするペプチドの質量でフィルターをかけ，選択的に通過させる．通過してきたペプチドを第二のMSで断片化させる．第三のMSで特定の断片化ペプチドの質量でフィルターをかけ，選択的に検出器へ導入する

物を結合させる．そして両者を混合し，トリプシンで消化したものをLC–MS測定を行い，代謝標識法と同じく質量数に差が生じて別々のイオンとして検出される2つのイオン強度を比較することでタンパク質の相対定量を行う．

2）MS/MSスペクトルの強度値を用いた定量法

　この方法は，MS/MS測定によって検出されるレポーターイオンの強度比によってタンパク質の定量解析を行うもので，近年注目を集めている方法である（図4）．比較する試料の標識は化学標識法と同じように特定のアミノ酸残基に試薬を結合させるのであるが，この試薬はレポーター部分とバランス部分とから成っていて，標識後のペプチドには質量差が生じないように設計されているため，MSスペクトルによる定量比較はできない．しかし，MS/MS測定することで，各試料を標識した質量の異なるレポーター部分から生ずるイオンが同一のMS/MSスペクトル上に出現するようになっており，このレポーターイオンのイオン強度を比較することで，各試料間のタンパク質の相対定量を行うことができる．

3）SRM法

　この方法は，特定のMSスペクトルイオンとそこから発生する特定のMS/MSスペクトルイオンのみを検出して定量を行う方法で，対象とするペプチドに二重の質量フィルターをかけることになるため，選択性および検出感度が高くなり，多くの夾雑物中の微量な成分の定量に有効な方法である（図5）．このSRM法は通常のショットガン法とは異なり，測定データやデータベースなどからあらかじめターゲットとするペプチドのMSおよびMS/MSスペクトルイオンを選択し，それらの質量のみをモニターして定量を行うものである．そのため，予想したペプチドしか検出できないというデメリットはあるが，他の方法に比べて高い定量性や検出感度をもつといったメリットのために近年注目を集めている定量法である．図5に示すように，一段目のMSと三段目のMSで特定のイオンを選択することで夾雑物の影響を極力排除すると同時に，測定する質量範囲を狭めることで検出感度が高くなる特徴をもった三連四重極型のMSを使用することで，精度よく高感度に定量測定できる方法である．

4）同定情報を利用した定量法

　定量のための標識や特殊な測定をすることなく，LC-MS/MS法で測定してタンパク質を同定した結果から得られる同定ペプチド数や1つのペプチドに対して行ったMS/MS数（スペクトラルカウント）によって大まかに発現量を見積もることも利用可能である．また，これらの数値をもとにMSでの検出のされやすさを考慮に入れた方法（emPAI法[3]，APEX法[4]）や検出されたペプチドイオンの質量値をもとにMSクロマトグラムを作成し，そのピーク強度や面積値を指標とする方法もあり，これらは簡易的な定量解析法として利用されている．

3　本技術でわかること

　近年，飛躍的に進歩したLC-MSシステムを用いることによって，比較的短い時間で数千個のタンパク質を同定することが特別なことではなくなってきた．また，定量においても相対的な量比ばかりでなく，内部標準物質を用いることで絶対量を求めることも可能になっている．しかしながら，測定する試料中に存在するタンパク質が多種多量の場合はイオン抑制現象[※2]が生じるため，細胞抽出液などの複雑な混合物に含まれるすべてのタンパク質を同時に測定することは，現状では不可能である．

　そこで，微量に存在しているものを検出するためには，何らかの前処理による分画や濃縮が必要になってくる．例えば，リン酸化タンパク質や糖タンパク質といった翻訳後修飾されたものだけを集めた後にLC-MSで解析する方法（第Ⅰ部-2, 3，第Ⅱ部2章-3〜5参照）や特定の場所に存在するタンパク質をターゲットにして，その画分だけを取り出した後

に解析する方法（第Ⅰ部-4, 6, 7，第Ⅱ部1章-1, 2, 5参照），さらに特定の物質との親和性を利用してタンパク質を集めて解析する方法（第Ⅰ部-5，第Ⅱ部2章-1〜3参照）などが挙げられる．

　SRM法などによる定量解析においては，何らかの前処理をして複雑性を少なくした方が夾雑物の影響をより排除でき，定量精度の向上につながることから，前処理を導入した方がよいと思われる．しかし，前処理することによって生じる実験上のブレ（量比の変化やロスなど）を考慮する必要もあるため，前処理の是非については一概には判断できない．その他，ここでは紹介しなかったが，MSの特殊な機能であるETD（ECD）法（第Ⅰ部-2参照）を用いることで特定のペプチドを高感度に検出して，より詳細な情報を取得する方法も利用することが可能である．

　このようにLC-MSシステムは，測定する試料の前処理や特殊機能と組み合わせることで，後の項目や部で紹介するような，タンパク質が関係するさまざまな生命科学現象を解明する手助けを行い，創薬研究を大きく前進させることが期待されている技術である．

4　展望

　現在までのところ，リン酸化や糖鎖ペプチドなどの翻訳後修飾についての情報や特定の画分に存在するタンパク質情報などを前処理操作によって効率的に濃縮し，LC-MSシステムを用いて測定することで，直接的な測定では検出が困難な微量タンパク質についても情報を得ることが可能になってきている．この技術については，濃縮効率の上昇のみならず，さらに多くの種類の処理法の確立が期待されるのと同時に，新たに開発，あるいは改良されるMSの特殊な検出法との組み合わせにより，これまで以上に多くの生命科学現象が明らかにされてくることが期

※2　イオン抑制現象
MS分析の際にさまざまなペプチドイオンが混在していると目的のイオンだけの場合に比べてイオン強度が弱くなり，検出感度が低下してしまうこと．

1）LC-MS解析による大規模同定と定量法

待できるものである．ただ，定量の観点から見ると，前処理法の精度向上や内部標準物質の添加による補正などの対応策を講じても，試料のロスや定量性の低下が生じることは懸念される材料となる．そのままの状態ですべてのタンパク質を見ることが可能になれば，これらのリスクもなくなり，より正確にタンパク質全体の存在状態を把握することができるようになる．そのためには，MSの感度向上はもちろんだが，存在量が多岐に渡る複雑な試料の測定において，弊害となるイオン抑制の問題を解決する必要がある．このイオン抑制の問題解決には，まずLCでの分離性能の向上が挙げられるが，新しいイオン化法の開発や現状のESI法の改良による解決策も考えられる．これまでのプロテオミクス研究の進歩を考えれば，そう遠くない将来においてこれらの問題が解決され，今よりも簡便に注目したいタンパク質の状況を把握することが可能になっていると期待できる．データ処理においては，タンパク質の同定や定量情報の整理のみならず，ゲノミクスやメタボロミクスといった，他のオミックス研究から得られた情報と統合することで新たな発見を行い，創薬研究の一層の進展に役立てるシステムの開発が期待されている．

文献

1) Ishihama, Y. et al. : Nat. Biotechnol., 23 : 617-621, 2005
2) Shinkawa, T. et al. : J. Proteome Res., 4 : 1826-1831, 2005
3) Ishihama, Y. et al. : Mol. Cell. Proteomics, 4 : 1265-1272, 2005
4) Vogel, C. & Marcotte, E. M. : Nat. Protoc., 3 : 1444-1451, 2008

第Ⅰ部 原理編

② リン酸化プロテオミクス
―リン酸化タンパク質の大規模同定と定量

今見考志，石濱 泰

タンパク質の可逆的リン酸化修飾反応は，細胞増殖・細胞死といったさまざまな細胞機能制御に用いられており，その異常は疾病の原因ともなることが知られている．リン酸化ペプチド濃縮法の著しい進歩により，ショットガンプロテオミクスを用いたリン酸化プロテオームの大規模解析が実用的な段階にきている．現在までに1万種以上のヒトリン酸化タンパク質（約7万カ所のリン酸化部位）が確認されており，その数はさらに増加の一途をたどっている．本稿では，発展著しいリン酸化プロテオーム解析技術について定量法も含めその最前線を概説するとともに，現状の問題点や今後の展望についても述べる．

1 技術開発の歴史と現状

タンパク質の可逆的リン酸化修飾は，酵素活性制御やタンパク質間相互作用の調節などタンパク質の機能制御に直接かかわっている．特に真核生物にみられるタンパク質リン酸化を介した細胞内シグナル伝達においてその意義は大きい．また，がんや代謝疾患をはじめとするさまざまな疾病との関連も深く，タンパク質リン酸化研究は創薬分野においても注目されている．実際に，タンパク質リン酸化修飾を担う酵素であるプロテインキナーゼを標的とした分子標的薬は，さまざまながん種に対して臨床上有効であることが示されている（第Ⅰ部-3，第Ⅱ部3章-1も参照）．このようにタンパク質リン酸化修飾はシグナル伝達研究におけるホールマークであり，リン酸化プロテオームを把握することは，細胞内でどのようなシグナル伝達経路が機能しているかを知る直接的な手がかりとなる．それでは，ヒト細胞中のリン酸化プロテオームとは，どのような規模で存在しているのであろうか．Kalumeらは，50％以上のタンパク質に対して10万カ所以上のリン酸化部位が存在すると予想している[1]．公共のタンパク質アミノ酸配列データベースであるUniProtKB/Swiss-Prot Protein Knowledgebaseに2009年12月現在登録されているデータによれば，約30％のタンパク質（20,328タンパク質中，6,050タンパク質）にリン酸化修飾が報告されている．一方，われわれは独自の方法（後述）を用いて大規模リン酸化プロテオーム解析を行っており，その蓄積した結果を合わせると，実に12,365タンパク質（全タンパク質の61％に相当）がリン酸化修飾を受けていることになる．われわれは3カ月ごとにデータの集計を行っているが，いまだに新規リン酸化タンパク質同定の速度は鈍ることなく直線的に増加しており，ヒトリン酸化プロテオームの全容はいまだに予測できない．また，個々のタンパク質において，どのくらいの割合でリン酸化修飾が生じているのか（リン酸化修飾の化学量論）についてもプロテオームワイドな全容は全くわかっていないのが現状である．

さて，リン酸化プロテオーム解析においてはリン酸化修飾に焦点をおいた濃縮が不可欠であり，歴史的に，高選択的濃縮法の確立がリン酸化プロテオーム解析成功の最も重要なポイントとなってきた．リン酸化タンパク質レベルで濃縮・検出する方法としては，固定化金属アフィニティークロマトグラフィー（immobilized metal affinity chromatography：IMAC）を用いたものが各社より販売されている（例えばインビトロジェンのPro-Qダイアモンドキット，Clontech-BD Biosciences社のキット，PIERCE-Thermo Fisher Scientific社のキットなど）．また，亜鉛の二核錯体を利用したPhos-tagや4G10，PY100といったチロシンリン酸化特異的抗体等が用いられてきた．しかし大規模同定という目的では，タンパク質レベルのみでの濃縮では不十分であり，リン酸化ペプチドレベルでの濃縮ステップが現状では必須である．

IMACや酸化金属クロマトグラフィー（metal oxide chromatography：MOC）は，リン酸化ペプチドに対する選択性の高さや操作の簡便性からもリン酸化ペプチド濃縮法として頻繁に用いられている．リン酸化ペプチドの物理化学的特性〔分子量，疎水性度，電荷（リン酸化部位数），二次構造など〕は多種多様であり，また各濃縮法において使用する金属等の特性上，網羅的に偏りなくリン酸化ペプチドを濃縮・同定できる手法はいまだ確立されていないのが現状である．しかし，濃縮技術の改良が進み，タンパク質レベルでの濃縮や前分画などを用いずに，100 μg程度の細胞抽出液消化物から直接ペプチドレベルでの濃縮後，数回のLC-MS/MS測定で数千のリン酸化部位を同定することが可能になりつつある（後述）．一方，実際のリン酸化プロテオーム解析では，上述のリン酸化ペプチド濃縮技術と種々の定量法を組み合わせて細胞内のリン酸化プロテオームの動態解析や複数試料間の比較解析を行うケースが多い．そのような場合には，安定同位体アミノ酸培養標識法（Stable Isotope Labeling using Amino acids in cell Culture：SILAC法）やiTRAQ法がよく利用されており，以下では定量法にも焦点をあて概説したい．

2 解析の原理

1）リン酸化プロテオーム解析の流れ

一般的なリン酸化プロテオーム解析のワークフローを図1に示す．培養細胞や組織等から抽出したタンパク質をトリプシンなどの消化酵素でペプチドに断片化した後，リン酸化ペプチド濃縮を行い，LC-MS/MSで測定を行う．最も汎用されているリン酸化ペプチド濃縮法の1つであるIMACでは，主にFe^{3+}，Ga^{3+}といった三価の金属イオンが用いられる．IMACにおいて，酸性アミノ酸を含む非リン酸化ペプチドの金属イオンへの結合は，リン酸化ペプチドの同定数を著しく減少させる一因となっている．したがって，ペプチド中のカルボキシル基をメチルエステル化したり[2]，試料溶液中のpHを最適化したりするなど[3]，リン酸化ペプチドと酸性ペプチドの電荷をうまくコントロールすることで，リン酸化ペプチドのみを選択的に濃縮する工夫がなされている．

一方，MOCではチタニア（TiO_2），ジルコニア（ZrO_2），アルミナ（Al_2O_3）といった酸化金属が用いられる．IMACと同様，酸性ペプチドの酸化金属への吸着が問題となるが，2,5-ジヒドロキシ安息香酸やフタル酸などの芳香族酸性化合物を競合剤として用い，この問題を解決している[4]．しかし，芳香族系競合剤はその後のLC-MS測定を妨害することや，濃縮における選択性が不十分であったことから，さらなる技術開発が必要であった．

われわれはさまざまな親水性化合物をスクリーニングした結果，チタニアに対しては乳酸，ジルコニアに対しては3-ヒドロキシプロピオン酸を競合剤として用いることにより，リン酸化ペプチドに対する選択性・回収率が劇的に向上することを見出した[5]．この方法は親水性ヒドロキシ酸で酸化金属を修飾す

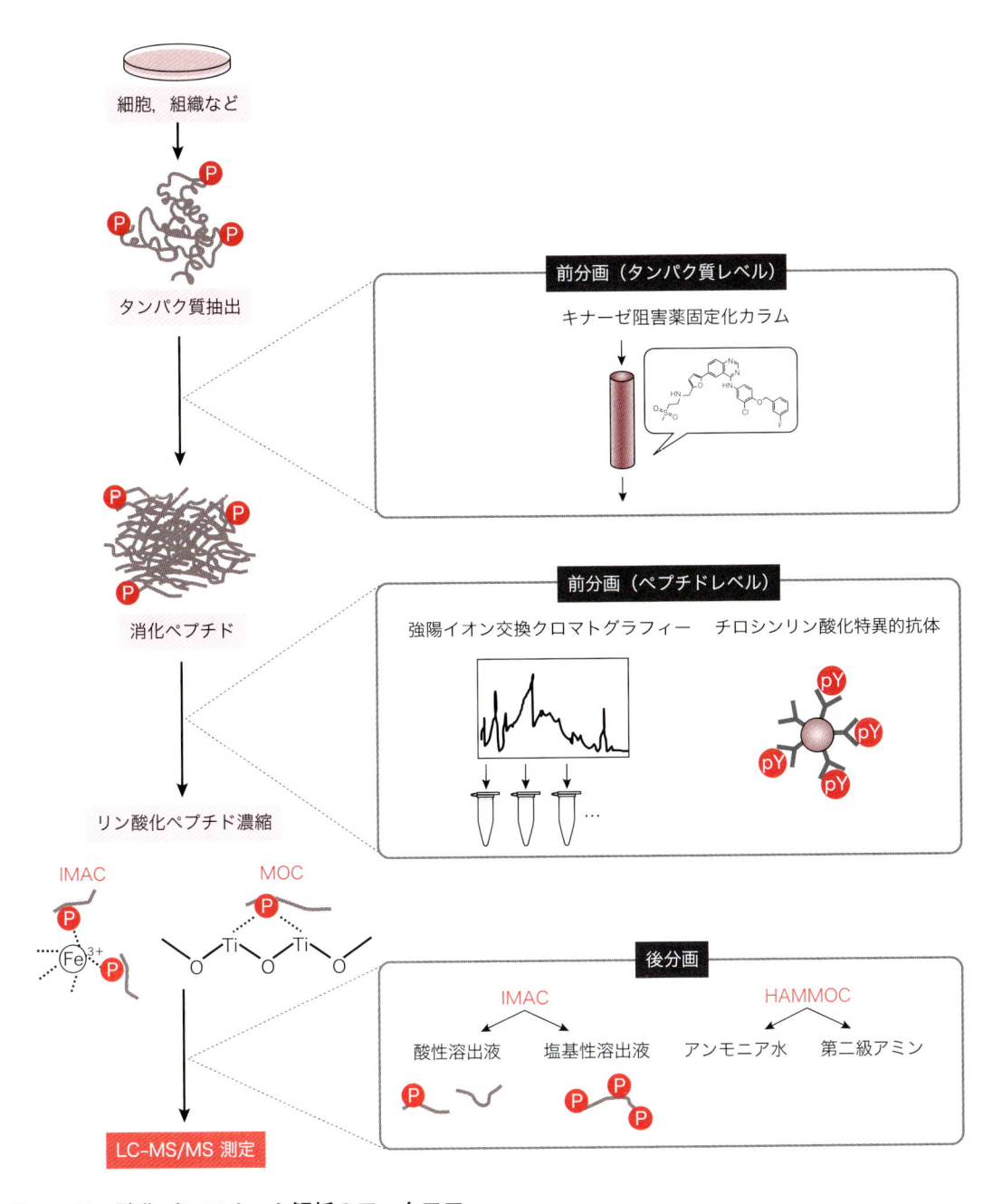

図1　リン酸化プロテオーム解析のワークフロー
　細胞，組織等から抽出したタンパク質を消化後，リン酸化ペプチド濃縮を行いLC-MS/MSで測定する

ることからHAMMOC（hydroxy acid-modified metal oxide chromatography）法と名付けた．本手法を用いることにより，世界で初めて細胞抽出物から前分画なしに直接数千個のリン酸化ペプチドを同定することに成功した．その後の濃縮条件等の最適化により，回収率，選択性はさらに向上し，現在は100 μgの細胞抽出タンパク質から2〜3回のLC-MS測定で3,000〜4,000個のユニークなリン酸

化ペプチドを同定することが可能である．

　一方，リン酸化ペプチド濃縮のみでは選択性が不十分であったり回収率が悪かったりする場合には，出発試料量を増やして，リン酸化ペプチド濃縮の前にペプチドレベルまたはタンパク質レベルで前分画を行う必要がある．ペプチドレベルでの分画には強陽イオン交換クロマトグラフィー（strong cation exchange chromatography：SCX）がしばしば用いられる[6]．また，チロシンリン酸化はシグナル伝達においては重要な意義をもつが，セリン・スレオニンリン酸化と比べてその存在比は数％程度と少ない．そこでチロシンリン酸化ペプチドを効率的に同定するために，リン酸化チロシン特異的抗体を用いて精製した後，リン酸化ペプチド濃縮を行う場合もある[7]．またプロテインキナーゼに焦点を絞った解析を目的として，キナーゼ阻害薬固定化カラムを用いて細胞抽出液中のキナーゼを選択的に濃縮する研究も報告されている[8]．

　その他，リン酸化ペプチド濃縮後に分画を行う場合もある．複数のリン酸化部位を有する多重リン酸化ペプチドは，一般的にMSにおけるイオン化効率も低く，モノリン酸化ペプチドや非リン酸化ペプチドによるイオン化抑制の影響もより顕著に現れるため，その同定がよりいっそう困難となる．ペプチド消化物をIMACカラムに導入後，まず酸性溶出液（1％TFA, pH 1.0）でモノリン酸化ペプチドと非リン酸化ペプチドを選択的に溶出させ，次に塩基性溶出液（アンモニア水, pH 11.3）で多重リン酸化ペプチドを溶出し，各々の溶出画分ごとにMSで測定している例もある[9]．HAMMOC法では溶出液やその濃度をスクリーニングした結果，5％アンモニア水と5％ピペリジン水溶液（もしくは5％ピロリジン水溶液）で溶出した際に同定されるリン酸化ペプチド種は両者で大きく異なることが報告されており，リン酸化ペプチドの同定数を簡便に拡大させるには有効な手段である[10]．また，チタニアの焼成温度を変えて得られる結晶形（ルチル型結晶）チタニアを用いることにより，異なる一群のリン酸化ペプチドを同定することも可能である[11]．

2）SILAC法によるリン酸化ペプチドの定量

　一方，リン酸化プロテオームの定性情報だけでは細胞内のリン酸化状態を把握しているとはいえず，その定量は不可欠である．プロテオミクスで主に利用されている安定同位体標識を用いた定量法（SILAC法とiTRAQ法）の詳細な原理に関しては第Ⅰ部-3を参照していただきたい．ここではリン酸化プロテオーム解析分野においても特に最近注目されているSILAC法を取り上げ，リン酸化プロテオームを定量するうえでの問題点とそれを解決する新規SILAC法について述べる．

　SILAC法はその実用性や定量精度のよさからも，リン酸化プロテオーム解析にも広く応用されているが，リン酸化ペプチド定量の際には特に注意が必要である．アルギニンは生体内で代謝的にプロリンに変換されるため，安定同位体標識アルギニンを用いて細胞を培養した場合，プロリン含有ペプチドに対しては安定同位体標識プロリンを含むペプチドと非標識のプロリンを含むペプチドに由来する2つのピークが生じる（図2A）[12]．これは定量性を損なわせる大きな要因であり，特にリン酸化部位周辺にはプロリンが含まれることが多いため，リン酸化プロテオーム解析においてはその影響が顕著に現れる．したがって，本実験の前にプロリン変換が顕著に現れないようなアルギニン濃度を最適化する必要がある．また，SILAC法では安定同位体アミノ酸で完全にタンパク質を標識するために透析血清の使用が必須である．しかし通常血清培地から透析血清培地に変更することで細胞の状態（シグナル伝達系，プロテオーム・リン酸化プロテオームの発現プロファイル等）や増殖速度を変化させてしまうことも知られている[13]．

　そこで上述したプロリン変換や透析血清使用に伴う問題を回避するために，最近われわれのグループは二重標識SILAC法を開発した（図2B）[13]．従来

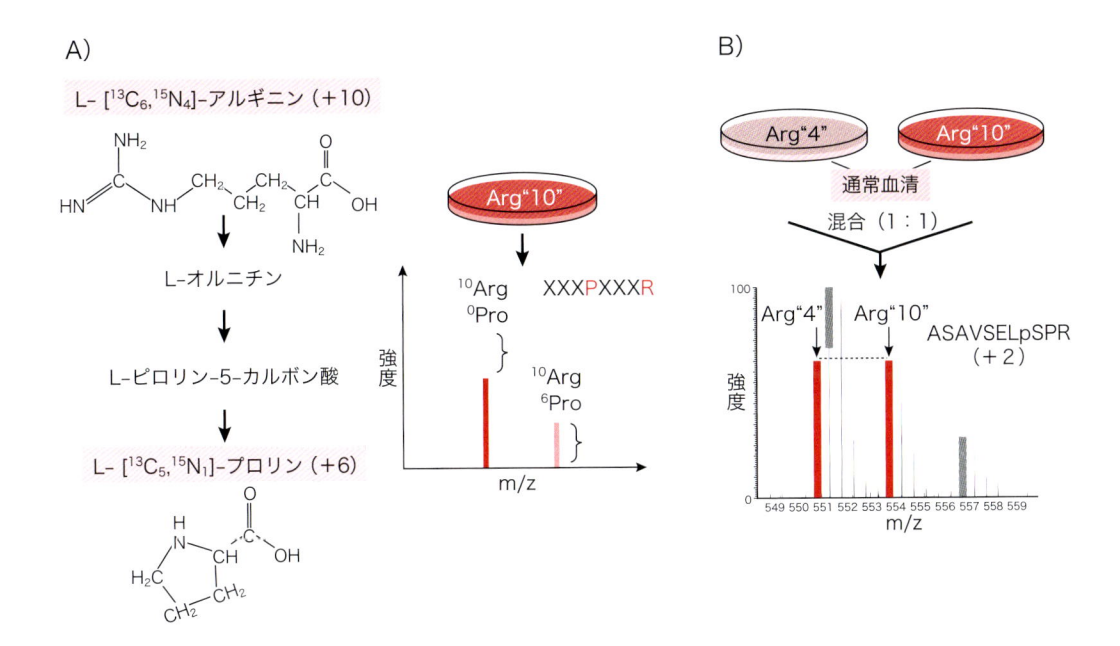

図2 アルギニン-プロリン変換と二重標識SILAC法の概略図

A) アルギニンの代謝的なプロリンへの変換．アルギニン中の安定同位体標識された6個の炭素原子と4個の窒素原子が代謝により，プロリン中の5個の炭素原子と1個の窒素原子に受け継がれる．したがって質量スペクトル中には標識プロリンを含むペプチドと未標識プロリンを含むペプチドの2つのピークが検出される．B) 二重標識SILAC法の概要．赤いバーとグレーのバーはそれぞれ標識ペプチドのモノアイソトープピークとプロリン変換によって生じたピークを示す

SILAC法と異なる点は，比較したい2つの細胞群に対して2種類の安定同位体標識アミノ酸（アルギニン，リジンに対して各2種類）で両細胞とも標識する点と，通常血清を用いて培養する点である．通常血清中で培養しているため非標識ペプチドも当然検出されるが，質量スペクトル中で標識ペプチドに由来する2つのピークにのみ着目し比較することで，通常血清条件下での定量が可能となる．さらに，両細胞とも安定同位体標識アルギニンを用いて培養しているため，両者とも同じ割合で安定同位体標識アルギニンのプロリン変換が進行することになる．したがって，2つの標識ペプチドのモノアイソトープピークに着目した場合，それらのみかけの相対比はプロリン変換の影響を受けず一定であるため，正確な定量が可能となるのである．

3 本技術でわかること

1) HAMMOC法によるリン酸化ペプチドの同定

ここではHAMMOC法を用いたリン酸化プロテオーム解析で得られた結果について紹介する．SKBR3ヒト乳がん細胞消化物100 μgをHAMMOC法で濃縮し，LTQ-Orbitrap MSで解析した結果を図3に示す．ペプチド消化物と乳酸溶液の混合物をチタニア充填カラムに導入・洗浄後，3種の溶出液（0.5M リン酸塩，5%アンモニア水，5%ピロリジン）[10]で1本のHAMMOCチップから連続的に溶出したリン酸化ペプチドをLC-MS/MSで測定した結果を示している．いずれの溶出液を用いてもリン酸化ペプチドの同定数は1,000個程度であり，その選択

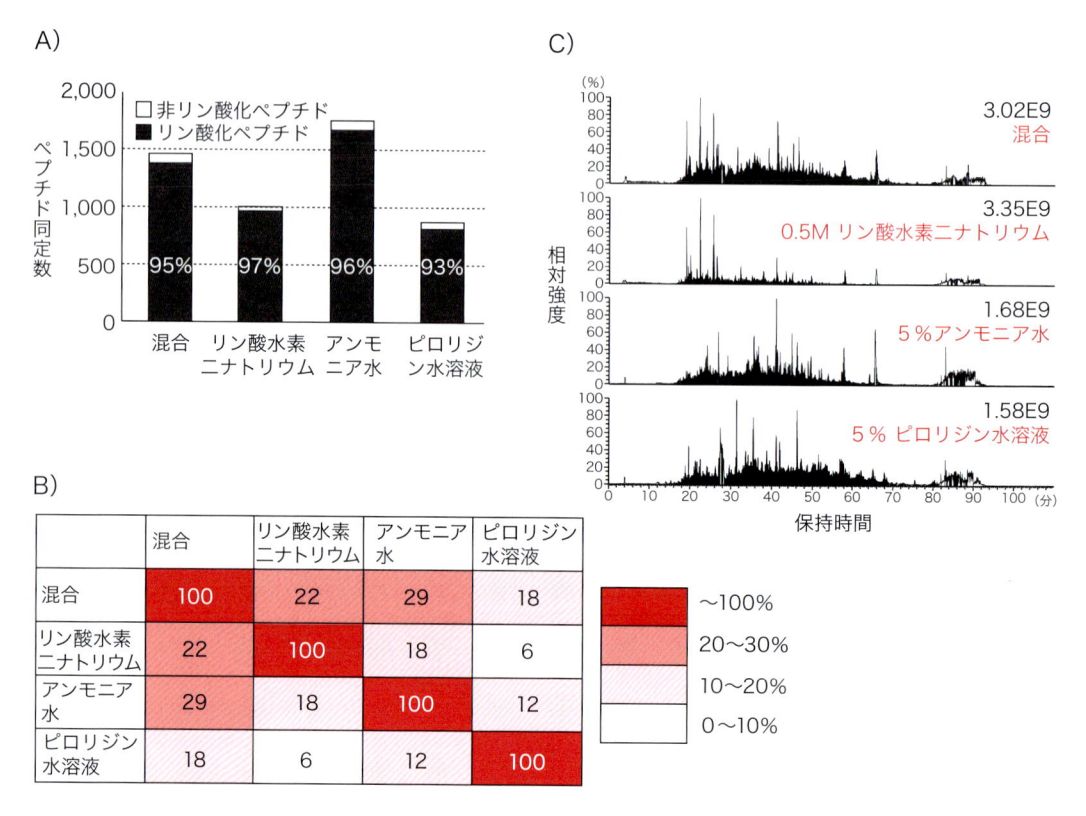

図3 HAMMOC法によるリン酸化ペプチド濃縮
A）各溶出液で溶出されたリン酸化ペプチドの同定数・選択性．混合サンプルは，各溶出液で連続的に溶出した混合溶液をLC-MS/MSで測定した．黒いバー中の数値はリン酸化ペプチドの同定率（選択性）を示した．B）各溶出画分間のオーバーラップ．2つの画分の合計（A∪B）を100％として算出．C）各溶出液で回収されたサンプルのトータルイオンカレントクロマトグラムの比較

性（＝［リン酸化ペプチド］/{［リン酸化ペプチド］＋［非リン酸化ペプチド］}×100）は95％程度であった（図3A）．また3種の溶出液画分の混合サンプルと，混合せずにそれぞれの溶出液を個別に回収したサンプルのリン酸化ペプチドの同定数を比較すると，混合サンプルよりもアンモニア水溶出画分の同定数の方が多かった．これは混合サンプル中に存在するリン酸化ペプチドの種類・量とも多いため，イオン化抑制等によって同定数が損なわれていることが推測される．1回の測定でリン酸化ペプチドの同定数をさらに向上させるためには，分画やLC分離条件のさらなる最適化が必要であると考えられる．また，各溶出液で同定されるリン酸化ペプチドのオーバーラップは少なく（図3B），本選択的連続溶出法はリン酸化ペプチドの同定数を増大させる有効な手段であることがわかる．図3Cに各溶出液画分のトータルイオンカレントクロマトグラムを示す．各クロマトグラム上のピークの検出パターンは全く異なっており，各溶出液ごとに異なるリン酸化ペプチドの溶出が観測された．

2）*in vivo* 薬効評価への応用

さらにHAMMOC法と二重標識SILAC法を用いた定量的リン酸化プロテオミクスをキナーゼ阻害薬の *in vivo* 薬効評価に応用した例を紹介する．上皮増殖因子受容体1, 2（EGFR/HER2）を標的としたキ

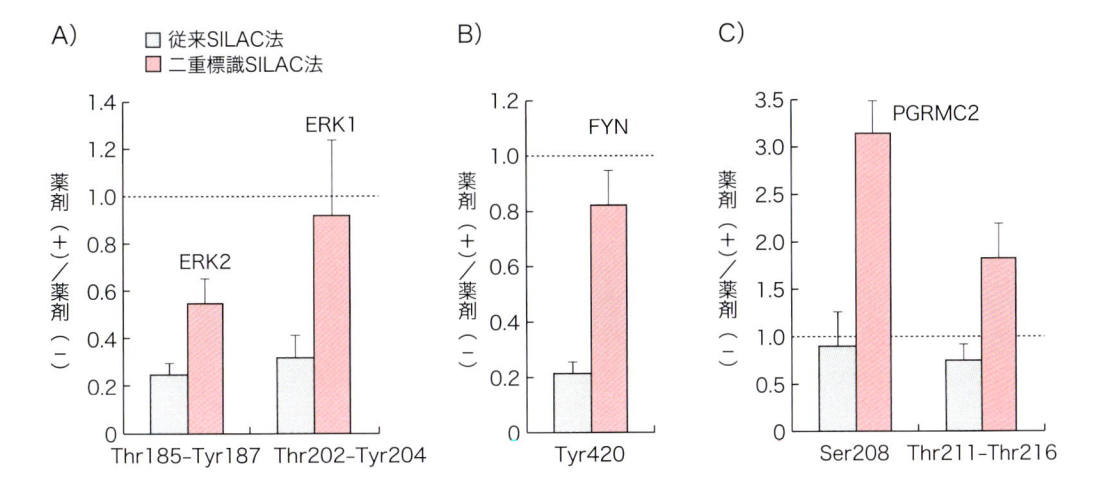

図4 薬剤の*in vivo*薬効評価

薬剤処理（1 μM ラパチニブ，60分間）MCF-7細胞と未処理細胞を二重標識SILAC法と従来SILAC法を用いて定量した．EGFR/HER2経路下流のキナーゼ A）ERK，B）FYNとその経路に属さないホルモン受容体，C）PGRMC2の定量結果を示す（文献13より改変）

ナーゼ阻害薬（ラパチニブ）でMCF-7ヒト乳がん細胞を処理し，定量的リン酸化プロテオーム解析を行ったところ，数千個のリン酸化部位の定量が可能であった．一例として，EGFR/HER2経路下流に存在するキナーゼ（ERKとFYN）のリン酸化応答を図4A，Bに示す．また従来SILAC法で定量した結果も合わせて示す．二重標識SILAC法と従来SILAC法では同じ濃度の薬剤で処理しているにもかかわらず，リン酸化の減少量が異なっていた．これは透析血清条件下と通常血清条件下では薬剤の有効濃度が異なるためと考えられる．二重標識SILAC法は細胞を用いた一般的な薬剤評価系と同一条件下で定量可能であるため，細胞評価系とプロテオーム実験間の実験条件の不連続性を回避する意味でも有効である．一方，ホルモン受容体（PGRMC2）に対しては，透析血清条件下ではそのリン酸化応答に変化はないものの，通常血清下ではリン酸化の亢進が観測された（図4C）．これは，両条件下において異なるシグナル伝達システムが機能していることを示唆するとともに，本法によりこのような既知の薬剤標的経路に属さない分子の発見が可能であるということを示すものである．

このように定量的リン酸化プロテオミクス手法を用いて網羅的に薬効評価を行うことで，薬剤標的経路上の分子のみならず，これまで関与が示唆されていなかったような分子やシグナル伝達経路への影響も評価することが可能となり，薬剤の作用機序や副作用の理解にもつながると考えられる．

4 展望

1回のLC-MS/MSの測定で数千のリン酸化部位の同定が可能になったとはいえ，依然リン酸化ペプチド濃縮技術に関しては改善の余地がある．例えば，回収率の平均はHAMMOC法で約75％であるが，個々のペプチドをみてみると，数％のものも多く含まれている．また，試料量も少なくとも10～100 μgは必要であり，例えば細胞をソートした後の画分に適用するにはまだまだ感度が足りない．さらに依然としてリン酸化ペプチド濃縮には熟練が必要とされるため，全過程の自動化も望まれる．また濃縮技術

のみならずリン酸化ペプチドに特化したLC分離条件確立やMSの高性能化もリン酸化プロテオーム解析をより効率的に行ううえで重要な要素の1つである．現在のもう1つの技術課題は，衝突誘起解離（collision-induced dissociation：CID）法[※1]によるMS/MSスペクトルに起因する問題である．CID法では，ニュートラルロス[※2]により，一般的にスペクトルが非常に複雑になったり，プリカーサーイオン由来のニュートラルロスピーク以外にほとんどフラグメントイオンが観測されなかったりという現象がしばしばみられる．これは同定効率を下げるばかりではなく，ペプチド中のリン酸化部位決定を困難にする．したがって，電子捕獲解離（electron capture dissociation：ECD）法[※3]や電子移動解離（electron transfer dissociation：ETD）法[※4]といったリン酸化ペプチドに対しても，フラグメントイオンを効率的に取得できるような新規解離法の確立が精力的に進められている．

また，リン酸化プロテオーム解析で得られたデータの活用性にもまだまだ改善の余地が残されている．リン酸化プロテオミクスにより数千個のリン酸化部位が同定された場合，既存のシグナル伝達経路に属する分子は得られたデータの通常20％程度であり，残りの80％のデータについては，全く手をつけることができないのが現状である．新たに見つかったリン酸化修飾の機能やそれぞれのリン酸化を担うキナーゼの同定をどのように大規模に取得していくかということが，リン酸化プロテオミクスの今後の可能性を左右する最も大きな因子である．ここ数年でリン酸化プロテオミクスの実用性が大きく前進したことは間違いないが，今後これらの分析技術が互いに協調しあいながら発展していくことで，真の「オーム」規模でのリン酸化プロテオーム解析が可能になると考える．

文献

1) Kalume, D. E. et al.：Curr. Opin. Chem. Biol., 7：64-69, 2003
2) Ficarro, S. B. et al.：Nat. Biotechnol., 20：301-305, 2002
3) Kokubu, M. et al.：Anal. Chem., 77：5144-5154, 2005
4) Larsen, M. R. et al.：Mol. Cell. Proteomics, 4：873-886, 2005
5) Sugiyama, N. et al.：Mol. Cell. Proteomics, 6：1103-1109, 2007
6) Olsen, J. V. et al.：Cell, 127：635-648, 2006
7) Wolf-Yadlin, A. et al.：Mol. Syst. Biol., 2：54, 2006
8) Daub, H. et al.：Mol. Cell, 31：438-448, 2008
9) Thingholm, T. E. et al.：Mol. Cell. Proteomics, 7：661-671, 2008
10) Kyono, Y. et al.：J. Proteome Res., 7：4585-4593, 2008
11) Imami, K. et al.：Anal. Sci., 24：161-166, 2008
12) Van Hoof, D. et al.：Nat. Methods, 4：677-678, 2007
13) Imami, K. et al.：Mol. Biosyst., 6：594-602, 2010

※1　衝突誘起解離（collision-induced dissociation：CID）法
電場で加速された試料イオンを不活性化ガス分子に衝突させて断片化するフラグメント法．

※2　リン酸基のニュートラルロス
MS/MSにおいて生じるプリカーサーイオンやフラグメントイオンからのリン酸基の脱離．

※3　電子捕獲解離（electron capture dissociation：ECD）法
試料イオンに電子を照射させて捕獲させることで断片化するフラグメント法．

※4　電子移動解離（electron transfer dissociation：ETD）法
質量分析計に導入したラジカルアニオンを電子ドナーとして試料イオンへの電子移動を引き起こし，断片化させるフラグメント法．

③ *in vitro* 安定同位体標識法による リン酸化の定量解析

松本雅記, 中山敬一

タンパク質のリン酸化は細胞内シグナル伝達において最も重要な翻訳後修飾の1つである. 近年, リン酸化ペプチド濃縮法の確立や質量分析計の高感度化に伴い, 細胞内リン酸化を大規模に同定・定量することが可能になっており, キナーゼ遺伝子破壊等の影響を網羅的に探索する方法としての需要や注目度はきわめて高い. 本稿では, 遺伝子改変マウス等への応用をめざした, *in vitro* 安定同位体標識法を利用した定量リン酸化プロテオミクスの方法と実際について紹介する.

1 技術開発の歴史と現状

プロテオーム研究においてタンパク質の翻訳後修飾, 特にシグナル伝達において重要なリン酸化情報の取得はきわめて重要であり, 早くから注目されてきた. しかしながら, 10年ほど前まではリン酸化部位の網羅的同定は, プロテオーム研究のなかでも技術的に難しい特殊な解析法であった. 確かに, 当時の論文等をみると, 「リン酸化ペプチドはイオン化効率が低い」,「リン酸化ペプチドの絶対的な存在量が少ない」,「データベース検索に有効なMS/MSスペクトルの取得が困難」などの記述が多く, 数十から数百のリン酸化部位を同定するだけでも一仕事であった[1)〜3)]. ところが, さまざまなリン酸化ペプチド精製技術の開発・改良や質量分析計の高性能化によって状況は一変し, 数千から数万に及ぶリン酸化部位の情報を大規模に取得することが可能になってきた[4) 5)]. さらには, 安定同位体標識法を用いた定量法と組み合わせることで, 異なる条件下におけるリン酸化状態を定量的に比較することも可能となり, シグナル伝達や細胞周期依存的に変化するリン酸化の細胞内動態をまさに"システムワイド"に捉えることができる時代に突入した[6)〜8)]. 今となってはリン酸化の解析はプロテオミクスのなかでは最も網羅的な解析が可能な方法論として定着しつつある. このように, リン酸化の大規模な情報が取得されると, それらの情報をもとに個々のタンパク質の機能解析が加速されることは間違いない. また, 大規模なリン酸化定量データを利用したシステムバイオロジーの展開も十分に期待される. さらには, このような基礎生物学領域への貢献に加えて, 医学応用や創薬研究における薬効評価法としての利用も考えられる. 例えば, 数多くのプロテインキナーゼががん原遺伝子であることを考慮すると, 各種抗がん剤の作用機序の解析にも有効であることは明白であろう.

さて, このようなリン酸化プロテオミクスを駆使して今後盛んに行われると思われる解析は, ジーンターゲッティングやノックダウンなどの逆遺伝学的手法との組み合わせであろう. さまざまなタンパク質の機能を解析するうえで, 逆遺伝学的解析はそのタンパク質(遺伝子)の生物学的機能を知るための最も有効な手段であり, これはリン酸化を担う酵素であるプロテインキナーゼの機能解析においてもあてはまることである. 実際, 多数のプロテインキナーゼのノックアウトマウスが作製され, その生物学的

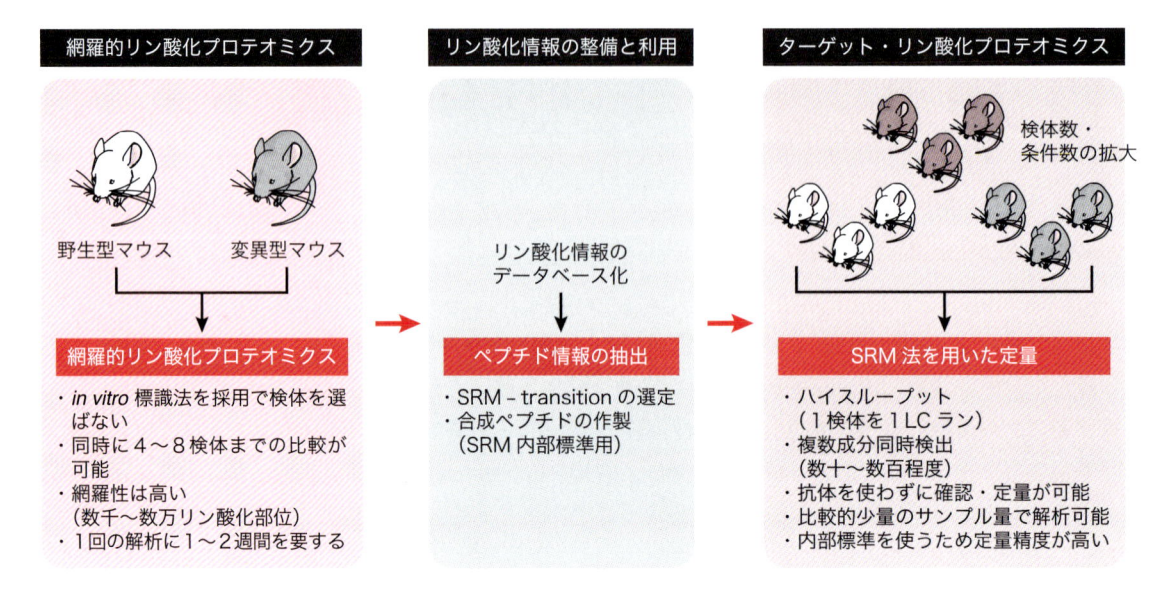

図1 *in vitro* 安定同位体標識法を用いた定量的リン酸化プロテオミクス

iTRAQ法を利用した定量的リン酸化プロテオミクスはキナーゼ遺伝子破壊マウスと野生型マウス間のリン酸化状態の網羅的な比較解析に有効である．ただし，同時に比較できる検体数が少ないことや1回の解析に時間がかかる．そこで，iTRAQ法で得られた結果をデータベース化し，その情報をもとにSRM法による中・小規模な定量解析を行う．ここでは原理的に検体数に制限がないため，個体差や再現性の確認，さらには条件を増やしたより機能的な解析も可能である

重要性が明らかにされてきた．さらに，ポストゲノム時代の今では，その配列情報からほぼすべてのキナーゼがすでに同定されており，時間と労力さえかければ網羅的にノックアウトマウスをつくることも可能になった．しかしながら，従来の解析技術ではたとえこれらのノックアウトマウスが生物学的重要性を示す表現型を有していたとしても，その先の解析は難航することが多かった．これは，キナーゼの生物学的機能は多くの場合，リン酸化による基質の機能変化を介したものであり，その生理的基質の同定なくしてキナーゼ機能を分子レベルで理解したことにはならないからである．幸いにして，現在のリン酸化プロテオーム定量解析技術は十分に実用段階に入っており，キナーゼ遺伝子欠損マウス，あるいはキナーゼ・ノックダウン細胞などを用いて細胞内リン酸化状態を網羅的・定量的に比較することで基質分子を探索することが可能になってきた．

本稿では，培養細胞からマウスに至るまで利用可能な *in vitro* 安定同位体標識法とリン酸化プロテオミクスを組み合わせたphospho-iTRAQ法の概要と，それらのデータをもとに詳細な評価実験や機能解析を行うためのターゲット選定リン酸化プロテオミクスを紹介したい（図1）．

2 解析の原理と流れ

1) iTRAQ法を用いたリン酸化の大規模定量比較

現在，リン酸化プロテオーム解析における定量法としては安定同位体代謝標識法であるSILAC法が主流であろう（第Ⅰ部-2参照）[6]〜[8]．SILAC法は比較したい細胞の一方を安定同位体標識アミノ酸存在下で培養することで，細胞が生きた状態で発現する

作は多くの誤差を生じさせる可能性が高い．操作中に生じた回収量のブレはそのまま定量値に反映されてしまうため，そのデータをもとにしたその後の研究に致命的な影響を及ぼしかねない．そのようなエラーを防ぐためには実験を複数回繰り返して再現性を得ることが重要であるが，時間・労力・高価な試薬を要する大規模解析を何度も繰り返すことは現実的ではない．したがって，1回の実験の信頼性をどの程度まで上げられるかが重要な課題となる．このような理由から，リン酸化ペプチドの定量解析にiTRAQを導入する際は，IMACのキャパシティーや精製過程のバラつきを詳細に検討し，高い再現性と定量性を確保することが重要である．

2) ターゲット選定リン酸化プロテオミクスによる定量解析

さて，大規模なリン酸化定量プロテオーム解析法が確立され，われわれはこれまで見たこともない多数のリン酸化情報を手にすることが可能になった．次のステップとしてこれらのリン酸化の定量値の変化が個体差や実験誤差によるものでないかの精査が必要になる．さらには，個々のリン酸化がさまざまな条件下で，いかなる挙動を示すかをより詳細に調べる必要も出てくるであろう．先ほど述べたphospho-iTRAQ法などの大規模解析法では，微量タンパク質のリン酸化までを網羅したい場合は，LC-MS/MS解析の前にある程度の分画を必要とするため，必然的に分析時間が長くなってしまう．したがって，大規模なリン酸化の定量解析はプロトタイプ的なサンプルに対して行い，そこで見出された興味あるリン酸化は別の方法で多数のサンプルに対して評価実験を行うことが理想的である．このような場合，リン酸化部位に対する抗体を作製し，それを用いたウエスタンブロットによる解析が一般的である．しかしながら，大規模なリン酸化プロテオーム解析で得られる情報は莫大であり，そのなかから候補を絞ったとしても数十から数百のリン酸化部位が評価対象となってしまう．これらに対して，すべて抗体を作製するのは非現実的であるし，必ずしもよいリン酸化抗体ができる保証もない．

そこでわれわれは，大規模解析で得られたリン酸化部位と定量情報をもとにある程度の絞り込みを行った後に，そのセットを並行して解析する手段としてSelected Reaction Monitoring (SRM) 法を利用している[12]〔SRM法の詳細は第I部-8参照．SRMはMRM (Multiple Reaction Monitoring) ともいう〕．SRM解析を行うためには検出したいペプチドの質量（実際には質量電荷比），およびCIDによって生じるフラグメント情報（MS/MSスペクトル）を事前に取得しておく必要があるが，われわれはこれまでに得たiTRAQ法を利用したリン酸化ペプチドの大規模解析データをデータベース化（約20,000種類のリン酸化ペプチドを含む）しており，調べたいタンパク質を検索し，SRM法のために必要な情報（ペプチドの質量とフラグメント質量情報＝この組み合わせをSRM-transitionとよぶ）を抽出することが可能である．

安定同位体標識を施した合成リン酸化ペプチドを内部標準として用いれば，注目しているペプチドを正確に定量することが可能であるが，このとき，SRM用の標識試薬として市販されているmTRAQシステムを用いて合成リン酸化ペプチドを標識することが可能である．mTRAQシステムはiTRAQ試薬と分子構造的には全く同じ質量が異なる2種類の試薬 (mTRAQ-lightおよびmTRAQ-heavy) によって構成される．mTRAQ-heavyが通常内部標準標識用として使用されるが，これはiTRAQ試薬（厳密にはiTRAQ-117）と完全に同一であるため，iTRAQ解析のMS/MSスペクトルの情報が，内部標準のSRM-transitionとしてそのまま利用できる．また，SRM法では多数のSRM-transition（例：AB SCIEX社のQTRAQ5500では最大2,500 transitions/run）を1回のクロマトグラフィーで検出できるため，多成分同時定量が可能となる．

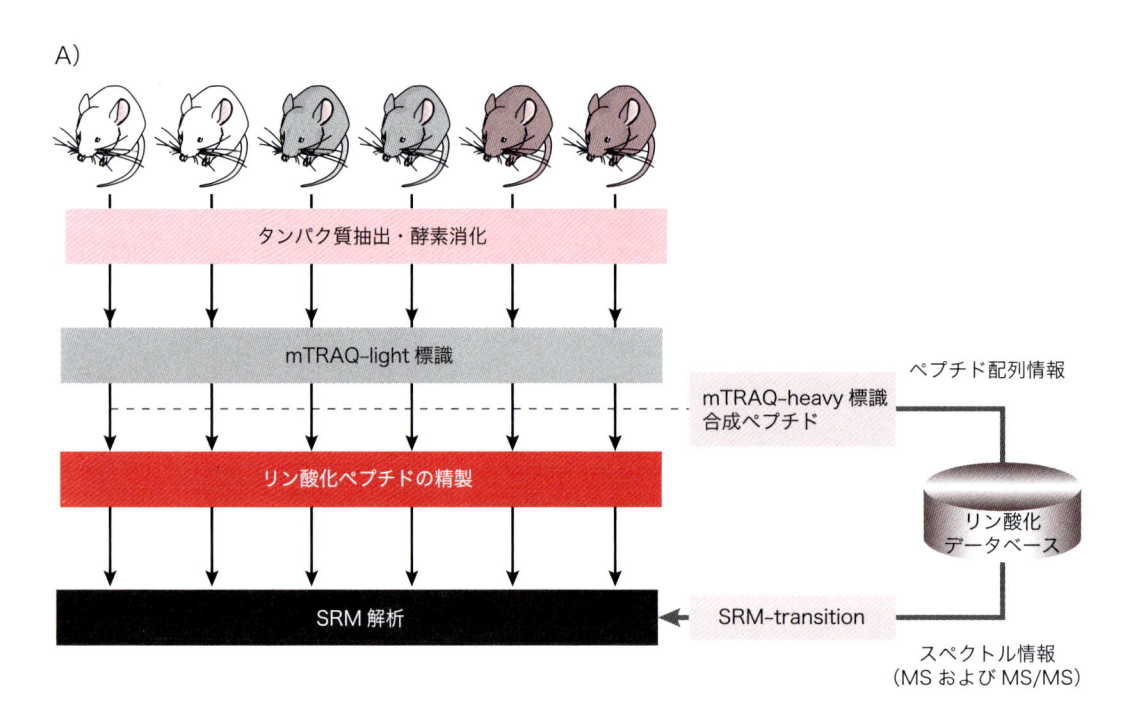

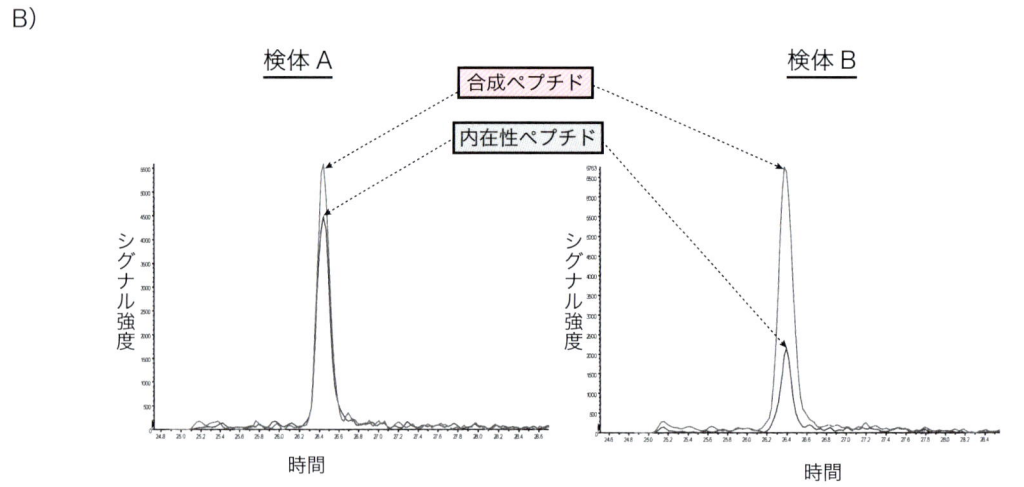

図3 SRM法を用いたリン酸化の定量解析

A）SRM法を用いることでリン酸化ペプチドを正確かつハイスループットに解析することが可能である．標的ペプチドはiTRAQ法を用いた網羅的解析から選定し，あらかじめ合成ペプチドおよびSRM測定のためのSRM-transitionの作成を行っておく．検体から抽出したタンパク質を酵素消化後，mTRAQ-light試薬にて標識する．あらかじめmTRAQ-heavy標識を施した合成リン酸化ペプチドを各試料に一定量混合した後，リン酸化ペプチドの精製を行い，SRM法による定量解析を行う．B）合成リン酸化ペプチドおよび内在性（検体由来）のリン酸化ペプチドは質量以外同じ物性をもっているため，完全に同時に溶出される．試料由来のペプチドのシグナルは合成ペプチド由来のシグナルとの比で正規化することができるので，複数検体間の正確な定量比較が可能である

実験の流れを図3に示す．試料からタンパク質を抽出・酵素消化してペプチド断片とした後に，mTRAQ-light試薬で標識し，mTRAQ-heavyで標識した合成リン酸化ペプチドを混合してから，IMAC等によるリン酸化ペプチドの濃縮後，SRM解析を行う．ここでは，内部標準として合成リン酸化ペプチドを一定量添加しているので，内部標準ピークと内在性リン酸化ペプチドのピーク強度比は検体間で比較可能な定量値となる（図3B）．1検体の分析には通常60分程度を必要とするが，SRM法では1回の分析で数百成分の同時検出が可能であるので，ウエスタンブロットと比較するとはるかにハイスループットである．われわれのルーチンの解析では20 μg相当の試料からEGF受容体のリン酸化も十分に検出可能であり，ウエスタンブロットと同等かそれ以上の感度を有する分析技術である．

3 展望

本稿ではマウスなどの実験動物の解析にも適用可能な定量リン酸化プロテオミクスについてわれわれが構築した方法を紹介した．われわれがプロテオミクスに着目した理由は，冒頭でも述べたように逆遺伝学的アプローチの限界を補完するための解析法となりえるのではないかという期待からであった．10年ほど前，われわれが作製したあるキナーゼのノックアウトマウスは明白な表現型を示すにもかかわらず，その基質が不明なため，表現型を説明できる分子機構を提示することができなかった．それからプロテオミクスの世界に足を踏み入れたわけであるが，すぐに夢と現実のギャップを痛感させられた．当時の技術では網羅性があまりにも低く，微量タンパク質の検出はほぼ絶望的な状況であった．しかしながら，地道な技術開発は必ず実を結ぶものであり，「キナーゼノックアウトマウスのリン酸化プロテオーム解析による基質探索」はもはや絵空事ではない．

このようにプロテオーム研究はさまざまな工夫によって網羅性を獲得し，真に生命科学へ貢献できる大規模解析法としての地位を確立しつつある．ただし，数百から数千のタンパク質の定量的な情報が一度に得られるようになったものの，そのスループットはトランスクリプトーム解析などと比して相変わらず見劣りする状況である．質量分析計を基盤とした方法論は網羅性とスループットがトレードオフの関係にあり，網羅的な解析をさまざまな条件下（＝機能的解析）で行うことは物理的に困難である（質量分析計を数十台並べれば可能であるが）．今後，プロテオーム解析が他の方法では成しえない価値ある研究法としての地位を築くためには，得られた大規模データから有効な情報を引き出すためのインフォマティクスの整備に加え，大規模データの信頼性を効率よく検証する方法論の構築が急務である．本稿で紹介したようなiTRAQ法のようなスクリーニング的な解析法とSRM法を用いたターゲット・プロテオミクスの連携が，プロテオーム研究を大いに推進することを期待しつつ今後の動向を見守りたい．

文献

1) Ficarro, S. B. et al.：Nat. Biotechnol., 20：301-305, 2002
2) Oda, Y. et al.：Nat. Biotechnol., 19：879-882, 2001
3) Salomon, A. R. et al.：Proc. Natl. Acad. Sci. USA, 100：443-448, 2003
4) Beausoleil, S. A. et al.：Proc. Natl. Acad. Sci. USA, 101：12130-12135, 2004
5) Sugiyama, N. et al.：Mol. Cell. Proteomics, 6：1103-1109, 2007
6) Olsen, J. V. et al.：Cell, 127：635-648, 2006
7) Dephoure, N. et al.：Proc. Natl. Acd. Sci. USA, 105：10762-10767, 2008
8) Liam, J. et al.：Science, 325：1682-1686, 2009
9) Ong, S. E. et al.：Mol. Cell. Proteomics, 1：376-386, 2002
10) Krüger, M. et al.：Cell, 134：253-264, 2008
11) Ishihama, Y. et al.：Nat. Biotechnol., 23：617-621, 2005
12) Unwin, R. D. et al.：Mol. Cell. Proteomics, 4：924-935, 2005

第Ⅰ部 原理編

④ 細胞表面タンパク質の大規模同定と定量法

長野光司

一般的に実施可能な細胞表面タンパク質の大規模同定法は2つある．1つは細胞表面タンパク質をビオチンラベルした後，アビジン樹脂を用いて精製する方法，もう1つは細胞表面の糖タンパク質をヒドラジド樹脂を用いて捕捉し，精製する方法である．どちらもLC-MSによる大規模同定と定量法を組み合わせることによって200程度の細胞表面タンパク質の同定と定量が可能となっている．これらの手法は細胞表面タンパク質の大まかな全体像とその変動を俯瞰することができるので，抗体医薬の標的やバイオマーカーなど1つの興味深い分子の探索に利用できるだけでなく，発現している細胞表面タンパク質群の特徴と薬剤応答性との関連を解析するといったことへの応用も想定できる．

1 技術開発の歴史と現状

細胞膜タンパク質は脂溶性が高く，溶けにくいことや発現量が少ないと信じられていることから，その解析は一般的に難しい．特定のタンパク質を濃縮し，ウエスタンブロッティングなどで検出するのであれば，細胞膜タンパク質を超遠心などで粗分画して，分析すればよいが，こうした方法で取得したサンプル中のタンパク質をLC-MSで同定してみると10％程度しか細胞膜タンパク質と知られているものがなかったりすることもあり，非常に純度が悪いことがわかる．

ビオチン試薬〔N-hydroxysuccinimide(NHS)-biotin〕はタンパク質のN末端およびリジン残基の側鎖の一級アミンと反応し，アミド結合を形成する．膜透過性のないビオチン試薬を細胞培養時に処理することによって，細胞表面タンパク質にビオチンを導入することができる．その後，アビジン-ビオチンの強固な結合を利用してビオチン化された細胞膜タンパク質，正確には細胞表面に露出する部位をもった膜タンパク質を回収することができる．質量分析計を用いたプロテオミクス解析が頻繁に行われるようになってからも，この方法によって細胞表面タンパク質を精製し，二次元電気泳動やLC-MSによって同定，定量することが行われた．しかし，この方法もLC-MSで分析してみると，純度は決して高くはないことがわかる．これはアガロースビーズ等に非特異的に吸着したタンパク質も一緒に同定されることによるためであり，同定されたタンパク質のおのおのが，ビオチン化された真の細胞表面タンパク質由来のものなのか，非特異的結合によって混入してきたものなのかを区別することはできない．こうした状態でプロテオミクス解析を実施してもたくさんのタンパク質を同定することはできるが，真の細胞表面タンパク質はあまり含まれておらず，同定タ

ンパク質が本当に細胞表面に局在するのかといったことを確認するのに多くの手間と時間を要してしまうため，実用的とは言い難かった．

礒辺らのグループはこのビオチンラベルを利用して，ビオチン化タンパク質ではなく，タンパク質をトリプシン消化後，ビオチン化ペプチドを精製し，LC-MSによって同定した[1]．この方法だとリジンがビオチン化されたペプチドとして同定できることから，真の細胞表面タンパク質リストを得ることができる．この方法によってES細胞の細胞表面タンパク質300程度が同定された．また同定タンパク質の70％程度が細胞膜あるいは分泌タンパク質であることが知られているタンパク質だった[1]．これによってES細胞で初めての細胞表面タンパク質リストが作成された．

一方，Aebersoldらのグループは，糖を酸化して環状構造を開裂させると，ヒドラジドと共有結合させることができることを利用して，糖タンパク質を回収する方法を確立していた[2]．細胞表面タンパク質はN型糖鎖修飾を受けていることが多いことから，彼らはこれを細胞表面タンパク質精製のための手段として利用した．細胞表面の糖タンパク質を酸化し，ビオチン-ヒドラジドと共有結合させて，アビジン精製し，N-グリコシダーゼによってN型糖鎖修飾を受けたペプチドを選択的に切り出し，LC-MSで同定する．この方法を用いて，ES細胞の細胞表面タンパク質を300程度同定，定量した[3]．またビオチンをマウスの血管に還流させて，血管が到達する細胞表面タンパク質を担がんマウスから精製して同定した例も報告されている[4]．その後，この標的に対する抗体を作製し，放射線ラベルしたものを投与するラジオイムノセラピーによって，動物モデルだけでなく患者にも薬効があることを示した[5]．こうしたモデル動物を用いた標的探索は生体内での反応を反映している可能性が高いので非常に有用であるが，動物を用いた専門的で高度な技術を必要とするため，一般的に利用されるようになるのは難しいだろう．一方，上記2つの方法は実際にわれわれのところでも実施可能となっており，一般的に普及しうるものと考えられる．

そこで本稿では，細胞表面タンパク質の大規模同定法として，ビオチンラベルを利用した方法と糖タンパク質捕捉による方法を解説する．

2 解析の原理

1）ビオチンラベルを用いた細胞表面タンパク質同定

解析の流れを図1に示した．まずアミノ基と反応するビオチン試薬を利用し，リジン残基をラベルする．培養細胞をビオチン試薬中でインキュベートすれば，簡単にラベルすることができる．次にビオチンラベルした細胞を細胞溶解液に溶かして，タンパク質を抽出し，軽く遠心して細胞塊等を除いた後，超遠心によって膜画分を取ってくる．アセトン等で脱脂後，タンパク質をUrea溶液に溶かして，還元アルキル化，トリプシン消化を行う．ビオチン化ペプチドを含むペプチド混合物をアビジンカラムにより精製し，溶出後，LC-MSで分析する．検索条件にリジンのビオチン化を設定して検索し，ビオチンがついたペプチドのみをヒットペプチドとする．こうして確かにビオチン化されたペプチドのみを同定することができる．われわれのところではこの方法によって10^8程度の細胞からビオチン化ペプチドを調製し，LTQ-Orbitrap[※1]で分析することによって200〜300の細胞表面タンパク質を同定することができる．このうち70％程度は細胞膜あるいは分泌タンパク質であることが知られているものになる．

※1 **LTQ-Orbitrap**
サーモフィッシャーサイエンティフィック社が開発したハイブリッド型（イオントラップ－フーリエ変換イオンサイクロトロン共鳴型）の質量分析計．高感度かつ高分解能で質量精度は10ppm以下であるため，正確なタンパク質同定ができるうえ，1回の分析での同定数も多い．

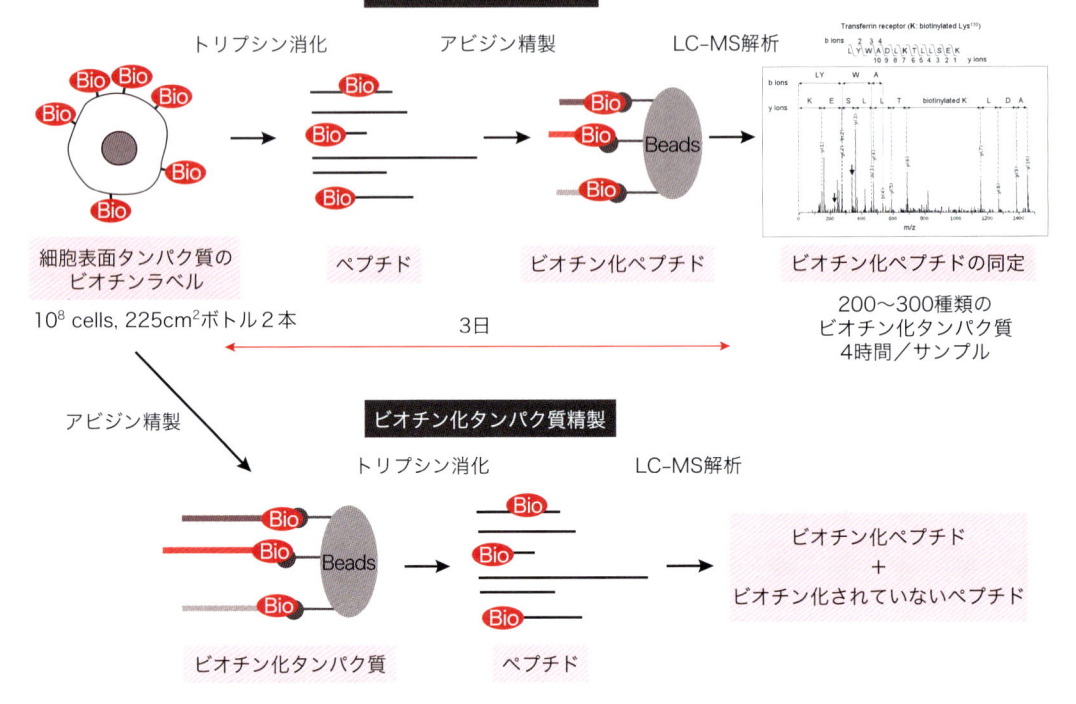

図1　ビオチンラベルによる細胞表面タンパク質同定法のワークフロー
　細胞をNHS–ビオチンでラベルした後，トリプシン消化して，アビジン精製，LC–MSによりビオチン化ペプチドを同定する（上段）．一方，ビオチン化タンパク質精製では，ビオチンラベル後，アビジン精製，トリプシン消化して，LC–MSによりタンパク質を同定する．1つのタンパク質の中でビオチンラベルされるのは細胞外に露出したN末端およびリジンを含むペプチドだけなので，大部分はビオチン化されていないペプチドを同定することになる

　一方でビオチン化ペプチドとして同定されているにもかかわらず，ヒストンやケラチンなど細胞膜局在することが知られていないものも含まれることが多い．このうちの一部はもしかしたら本当に細胞表面に局在しているのかもしれないが，この方法でも完璧に細胞表面タンパク質だけを取ってくることができるわけではないと考えている．この原因を明らかにするのは難しいが，例えば死細胞や死にかけていて膜透過性が上がってしまっているような細胞内のタンパク質がビオチンラベル中にラベルされたりすることも想定される．

　スループットはLC–MS分析するサンプル調製に3日かかり，LC–MSは1サンプルにつき4時間弱かけて分析を行っているので，大雑把にいって，1台のLC–MSで1週間に10サンプル程度の分析が現実的に可能となっている（この分析専用にできるのであれば最大で30サンプル）．

2）糖タンパク質捕捉による細胞表面タンパク質同定

　解析の流れを図2に示した．細胞表面タンパク質に付加されている糖鎖を酸化し，環状構造を開いたところにヒドラジドが共有結合する反応を利用する（図2）．細胞を酸化剤で反応させた後に回収し，細胞溶解液に溶かした後，ヒドラジド樹脂と結合させる．Aebersoldらは膜透過性のないビオチン–ヒドラ

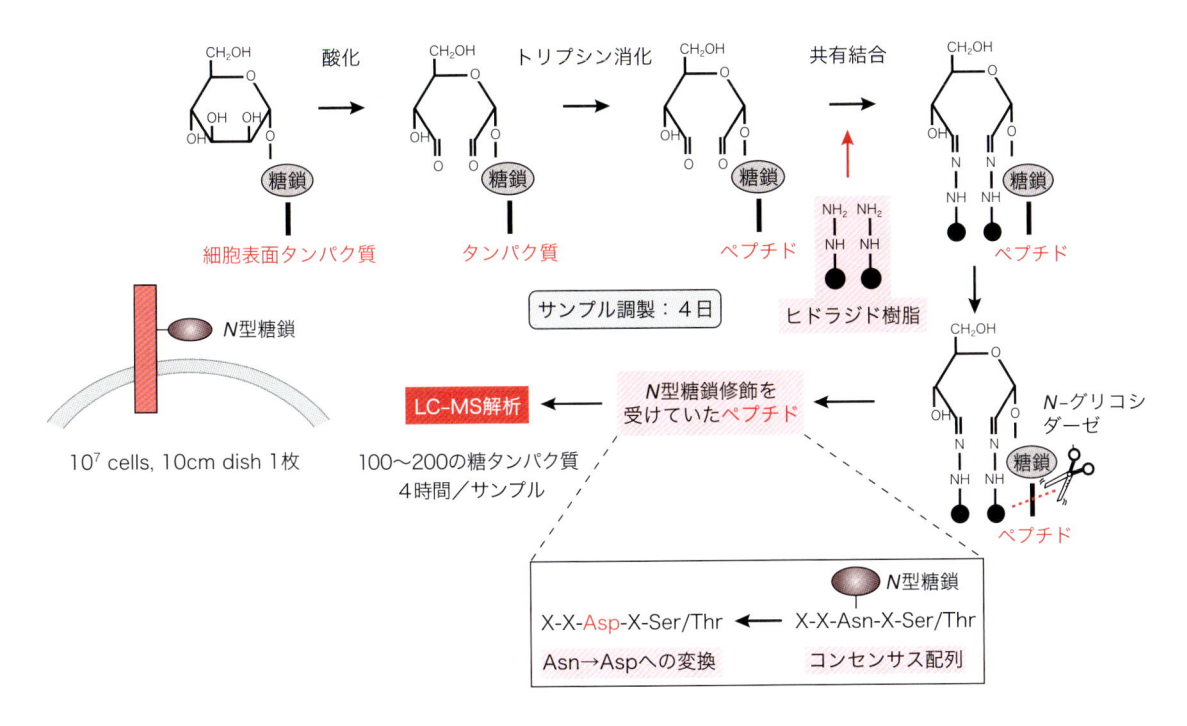

図2 糖タンパク質捕捉による細胞表面タンパク質同定法のワークフロー

細胞表面タンパク質はN型糖鎖修飾を受けていることが多い．これを利用して，細胞を酸化剤処理して，細胞表面タンパク質に付加されている糖鎖の環状構造を開く．トリプシン消化によってペプチドとした後，ヒドラジド樹脂を用いて，糖鎖のついたペプチドを精製する．N-グリコシダーゼによってN型糖鎖が付加されたペプチドを切り出して，LC-MSで同定する．N-グリコシダーゼ処理したときN型糖鎖が付加されるアスパラギンはアスパラギン酸に変換されるので，LC-MSデータをデータベース検索する際に，この条件を設定して，N型糖鎖修飾を受けていたペプチドだけを同定する

ジド試薬（Biocytin Hydrazide）を用いて細胞表面糖タンパク質をビオチン化した後，アビジン精製する手法を発表しているが[3]，われわれは酸化剤を細胞に処理して，そのままトリプシン消化，ヒドラジドと反応させるという簡便な方法で行っている（図2）．ここでもタンパク質を捕捉する方法とペプチドを捕捉する方法があるが，ここではペプチドを捕捉する方法を紹介する（図2）．

まず細胞溶解液をMeOH/CHCl$_3$沈殿によってタンパク質を沈殿させた後，Urea溶液に溶かし，還元アルキル化，トリプシン消化を行う．酸化されたペプチド混合物はヒドラジド樹脂と反応させて，その後，洗浄する．共有結合しているため，高濃度の塩やMeOH，アセトニトリルなどを用いて洗浄する．その後ヒドラジド樹脂をN-グリコシダーゼ処理し，N型糖鎖のみを選択的に切断し，N型糖鎖がついていた糖ペプチドのみを回収して，LC-MSにより同定する．N-グリコシダーゼで切断される際に，糖鎖がついていたAsnからAspへの変換が起こるので，データベース検索の際にはこれを条件に入れる．Asn→Aspへの変換が起こったペプチドでかつN型糖鎖のコンセンサス配列（N-X-S/T）をもつものだけをヒットペプチドとする．われわれのところでは10^7程度の細胞から糖ペプチドを調製し，LTQ-Orbitrapで分析することによって100～200の糖タンパク質を同定することができる．このうち9割以

上は細胞膜あるいは分泌タンパク質であることが知られているものとなる．スループットはLC-MS分析するサンプル調製に4日かかり，LC-MSは1サンプルにつき4時間弱をかけて分析を行っているので，大雑把にいって，1台のLC-MSで1週間に10サンプル程度の分析が現実的に可能となっている（この分析専用にできるのであれば最大で24サンプル）．

3 本技術でわかること

1) 細胞表面タンパク質の大まかな全体像の把握

LC-MSを用いた分析はペプチドごとにイオン化のされやすさが異なったり，トリプシン断片の大きさがMSでの測定範囲内に入るかどうかといったことによる違いはあるものの，おおむね発現量が高いものから同定されていくと考えられる．したがって上記2つの技術によって発現量の高い200〜300の細胞表面タンパク質を決定し，量的変動を解析することができる．

前述のように礒辺らのグループは細胞表面タンパク質をビオチン化し，ビオチン化ペプチドを精製，Q-TOFを用いたLC-MSで同定する手法でES細胞の細胞表面タンパク質を300程度同定した[1]．その結果，ES細胞に特徴的な細胞表面タンパク質が存在するというよりもむしろ，血球系や神経系に多く発現していることが知られているさまざまな分子を併せもっていることがES細胞の特徴となっていることが明らかとなった．このように細胞表面タンパク質の大まかな全体像を捉えた結論を得ることが可能となる．

われわれのところでもこの実験方法を簡便化して，LTQ-Orbitrapにより分析することによって，1回の分析で200〜300のタンパク質を決定することができる．特別なLC-MSの定量法を組み合わせなくても同定リストが得られれば，それに付随するスペクトラルカウント（同定ペプチドのMS/MSされた回数）によって大雑把な量の見積もりはできるので，この方法によってある細胞株の細胞表面タンパク質の大まかな全体像が明らかになる．

2) 細胞表面バイオマーカー，抗体医薬の標的探索への応用

上記2つの手法は細胞表面バイオマーカー探索や抗体医薬の標的探索への利用が可能である．特に抗体医薬は細胞膜を透過させることが難しいため，原則的にはその標的は細胞外に露出した部分をもつ細胞表面タンパク質に限られる．抗体医薬にはリガンドとレセプターの結合を阻害することによるシグナル遮断のほかに，特にがんに対する医薬品としては抗体依存性細胞傷害（antibody-dependent cell-mediated cytotoxicity：ADCC）による生体内の免疫反応を利用してがん細胞を殺す機構を誘導することによるものが多い．ADCCを誘導する抗体医薬の標的は発現量が比較的多い．前述のとおり，LC-MSによる解析は発現量の多いものから同定されて，細胞表面タンパク質の同定数は200〜300にとどまるのだが，発現量が一定量以上あることが必要な創薬標的は同定リストの中に含まれることが十分期待できる．実際にHER2やEGFRなど抗体医薬の標的分子は頻繁に同定される．

❖ **細胞表面での発現に特徴的な違いのある分子の同定**

タンパク質発現量の変動はmRNAのように大きくないので，ある細胞や刺激に応じて特徴的に変動するような分子を探索する場合は2倍程度の変動解析を行いたい．しかし，スペクトラルカウントの精度は低いため，こうした変動解析には向いていない．したがって，単に同定リストを得るだけでなく，これにSILACあるいはiTRAQ，TMTといったLC-MSの定量法を組み合わせる必要がある（第Ⅰ部-2, 3参照）．定量法を組み合わせることによって同定数が減ってしまう傾向はあるが，これによって，同定と同時に精度の高い定量が可能となり，細胞表面上での発現が特徴的な分子，すなわちバイオマーカー候

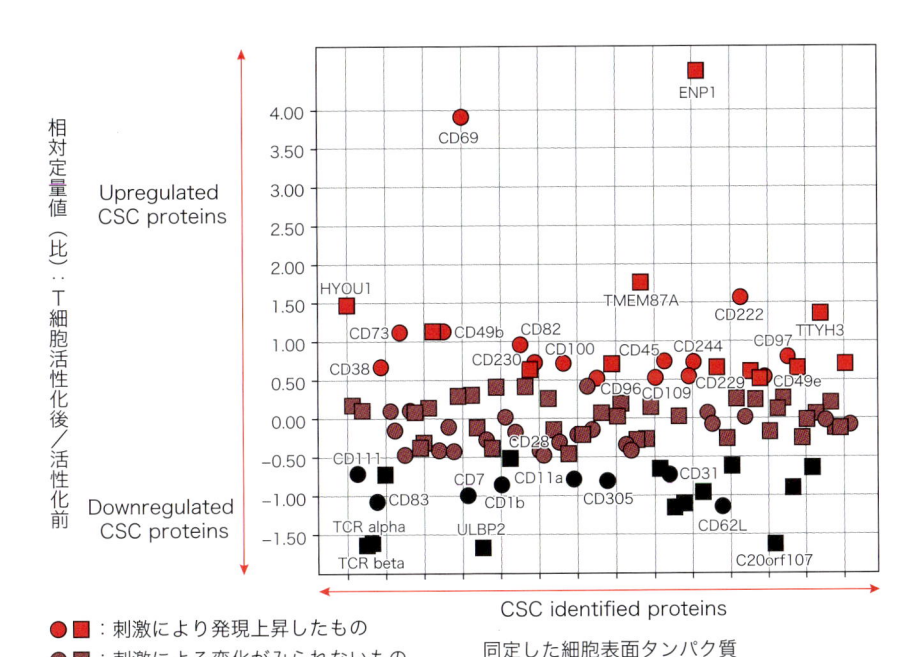

図3 T細胞活性化前後の細胞表面タンパク質の量的変動
文献3より引用

● ■：刺激により発現上昇したもの
● ■：刺激による変化がみられないもの
● ■：刺激により発現低下したもの

補などを探索することができる．

　Aebersoldらのグループは糖タンパク質捕捉の手法（Cell Surface Capture）と相対定量法（SILAC）を組み合わせてT細胞の活性化に伴う変動を解析し，1回の分析で100程度の細胞表面タンパク質を同定し，定量した．この結果，CD69やTCRといった既知の分子の変動だけでなく，新たにいくつかの分子が大きく変動することが明らかとなった（図3）．同様にして，前述のようにMSクロマトグラムの強度値を用いてES細胞の神経系への分化誘導に伴う量的変動の解析も行い，300程度のタンパク質を同定し，定量した[3]．

❖細胞表面タンパク質ヒートマップの作成とその利用

　さまざまな細胞株における細胞表面タンパク質のプロファイリングを行い，ヒートマップ[※2]を作成することによって多くの情報を得ることができる．われわれはビオチンラベルを用いた手法で40種類のがん細胞株をプロファイリングした．前述のとおり，スペクトラルカウントによって大まかな発現量を見積もることができるので，どの細胞でどの細胞表面タンパク質の発現が高いかといったことが明らかになる（図4）．こうして取得したデータはがん細胞の分類に使ったり，がん細胞のもつ変異や遺伝子発現，そして薬剤応答性との関連を解析するのに利用することも想定できる．薬剤が効く細胞と効かない細胞がどう違うのかということが細胞表面タンパク質の発現によって分類されるとすれば，薬剤応答性のマーカーの発見に繋がる．また標的の発現が細胞株ごとにどう違うのかといったこともヒートマップがあれ

※2　ヒートマップ

発現量などの数値データを色の濃淡で表示したもの．色が濃くなるほど，数値データが大きいものとして表現されることが多い．図4では縦軸に個々の同定タンパク質，横軸に解析した細胞株を並べ，それぞれのスペクトラルカウントの値を色の濃淡で表示した．どの細胞株でどのタンパク質の発現が高いかを俯瞰することができる．

4）細胞表面タンパク質の大規模同定と定量法

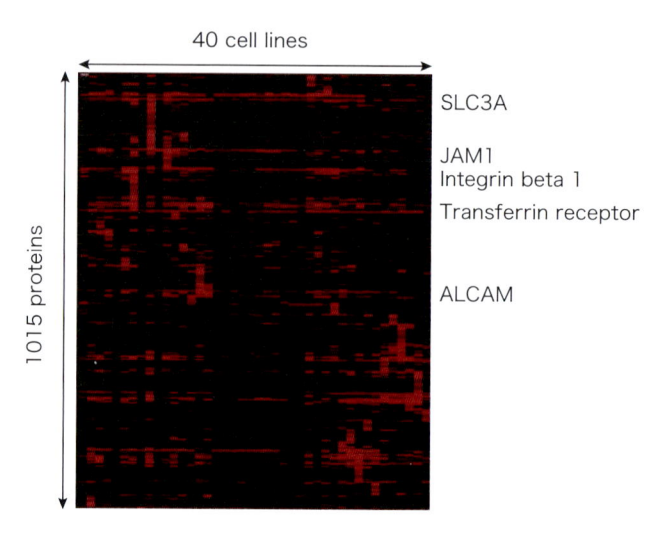

図4　40種類のがん細胞株の細胞表面タンパク質ヒートマップ
　　　　40種類のがん細胞株を用いてビオチンラベルによる細胞表面タンパク質同定を行い，同定ペプチド数をもとにヒートマップを作成した．これによりどの細胞表面タンパク質がどの細胞でどのくらい発現しているのかを見積もることができる

ば，すぐに調べることができる．例えばEGFRを標的として想定した場合，EGFRの発現が高い細胞を選んでくることができるため，薬効を調べるうえで適した細胞株を選択することもできる（図5）．つまり一度データベースを構築すれば，これらの情報を毎回実験することなく，in silicoで取得することができるようになる．

　ヒートマップを作成する際にもどの定量法を使うのかは重要な鍵となる．前述のとおり，2倍程度の変動を解析できるくらいの定量精度を求めるのであれば，安定同位体を用いた手法を導入する必要がある．ただ，これらの手法は絶対的な定量ではなく，あくまで相対定量なので，基本的にはサンプルXとYの比較ということになる．安定同位体の種類を増やし，8種類などの比較解析もできるようになってきているが，数には限りがある．また分画しない限りは1回のLC-MSで分析できるサンプル量は数μgなどといった上限があり，解析する（混合する）サンプルの種類を多くすればするほど，1つのサンプルを分析できる量が減るので，結果として同定タンパク質数が減ってしまう可能性があることは留意しておかなければならない．さらにどれをコントロールとするかも大きな問題となる．MSピーク（あるいはMS/MSピーク）をペアで見つけて比較定量するのが安定同位体ラベルによる定量法なので，片方で見つからない場合は適切な数値がとれないことになり，異なる実験間の比較はできないことになる．したがって，相対定量法は細胞に刺激を与えたり，薬剤処理によって変動するタンパク質を探索する際には大きな強みを発揮するが，多検体間の比較，例えば多数の正常細胞とがん細胞間の比較などに用いるのは難しい．

　こうしたなかで近年注目を集めているのがSRMを用いた絶対定量法である（第I部-8参照）．これはある細胞でどのくらいの量を発現しているかという絶対量を測定，もしくは見積もるため，取得したデータを蓄積し，多検体間で比較することが可能となる．

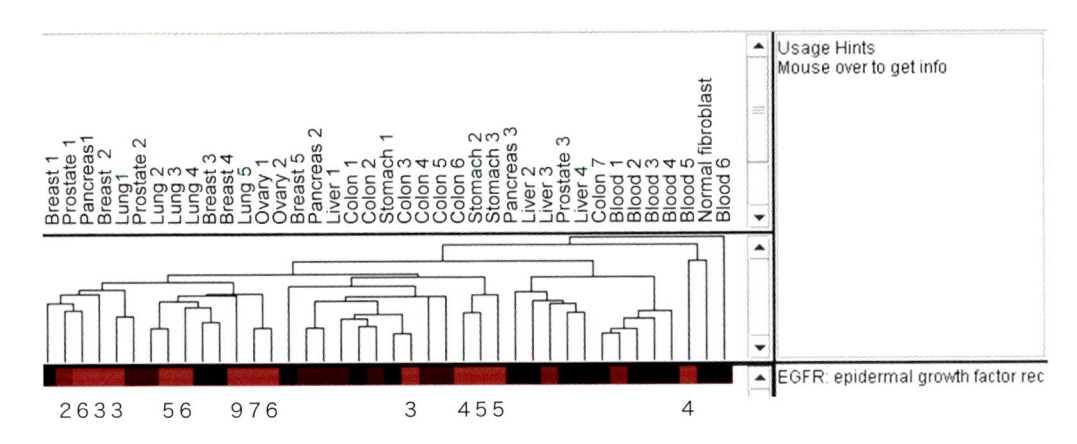

図5　EGFRの各種がん細胞株における細胞表面での発現パターン
数値は同定したペプチド数を示しており，多いほど発現量が高い

4　展望

　本稿で紹介したビオチンラベルと糖タンパク質捕捉による細胞表面タンパク質同定の2つの方法はLC-MSの分析系を確立していれば，比較的簡単に実施が可能であり，特に細胞株を用いた実験には有力な手段となる．しかし，培養細胞はあくまで不死化して，成育しやすいように選ばれた，実験のしやすいモデル系であり，実際の臨床での動態とは大きな隔たりがある．創薬研究を進めるうえで，より生体内での動態に近いと考えられている動物モデルでの解析のニーズは高いため，こうしたサンプルでの解析が可能か否かという点はこれからますます重要になってくる．ビオチンラベルの方はマウスの血管にビオチン溶液を還流させて，精製する手法が報告されてはいるものの，基本的には培養細胞向けの技術であり，動物モデルでの解析は難しい．組織中の細胞を破壊することなく，すべての細胞をビオチンラベルできればよいのだが，そうしたプロトコールは報告されておらず，困難が予想される．一方，糖タンパク質捕捉法は動物の組織を用いた細胞表面タンパク質解析の実施例もあるため[3]，今後も有力な手法の1つとなっていくと思われる．

　またスループットも重要である．同じサンプルを何度も分析すればある程度まで同定数を増やすことはできるが，多種類のサンプルを解析し，ヒートマップを作成することは有力な手段となることを考えると，そこそこの同定数であってもスループットを上げて，できるだけ多くのサンプルを分析できる方が望ましいことが多い．したがって，1回の分析でどのくらい同定できるかが重要である．タンパク質・プロテオミクス解析はまさに日進月歩でいまだに技術レベルも進歩しているので，同定数はこれからも上がっていくと思われる．したがって，情報収集を怠らず，日々変化していく状況に合わせて，必要と思われる新しい技術を内部に取り込んでいく必要がある．一方，すでに本稿で紹介したようなことは実施できるようになっているので，現在のベストの方法でニーズに応じてタイムリーに解析することも，この技術を何かに役立てるには重要なのかもしれない．

文献

1) Nunomura, K. et al. : Mol. Cell. Proteomics, 4 : 1968-1976, 2005
2) Zhang, H. et al. : Nat. Biotechnol., 21 : 660-666, 2003
3) Wollscheid, B. et al. : Nat. Biotechnol., 27 : 378-386, 2009
4) Roesli, C. : Nat. Protoc., 1 : 192-199, 2006
5) Sauer, S. et al. : Blood, 113 : 2265-2274, 2009

5 ケミカルプロテオミクス
―薬剤結合タンパク質の同定法

小田吉哉

現在，世界中の製薬会社で研究の生産性が低下している．よって薬剤候補化合物を詳細に吟味することがますます重要になってきている．薬剤の多くはタンパク質に対して直接作用する．そこで化合物のアフィニティーカラムをつくって，それに結合するタンパク質を同定できれば，想定している標的以外の分子でも見つけることができる．一番の課題は非特異的に結合するタンパク質が数多くあるなか，いかにして標的分子を見出すことができるかである．現在さまざまな手法が提案されているが，いずれの方法でも標的分子の発現量が少なければ難易度が高くなる．しかし標的分子をすべて明らかにできれば，副作用も含めた化合物の潜在能力がわかるかもしれない．

1 技術開発の歴史と現状

1990年代製薬業界ではコンビナトリアル合成によって得た化合物ライブラリーに High Through-put Screening（HTS）を行ってリード化合物を得るという手法がもてはやされた．しかしHTSで多用された in vitro での結合アッセイ評価の結果が必ずしも細胞内あるいはモデル動物での薬理活性と相関しないことが明らかとなってきた．また2000年を迎えるにあたりポストゲノム時代と騒がれはしたものの，関連した技術や情報の恩恵を創薬活動に反映しているとは言い難い．

この10年間では薬の研究開発費の増加に反比例するかのように成功確率が低下している．つまり新技術を使って病気の治療になりうる分子を探して，それを阻害する化合物を見つけるという流れがうまくいかなくなっている．よって最近では昔の創薬研究が見直され，まず疾患モデル細胞に対して表現型変化を引き起こす化合物を見つけるためのHTSシステムが構築されるようになった．この場合，活性をもつ化合物が見出されたならば，真の標的分子を確認する作業が必須となり，それが当初の想定分子とは異なることも珍しくない．ヒトは数万種類もの異なった構造をもつタンパク質を発現しており，翻訳後修飾や変異，アイソフォームを加味すればその数は数十万種類にもなる．しかしこれらを考慮しても薬剤の標的になりうるタンパク質は数千種類程度と考えられ，そのうち現在実際に標的になっているのは数百種類にすぎない．そこでアカデミアを中心にケミカルバイオロジーという分野が注目されて広まってきている．製薬市場ではイマチニブ（グリベック®）といった分子標的薬も登場してきているが，遺伝子操作のように，狙った標的を自由自在に操れるほど簡単・単純ではない．

最近ではある薬剤の作用機序が詳細にわかるほど，薬効発現が思いのほか複雑であることが明らかになりつつあり，たとえ分子標的薬でも標的分子は1種類ではないことが多いと考えられるようになってきた．副作用がその典型例ではあるものの，1つの薬剤が複数の標的に作用することは必ずしも悪いことではない．ある疾患にかかわるパスウェイ上の複数

の標的に作用する薬剤は，その効果が増強されることがあり，第二，第三の標的分子が全く別のパスウェイにかかわる場合は薬剤適用範囲への適用拡大も可能になりうる．特にがん領域におけるキナーゼ阻害剤などは特異性を追求するよりも，複数のキナーゼに対して阻害活性を有する薬剤のほうが臨床での効果が強い場合がある．したがって洗練された分子標的薬であっても，その作用点と薬理作用を広い視点で吟味することは重要であり，特に先入観をもたず系統的に薬剤の標的分子を明らかにすることは大変有用であろう．薬剤の特徴を知るためのマイクロアレイによる遺伝子発現解析は化合物のプロファイルを得る手法として定着しつつある．

化合物の標的分子を直接調べる方法としては，ファージ・ディスプレイ[1]，酵母3-ハイブリッドシステム[2]，酵母ハプロ不全のスクリーニング[3]，化合物に結合するタンパク質を同定するケミカルプロテオミクスがある．ファージ・ディスプレイは提示されるタンパク質が実際の標的タンパク質と異なっている危険性がある（翻訳後修飾や複合体形成など）．酵母3-ハイブリッドシステムについても哺乳類細胞と環境が異なっている可能性がある．最近では酵母ではなく哺乳類細胞での実施例もあるが，普遍性としてはまだ十分ではない．酵母ハプロ不全のスクリーニングは二倍体生物である酵母において，約6,000株のヘテロ接合型（それぞれ単一遺伝子の1コピーが欠損）を用意して，化合物に対して感受性を上げる遺伝子を探す方法である．しかし大前提として酵母と哺乳類との間でタンパク質の配列が保存されている必要がある．一方，ケミカルプロテオミクスでは疾患モデルとしてのヒト細胞や実際の疾患ヒト組織を用いることができる利点がある．よって本稿では，ケミカルプロテオミクスに焦点を当てることにする．

2 解析の原理

1）ケミカルプロテオミクスの種類

ケミカルプロテオミクスは大きく3つに分けることができる．①プロテイン・マイクロアレイ．精製したタンパク質を数百〜数千種類並べてアレイ上に固定化して，目的の化合物がどのタンパク質に結合したか検出する方法[4]．②酵素が活性化状態にあるときのみ化合物が活性中心に求核反応によって共有結合することを利用して，その酵素の活性状態を調べると同時に，ビオチン標識などと組み合わせることで一連の酵素ファミリーを網羅的に解析できるActivity-based probe profiling（ABPP）[5]．③化合物をカラムに固定化するか，化合物にビオチンタグを結合させて，化合物アフィニティーカラムとして化合物に可逆的に結合するタンパク質を同定する方法．

①では数多くのタンパク質を揃えることが大変であるが，それが可能であれば，どのタンパク質も同じ量だけアレイ上にあるため，どのタンパク質に化合物が最も多く結合したかわかりやすく高速分析が可能である．化合物の検出には放射性元素標識や蛍光色素標識が使用されるが，アレイをそのままMALDI-MSで測定する方法もある．しかしタンパク質の修飾や変異が重要だったり，細胞内では通常タンパク質は複合体をつくっているためアレイ上での性質と異なっていたり（細胞内では複合体形成により化合物結合部位が隠されたり），アレイに固定化する際にタンパク質が変性したりして，真の標的分子が見つからない可能性がある．

②では化合物プローブに蛍光色素などで標識しておくことで結合（＝活性）状態を検知することができ，また共有結合した分子のみ調べるため，特異性が高いことが特徴である．そして一連の酵素群の発現量・活性化状態を測ることができるため，例えば病態モデル別に特定の酵素群の活性化状態を比較す

ることができる．しかし適応可能なタンパク質群は限られていることと，薬剤として考えた場合，ABPPが可能な構造をもつ薬剤はきわめて少ない．そこでここでは化合物を中心に見ることを考えて，③のケミカルプロテオミクスに焦点を当てて紹介したい．

2）アフィニティーカラムを用いたケミカルプロテオミクスの利点と欠点

化合物が反応性に富んだ一級アミノ基やカルボキシル基，水酸基を有する場合は直接カラムに，もしくは構造活性相関のデータから化合物の活性に変化を及ぼさない部位にビオチンタグあるいはスペーサーを介してカラムに固定化し，細胞あるいは組織抽出物を流して化合物に結合するタンパク質を集めるアフィニティー手法は古くから行われてきたが，質量分析とデータベース，この両者を結びつける検索エンジンの充実によってタンパク質の同定が感度と速度の点で飛躍的に向上したため，ケミカルプロテオミクスとして再び注目されるようになった．この手法の利点は，未知タンパク質の機能解明の足がかりになること，組換えタンパク質などをあらかじめ用意する必要がないこと，予備情報や仮説あるいは先入観を必ずしも必要としないこと，どのような細胞や組織試料でも適用できること，そして翻訳後修飾や変異などを考慮せずに分析できることであろう．

現時点での限界は，標的分子にもよるが一般に総タンパク質量として0.5～10 mg程度と比較的多くの出発材料を必要とすること，ある種の膜タンパク質が標的の場合，抽出操作の際に，膜タンパク質を抽出できない可能性があること（溶解していないなどのため），細胞外に取り出すことによって変性を受けやすいタンパク質は細胞内とは異なる挙動（化合物への親和性）を示すことがあること，発現量の多いタンパク質や疎水性の高いタンパク質，表面電荷の多いタンパク質などは，いろいろなアフィニティーカラムに対して大なり小なり結合するため，真の特異的結合タンパク質を見逃す危険性があること，そして化合物に直接結合するタンパク質だけでなく，そのタンパク質とともに複合体を形成するタンパク質も一緒に同定されうるため解析が複雑になることがある．

なおアフィニティーカラムから得られる情報は定量的ではないことと，アフィニティーカラムでの結合量とは，親和性と発現量とのバランスによるものであることから，各タンパク質に対する化合物のIC_{50}値と結合量は必ずしも相関しない．

3）夾雑物が混入する理由と対策

アフィニティーカラムの大きな課題は夾雑物をいかにして減らすかである．時としてタンパク質がゲル担体やカラム基材に吸着することもあるが，多くの場合は化合物に結合している．また入念な構造活性相関研究によって適切な位置にスペーサーやタグを挿入しても，多くの場合は元の化合物よりも活性が低下するため，標的分子との作用が弱くなり，夾雑物の影響が大きくなる．標的タンパク質の局在があらかじめわかっていれば，その画分だけ集めてくることで夾雑物を減らすことができる．

具体的には化合物に細胞膜透過性の発色団を結合させるか放射性元素標識を行う．前者の場合なら細胞を生きたまま観察して局在を特定する，後者なら細胞小器官ごとに分画するか，ゲル濾過カラムで分子量別に分別する．しかし標的タンパク質の発現量が比較的少ない場合は，標識化合物がどこに局在しているか見極めることが難しくなる．なぜなら発現量が多いタンパク質への非特異的な結合についても（親和性は弱くても）観察されるからである．

さらに標的分子が複数ある場合も局在を見極めることが難しくなる．また蛍光色素などで標識する場合は，少なからず化合物の活性が低下し（標的に対する親和性が低下し），非特異的結合が増える可能性が大きくなる．そして夾雑物の混入について，おそらく最も大きな課題は，発現量が多いタンパク質はたとえ化合物に対しての親和性が弱くても，常にア

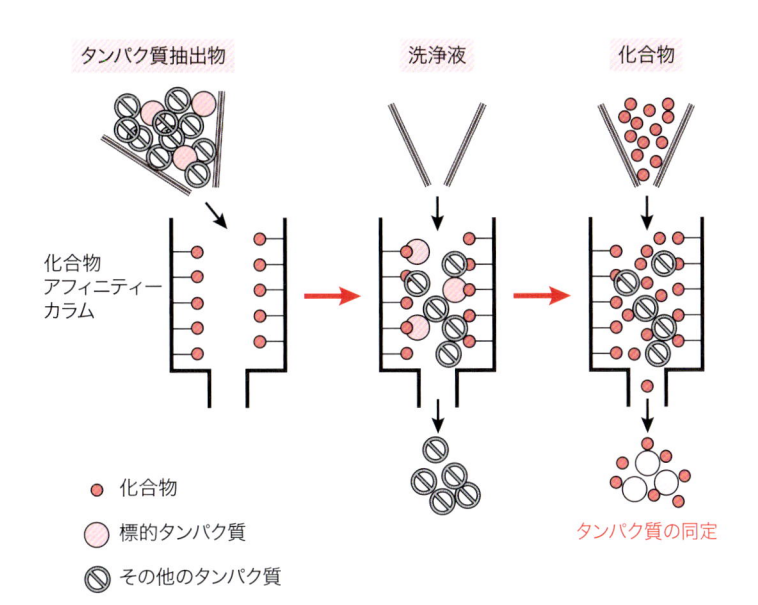

図1　化合物アフィニティーカラムを用いた標的タンパク質の競合的溶出法
化合物アフィニティーカラムに結合したタンパク質を溶出させるために，遊離の化合物を大量に流すことで標的分子を競合的に溶出させる．水溶液に対して化合物の溶解性が高いことが重要

フィニティーカラムにわずかながら吸着するということであろう．わずかとはいえ発現量が多いため，結果的にそれなりの量となる．よって標的分子の発現量が低い場合はノイズに埋もれてしまう．また細胞内において種々のタンパク質の運び屋タンパク質や足場タンパク質なども，標的タンパク質とともにアフィニティー精製されてくる．そもそもアフィニティー精製の場合，リガンドとなる化合物プローブが標的に対して大過剰に存在するため，必然的に標的以外のタンパク質が数多くアフィニティーカラムに吸着してくる．

4）標的タンパク質の溶出方法と原理

化合物と特異的に結合するタンパク質を見分ける方法として競合的溶出法がある．これはアフィニティーカラムとして固定化していない化合物を大量に流すことで結合タンパク質を競合溶出させる手法である（図1）．しかし現実的には化合物の水への溶解性はあまり高くないため適用が難しい場合が多い[6]．また標的分子によっては解離速度が遅いタンパク質もある．この場合，競合的溶出では，明確なピークとならない可能性もある（いわゆる"だらだらしたピーク"）．

これらの解決策としてアフィニティーカラムにタンパク質抽出物を流す前に，化合物をタンパク質混合物に加えることで溶解性を稼ぐことができる．化合物と結合したタンパク質はアフィニティーカラムに結合しないため，化合物添加の有無で差分を見つければよいことになる（図2）．

別の手法として化合物プローブと抽出物を混合する．次にその抽出物を新しい化合物プローブと混合する．すると発現量が多いタンパク質は両者に同様に結合するが，発現量が少ないタンパク質は前者の化合物プローブに結合するが，2回目の化合物プローブに対しては，すでに試料中にはないため結合しない．よって結合タンパク質の違いを見れば発現量の少ない標的分子を見出せる（図3）[6]．

また化合物と担体との距離が不十分であると化合

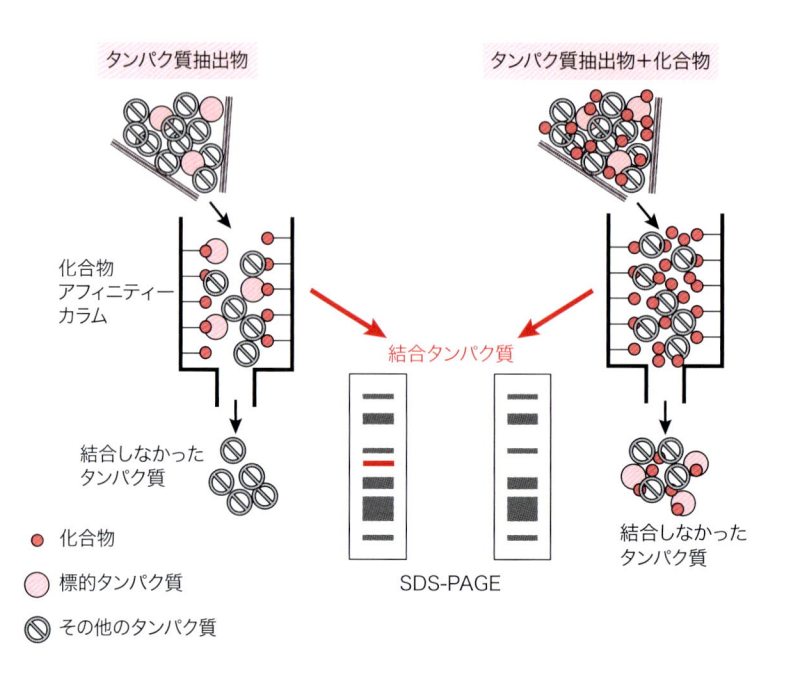

図2 化合物添加の有無で標的タンパク質を見出す方法

化合物アフィニティーカラムとタンパク質抽出物を混合する際に，大量の遊離化合物の有無で差異を見出す（SDS–PAGE 上の赤いバンドが標的分子）．図1の方法に比べると，大量のタンパク質が存在することで化合物の溶解性が高まる

物がタンパク質上の結合ポケットに入り込めないため，目的のタンパク質と結合できないこともある．このスペーサーについてはポリグリコールなど極性が高く，電荷をもたず，長いほどよいと考えられている．一般にATP結合部位はタンパク質の表面付近にあるが，ビオチンの結合部位はアビジンの奥深くにあるため，化合物をビオチンで標識した場合，長いスペーサーが必要になる．しかしスペーサーが長い場合，スペーサー自身が折りたたまれてしまって実用上の長さを稼げない場合もあるので注意が必要である．そこでスペーサーとしてポリ・プロリンを利用するとスペーサーがバネのような形で伸びるため，折りたたまれてしまう恐れはなくなるという報告もある[7]．またスペーサーに対してタンパク質が吸着するのを防ぐためにも，疎水性を減らし電荷をなくすことが常套手段となる[8]．しかしCoAファミリーやNADP(H)結合タンパク質は，キナーゼ阻害剤（ATP様化合物）などヌクレオチド様の化合物に結合しやすい[9]．アフィニティーカラムの洗浄条件など最適化すれば運良く標的タンパク質を見出せる場合もある．しかし標的分子の発現量が非常に少ない場合は，見失う危険性も高い．また標的分子に結合して複合体を形成するタンパク質情報から貴重な情報が得られる場合もあるが，洗浄によってこれらの情報を失うデメリットもある．したがって真の標的タンパク質を見出すためには，目的の化合物と物理化学的性質がよく似た，しかし活性が劇的に異なるネガティブ化合物を用意して，結合タンパク質の違いを見出すことが重要となる（図4）．

しかしながら必ずしも都合のよいネガティブ化合物が得られるわけではない．またアフィニティーカラム精製では標的に対して大過剰の化合物があるために，活性の違いが100倍以下では結果として結合タンパク質に違いが認められないかもしれない．そ

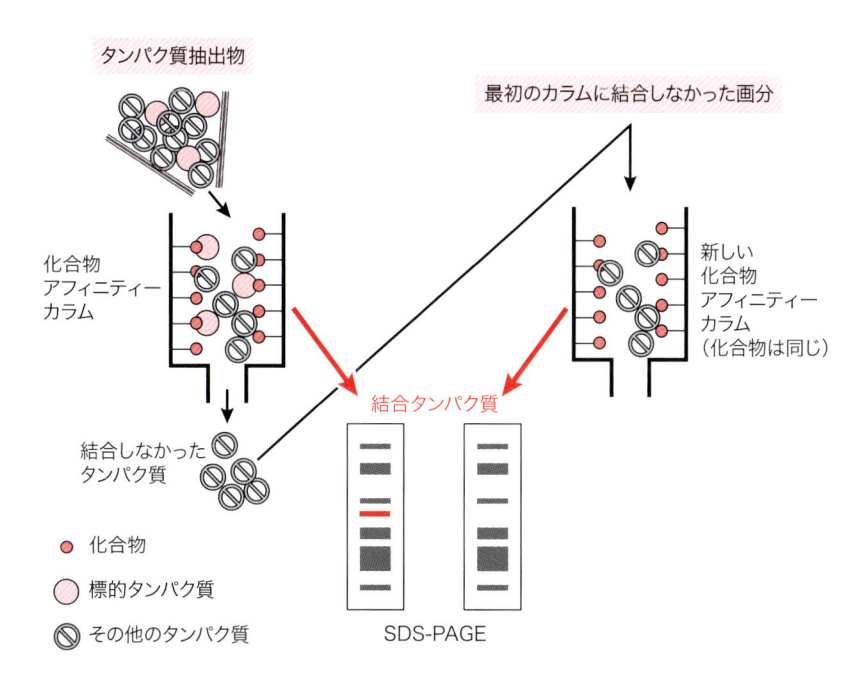

図3 アフィニティーカラムに2回流すことで標的タンパク質を見出す方法

非特異的に吸着するタンパク質は多量に存在し，標的分子は少量という仮定のもと，同じアフィニティーカラムを2本用意する（どちらも同じ化合物を固定化してある）．まず1本目のアフィニティーカラムで標的分子はすべてカラムに結合するが，非特異的に吸着するタンパク質は溢れ出る．1本目のカラムに吸着しなかった画分を2本目のカラムに流すと非特異的に吸着するタンパク質は1本目と同じように吸着する．しかし標的分子はすでに1本目のカラムに結合して消費されてしまっているので2本目のカラムにはない（少ない）．その後それぞれのカラムに結合したタンパク質の違いを見つける（SDS-PAGE上の赤いバンドが標的分子）

こで全く性質・活性が異なる化合物によるアフィニティー精製のデータがあれば，高頻度で登場してくる結合タンパク質は非特異的結合タンパク質要注意リストとして目印をつけることもできるであろう．ただしHSP90は高頻度結合タンパク質の1つであるが，抗がん剤の標的分子でもあるため必ずしも本命タンパク質ではないとは言い切れないので常に注意が必要である．

このように種々の工夫を凝らせば特異的結合を見分けることができるように思えるが，現実に結合タンパク質をSDS-PAGEで分析すると，ほとんどの場合，非特異的結合が多すぎて，どれが特異的結合かわからないことが多い．また本命タンパク質はSDS-PAGEで見えるほど量が多くないかもしれないが，質量分析の感度であれば検出できるかもしれない．そこで登場してきたのが安定同位体標識法である[10)11)]．これはもともと定量的プロテオミクスとして開発されたものであるが[12)]，特異的結合を見出す方法としても応用できる（図5）．また化合物を競合させるときに，その濃度を変えてあげれば，親和性の強さについての情報も得ることができる（図6）[13)]．

3 本技術でわかること

1）キナーゼ阻害剤や天然物の標的探索

ケミカルプロテオミクスの成功例の多くはキナーゼ阻害剤の第二，第三の標的分子探索にみることが

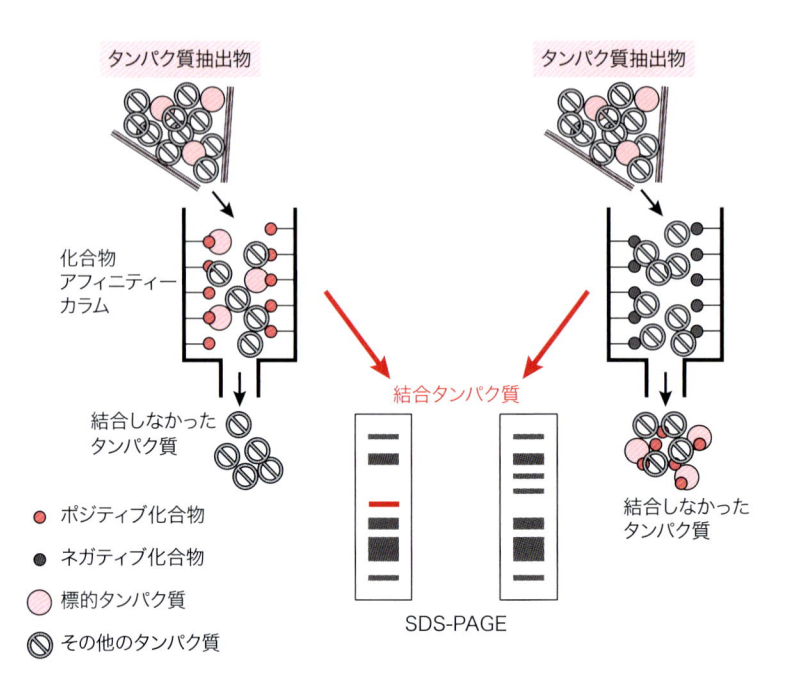

図4 ネガティブ化合物を用いて標的タンパク質を見出す方法
目的の化合物と物理化学的性質が非常によく似て，しかし活性がほとんどないネガティブ化合物を用意して，2種類の化合物アフィニティーカラムを行う．結合したタンパク質を比較してポジティブカラムに特異的なタンパク質が標的分子である（SDS-PAGE上の赤いバンドが標的分子）

できるであろう．その動機付けとして，キナーゼ阻害剤は常に第一標的分子以外への作用を重点的に調べる．通常は数十〜百数十種類程度のキナーゼパネルアッセイによって特異性が評価される．しかしパネル上にないタンパク質に対する評価はできない．したがってケミカルプロテオミクスの必要性が高い分野である．キナーゼ阻害剤の標的分子は一般に可溶化タンパク質であることが多く（1回膜貫通型タンパク質も可溶化は比較的容易[14]），ケミカルプロテオミクスに適していると考えられる．そしてキナーゼ阻害剤の第二，第三の標的分子もATP，あるいは核酸塩基に対して親和性があると考えられることから，アフィニティーカラム結合タンパク質リストのなかから候補を絞りやすい．そしてこのような候補分子に対する阻害活性についても評価しやすいことから，キナーゼ阻害剤領域でのケミカルプロテオミクスの成功事例は多いものと考えられる[15]．

天然物の標的分子探索でもケミカルプロテオミクスは成果を挙げている[16]．天然物の場合，表現型の変化から活性を見出すことが多く，研究当初は作用メカニズムが不明な場合が多い．したがって必要に迫られてケミカルプロテオミクスを実施することになる．天然物はその構造が複雑なためアフィニティーカラムをつくることが難しいものの，一般の低分子合成化合物よりも特異性も高く，活性も強いことが多く，そして水溶液に対する溶解性も低分子化合物よりも良好な場合が多いことから，競合的溶出法を使うこともできる．よって奮起して天然物のプローブを合成できれば，ケミカルプロテオミクスの成功確率は一般の低分子化合物よりも高い．

2）標的分子の機能解析のしかた

ケミカルプロテオミクスでは，このように化合物とタンパク質との物理的作用を知ることができるが，

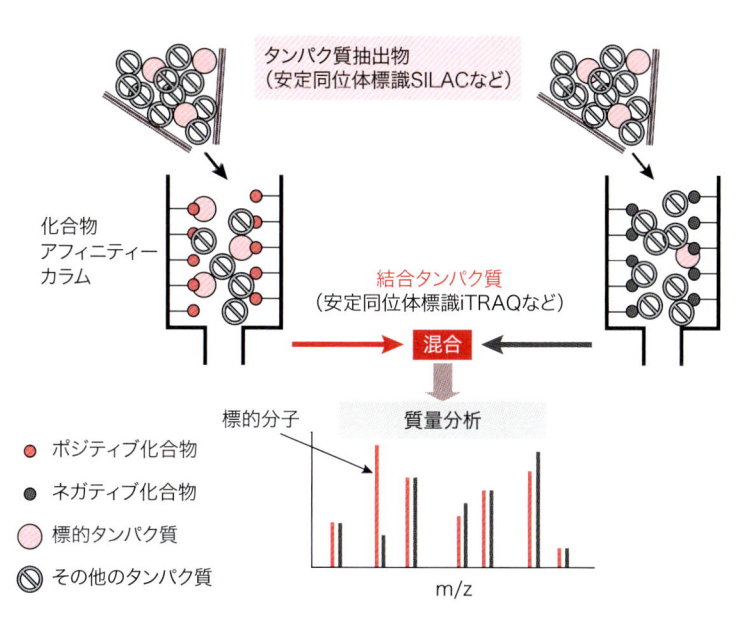

図5　安定同位体標識によって標的タンパク質を見出す方法

図4と同様にポジティブカラムとネガティブカラムを用意する．ここで試料として培養細胞を用いるのであれば安定同位体元素標識培地を使い代謝標識を，それ以外の試料であれば結合タンパク質を回収後，化学的に安定同位体元素標識を行う．いずれかの方法で標識後，ポジティブカラムとネガティブカラムに結合したタンパク質を混合し，質量分析計にて測定する．ポジティブカラム由来のピークが大きければ，そのタンパク質はポジティブ化合物に対して特異的に結合していたことを意味する

生物学的な機能・意義についてはわからない．そもそも細胞抽出物として標的分子を精製する以上，その時点で真の状態とは異なってしまっている．またどのような手法を使っても，標的分子候補は複数出てくる．そこで別の手法での確認作業が必須となる．まずは標的タンパク質候補が直接化合物と結合したのか，あるいは別のタンパク質と結合し，その別のタンパク質が化合物と結合したのか確認する必要がある．その1つが表面プラズモン共鳴法[※1]や等温滴定熱量測定法[※2]であろう．その際に種々の活性の違う化合物を並べて，これらの測定を行い，生物活性と同じ傾向の構造活性相関データを取ることができれば，そのタンパク質は本命第一候補であろう[10]．そして化合物とそのタンパク質との結合について，NMRやX線構造解析を行うことで直接作用を最終確認することができる．これらは*in vitro*での確認であるが，細胞内での結合を確認するには，化合物と標的タンパク質それぞれを蛍光標識して局在が同じことを確認したり，蛍光共鳴エネルギー移動法（FRET）によって結合を確認することもできる．

物理的相互作用とは別に機能を解析するためには，標的分子が酵素であれば化合物による阻害活性を

※1　表面プラズモン共鳴法

タンパク質間相互作用など，2種類の物質間の相互作用を解析する方法で，一方の物質を金属薄膜表面に固定化して，他方を溶媒とともに流す．二者間の相互作用について，物質が固定化されている金属薄膜表面の反対側からレーザー光を当てて相互作用によって反射光が減衰するのを測定する．流す方の物質は標識を必要としない．

※2　等温滴定熱量測定法

生体分子間相互作用プロファイルを調べる方法．一定温度下で2つの物質が結合する際に変化する熱量を測定する．測定する物質の化学修飾や固定化を必要とせず，自然に近い状態で相互作用を調べることができる．結合定数や結合比，エンタルピー変化，エントロピー変化を求めることができる．

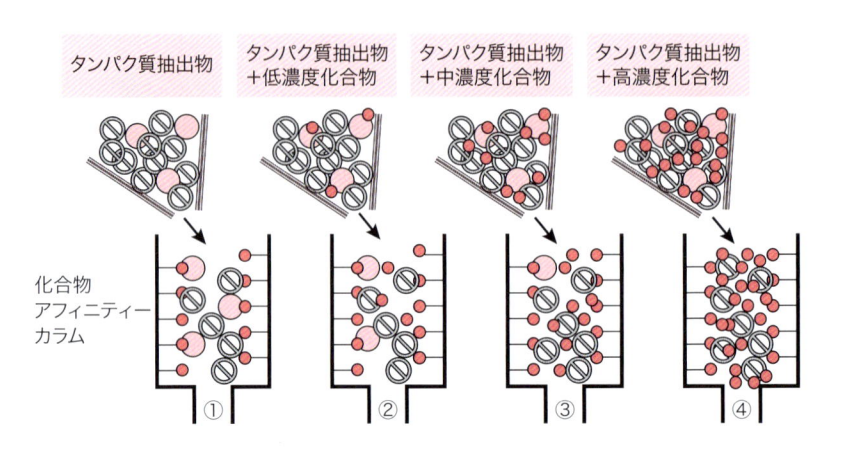

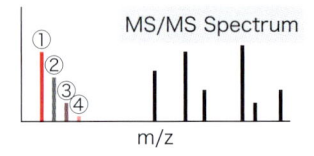

図6 濃度の異なる化合物添加と安定同位体標識によって標的タンパク質を見出す方法

図2と図5を合わせて発展させたもの．すなわち化合物アフィニティーカラムとタンパク質抽出物を混合する際に，濃度が異なる遊離化合物と混合する．アフィニティーカラムに流すと，遊離化合物濃度が高い試料ほど標的分子はアフィニティーカラムに結合しにくくなる．よって結合タンパク質を，安定同位体元素の数が異なるタグ（iTRAQなど）で標識し，混合してから，質量分析計にて測定する．ピーク強度比を比較することで，仮に標的分子が複数あった場合でも結合の強さを比較できる

計ったり，過剰発現による耐性化度を評価したり，RNA干渉法によって標的分子の発現を減らすことで化合物と同じ効果が現れることを観察したりする．ただしRNA干渉法の場合，実際にタンパク質の発現量が減るまでに数日かかることがあることもあるが，化合物の反応はもっと早い．また化合物はタンパク質の1つの機能を阻害するのに対して，RNA干渉法ではそのタンパク質自体の存在をなくすため，両者の意味合いは異なる．またRNA干渉法では目的のmRNAとは全く別の遺伝子と配列が重なることがあり，非特異的な結果（off-target）を招くこともある．さらにはRNA干渉の際に細胞に対してストレス反応を誘導することもあり，化合物での反応と異なる可能性もあるため，さまざまな注意が必要である[17]．

4 展望

化合物がどの標的分子に作用しているか調べるケミカルプロテオミクスは，このように創薬に大変有用な手段になるように見えるが，質量分析のような高価な装置を必要とし，また生化学実験という泥臭い仕事も多いため，データに対する費用が非常に高い．特にキナーゼ阻害剤であれば，いまや300種類程度の異なったキナーゼに対する活性を容易に評価できる．しかしこの手法の限界は，多くの場合キナーゼ活性ドメインのみを発現させていて全長ではない．またバクテリアに発現させてから精製しパネルアッセイに供する場合が多いため，翻訳後修飾の影響なども不明である．またサブユニットなど複合体形成

が重要な場合は，その効果もわからない．つまり実際のキナーゼの状態とはかけ離れている危険性が常にある．このことからも現在では高価でかつルーチン性に乏しい手法かもしれないが，ケミカルプロテオミクスの潜在的な有用性は非常に高い[18]〜[20]．またキナーゼなど特定の薬剤に限定されるわけではなく，先入観なしで化合物の評価ができる．臨床試験を効率的に行うことが創薬研究の費用対効果を改善する最も重要な部分であるため，それが実現できるならケミカルプロテオミクスの要するコストなど大したことがないかもしれない．

文献

1) Shim, J. S. et al.：Chem. Biol., 11：1455-1463, 2004
2) Toogood, P. L.：Chem. Biol., 12：1057-1058, 2005
3) Ulanovskaya, O. A. et al.：Nat. Chem. Biol., 4：418-424, 2008
4) Hall, D. A. et al.：Mech. Ageing Dev., 128：161-167, 2007
5) Heal, W. P. et al.：Curr. Drug Discov. Technol., 5：200-212, 2008
6) Yamamoto, K. et al.：Anal. Biochem., 352：15-23, 2006
7) Sato, S. et al.：J. Am. Chem. Soc., 129：873-880, 2007
8) Shiyama, T. et al.：Bioorg. Med. Chem., 12：2831-2841, 2004
9) Rix, U. et al.：Blood, 110：4055-4063, 2007
10) Oda, Y. et al.：Anal. Chem., 75：2159-2165, 2003
11) Ong, S. E. et al.：Proc. Natl. Acad. Sci. USA, 106：4617-4622, 2009
12) Ishihama, Y. et al.：Nat. Biotechnol., 23：617-621, 2005
13) Bantscheff, M. et al.：Nat. Biotechnol., 25：1035-1044, 2007
14) Daub, H. et al.：Mol. Cell, 31：438-448, 2008
15) Karaman, M. W. et al.：Nat. Biotechnol., 26：127-132, 2008
16) Piggott, A. M. et al.：Comb. Chem. High Throughput Screen., 7：607-630, 2004
17) Eggert, U. S. et al.：Mol. Biosyst., 2：93-96, 2006
18) Kruse, U. et al.：Mol. Cell. Proteomics, 7：1887-1901, 2008
19) Bantscheff, M. et al.：Drug Discov. Today, 14：1021-1029, 2009
20) Rix, U. et al.：Nat. Chem. Biol., 5：616-624, 2009

第Ⅰ部 原理編

6 血清/血漿からのタンパク質の同定

片山博之

血清/血漿から同定したタンパク質からバイオマーカー候補を選別するためには，まず，その広範囲なダイナミックレンジを克服することが重要となる．プロテオミクスの各種解析法を再検討した結果，タンパク質レベルのクロマトグラフィー分離を基盤とするアプローチが最も可能性があるとの結論を得た．まず最初にタンパク質レベルの二次元クロマトグラフィー分離で試料を分画し，それぞれの画分を溶液消化してショットガン解析することにより 10^7 の濃度レンジをカバーすることができた．PSAなど既存マーカーの濃度領域にまで踏み込むことが可能となったおかげで，マーカー探索は新たな展開を迎えている．

1 技術開発の歴史と現状

質量分析計（MS）を用いたプロテオーム解析技術はタンパク質の同定法のみならず，安定同位体標識を用いた網羅的な定量法も確立されてすでに10年以上が経過しており，技術的には成熟期を迎えつつある[1]．そこで現在求められているのはバイオロジーへの実質的な貢献であり，医療，創薬の現場ではバイオマーカー研究に注目が集まっている．病態の進行，あるいは薬剤の薬効，毒性を把握するために血液，尿，その他体液中のマーカー分子を見つけ，診断に活かすことはその簡便性や適応範囲の広さから考えても重要である．プロテオミクスがマーカー探索に応用可能と言われてすでに数年が経過している．しかし，血清/血漿中のタンパク質を標的としたマーカーを考えると，いまだ米国食品医薬品局（FDA）が前立腺がんのスクリーニングとして認めている，PSA（Prostate-specific antigen）以上のものは報告されていない．

血液中のマーカー探索の難しさはその 10^{10} 〜 10^{12} 程度と推定されるタンパク質濃度のダイナミックレンジの広さにある．PSAをはじめ，これまでFDAが認めてきたがん，心疾患関係の血中タンパク質マーカーの濃度はng/mL前後のレベルのものが多い[2]．したがって，プロテオーム解析を行う場合にもこの濃度範囲にまで到達できないと，マーカー候補を発見するチャンスは少ないといえる．プロテオミクスで血液中のマーカー探索を行う際，"unbiased"に網羅的プロファイリングを行う手法と，あらかじめ得た病態組織のプロテオームやトランスクリプトームなどの知見より特定のタンパク質群，翻訳後修飾，遺伝子に"biased"し，それらの変動を検証する方法の2通りのアプローチに分かれる．最初に"biased"する方法は一見効率的と考えられる反面，何を標的とするか，そしてそれらはそもそも血中に存在するのか，仮定が間違っていた場合の時間と試料の浪費など懸念材料も多く，成功確率は未知数である．したがって，"biased"な方法を第一選択肢とすべきか悩ましい．他方，"unbiased"な手法は大量データ

表　プロテオーム解析における3つのタンパク質同定法の比較

	ショットガン (ペプチドレベル)	ゲル分離 (タンパク質レベル)	クロマトグラフィー分離 (タンパク質レベル)
存在量の多いタンパク質の分画効率	悪い	良い	良い
同定タンパク質のシークエンスカバー率	普通	良い	良い
タンパク質の同定効率	普通	良い	良い
サンプル量のスケールアップ	可能	難しい	可能
システムの自動化	可能	難しい	可能
トリプシンなどの酵素消化処理	簡単	大変	簡単

からマーカー候補を選別する難しさはあるが，網羅的な血中タンパク質のトリプシン消化ペプチドライブラリーができる点は，後に"biased"な戦術につなげるうえでも有利となる．

そこで今回は探索段階で有効な"unbiased"な方法で，課題となるダイナミックレンジを克服すべく試みた血清/血漿タンパク質同定アプローチ法を紹介し，最近のプロテオミクスからのマーカー探索の現状を紹介したい．

2　解析の原理

Andersonら[3]によると，血漿はアルブミン，IgG類，トランスフェリンなど10^9〜10^{11} pg/mL以上に存在する高濃度のタンパク質群，10^6〜10^9 pg/mLレベルをカバーする補体，血液凝固因子，アポリポプロテインなどの古典的な血液タンパク質群，既存のがんマーカーであるPSAやCEAなど病態組織由来の分泌物が検出される10^3〜10^6 pg/mL領域の低濃度タンパク質群，そしてサイトカイン類を中心とした10^0〜10^3 pg/mLまでの超低濃度領域に存在するタンパク質群に分類される．このように高濃度に存在するタンパク質群の中から，それらの10万分の1から10億分の1しか存在しないような低濃度タンパク質群を測定するためには種々の工夫が必要とされる．まず常套手段として，市販のアルブミン抗体などを結合したカラムでアルブミンをはじめとする発現量の多い上位数種類のタンパク質を取り除くだけで，ダイナミックレンジを約10^2克服できる．ここから10^3 pg/mL前後に到達するためには最低でも残り10^6程度以上，掘り下げる必要がある．そのために，サンプルの分画法，酵素消化法，LC-MS/MS測定法などにおいて，感度向上から簡便さまでも含めた同定効率の向上が求められる．

1）タンパク質同定法の種類と特徴

プロテオミクスによるタンパク質同定法の比較を**表**に示す[4]．まず，ゲルによるタンパク質レベルの分離を行った後にゲル内消化を行い，LC-MS/MSで測定する方法と，最初にサンプルを溶液消化してペプチドレベルの分離とLC-MS/MS測定を組み合わせるショットガン法に分けることができる．ショットガン法は自動化，サンプル量のスケールアップが可能，酵素消化に要する労力が少ないという利点を有する．しかし，ペプチドレベルの分離を行う以上は存在量の多いタンパク質の消化ペプチド断片がどの画分にも混在するので，それらが同定効率を下げる要因となる．他方，ゲルはタンパク質の分離においてすばらしい分離力を示し，そのことが同定効率を向上させる因子となる．その一方で，サンプル負荷量に限界があり10^6以上のダイナミックレンジを一度にカバーすることは難しい．さらには，ゲル片の数が増えるごとにゲル内消化が煩雑化するという難

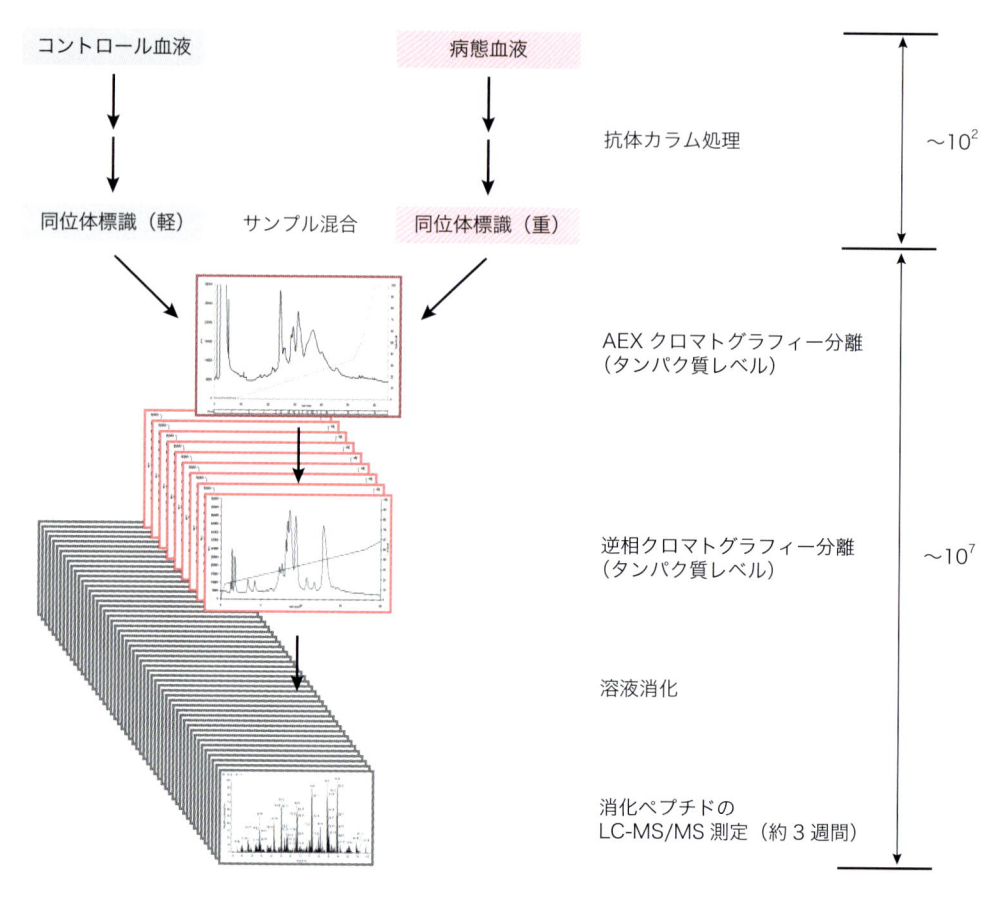

図　タンパク質レベルによる多次元分離システム
AEX：anion exchange chromatography

点を有する．そこで，双方の利点を活かしながらも課題を解決すべく，クロマトグラフィーによるタンパク質レベルの分離を血液プロテオームに適用することを試みた．

2）クロマトグラフィーによるタンパク質の多次元分離

多次元クロマトグラフィーによる血清/血漿プロテオーム解析法の一例として，筆者がFred Hutchinson Cancer Research CenterのHanash博士の研究室で経験したIntact Protein Analysis System（IPAS）法を紹介する（図）．

まず血清/血漿のコントロールと病態サンプルそれぞれ約1mLについて，Depletionキットを使ってアルブミン等の存在量の多いタンパク質を除く．次に，定量精度の向上を目的として，タンパク質のCys残基に安定同位体アクリルアミドを標識する[5]．アクリルアミドは親水性の低分子化合物であり容易にCys残基を修飾できる．加えてタンパク質の物性に大きな影響を及ぼさないため，タンパク質レベルでの分離にそのまま適用できる．標識後のMS/MSフラグメント解析は通常のCys残基のアルキル化と同様にシンプルかつ容易であり，通常のアクリルアミドと1,2,3-^{13}Cアクリルアミドの3Daシフトしたペアを検出することで精度の高い定量を可能とする．

続いて安定同位体標識した両者を混合し，タンパ

ク質レベルでアニオン交換−逆相クロマトグラフィーで分離を行う．タンパク質レベルで分離を行うことによって，存在量の多いタンパク質も特定の画分に収束するため，同定効率の向上が期待できる．最終的に合計100前後のフラクション数に分画し，すべての画分について溶液消化を行い，脱塩後にLC−MS/MS測定によりデータ取得を行う．通常，コントロールと病態を1セットとしたサンプルについてLTQ-Orbitrapなどの高分解能MSで約3週間かけて測定を行う．この結果，mLスケールの出発量とクロマトグラフィーによる多次元分離で検出レンジを広げ，かつ定量的なプロテオームの情報を取得することができる．

3 本技術でわかること

1) エストロゲン療法後の血清プロテオーム解析

まず，本技術をヒト臨床サンプルへ応用した例として，Women's Health Initiatives（WHI）プロジェクトの一環で，閉経女性のエストロゲン療法の影響を血清プロテオームの観点から調べた結果を示す[6]．参加者10,739人からランダムに50人を抽出し，10人ずつ5セットに分ける．それぞれのグループ内で初期サンプル10人分とエストロゲン療法1年後のサンプル10人分をプールし，タンパク質レベルの分離を基盤としたIPAS実験を行った．IPASを5セット測定するのに約15週間を要し，得られたMSスペクトルは2,576,869スペクトル，同定後さらにCys残基の安定同位体アクリルアミド修飾で定量できたタンパク質はGeneSymbolベースで1,056あった．統計的に有意に変動した広範囲な濃度領域にわたる15個のタンパク質についてELISA測定を行い，濃度レンジを推定した．その結果，本法で10^7のダイナミックレンジをカバーでき，タンパク質レベルで徹底的に分画することで存在量の低いタンパク質を同定できるというコンセプトを実証できた[7]．この効果により濃度レンジ1ng/mL前後にまで掘り下げることができ，既存マーカーであるCEAやPSAの領域にまで到達することが可能となった．

プールしたサンプルについて，MSベースの定量値とELISAの定量値を比較したところ，相関係数は0.83と良好な相関を示した．それに加えてプールをしない，個々人のサンプルについてもELISA測定を行ったところ，同様によい相関を示した．さらに，全く同じサンプルスケール，実験デザインでWHIのエストロゲン＋プロゲステロン（E＋P）トライアルについて，血清プロテオームを行った[8]．多くのタンパク質についてはEのみとE＋Pで同様の傾向を示した．一方で差のあったタンパク質に注目すると，例えばIGF1/IGFBPsでは有意にE＋Pの方が変動が大きい結果を得た．そのことは，Eのみでは乳がんのリスクは少ないが，E＋Pトライアルではそのリスクが高まるとのWHIの結論をサポートしていると示唆された[9]．

2) 各種がんモデルマウスを用いた血液プロテオーム解析

マーカー探索という観点から考えると，存在量の少ないタンパク質領域も含めて定量的なプロファイリングを行うだけでは不十分で，大量データからマーカー候補を選別するにはもう一工夫必要とされる．そこで次に有効となるキーワードは血液データと病態組織データとの"ブリッジング"を行うことである．ブリッジングするためには組織を解析して，そこで変動したタンパク質について血液中での存在の有無，そして定量する方法が通常考えられている．しかしヒト試料，特にヒト組織は入手が難しい．そこでマウスモデルを利用した，血漿解析データと組織解析データとのブリッジング例について紹介したい．

APC遺伝子改変型の大腸がんモデルマウスを用いて，まずIPAS法で網羅的かつ定量的なプロファイリングを行った[10]．次に，ヒト大腸がん病変組織のマ

イクロアレイ解析を行い，変動した遺伝子とマウス血中タンパク質で変動した一群とのマッチングを行い絞り込んだ．そこで得られた候補タンパク質について，マウスの組織で免疫染色（IHC）を行ったところ，7種のタンパク質についてはがん組織で明らかに増加していた．さらにそのなかの3種，PARK7，RAN，KPYMはヒトの組織においてもIHCで増加が検証され，マウスの血液プロテオーム解析から出発して，ヒト組織とのブリッジングを達成した．

続いて，マウス膵臓がんモデルを用いたブリッジング発展型を紹介する．K-ras, P16, P19のトリプル遺伝子改変操作を施したモデルマウスの血漿を利用して，最初にIPAS法で網羅的かつ定量的なプロファイリングを行った[11]．その後，ヒト膵臓がん病変組織のマイクロアレイ解析と，マウス，ヒト組織のIHCを順次行い血液データとのブリッジングを行った．最終的にヒト組織IHCでも変動が確認されたマーカー候補についてヒト臨床血漿サンプルのELISA測定を行った．その結果，健常と膵臓がん初期の差別化，膵臓がんと膵炎との差別化において，既存の大腸がんマーカーであるCA19-9よりもよい結果を示すことができた．

もう一例，卵巣がんを標的としたK-ras, Pten遺伝子改変マウスを利用した研究では，マウスの血漿プロテオームとヒト卵巣がん細胞プロテオームのブリッジングを経由し，最終的にヒト臨床血漿サンプルでELISA評価を行った[12]．まず，卵巣がんモデルマウスの血漿プロテオームをIPAS解析し，そこで変動したタンパク質と，3つの卵巣がん細胞OVCAR3, CAOV3, ES2で変動したタンパク質をブリッジングした．そこで得られた，25個の候補タンパク質について，ヒト卵巣がん患者の血漿でELISA測定を行った．その結果，8種類のタンパク質GRN, IGFBP2, THBS1, RARRES2, TIMP1, PPBP, CD14, NRCAMは，健常人と比較して卵巣がん患者で有意に上昇していた．

このように，貴重なヒト臨床サンプルの消費量を最小限にするためにマウスモデルを利用して効率的にマーカー探索を行うアプローチは，創薬の流れにおいてもそのまま適用できる．創薬研究においては前臨床ステージでマーカー候補を選別することで，その後の臨床試験を優位に進めることができる可能性がある．マウスなどのモデル動物を出発点とする場合，個体の体積が小さい分，病気や薬剤の効果がより血中に反映される．遺伝的背景や飼育環境を均一にすることでヒトよりも個体差が少なくなり解析が容易になるなどの利点がある．したがって，前臨床段階で血液プロテオームと組織の情報をブリッジングすることを通常プロトコールとして組み込み，"unbiased"な手法で網羅的かつ定量的な情報を取得して，組織データとブリッジングする戦術は有効であると考えられる．そしてそのデータが基盤となり，臨床試験段階ではそれら情報を有効利用した"biased"な手法を用いることによって，最小限の時間とサンプル消費量でマーカーを発見かつバリデートできると期待したい．

4 展望

血清/血漿中の広大なダイナミックレンジをさらに克服し，よりよいマーカー候補を選別するためには，実験計画段階でアイディアを出すとともに，分析化学的な改良を進めることが重要である．タンパク質レベルの分離力をさらに高めるために，タンパク質のアルカリ性条件に対する可溶化力を利用したアルカリ逆相分離モードを利用することは1つの可能性である[4]．また，タンパク質レベルの分離を基本とする場合にはトリプシン消化する前段階での安定同位体標識する方法が有効で，Cysのアクリルアミド修飾に加えて，Lysに無水コハク酸のダブル修飾を施す方法が報告された[13]．この場合，全同定タンパク質数中，アクリルアミド標識のみの場合には定量可能なタンパク質の割合が63％であったのに対

して，ダブル標識では94％に向上することができた．

本稿では"unbiased"なアプローチからのマーカー探索について論じたので，"biased"な方法を一例紹介してその可能性を示したい．われわれのグループでは組織プロテオームを定量するために，安定同位体標識をした培養細胞を標準品として，比較対照組織サンプル間のブリッジングを行うCDIT (culture-derived isotope tags) 法を開発している[14]．この手法は上述した卵巣がんの例とは逆のアプローチによる，いわば"biased"された探索法ともいえる．マーカー候補のタンパク質群が濃縮されている，安定同位体標識した培養細胞を標準品として血液プロテオームの解析を行えば，そのまま"biased"なタンパク質群の定量情報を得ることができる．CDIT法を動物モデルに活用すれば，さらにマーカー候補を効率的に探索できるであろう．

文献

1) Oda, Y. et al.：Proc. Natl. Acad. Sci. USA, 96：6591-6596, 1999
2) Polanski, M. & Anderson, L. N.：Biomarker Insights, 2：1-48, 2006
3) Anderson, N. L. & Anderson, N. G.：Mol. Cell. Proteomics, 1：845-867, 2002
4) Katayama, H. et al.：ASMS 2009, Philadelphia, presented
5) Faca, V. et al.：J. Proteome Res., 5：2009-2018, 2006
6) Katayama, H. et al.：Genome Med., 1：47.1-47.16, 2009
7) Faca, V. et al.：J. Proteome Res., 6：3558-3565, 2007
8) Pitteri, S. J. et al.：Genome Med., 1：121.1-121.14, 2009
9) Chlebowski, R. T. et al.：New Eng. J. Med., 360：573-587, 2009
10) Hung, K. E. et al.：Cancer Rev. Res., 2：224-233, 2009
11) Faca, V. M. et al.：PLoS Med., 5：e123, 2008
12) Pitteri, S. J. et al.：PLoS One, 4：e7916, 2009
13) Wang, H. et al.：J. Proteome Res., 12：5412-5422, 2009
14) Ishihama, Y. et al.：Nat. Biotechnol., 5：617-621, 2005

第Ⅰ部 原理編

7 尿からのタンパク質の同定

山本　格

尿は採取が容易なため，腎臓など泌尿器系だけでなく，生体内の情報を得るための試料として注目され，バイオマーカーの探索などが行われている．しかし，尿の組成は血漿などより変化しやすいので，尿のバイオマーカーを確定するためには，健常者や疾患患者の規格化された多数の尿が必要になる．また，そのバイオマーカーの意義を理解するためにも，そのバイオマーカーの由来や尿中に排泄される機序を解明する必要がある．本稿では，ヒトプロテオーム機構プロジェクトのヒト腎臓・尿プロテオームプロジェクトや日本腎臓学会が進めている尿バンクで検討された尿の収集法や収集のしくみを紹介する．

1 技術開発の歴史と現状

1）はじめに

　生理的な尿には血液中の小分子として体外に排泄されるものと，腎臓やその下流の組織由来の細胞やさまざまな分子が含まれる．腎臓病になるとさらに血液中の血球細胞やタンパク質などの大きな分子も尿中に出てくる．尿は生体試料として採取が容易であるため，それを調べることで腎臓や，さらには全身の病気の状態が把握できるのではとの期待がなされている．

　近年，病気，特に腎臓病の早期発見，早期診断，予後推定，治療効果の判定などに応用できる尿中のバイオマーカーをプロテオミクス解析で探索し，さらに，いくつかのバイオマーカーを組み合わせて（パネル化）よりきめ細かく腎臓病を管理するシステムの構築をめざした研究が始まっている．腎臓病の腎組織や尿をプロテオーム解析することで，腎臓病の病態を分子レベルで把握することが可能になり，創薬の開発にもつながると期待される．

2）尿の組成

　健常者の尿中は，糸球体で血漿から限外濾過される血漿アルブミンより小さな分子と腎臓および下流の尿路系各部から尿中に分泌された，あるいは逸脱，剥離した分子，細胞などで構成されている．尿中には分子として水，電解質，タンパク質，代謝産物（メタボライト），糖，アミノ酸など，尿沈渣として分離される血球，上皮細胞，円柱，細菌などが含まれる．そのなかで，タンパク質は血漿由来の小タンパク質（分子量67,000程度以下）やその分解産物と，腎臓および下部尿路由来のタンパク質である．一般的には可溶性タンパク質として存在するものを尿タンパク質とよぶが，不溶性タンパク質としても，尿路系で脱落した細胞や細胞片，タンパク円柱，さらにはエキソソームなど分泌される細胞成分も尿中のタンパク質源である（表1）．健常者では尿中に排泄される可溶性タンパク質の量は非常に少ない（30〜150 mg/日以下）．

　一方，腎臓病の多くは糸球体の濾過が障害されているため，その患者の尿にはタンパク尿として大量の血漿タンパク質が漏出（数 g/日）し，その量は健

表1　尿中のタンパク質

可溶性タンパク質	健常者（＜150mg/日）〜ネフローゼ患者（＞3.5g/日）
血漿由来タンパク質	正常糸球体から濾過される血漿中の低分子タンパク質（例：アルブミンなど） 近位尿細管障害により増加する血漿低分子タンパク質（例：β2-ミクログロブリンなど） 糸球体障害により増加する血漿高分子タンパク質（例：免疫グロブリンなど）
腎臓由来タンパク質	分泌タンパク質（例：Epidermal Growth Factor） 断裂GPIタンパク質（例：Tamm-Horsfall proteinなど） 組織障害により逸脱するタンパク質
不溶性タンパク質	
上皮細胞由来 　細胞全体 　細胞部分	剥離（例：急性尿細管壊死や糸球体上皮細胞障害） 細胞の障害，壊死やアポトーシス（例：細胞膜など）
エキソソーム	細胞内のmultivesicular bodiesの小胞（直径＜80nm）の分泌
その他の細胞	赤血球，白血球，円柱，腫瘍細胞など

尿中には可溶性タンパク質のほかに，細胞などの不溶性タンパク質も含まれる

常者の100倍にものぼる．近年，腎臓病のうちでも特に進行して透析療法や腎移植を余儀なくされる可能性が高い腎臓病を慢性腎臓病（CKD）と包括的に把握し，それを早期発見し，その進行を阻止して，病態を把握するための尿中のバイオマーカー研究が盛んに行われている．

　可溶性尿タンパク質の由来は，健常者では血漿タンパク質由来と腎臓からの分泌タンパク質由来がおおよそ半々である．尿中のバイオマーカーの意味を考えるうえで，その由来を知ることは重要である．特に，腎臓は少なくとも20種類以上の細胞から成り立ち，それぞれの役割を果たしている．腎臓組織に由来する尿タンパク質が腎臓のどの細胞に由来し，どのように尿中に排泄されるのか，腎臓内で尿タンパク質がどのように分解，修飾を受けるのかなどを知ることで，腎臓病におけるそのタンパク質の尿中での増減の意味が理解されると考えられる．

　ヒトのプロテオーム解析研究を主導する目的で設置されたヒトプロテオーム機構（http://www.hupo.org/）ではいくつかの国際プロジェクトが進行しており，そのなかにはヒト血漿プロテオームイニシアチブ（Human Plasma Proteome Project：HPPP）やわれわれが行っているヒト腎臓・尿プロテオームイニシアチブ（Human Kidney and Urine Proteome Project：HKUPP）などがある．HPPPではすでに約3,000種類のヒト血漿タンパク質を同定している[1]．また，HKUPPでわれわれは正常ヒト糸球体プロテオームを解析し[2)3)]，そのデータベースを構築し，公開した（http://www.hkupp.org/）．また，健常者の尿プロテオームも公開されている．われわれの研究はヒトプロテオーム機構のヒト抗体イニシアチブ（Human Antibody Initiative：HAI）のHuman Protein Atlas（http://www.proteinatlas.org/）プロジェクトとの共同で，質量分析計で同定できた糸球体タンパク質の腎臓内局在を示す免疫組織化学法の画像を加えたデータベースを構築している．

　正常ヒト尿のプロテオーム解析から，健常者尿にも多くの血漿由来のタンパク質が検出され，その量も，総タンパク質量の半分ほどを占めていることがわかる[4]．特に，血清アルブミンより分子量の小さい血漿タンパク質は糸球体で濾過され，近位尿細管での再吸収を免れると尿に出てくるのである．一方，腎臓などに由来するタンパク質で多いのは遠位尿細管から分泌されるUromodulin（Tamm-Horsfall protein）やEGFなどと細胞外基質であるコラーゲンやヘパラン硫酸化タンパク質などが多いタンパク質である（**表2**）．

表2 健常人の尿プロテオーム

タンパク質名	遺伝子	分子量	ペプチド数	由来
Albumin	ALB	73881	737	血漿
Heparan sulfate proteoglycan core protein	HSPG2	479248	432	腎臓基底膜
Serotransferrin	TF	79280	320	血漿
Uromodulin (Tamm-Horsfall Protein)	UMOD	72451	279	腎臓遠位尿細管
Pro-epidermal growth factor	EGF	137565	264	腎臓遠位尿細管
Megalin (Low-density lipoprotein receptor-related protein 2)	LRP2	540349	260	腎臓近位尿細管
Alpha-1-antitrypsin	SERPINA1	46878	257	血漿
Keratin, type Ⅱ cytoskeletal 1	KRT1	66018	254	毛髪，皮膚からの混入？
Cubilin	CUBN	407262	239	腎臓近位尿細管
AMBP protein (alpha-1-microglobulin)	AMBP	39886	237	血漿
LMW of Kininogen-1	KNG1	48936	215	腎臓近位尿細管
Lysosomal alpha-glucosidase	GAA	106649	208	腎臓近位尿細管？
Maltase-glucoamylase, intestinal	MGAM	210901	198	腎臓近位尿細管
Collagen alpha-1（Ⅵ）chain	COL6A1	109621	179	腎臓間質
Lactotransferrin	LTF	80170	176	腎臓近位尿細管

尿中に存在する可能性がプロテオミクスで示されている約2,000種類のタンパク質のうち，その量が多いと予想（＊質量分析計で同定されたペプチドの数が多い）されているタンパク質リスト．血漿由来と考えられるタンパク質は太字で示している．Uromodulin（挿入図：免疫組織化学染色画像）は遠位尿細管から分泌されるタンパク質として知られている

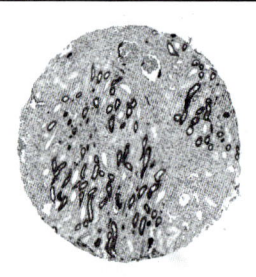

2 解析の原理

1）創薬開発をめざした尿プロテオーム解析

現在，日本でも世界的にも，透析患者数が年々増加し，その医療費の増加も医療社会問題となりつつある．進行して透析医療を余儀なくされる可能性のある病気はこれまで，糖尿病性腎症，慢性腎炎，腎硬化症などと病理組織学的に分類されてきた．しかし，近年，それらを包括的に慢性腎臓病（CKD）として把握することが提唱された．慢性腎臓病とする

ことで，病気の診断を単純化し，早期発見し，その悪化要因である高血圧症などを治療し，"腎保護作用"とよばれる効果も期待されるACEI（Angiotensin Converting Enzyme Inhibitors）やARB（Angiotensin Ⅱ Receptor Blockers）で治療することで，その進行が抑制されると期待されている[5]．一方，このような治療法は対症療法の域を出ず，病因や病態の分子機構に基づく根治的治療法の開発も強く望まれている．そのために，腎臓病の腎組織や尿をプロテオーム解析することで慢性腎臓病の病因や病態の分子機構を解明し，新しい治療法の開発やバ

イオマーカーの発見に結びつけようとする研究が進んでいる．

尿は検体の採取が容易であることから，これまでにも腎臓病や全身疾患の診断や病態を把握するための尿検査法が多数開発，実用化されてきた．尿検査の利点は，何回も患者に負担なく検査でき，試料の採取は血液よりも容易である．慢性腎臓病の病理学的診断，障害程度の把握，予後予測に腎生検検査は不可欠であるが，複数回検査することは容易ではない．

現在使われている尿の疾患バイオマーカーの探索は多くの場合，研究者のセンスで候補分子が選ばれ，それを検証する形で行われてきた．しかし，近年発達しているプロテオミクスは研究者のセンスに頼らず，網羅的に尿タンパク質を把握し，新規の疾患バイオマーカーの発見に有用と考えられ，多くの研究者がその研究を行っている．また，プロテオミクスでは抗体がなくてもタンパク質の検出ができることやその翻訳後修飾の検出が可能なのもその利点である．

プロテオーム解析による尿中バイオマーカー探索の問題点も理解しておく必要がある．尿中のバイオマーカーに一般的に言えることであるが，尿の組成は生活状況や性，年齢などで変化している可能性がある．ただ，タンパク質は代謝産物や電解質などよりは，食事などの影響は受けにくいと考えられる．しかし，過激な運動などでは筋肉由来のミオシンが尿中に増えることもわかっている．健常者の年齢や性差，人種などによる尿プロテオームの違いは今後の検証が必要である．しかし，随時採取された尿では尿量の増減により，バイオマーカーの濃度が変動する．そのために，24時間蓄尿し，1日の総排泄量で比較したり，随時尿では尿中クレアチニン濃度で補正して，尿量の影響を少なくすることが行われている．

2）尿プロテオーム解析の実際と現状

質量分析計で尿中タンパク質をできる限り多く検出し，定量的に把握し，新しい疾患バイオマーカーを探索するためには，まず，尿検体を一定の方法で多数収集することが必要である．特に，患者の尿だけでなく，健常者の尿を多数収集する必要がある．そのため，日本腎臓学会は「尿中バイオマーカーパネル化に関する小委員会」を設置し，そのなかで尿を全国多施設で収集する「日本尿バンク」(http://www.urinebank.org/) を設けた（図）．そこでは，一定の方法で尿を収集，保存し，バイオマーカーの探索，検証を行う研究者に配布することを行っている．これにより，日本の尿中バイオマーカーの研究が進歩することが期待される．

日本腎臓学会の「尿中バイオマーカーパネル化に関する小委員会」はいくつかの尿中バイオマーカーを組み合わせること（パネル化）で，慢性腎臓病などの早期診断，病態把握，予後予測などを行い，患者さんのよりキメの細かい指導，治療管理を可能にするシステムを産業界と連携して構築することをめざしている．近年の腎臓病の尿中バイオマーカーの研究から，単一のバイオマーカーで疾患の診断や病態，予後の予測までは容易ではないことが予測されているからである．

3）プロテオーム解析のための尿収集，保存の規格とタンパク質の抽出

ヒトプロテオーム機構のヒト腎臓・尿プロテオームプロジェクトでは，世界的に統一した規格で収集した尿でプロテオーム解析を行うために，尿の採取法，保存法の検討を行って，可溶性タンパク質プロテオミクスのためのガイドラインを2009年に公表した (http://www.hkupp.org/, 表3)．一般に尿検査のための尿の採取はその実用的観点から，早朝第二尿（医療機関で採尿する尿），可能なら外尿道口付近からの細菌などの混入を防ぐために排尿途中の尿（中間尿）を採取する．採取された尿は室温（または4℃），4時間以内に遠心分離し，可溶性タンパク質を含む上清，沈渣，エキソソームなどを分離する．その後，上清を分注して，−20℃または−80℃の冷凍庫に保存する．無菌的な容器で採尿するかぎり，

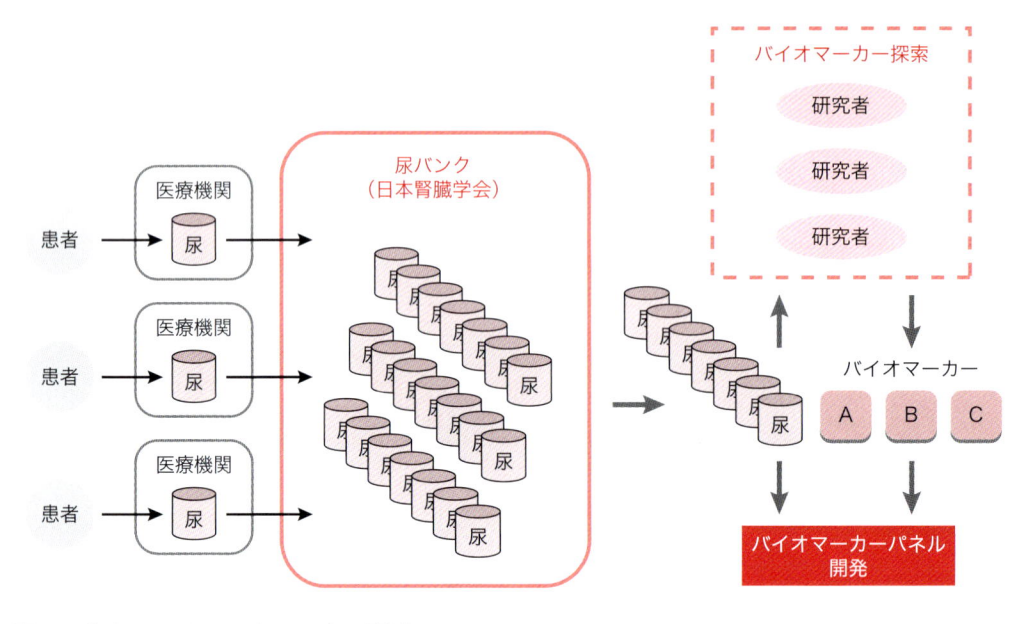

図　尿バンクとバイオマーカーパネル開発
全国の多施設で規格化した尿を採取し，尿バンクで保存し，尿中バイオマーカー研究者に提供し，共同研究でバイオマーカーを検証する．最終的にはいくつかのバイオマーカーを組み合わせて（パネル化），よりよい腎臓病の診断，予後推定，治療効果の判定，患者の管理などのシステムを構築する

室温放置4時間程度では問題となる細菌の繁殖はなく，防腐剤の添加は必要でない．また，プロテオミクスで対象とするタンパク質はタンパク質分解酵素で分解されることから，タンパク質分解酵素阻害剤の添加も検討された．しかし，尿中にタンパク質分解酵素があれば，尿が膀胱に貯まっている際にも作用することになり，採尿してからタンパク質分解酵素阻害剤を添加しても，あまり意味はないので，添加しないで収集することを勧めている．尿を融解する際に沈殿物が出ることがあるが，その多くは塩や低温で析出するようなタンパク質もある．その沈殿を防ぐために，37℃の温浴槽で凍結保存尿を解凍し，必要なら1Mトリス緩衝液（pH 8.0）を1/20量添加し，沈殿を抑制することが勧められる．これらの推薦事項の根拠となるデータを，現在，公表準備中である．

尿をプロテオーム解析する際，尿をそのまま解析する手法とタンパク質を精製してから解析する手法がある．尿をそのまま解析する手法では最初にキャピラリー電気泳動で分離したペプチドや化学修飾されたチップなどで捕捉されたタンパク質を質量分析計で解析する．しかし，尿タンパク質の一般的な網羅的解析には尿タンパク質を精製して，二次元ゲル電気泳動で分離したり，タンパク質を分離せず，トリプシン処理してペプチドとし，それを質量分析計で解析する．

多くの尿検体からタンパク質を精製する実用的な方法として，尿の4倍量のアルコールまたはアセトンを加えて，低温放置し，遠心（3,000rpm，20分）分離で沈殿することが推奨されている．この方法は簡便で，タンパク質の回収率も85～90％程度である[6]．多くの腎臓病では糸球体障害のために血漿タンパク質が尿中に漏出する．この尿中の血漿タンパク質の量は糸球体の限外濾過障害や近位尿細管の再吸収障害を示すバイオマーカーとも言える．さらに詳細に細胞レベルで腎臓細胞の障害状況などを把握

表3　正常尿と尿の採取法

健常成人の正常尿
- 尿タンパク質：試験紙法で陰性（＜15mg/dL）
- タンパク質/クレアチニン比＜0.2
- 24時間蓄尿の総タンパク質：＜150mg/day

	尿の可溶性タンパク質検出のための実用的尿採取，保存法	
1	採尿時間	随時，または早朝第二尿（できれば，中間尿）
2	防腐剤添加	室温放置4時間以内に凍結する場合は不要 （4時間以上は10mM NaN_2 または 0.2 M Boric acid 添加）
3	タンパク質分解酵素阻害剤添加	健常者尿では不要 （タンパク尿がある場合は検討）
4	前処理と保存	1,000gで10分遠心した上清を分注し，−20℃か−80℃で保存（区別して）
5	凍結，融解	複数回の凍結，融解は避けて，融解は37℃の温浴槽

ヒトプロテオーム機構のヒト腎臓・尿プロテオームプロジェクトが推奨する尿の可溶性タンパク質のプロテオミクスのための尿採取法

するため，バイオマーカー候補の由来かを知ることは重要になる．

3　展望

●尿中バイオマーカーと質量分析計による定量

　質量分析計は尿中バイオマーカーの探索では網羅的に多くのタンパク質を対象に検出できるが，その量を定量するのはやや不得意であった．定量するために，タンパク質を別々な標識をして検体を区別し，その標識量で定量比較する標識法がいろいろ開発されている．2D-DIGEは蛍光標識されたタンパク質を二次元ゲル電気泳動で展開し，それぞれのスポットの2〜3種類の蛍光の差を測定して，定量比較するものである．また，同位体元素などでタンパク質を標識して定量する方法も種々開発されている．

　一方，タンパク質を標識しないで定量する方法もいろいろ考案され，バイオマーカー候補を探索するには適している．この非標識法には次のような定量法が考えられている．なかでも，近年，さらにいくつかのバイオマーカーを同時に測定するのに質量分析計を使うSelected Reaction Monitoring/Multiple Reaction Monitoring（SRM/MRM）法が開発されている（第Ⅰ部-8参照）．あるタンパク質をトリプシンで消化した際生じるペプチドとそのペプチドを質量分析計で分解した際生じるフラグメントの質量はあらかじめ予想し，それを実測し，確認することができる．質量分析計でその二者（あるペプチドとそのフラグメント）のみを検出する（チャネル）ように設定すると，複雑なタンパク質から生じたペプチドの混合物の中から特定のペプチドを選び出せる．このペプチドとフラグメントのセットを多数のタンパク質について，それぞれいくつか組み合わせ，一度に数百のペプチドを検出する方法で，いくつかのタンパク質を同時に定量することが可能となる．現在，抗体を用いたさまざまな手法で検出されている疾患バイオマーカー候補タンパク質やさらには翻訳後修飾なども検出できるので，新しい検査手法として期待されている．

文献

1）Omenn, G. S. et al.：Proteomics, 5：3226-3245, 2005
2）Yoshida, Y. et al.：Proteomics, 5：1083-1096, 2005
3）Miyamoto, M. et al.：J. Proteome Res., 6：3680-3690, 2007
4）Adachi, J. et al.：Genome Biol., 7：R80, 2006
5）Imai, E. et al.：Clin. Exp. Nephrol., 11：156-163, 2007
6）Thongboonkerd, V. et al.：Contrib. Nephrol., 141：292-307, 2004

8 Selected Reaction Monitoring (SRM) を用いた定量的フォーカストプロテオミクス

上家潤一

生命科学においてタンパク質発現量は，機能に直結する重要な情報である．また，バイオマーカー探索においては，候補タンパク質の検証法として，定量解析が必須である．タンパク質科学分野では，SRMを用いたタンパク質定量法が高感度な定量法として用いられてきた．従来SRMはタンパク質の個別定量法であったが，近年の三連四重極型質量分析計の発達により，定量プロテオミクスの有用なツールに発展した．本定量法は，バイオマーカー候補タンパク質の検証法としてだけでなく，ショットガン法では検出されない微量な標的タンパク質のスクリーニング法としても注目されている．本稿では，近年目覚ましい発達を遂げているSRMを用いた定量フォーカストプロテオミクスについて紹介する．

1 技術開発の歴史と現状

薬学領域では低分子化合物の定量法として，既知量の内部標準物質を試料に添加し，三連四重極型質量分析計のSRMモードを用いて測定する手法が古くから用いられている．同様の発想で，安定同位体標識タンパク質を内部標準としてタンパク質の定量が行われている．従来SRMは個別のタンパク質定量法であったが，近年の三連四重極型質量分析計の発達によりSRMで同時分析できる分子数が数十〜数百へと飛躍的に増加し，多数のタンパク質を対象とする定量的フォーカストプロテオミクスが可能となった．質量特異的に標的ペプチドを検出するSRMは，生体試料における微量分子の解析に有用であり，ショットガン法では同定が困難であった微量タンパク質の大規模定量解析が実現している[1]．

ショットガン法と異なり測定対象をあらかじめ決めて解析を行うSRMでは，高感度なペプチドの選択が重要である．われわれを含めて複数の研究グループが高感度なペプチド配列の予測法の確立を行っており，標的タンパク質の遺伝子配列情報からSRMを用いた定量法を構築することが可能となっている[2,3]．現行のペプチド選択法にはまだ課題も多い．しかし，配列情報からタンパク質定量法を構築する技術は簡便な定量プロテオミクスとして普及していくと考えられる．

2 解析の原理

1) Selected Reaction Monitoring (SRM) の原理

図1に三連四重極型質量分析計のSRMモードの原理を示した．3つの四重極のうちQ1で特定質量のプリカーサーイオンを選択し，コリジョンセル中で解離し生成したプロダクトイオンのうち，さらに特定イオンのみをQ3で選択し検出する．このモードでは二重の質量フィルターをかけることで大幅にノイズを低下させ，非常に高いS/N比を実現している．

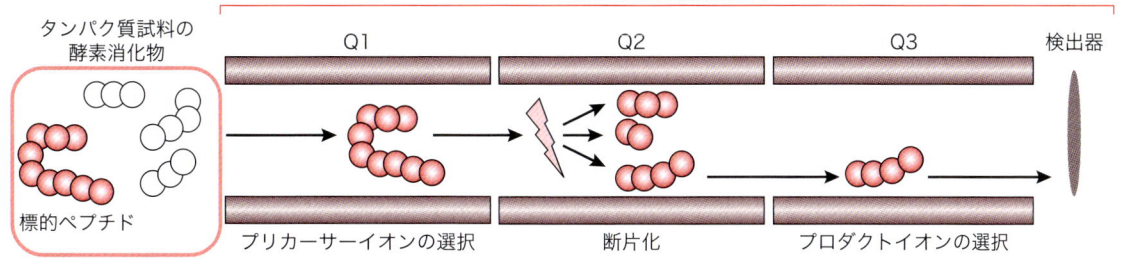

図1 SRMモードの測定原理
　質量依存的にQ1でプリカーサーイオン，Q3でプロダクトイオンを選択することで高いS/N比を得ることができる．複数のQ1/Q3の組み合わせ（SRM transition）を高速に切り替えることで，多分子同時測定を行う

夾雑物中の微量成分の検出に有効な測定法である．プリカーサーイオンとプロダクトイオンの組み合わせ（SRM transition）を高速に切り替えることで多分子測定を行う．

　現在行われている質量分析を用いたタンパク質解析法では，タンパク質をトリプシン等の酵素で消化して得られるペプチド試料を解析対象としている．したがって，（大抵は微量な）標的タンパク質由来のペプチドを膨大な種類のタンパク質から生じたペプチド群の中から特異的に検出する必要がある．SRMの高い選択性を生体試料中のペプチド測定に応用することで，膨大なノイズ情報の中から対象ペプチドを検出することが可能である．

2）SRMを用いた定量解析

　SRMは質量依存的に測定対象を絞るために夾雑物の影響が少なく，高感度定量解析に適した測定法である．図2にSRMによるタンパク質定量法の概要を示した．質量分析法ではペプチドの種類によってイオン化効率が異なるために，スペクトルのシグナル強度のみから直接定量することは困難である．そのため，安定同位体標識ペプチドを内部標準とした定量法が用いられる．

　前処理，LC分離および質量分析の全過程において理想的な挙動を示す内部標準物質は，対象タンパク質と同配列の安定同位体標識タンパク質である．しかし現状では高純度な安定同位体標識タンパク質の大規模な合成が技術的，価格的に困難であり，一般的には対象タンパク質の酵素消化ペプチドが内部標準として用いられている．既知量の安定同位体ペプチドを試料に添加し，LC保持時間と質量値から対象ペプチドのシグナルを同定し，シグナル強度の比から試料中の対象ペプチドを定量する．安定同位体標識ペプチドと非標識ペプチドセットをSRMで測定することで，複雑な生体試料中のタンパク質由来のペプチドを，f molからp molレベルで定量することが可能である．

　ペプチドを内部標準とする場合，LC分離直前の試料に内部標準を添加するために酵素消化効率および前処理ステップの吸着等による試料の損失が補正されないという課題がある．この課題を克服するために，酵素切断部位を含むリファレンスペプチドを前処理過程の最初の段階に添加して測定する[4]等の工夫がなされている．

3）測定ペプチドの選択

　現状ではタンパク質の部分配列を測定対象としていることから，測定ペプチドの選択はSRM測定の感度，再現性にかかわる最も重要な過程である．対象タンパク質を酵素消化することで数十〜数百のペプ

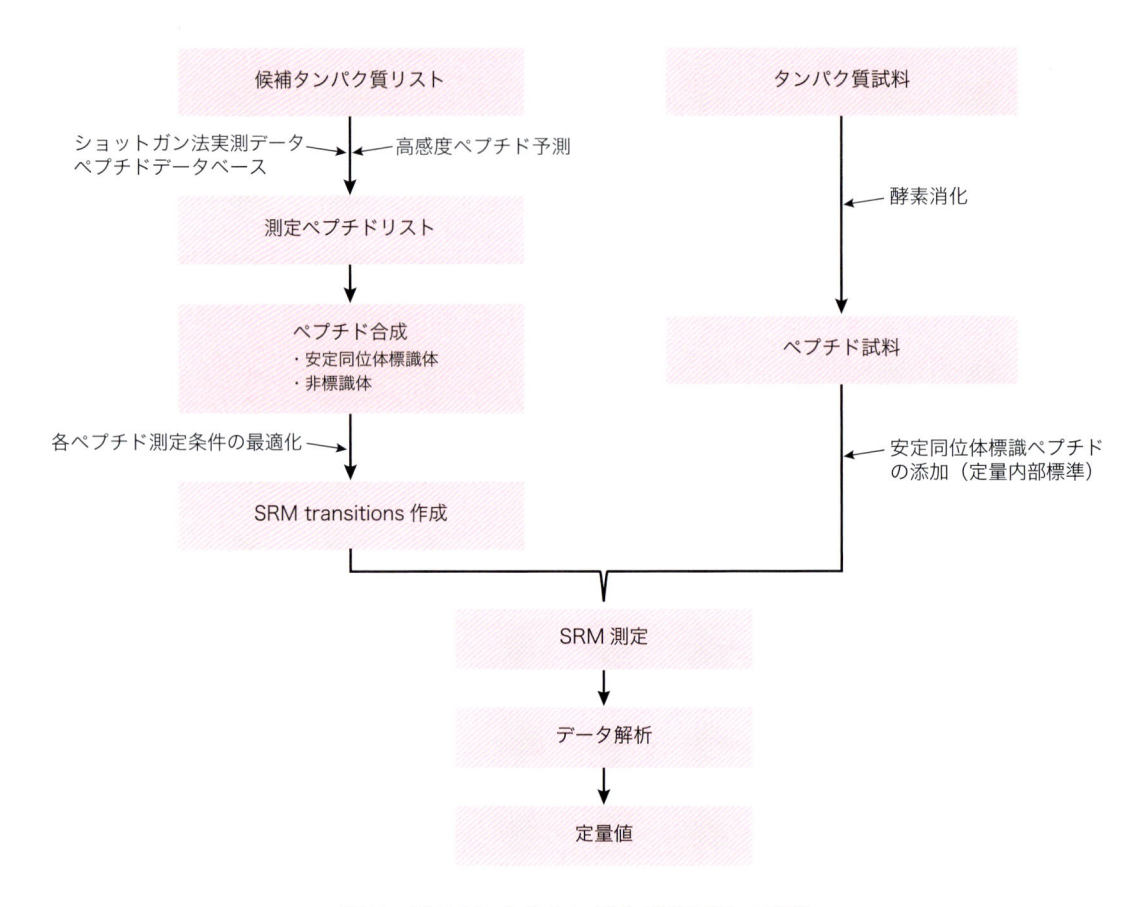

図2 SRMによるタンパク質定量法の概略

チド断片が得られるが，LC-SRMにおいて感度および定量性に優れたペプチドは数断片に限定される．各対象タンパク質に特異的かつ感度に優れたペプチドを選択することが，SRM測定を成功させるうえで重要なポイントである．

測定ペプチドの選択は，通常実測データに基づいて行われる．ショットガン法で高シグナルを示したペプチドはSRMにおいても有効であることが多く，定性的プロテオミクスのデータセットは測定ペプチドを選択するうえで有用な情報源となる．標的タンパク質の実測データがない場合でも，Webで公開されているショットガン法で検出されたペプチドデータセットを活用することができる[5]．PeptideAtlas（http://www.peptideatlas.org/）やPRIDE（http://www.ebi.ac.uk/pride/）では膨大なプロテオミクスデータセットがWeb上に公開されており，これらを活用することで質量分析法で検出された実績のあるペプチドを選択することが可能である．

ショットガン法で同定されない微量タンパク質を対象とする場合，実測データによらずに高感度ペプチドを選択する必要がある．SRMに適するペプチドの基礎的条件として，1) 対象タンパク質特異的な配列，2) 翻訳後修飾を含まない，3) 測定質量が使用する質量分析計の測定m/z範囲を超えない，4) 極性の偏った配列は避ける，5) 酵素消化効率の低い膜貫通部位やリジン，アルギニンの連続部位（トリプシン消化の場合未切断率が高い）を含まない等が挙げられ，これらを考慮することで比較的定量に適したペプチドを選択することができる．また，プロリン，グリシンを含むペプチドはコリジョンセル内

でこれらの残基で開裂が生じやすく，1つのプロダクトイオンに収束する結果，SRMにおいて高シグナルを示すために積極的に選択している．ショットガン法で高頻度に検出されるメチオニンを含むペプチドは，酸化修飾を受けやすく定量を目的としたSRMには適しない．

われわれは，これらの配列条件に当てはまり，対象タンパク質に特異的なアミノ酸配列を有するペプチドを測定対象の候補とすることで，比較的定量に適したペプチドを選択することに成功している[3]．

4）複数SRM transition測定を用いた高精度なシグナルピークの同定と多タンパク質同時定量

測定ペプチドのアミノ酸配列に基づくピークの同定が可能である（図3A）．SRMは選択性の高い測定法であるが，複雑な混合物である生体試料の測定時には複数ピークがみられ解析の障害となることが多い（図3B）．プリカーサーイオンの衝突誘起解離によって，開裂部位の異なる複数のプロダクトイオンが生じる．同一プリカーサーイオンに由来するプロダクトイオンはカラム溶出時間が一致する．そこで，1つのプリカーサーイオンに由来する複数のプロダクトイオンに対するSRM transitionを設定し，全クロマトグラムに共通するピークを対象ペプチドのシグナルとして同定する（図3A）．

実際には1つの測定ペプチドにつき試料と内部標準それぞれ4 transition設定し，計8 transitionに共通するピークを対象シグナルとして同定している．3 transition以上で共通するピークを得た場合に各transitionから得られる測定値の平均値を測定ペプチドの定量値として算出し，2つ以下の場合は定量限界以下として扱っている．このように複数のプロダクトイオンを定量対象とすることで，定量値の信頼性を高めている．

複数のペプチドに対するSRM transitionを設定し，高速に切り替えることで複数タンパク質の同時定量が可能である．従来1分析あたりのtransition数は300に限定され，1ペプチドあたり8 transition使用すると同時定量可能なタンパク質数は37分子であった．また，transition数の増加は1サイクルに要する時間を延長させ，その結果ピークのデータポイント数が減少し定量精度が著しく低下する．近年開発されたスケジュールドMRM（AB SCIEX社）はこれらの課題を克服する技術として期待される．スケジュールドMRMでは，各transitionの測定タイミングを独立して設定することで，1サイクルの測定時間を延長せずに最高3,000 transitionを設定することが可能である．370タンパク質を同時定量できることになり，大規模タンパク質定量を実現する技術として期待されている．

3 本技術でわかること

SRMによる定量法の利点は，膨大なノイズに埋もれた微量な候補タンパク質を多分子同時に定量できることである．測定タンパク質群を限定して定量するSRM法は，網羅的なタンパク質の同定を目的とするショットガン法と原理・目的が根本的に異なり，トランスクリプトミクスにおけるマイクロアレイに相当する技術と言える．ショットガン法では基本的にシグナル強度に依存してMS/MSデータを取得するために，膨大な分子群の集合である生体試料中の微量タンパク質の測定には限界があった．安定同位体標識ペプチドを内部標準とし，SRMで測定することでショットガン法では検出できなかった生体試料中のat molからf molレベルの候補タンパク質の定量が可能である．本法を用いることで，標的タンパク質群特異的な定量的フォーカストプロテオミクスが実現できる．

●細胞膜トランスポーターの定量プロテオミクス

われわれはSRM法を用いて，薬物輸送に重要な細胞膜トランスポーター群を対象とした群特異的定量

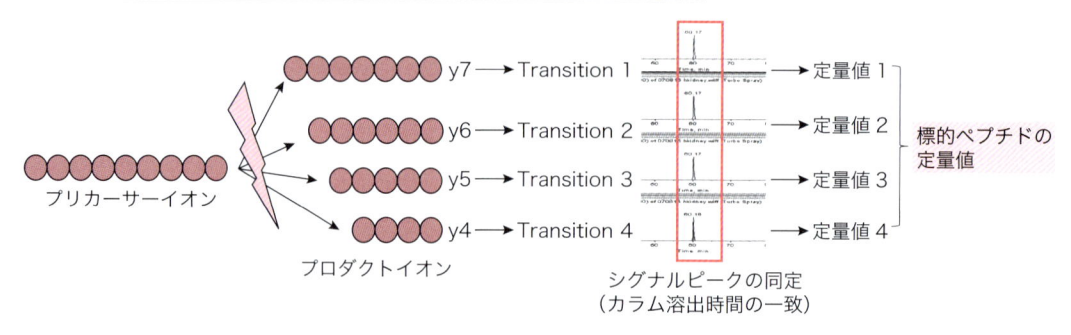

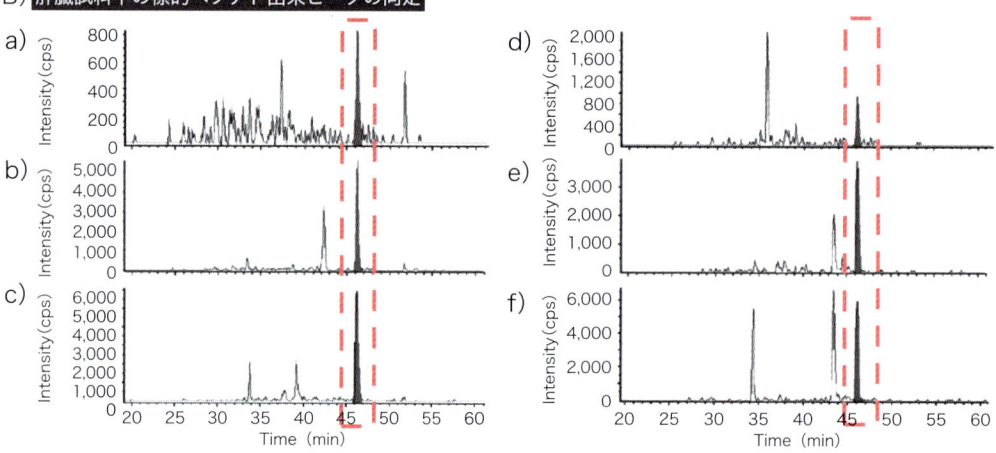

図3 SRMによるシグナルピークの同定法

A) 同一のプリカーサーイオン由来の異なるプロダクトイオンのシグナルピークは、カラム溶出時間の一致で同定することができる。B) マウス肝臓試料中のBcrpタンパク質の標的ペプチドシグナルの同定例。全8クロマトグラムに共通する溶出時間46分のピークをシグナルピークとして同定した（破線囲み）。a～c：非標識ペプチド由来の3つのプロダクトイオンに対するSRM transition. d～f：安定同位体標識ペプチド由来の3つのプロダクトイオンに対するSRM transition

プロテオミクスを行っている。細胞膜トランスポータータンパク質36分子を対象に前述の高感度ペプチド配列条件を含むペプチドを選択し、SRMを用いてマウス臓器における定量測定に成功している[3]。表は、SRM法を用いてマウストランスポーター36分子の脳毛細血管画分、および肝臓、腎臓皮質、腎臓髄質の細胞膜画分で一斉定量した結果であり、マウス各組織におけるトランスポータータンパク質の発現量プロファイルを示している。測定値の単位はfmol/μg proteinであり絶対量を示している。すなわち本プロファイルでは同一分子の発現を異なる臓器間で相対的に比較できるだけではなく、異なる分子の発現を絶対発現量で比較することが可能となった。血液脳関門を構成する脳毛細血管ではABCトランスポーターであるMdr1a, Mrp4, Bcrpが発現し機能していることが報告されているが、本プロファイルによってMdr1aのタンパク質の発現量はMrp4の8.9倍、Bcrpの3.2倍と最も多く発現していることを初めて示した。トランスポーター発現量を明らかにすることで, in vivoにおける薬物透過性を予測

表 マウス臓器におけるトランスポータータンパク質の発現量

分子	発現量 (f mol/μg protein)			
	脳毛細血管 (組織ホモジネート)	肝臓 (細胞膜画分)	腎臓皮質 (細胞膜画分)	腎臓髄質 (細胞膜画分)
Mdr1a (peptide1)	15.5±0.84	N.D.	N.D.	N.D.
Mdr1a (peptide2)	12.7±0.53	N.D.	N.D.	N.D.
Mdr1b	N.D.	N.D.	N.D.	N.D.
Mdr2	N.D.	N.D.	N.D.	N.D.
Bsep	N.D.	6.65±0.19	N.D.	N.D.
Mrp1	N.D.	N.D.	N.D.	N.D.
Mrp2	N.D.	7.05±0.62	4.94±0.48	N.D.
Mrp3	N.D.	3.64±0.54	N.D.	N.D.
Mrp4	1.59±0.07	N.D.	0.22±0.04	0.72±0.05
Mrp5	N.D.	N.D.	N.D.	N.D.
Mrp6	N.D.	5.11±0.18	N.D.	N.D.
Mrp7	N.D.	N.D.	N.D.	N.D.
Mrp9	N.D.	N.D.	N.D.	N.D.
Bcrp (peptide1)	4.02±0.29	8.18±0.40	56.4±1.82	25.9±1.35
Bcrp (peptide2)	4.80±0.15	8.84±0.22	53.4±1.62	23.8±0.95
Abcg5	N.D.	2.82±0.19	N.D.	N.D.
Abcg8	N.D.	3.54±0.12	N.D.	N.D.
Oct3	N.D.	N.D.	N.D.	N.D.
4F2hc	16.4±0.34	2.06±0.08	20.9±0.70	9.61±0.31
Asct2	1.58±0.13	N.D.	2.21±0.10	3.09±0.12
Ata2	N.D.	N.D.	N.D.	N.D.
Nat	N.D.	10.3±0.23	N.D.	N.D.
Gat2	N.D.	2.79±0.14	N.D.	N.D.
Glut1	90.0±2.87	1.87±0.17	N.D.	40.4±1.83
Mct1	23.7±0.87	18.8±0.66	9.51±0.38	4.37±0.18
Lat1	2.19±0.09	N.D.	N.D.	N.D.
Net	N.D.	N.D.	N.D.	N.D.
Ntcp	N.D.	17.1±1.15	N.D.	N.D.
Oat1	N.D.	N.D.	12.7±0.60	3.00±0.16
Oat3	1.97±0.07	N.D.	4.66±0.14	0.94±0.07
Oatp1	N.D.	42.9±2.57	12.1±0.79	2.86±0.17
Oatp2	2.11±0.12	1.65±0.14	N.D.	N.D.
Oatpf	2.41±0.16	N.D.	N.D.	N.D.
Taut	3.81±0.60	N.D.	3.20±0.27	4.95±0.25
Mate1	N.D.	N.D.	6.35±0.34	1.37±0.20
Mate2 homolog	N.D.	N.D.	N.D.	N.D.
Na$^+$/K$^+$ ATPase	39.4±1.01	33.5±1.06	254±7.55	559±26.1
γ-GTP	4.37±0.25	N.D.	180±8.16	81.1±5.25

マウスの脳毛細血管細胞ホモジネート（22μg）、肝臓細胞膜画分（23μg）、腎臓皮質細胞膜画分（25μg）および腎臓髄質細胞膜画分（40μg）について細胞膜タンパク質36種類に対するSRM法によって定量した．各定量値は6試料の3MRMチャネル（計18測定点）から得られるmean±SEMで表している．3MRMチャネル中1つ以上のMRMチャネルでシグナルが検出できない場合は検出限界以下（N.D.）として表している

することが可能となる．

また，すでに機能レベルや免疫染色によって発現が報告されているトランスポーターが本法によって各臓器で検出されている．すなわち，本法は各臓器で機能しているトランスポーターを検出する十分な感度を有している．

トランスポータータンパク質は，物質の細胞膜透過性を規定する重要な機能を有する分子群であり，ヒトで331種類（ATP binding cassette transporter family 51種, solute carrier superfamily 280種）が分類されている．われわれは前述の in silico ペプチド選択法を用いて，全331種類のトランスポーターについて遺伝子情報から定量測定ペプチド配列を決定し，一部については安定同位体標識ペプチドを合成してヒト組織におけるトランスポータータンパク質の定量解析を行っている．このように機能タンパク質群の遺伝子情報からタンパク質定量法を構築することで，標的タンパク質群の発現プロファイルを迅速かつ高感度に明らかにすることが可能である．

4　展望

測定対象が限定されるSRMはもともと個別定量解析の手法であったが，三連四重極型質量分析計の発達により設定可能なtransition数が大幅に増加したことで大規模定量法へと発展した．また，PeptideAtlas等のペプチドデータベースの充実や in silico ペプチド選択法の発達により，特定の機能タンパク質群を標的とした大規模定量法を迅速に構築することが可能となった．これによりSRM法は，ショットガン法により特定された候補タンパク質の検証法から高感度な定量的フォーカストプロテオミクス解析法に発展した．

前述のように，SRMを用いた定量法は，迅速かつ大規模に標的分子を定量する点で，トランスクリプトミクスにおけるマイクロアレイに相当する技術であると言える．マイクロアレイを中心とするRNA測定技術の発達が網羅的かつ定量的トランスクリプトーム解析を実現させたように，SRMによる大規模タンパク質定量法は標的タンパク質群の一斉定量解析を実現させた．これによって，これまでショットガン法でカバーされなかった微量なタンパク質群の定量プロテオーム解析が可能になる．本稿で紹介したトランスポーター群定量研究のように，今後はSRMを用いて特定の機能タンパク質群に的を絞った，定量的フォーカストプロテオミクス研究が発達していくと考えられる．

SRMを用いた定量的フォーカストプロテオミクスは，その感度と簡便さから創薬ターゲットや疾患バイオマーカー探索技術として有用である．ショットガン法による大規模解析は試料処理法やLC分離，データ解析において高度な技術と知識が求められ，プロテオミクスに特化した研究グループのみ実施可能な敷居の高い技術であった．SRMを用いた定量解析は，測定対象を絞ることで測定法およびデータ解析がシンプルになることから，簡便な定量的プロテオミクス技術であると言える．しかし，大規模なSRM定量測定では，測定ペプチドの決定，多分子定量時のSRM測定条件の最適化およびデータ解析の迅速化が実際の現場の問題となる．今後は，高感度ペプチドの予測法の高精度化，最適なSRM測定条件の算出および多分子解析データを処理するソフトウェアの開発が行われることで，SRMを用いた定量フォーカストプロテオミクスは一般に普及すると期待される．

文献

1) Picotti, P. et al. : Cell, 138 : 795–806, 2009
2) Mallick, P. et al. : Nat. Biotechnol., 25 : 125–131, 2007
3) Kamiie, J. et al. : Pharm. Res., 25 : 1469–1483, 2008
4) Beynon, R. J. et al. : Nat. Methods, 2 : 587–589, 2005
5) Cham, J. A. et al. : Proteomics, 10 : 1106–1126, 2010

第Ⅰ部 原理編

⑨ プロトアレイによる タンパク質インタラクトーム解析

佐藤準一

近年，数千種類のリコンビナントタンパク質をスライドグラス基盤上に高密度固定したプロテインマイクロアレイが登場し，目的とするタンパク質の標識プローブさえあれば簡便，迅速かつ網羅的にタンパク質間相互作用・インタラクトームを解析できるようになった．プロテインマイクロアレイを利用することにより，結合タンパク質，酵素の基質，抗体の標的抗原，低分子化合物の標的タンパク質に関して，ハイスループットなスクリーニングが比較的安価で可能であり，創薬研究に重要なプロテオミクス解析ツールとなりつつある．本稿ではすでに商品化されているプロトアレイを中心に，解析方法，応用例，問題点について概説する．

1 技術開発の歴史と現状

2003年にヒトゲノムプロジェクトが完了し，全ヒト遺伝子約22,000の塩基配列が解読された．システムズバイオロジーの観点からすると，ヒトは大規模な分子ネットワークで精密に構築された複雑系であり，多くの難病がシステム固有のロバストネスの破綻に起因すると考えられている[1]．したがって難病の病態解明のためには，ゲノムワイドの分子ネットワーク解析が重要な研究課題となる．DNAマイクロアレイは，スライドグラス基盤上に数万遺伝子のオリゴヌクレオチドを高密度に固定したチップであり，一度の実験で個々の細胞における全遺伝子発現情報を，包括的に解析できるツールである．

2000年代前半にDNAマイクロアレイのタンパク質バージョンとして登場したのが，プロテインマイクロアレイである．DNAマイクロアレイと同様に，アレイヤーを用いて高密度のスポッティングが自動化され，ラージスケールでの定量的解析が可能となっている．プロテインマイクロアレイの登場以前は，タンパク質間相互作用（protein-protein interaction：PPI）・インタラクトーム（interactome）は，主としてイーストツーハイブリッド（yeast two-hybrid：Y2H）法で解析されていたが，偽陽性と偽陰性が多く労力と時間がかかり，結合条件としてイオン濃度やpHを制御できないなどの問題点があった．プロテインマイクロアレイを用いれば，目的とするタンパク質の標識プローブさえあれば，Y2H法に比較して簡便，迅速，安価でかつ網羅的にPPIを解析可能である[2]．タンパク質を酵母で発現させるY2H法に比較して偽陽性や偽陰性が少なく，翻訳後修飾，イオン濃度，pHの影響も直接検討できる[2]．商品化されているプロトアレイ〔ProtoArray®，インビトロジェン（ライフテクノロジーズ）〕では，昆虫細胞で発現させたリコンビナントタンパク質を構造や機能が保持されたまま固定しており，PPIの解析のみならず，酵素の基質や核酸，脂質，低分子化

9）プロトアレイによるタンパク質インタラクトーム解析　**75**

合物の結合タンパク質のハイスループットスクリーニング（high throughput screening：HTS）にも応用可能である．現在プロテインマイクロアレイは，創薬研究に重要なプロテオミクス解析ツールとなりつつある．

2 解析の原理

1）プロトアレイの概要

プロトアレイは，発売当初はヒトと酵母の２種類のタイプがあったが，2010年現在，ヒトプロトアレイのみ入手可能である（最新バージョンはv5.0）．ヒトプロトアレイv1.0は1,928，v2.0は3,017，v3.0は5,004，v4.0は8,222のタンパク質が固定されていた．プロトアレイv5.0では，ニトロセルロースでコートされた１枚のスライドグラス上に過去最大数である9,483種類のリコンビナントタンパク質がデュプリケートでスポットされている．プロテインキナーゼ，転写因子，膜タンパク質，シグナル伝達因子，代謝系制御因子など広範囲な分子をカバーしている．全タンパク質のリストはインビトロジェンホームページからダウンロードできる（http://www.invitrogen.jp/protoarray/tool.shtml）．

タンパク質はUltimate human open-reading-frame（ORF）clone collectionをGateway expression vectorにクローニングし，Bac-to-Bac baculovirus expression system（以上，インビトロジェン）を用いて昆虫細胞Sf9で発現させている．高次構造が保持されるように未変性条件下で，グルタチオンセファロース4Bを用いて精製したタンパク質全長または部分長をアレイヤーでスポットしている．各タンパク質にはN末端にglutathione-S transferase（GST）タグと6X histidine（HIS）タグが結合しており，GSTをスペーサーとしてタンパク質の本体がスライドグラス表面から突出し，標識プローブが各スポットのタンパク質の全周囲にアクセスできるように工夫されている．ポジティブコントロールとして，Alexa Fluor 647標識抗体，ビオチン標識抗マウス抗体（マウスモノクローナル抗V5抗体と結合）およびV5がスポットされている．ネガティブコントロールとして，bovine serum albumin（BSA），GST，バッファーのみ，ウサギ抗GST抗体，ヒトIgGサブクラス，抗ビオチン抗体がスポットされている．インビトロジェンではアレイの品質管理のために，各ロットを抗GST抗体と反応させ，GST濃度勾配スポットのシグナルから作成した標準曲線を用いて，各スポットのタンパク質濃度を算出している．ロットごとのタンパク質濃度情報に関してもインビトロジェンホームページからダウンロードできる．

2）プロトアレイによるタンパク質間相互作用解析の流れ

以下，プロトアレイを用いたPPI解析に関して，実験方法の概略を述べる．プロトアレイでは，標識プローブとしてV5タグ融合タンパク質（PPI kits for epitope-tagged proteins）またはビオチン化タンパク質（PPI kits for biotinylated proteins）を選択できる．前者ではAlexa Fluor 647標識抗V5抗体を，後者ではAlexa Fluor 647標識ストレプトアビジンを検出系に用いる．本稿ではV5タグ融合タンパク質プローブ作製法について述べる（図）[3]．構造が保持されていて純度が高いプローブを作製するためには，V5タグ融合タンパク質を無血清培養上清中に分泌させた方がよい（私見）．

❖ **Step 1．V5タグ融合タンパク質プローブ作製**

目的の遺伝子を分泌型発現ベクターpSecTag/FRT/V5（インビトロジェン）にクローニングし，Flp recombinase発現ベクターpOG44（インビトロジェン）とともにFlp-In HEK293細胞（インビトロジェン）に導入する．遺伝子導入細胞をHygromycin Bで選択し，安定発現細胞株を樹立する．V5タグ融合タンパク質発現細胞を無血清培地DMEM/

図 プロトアレイによるタンパク質間相互作用の解析

Step 1. V5タグ融合タンパク質プローブ作製

- pSecTag/FRT/V5標的遺伝子
- pOG44
- ①トランスフェクション
- Flp-In HEK293細胞
- Hygromycin B
- ②安定発現株の樹立
- ③無血清培養上清回収
- ④濃縮　Amicon Ultra
- ⑤精製　HIS-select spin column
- ⑥濃縮　Centricon
- V5タグ融合タンパク質プローブ

Step 2. プロテインマイクロアレイ解析

- ①ブロッキング：PBST ブロッキングバッファー, 1 h, at 4℃　インキュベーションチャンバー　ProtoArray
- ②プローブ結合反応：50 μg/mL V5タグ融合タンパク質プローブ in プロービングバッファー, 1.5 h, at 4℃　カバースリップ
- ③洗浄：プロービングバッファー, 1 min, at 4℃, ×3
- ④抗体結合反応：260 ng/mL Alexa Fluor647標識抗V5抗体 in プロービングバッファー, 0.5 h, at 4℃　遮光
- ⑤洗浄：プロービングバッファー, 1 min, at 4℃, ×3
- ⑥遠心・乾燥：1,000 rpm, 5 min
- ⑦スキャニング・データ解析：GenePix 4200A at 635 nm → GenePix Pro 6.0 software → ProtoArray Prospector

目的タンパク質のV5タグ融合タンパク質プローブを作製し（Step 1），プロテインマイクロアレイ（ProtoArray）と反応させ，蛍光シグナルをスキャナーで検出する（Step 2）．詳細は本文参照．文献3より改変

F12で72時間培養し，培養上清を回収してAmicon Ultra（ミリポア）で濃縮する．次にV5タグ融合タンパク質にはHISタグも結合していることを利用して，HIS-select spinカラム（シグマアルドリッチ）で精製する．さらにCentricon（ミリポア）で再度濃縮し，遠心して不溶物を除去後，プロービングバッファーで50 μg/mLに調整する．プローブの一部をSDS–PAGEで泳動し，銀染色と抗V5抗体のウエスタンブロットで純度を確認する．

❖**Step 2. プロテインマイクロアレイ解析**

アレイをPBSTバッファーで4℃，1時間ブロック後，上記のプローブ120 μLをアレイ上に滴下し，カバースリップで封じて4℃，90分間反応させる．カバースリップをのせる際に，気泡が入るとシグナル欠損領域を生ずるので細心の注意が必要である．プロービングバッファーで1分間3回洗浄後，Alexa Fluor 647標識抗V5抗体260 ng/mL，25 mLと4℃，30分間反応させる．プロービングバッファーで1分間3回洗浄後，50 mL遠心管に移して1,000 rpm，5分間遠心して水分を除去し，遮光したスライドボックスに収納して室温で1時間乾燥させる．実験で用いるすべてのバッファーは調製時に泡立てないことと0.22 μmフィルターを通して夾雑物を除去しておくことが非常に大切である．

乾燥後は蛍光シグナルが退色しないうちにスキャナーで取り込む．われわれはGenePix 4200A（Axon Instruments社）を用いて波長635 nmで検出し，GenePix Pro 6.0（Axon Instruments社）で数値化して，GenePix Results（GPR）ファイルをProtoArray Prospector（インビトロジェン）で解析している．解析ソフトProtoArray Prospector（最新バージョンはv5.2）は，インビトロジェンホームページからダウンロードできる．デフォルト設定では，有意な結合と判定されるのはZ-score 3.0以上の場合である．またネガティブコントロールとポジティブコントロールのシグナル値から，実験の成否を確認できる．標識プローブ作製（Step 1）以降のステップ（Step 2）は5時間程度で遂行できる．

3 本技術でわかること

1）結合タンパク質の網羅的解析と同定

少量の標識プローブが手元にあれば，プロテインマイクロアレイを用いてタンパク質間相互作用のみならず，タンパク質と脂質，核酸，低分子化合物の結合を解析することができる．Singhらは，脊髄性筋萎縮症（spinal muscular atrophy：SMA）の病態改善遺伝子SMN2の発現レベルを上昇させる低分子化合物に関して，運動ニューロン培養系でスクリーニングし，C5-substituted quinazoline D156844を発見した[4]．^{125}I標識D156844をプローブとして，ヒトプロトアレイv3.0と反応させ，mRNA decapping enzyme DcpSを結合タンパク質として同定した．またDcpSとD156844の共結晶のX線構造解析により，両者の結合関係を確認した．彼らの結果は，プロテインマイクロアレイを用いることにより，種々の創薬シード化合物の標的となるタンパク質を網羅的に解析可能なことを示唆している．

パーキンソン病の中脳では，黒質神経細胞にα-synucleinの凝集封入体を認め，Lewy小体とよばれている．Schnackらは，Alexa Fluor 488標識リコンビナントα-synucleinオリゴマーをプローブとして，ヒトプロトアレイv3.0と反応させ，13種類の結合タンパク質を同定した[5]．α-synucleinオリゴマー結合タンパク質の多くに，cdc42/Rac interactive binding domainが存在していた．

14-3-3タンパク質は，脳に豊富に含まれている30 kDaの酸性タンパク質で，7種類のアイソフォームが存在する．14-3-3はダイマーを形成し，種々のタンパク質のリン酸化セリンコンセンサス配列（RSXpSXP，RXXXpSXP）に結合し，細胞内シグナル伝達因子のアダプター分子として働く．われわれはV5タグ融合14-3-3εをプローブとして，ヒトプロトアレイv1.0と反応させ，20種類の14-3-3結合タンパク質を同定した[6]．免疫沈降法で14-3-3とEAP30，DDX54，STACの結合を確認した．

プリオン病は，proteinase K抵抗性の異常型プリオンタンパク質PrPSCが脳に蓄積し，神経変性をきたす難病である．健常脳では，神経細胞は正常型プリオンタンパク質PrPCを高レベル発現している．α-helixに富むPrPCは分子シャペロンXを介してβ-sheetに富むPrPSCに構造変換されると考えられているが，Xの正体は明らかではない．われわれはV5タグ融合PrPC23-231をプローブとして，ヒトプロトアレイv3.0と反応させ，47種類のPrPC結合タンパク質（Xの候補）を同定した[7]．免疫沈降法と細胞イメージングで，PrPCとFAM64A，HOXA1，PLK3，MPGの結合を確認した．また47種類のPrPC結合タンパク質に関して，生命情報統合プラットホームKeyMolnetで分子ネットワークを解析し，AKT，JNK，MAPKシグナル伝達系との有意な関連性を認めた．

中枢神経系では，軸索損傷時には再生能力がきわめて乏しい．その原因として髄鞘に含まれる神経突起伸長阻害因子Nogoの存在が挙げられている．Nogo-AのC末端部分Nogo-66は，神経細胞膜上のNogo受容体NgRに結合して，神経突起伸長抑制

シグナルを伝達する．NIGとよばれるNogo-A中央部分にも神経突起伸長抑制活性が存在するが，NIG受容体は明らかではない．われわれはV5融合NIG567-748をプローブとして，ヒトプロトアレイv3.0と反応させ，12種類のNIG結合タンパク質を同定した[8]．免疫沈降法と細胞イメージングで，髄鞘形成細胞オリゴデンドロサイト特異的に発現している酵素CNPとNIGの結合を確認した．

2）抗体のプロファイリング

プロテインマイクロアレイを用いて，がんや自己免疫疾患の血清バイオマーカー，特に自己抗体のスクリーニングが可能である．抗体プロファイリングの場合は，アレイをブロッキング後に，希釈した患者血清または精製IgGと反応させる．次にAlexa Fluor 647標識抗ヒトIgG抗体と反応させて検出する．Laliveらは，5例の視神経脊髄炎（neuromyelitis optica：NMO）患者の血清IgGをプローブとして，ヒトプロトアレイv1.0と反応させ，神経細胞抗原CPSF3に対する自己抗体を同定した[9]．

実験的自己免疫性脳脊髄炎（experimental autoimmune encephalomyelitis：EAE）は，マウスやラットを髄鞘タンパク質抗原で感作して惹起される炎症性脱髄疾患で，多発性硬化症の動物モデルである．Robinsonらは，232種類の髄鞘プロテオームアレイを自作し，EAE発症時や再発時の血清をプローブとして反応させ，エピトープ拡散現象を見出した[10]．また抗体に対応するさまざまな抗原のDNAワクチンをEAEモデルに投与すると，顕著な治療効果を認めた．Hudsonらは，30例の卵巣がん患者の血清をプローブとして，ヒトプロトアレイv3.0と反応させ，患者で上昇している94種類のIgG自己抗体を同定した[11]．彼らはlamin A/C，SSRP1をがん特異的バイオマーカーとして選択し，イムノブロットとヒト組織アレイを用いて卵巣がんにおける発現上昇を確認した．Liらは，18例の小児腎臓移植患者の移植前後の血清をプローブとして，ヒトプロトアレイv3.0と反応させた[12]．移植後の血清でARHGEF6，STMN3に対する自己抗体を同定し，免疫組織化学的に腎盂における自己抗原の発現を確認した．

3）酵素基質の同定

アレイに固定されているタンパク質の機能や活性が保持されていれば，酵素をプローブとして基質をスクリーニングできる（functional proteomics）．Boyleらは，チロシンキナーゼAbl-related gene（Arg）をプローブとして，[γ-^{33}P] ATPの存在下でヒトプロトアレイv2.0と反応させ，Argの基質としてcortactinを同定した[13]．線維芽細胞では，PDGFは非受容体型チロシンキナーゼsrcを活性化し，srcによりAbl，Argが活性化されると，cortactinがチロシンリン酸化されて，アクチン再構成依存性の形態変化（dorsal wave）が誘導されることがわかった．Guptaらは，酵母ユビキチンプロテインリガーゼE3であるRsp5をプローブとして，E1，E2，FITC標識ユビキチン，ATPの存在下で酵母プロトアレイv1.1と反応させ，ユビキチン化されたタンパク質（Rsp5の基質）を同定した[14]．また同時にAlexa Fluor 647標識Rsp5をプローブとして，酵母プロトアレイv1.1と反応させ，Rsp5結合タンパク質を網羅的に解析した．155種類のRsp5結合タンパク質の34％がRsp5の基質となることがわかり，その多くにはRsp5認識配列PPXY，LPXYが存在していた．

4 展望

プロテインマイクロアレイを用いれば，結合タンパク質，酵素の基質，抗体の標的抗原，低分子化合物の標的タンパク質に関して，ハイスループットなスクリーニングが可能である．現在プロテインマイクロアレイは，創薬研究に重要なプロテオミクス解析ツールとなりつつある．しかしながら，以下に述べるような将来解決すべき問題点が存在する．

ヒトには約22,000個の遺伝子が存在するが，これらに由来するタンパク質は50万個を超えると推測されている．ヒト遺伝子の約90％は，選択的スプライシングにより複数の転写産物を発現している．個々の細胞や組織のスプライシングプロファイルは，エキソン型DNAマイクロアレイを用いることにより解析可能である．しかしながら，現時点ではスプライシングバリアントのタンパク質産物を網羅的にカバーしたプロテインアレイは市販されていない．またPPIの解析では，タンパク質のリン酸化，糖鎖修飾，ユビキチン化，アセチル化，メチル化，脂質修飾などの翻訳後修飾の有無も重要なファクターとなる．プロトアレイでは，昆虫細胞でタンパク質を発現させているので，比較的哺乳類細胞に近い翻訳後修飾を受けているとされている（インビトロジェン社内データ）が，実際には各々のタンパク質の翻訳後修飾の程度は確認されていない．またプロテインマイクロアレイではタンパク質の細胞内局在は考慮されないので，分泌タンパク質が核タンパク質と直接結合するような不自然な結果も観察される．さらに複合体や多量体を形成して初めて結合能や活性を示すタンパク質の検出は不可能である．また解離定数が大きいような弱い結合や短時間一過性の結合は見逃される可能性が高い．プロテインマイクロアレイでは，生体内における環境（イオン濃度，pH，補助因子）とは完全には一致していない条件下で反応させているため，人工的な結果を観察している可能性がある．酵素基質のスクリーニングでは，酵素阻害剤による特異的な反応抑制を必ず確認する必要がある．プロトアレイでは各スポット間でプリントされているタンパク質の濃度のばらつきが大きく，PPIの解析の場合，濃度が高いスポットが陽性として検出されやすい（私見）．

　上記のような問題点があるため，プロテインマイクロアレイで得られた結合関係は，免疫沈降法，Y2H法，表面プラズモン共鳴法（Biacore）などで，必ず検証する必要がある．またプローブXに対する結合タンパク質としてYを同定した場合は，プローブYに対する結合タンパク質としてXを同定できるか検討することも重要である（reciprocal validation）．最終的に，得られた結果が既知の報告に該当するのか，種々のタンパク質インタラクトームデータベースHPRD（http://www.hprd.org），IntAct（http://www.ebi.ac.uk/intact），STRING（http://string.embl.de），PubGene（http://www.pubgene.org），MINT（http://mint.bio.uniroma2.it/mint），BOND（http://bond.unleashedinformatics.com/Action?），Genome Network Platform（http://genomenetwork.nig.ac.jp）を検索しておくことも非常に重要である．

文献

1) Kitano, H. : Nat. Rev. Drug Discov., 6 : 202-210, 2007
2) Bertone, P. & Snyder, M. : FEBS J., 272 : 5400-5411, 2005
3) Satoh, J. : Protein Microarray Analysis for Rapid Identification of 14-3-3 Protein Binding Partners. In Functional Protein Microarrays in Drug Discovery, ed by Predki, P. F., pp239-259, CRC Press, 2007
4) Singh, J. et al. : ACS Chem. Biol., 3 : 711-722, 2008
5) Schnack, C. et al. : Neuroscience, 154 : 1450-1457, 2008
6) Satoh, J. et al. : J. Neurosci. Methods, 152 : 278-288, 2006
7) Satoh, J. et al. : Neuropathol. Appl. Neurobiol., 35 : 16-35, 2009
8) Sumiyoshi, K. et al. : Neuropathology, 30 : 7-14, 2010
9) Lalive, P. H. et al. : Neurology, 67 : 176-177, 2006
10) Robinson, W. H. et al. : Nat. Biotechnol., 21 : 1033-1039, 2003
11) Hudson, M. E. et al. : Proc. Natl. Acad. Sci. USA, 104 : 17494-17499, 2007
12) Li, L. et al. : Proc. Natl. Acad. Sci. USA, 106 : 4148-4153, 2009
13) Boyle, S. N. et al. : Curr. Biol., 17 : 445-451, 2007
14) Gupta, R. et al. : Mol. Syst. Biol., 3 : 116, 2007

第Ⅰ部 原理編

10 プロテオミクス解析のバイオインフォマティクス

青島　健，小田吉哉

質量分析計（MS）を用いたプロテオミクス解析は，病気の診断，薬剤感受性および薬剤の標的探索などのバイオマーカー探索研究に応用されている．試料処理速度，測定機器精度や感度の向上および実験種類の多様化に伴って，膨大なプロテオミクスデータが生み出されるようになった．他のオミックスデータも合わせて創薬研究に有用なデータを抽出するために，もはやバイオインフォマティクスなしでは語れない時代となりつつある．本稿では，プロテオミクスのためのバイオインフォマティクスに焦点を当て，MSを用いたタンパク質の同定とその定量解析の原理・問題点および創薬への応用について述べる．

1 技術開発の歴史と現状

プロテオミクスのためのバイオインフォマティクス（以降プロテオームインフォマティクスとよぶ）が担当する範囲は，従来からあったタンパク質の配列解析，機能解析に加えて，MSや二次元電気泳動（2D-PAGE），プロテインチップ，抗体アレイなどの手法によって得られたデータの加工および抽出も含まれるようになり，研究人口も確実に増えてきた．MSを用いたプロテオミクス解析はすでに25年以上の歴史がある．そのなかで，MSスペクトルからタンパク質を同定・定量するインフォマティクス技術は1984年に日本人グループによって産声を上げた．これをヒントに1993年に欧米のグループが相次いでいくつかの検索エンジン，つまりデータベースとMSデータを結びつける手法を発表した．以来，さまざまなツール・アルゴリズムが開発され，プロテオームインフォマティクスは医療，医薬，食品などの研究分野に応用が期待されるようになった．同時に，問題点も明らかになってきた．例えば，MSを用いたタンパク質の同定技術はほぼ成熟していると言われているが，いまだにほとんどの実験において3分の1のピークは依然として同定されない．さらに，同定されたタンパク質の変動量に関する研究は精度の面でも課題が残る．

本稿では，MSスペクトルを用いたプロテオミクス解析において，生データ処理からピーク抽出，タンパク質の同定，定量およびデータマイニングなどのアルゴリズム，ソフトウェアツールについて紹介する．また，これらの技術を応用したバイオマーカー研究の事例も合わせて述べる．

2 解析の原理

1）同定の原理

MSを用いたタンパク質の同定は主に2つの方法があり，1つはMSデータに基づくペプチドマスフィンガープリンティング（Peptide Mass Finger

表1 同定エンジンソフトウェア一覧

ソフトウェア	タイプ	OS/言語	Ref/URL
X!Tandem	オープンソース	Windows, Linux, OSX/C++	http://www.thegpm.org/TANDEM/index.html
OMSSA	オープンソース	Windows, Linux, OSX/C++	http://pubchem.ncbi.nlm.nih.gov/omssa/
Greylag	オープンソース	Windows, Linux, OSX/C++	http://greylag.org/
MyriMatch	無償	Windows, Linux	http://fenchurch.mc.vanderbilt.edu/lab/software.php
Inspect	無償*	Windows, Linux, OSX	http://proteomics.ucsd.edu/Software/Inspect.html
Mascot	有償	Windows, Linux, Solaris	文献2
SEQUEST	有償	Windows, Linux	文献3
Phenyx	有償	Windows, Linux	文献4

*非営利団体のみ無償

printing：PMF）法[※1]，もう1つはMS/MSで得られたスペクトルを利用してペプチド断片を同定するMS/MSイオン検索法[※2]である．目的に応じてどちらか，または両方を利用することができる．

❖PMF法に基づく同定エンジン

PMF法に基づく主な同定エンジンはMOWSE，MascotとProfoundなどが挙げられる．MOWSEアルゴリズムは，mass toleranceを考慮した理論値と実測値との比較を行う．ただマッチングしている数を数えるだけでなく，MOWSEでは各々のペプチドにおいて経験値に基づく重み付けマトリックスを利用しスコアリングしている．Mascotはさらに，MOWSEアルゴリズムを改良してマッチング時の精度を評価するための確率分布モデルを導入してスコアリングしている．Profoundはベイズモデルを利用して，理論値と実測値とのマッチングパターンを事後確率分布にてスコアリングしている．それぞれの手法には得手と不得手があり，前記複数アルゴリズムを組み合わせて利用している研究者が多い．

❖MS/MSイオン検索法に基づく同定エンジン

MS/MS同定エンジンは主に，X!Tandem，OMSSA，Greylag，Inspect，MyriMatch，SEQUEST，Mascot，Phenyxなどがある（表1）．そのうち，X!Tandem，OMSSA，Greylagはこの分野で数少ないオープンソース・ソフトウェアであり，ダウンロードしてインハウスで利用することができ，独自のカスタマイズも可能である．

各種同定エンジンで使用されているアルゴリズムによって異なるが，おおよその処理は，1）ピーク選択処理，2）DB検索，3）スコアリング処理，4）結果の整形との4つの工程からなる．つまり，各アルゴリズムとも最初にMS/MSスペクトル中でイオン強度が比較的小さいピークをノイズピークとして削除したり，非常に近接したピークを1つのピークとして（例えば誤差の許容範囲が1m/zの設定なら0.1m/zの違いは同じものとするなど）処理したりする．次に残ったピークを用い，候補ペプチド各々の理論ピークとの一致度合いを用いてスコアを算出，スコアに応じて候補ペプチドをランク付けし，最後に有意判定をする流れになっている．

スコア計算は検索ソフトウェアそれぞれに特徴が

※1　PMF法

PMF法はタンパク質を化学的または酵素的にペプチド断片に分解し，そのペプチド混合物の質量を測定し，得られた個々のペプチド質量情報と切断部位情報（使用した酵素の切断部位の特異性など）を理論値（データベース）に対して検索し，タンパク質を同定する方法である．

※2　MS/MSイオン検索法

タンパク質から化学的あるいは酵素消化により得られたペプチド混合物のMS/MSを行うことにより，質量分析計のなかで特定のペプチド由来のイオンを選択し，さらにアミノ酸配列を反映したMS/MSフラグメントイオンを得ることができる．得られたMS/MSフラグメントイオンのピーク情報からタンパク質を同定する方法をMS/MSイオン検索法という．

ある．例えばMascotではunassigned peakの影響が強く，説明できないピークが多くあればそれだけスコアを下げる傾向がある．一方，X!Tandem[1]ではイオン強度を考慮しており，unassigned peakはスコアには影響を与えないなどといった特徴がある．翻訳後修飾においては，Mascot，SEQUESTなどの同定エンジンでは複数の修飾基が選択可能である．しかしながら，複数の修飾基を考慮した場合，候補となるペプチドは激増し，偶然ヒット（偽陽性）が増大する．最近，ほとんどの検索エンジンでは偶然ヒットを減らすための工夫をしている．具体的には，世の中に存在しえないアミノ酸配列データベース（Decoyデータベース）を人工的に生成し，検索用ターゲットデータベースも用いる．最終的には，本来のデータベースとDecoyデータベースのヒットのバランスを考慮してスコアリングしている．しかし，計算時間は倍になり，市販されている検索エンジンの多くは，MSスペクトルデータを1件ずつ検索にかけるしくみとなっているため，複数回にわたる実験データの検索結果を横断的に解析することは非常に時間がかかる作業となる．

そこで，われわれは，ピークリスト作成から複数同定エンジンによるタンパク質同定，アノテーション付けまでの全工程を高速で，自動に行えるシステムを開発した．さらに，われわれは大規模解析において，検索結果を横断的に統合し，データマイニングの段階で用いるサンプルと同定されたタンパク質の定量値を含めたマトリックス表の自動作成機能も開発した．統計機能では各種検定機能のほか階層的クラスタリング，バイクラスタリングアルゴリズムなどを実装し，可視化機能では独自の二次元クリッカブル・ヒートマップを開発した．これらのプロテオームインフォマティクスツールによって，われわれは膨大なオミックスデータ解析を行っている．

2）定量ディファレンシャル解析の原理

DNAチップ/DNAマイクロアレイ技術の確立により，一度の実験で数千から数万遺伝子の発現を網羅的に調べることが可能となっており，遺伝子の機能解析，疾病との相関，薬剤作用機序解明などの研究が進むことが期待されている．プロテオミクス分野においても，ゲノム解析と同様にタンパク質の定量的な解析は最も重要な課題の1つである．なぜなら，その多くは比較解析であるからである．つまり，薬剤投与群と未処理群，病態群と健常群，変異群と野生群など群間の差異を解析するからである．

また，MSを用いたタンパク質の発現解析はおおよそ2種類に大別される．つまり，絶対定量と相対定量である．相対定量では，内部・外部標準を用いる方法と標準品を使わない方法がある．前者では，同一実験内において標準物質との比較が可能で，一般に定量精度は高い．しかし，実験の手間・コスト，同定できるタンパク質数などの面で依然として課題が残る．標準品を用いない後者の手法では，前者に比べて実験工程そのものは簡便で，コストパフォーマンスもよいが，定量精度に難点がある．よって次にバイオインフォマティクス技術が最も必要とされる絶対定量と標準品なしでの定量に着目し，既存アルゴリズムおよびソフトウェアについて述べる．

❖セミ定量

セミ定量法の1つにProtein Abundant Index（PAI）という概念がある．これは発現量が多いタンパク質ほど検出される可能性が高いという確率論に基づいている．実際のMSでの検出はペプチドレベルでの同定になるが，分子量が大きいタンパク質ほどペプチド断片が多く生じるため大きなタンパク質ほど多く検出される可能性がある．よってPAIは同定されたペプチド数を理論的に生成しうるペプチド断片の数で割ったタンパク質ごとの値である．さらに10のPAI乗をとると，タンパク質の発現量に線形比例するemPAI法[12]も開発された．emPAIは同定されたユニークなPrecursor m/zのスペクトル数を数える．emPAIの特徴は相対定量ではなくて絶対定量である．したがって分析に用いたタンパク質の総

量を求めておけば，個々のタンパク質の発現量を算出できる．しかし量が多い場合，同じペプチド同じm/zのMS/MSスペクトルを何度も測定する場合がある．よって同定に使われたMS/MSスペクトルの総数をタンパク質ごとに集計してタンパク質の発現を表すスペクトラル・カウント（spectral count）法[13]も開発されている．

これらの方法は，MSのイオン強度を使う必要がないため，同定の結果一覧表さえあれば，定量解析を実施することができる．しかしながら発現の少ないタンパク質は通常1つのペプチド断片しか検出されない場合が多いため，信頼性が高い定量値を得るには，1つのタンパク質あたり4つ以上のペプチドを同定する必要がある[14]．そこで次項では，従来から行われているMSでのイオン強度に基づいた定量解析について説明する．

❖ MSのイオン強度に基づく定量

1970年代ころから標的分子のマスクロマトグラム（MC）ピーク強度もしくはピーク面積値を計算して，標的物質の定量解析が行われてきた．同様の原理で，プロテオミクスもしくはメタボロミクス分野では，特定イオンのMCピークの強度もしくはピーク面積を計算することは理論的には容易そうであるが，実際には定量すべき分子のm/zやクロマトグラムでの溶出位置がわからない状態で数千ものピーク強度（面積）を算出することは容易ではない．またこの方法では基本的には同定結果には依存せず，発現量が低いタンパク質の定量も行うことが可能であり，ディファレンシャル解析時における欠損値の問題の解決にも期待できる．しかし量が少ないタンパク質の場合，特にイオントラップ型のMSを用いた場合は，MSスペクトルではノイズレベルに近いピークであっても見事なMS/MSスペクトルが得られて同定できることも珍しくはない．このようなノイズレベルに近いピークの定量はいまだに大きな課題である．しかしながら，このMSのイオン強度に基づく定量法について，①イオン（ペプチド）ピーク検出，②ア

ライメント，③MCピーク面積の定量，の3つのステップに分けて解説する．

①イオンピーク検出

最も簡単な方法は，MSピーク強度がある閾値を超えればピークと見なす方法である．しかし，この閾値は高すぎず，低すぎずにバランスよく設定する必要がある．例えばノイズレベルに近い閾値を設定した場合は，ノイズも拾ってしまう．一方閾値は高すぎると発現量の低いペプチドを拾わなくなる．したがって，ノイズとシグナル比（S/N）を考慮しながらバランスよく設定する必要がある．また，電荷数および同位体の区別を行う必要がある．さもなければ同じ分子由来のピークを別の物質として見なしてしまう危険性がある．

そこであらかじめ電荷数と同位体クラスターのテンプレート（モデル）を用意し，それにマッチングする度合いによってピーク検出を行う方法も開発されている[15]．この方法の特徴は電荷数と同位体の判定ができ，より正確なピーク検出が可能である．しかし，すべてのピークに対してフィッティングするためには計算時間がかかり，同位体ピークが重なった場合は検出できないこともある．

②アライメント

LC/GC（gas chromatography）–MSを利用した解析では大なり小なり実験ごとに保持時間がずれる．プロテオミクスやメタボロミクスでは標的分子の溶出時間が不明であり，さらに同定を介さないでイオンピーク強度の比較を行うためには，この保持時間のずれを補正するためのアライメントが必要である．LC/GC–MS実験間のアライメントに関しては，これまで種々のアルゴリズムが開発されてきた．線形・非線形モデル，ダイナミックワーピング法[16]などが挙げられる．例えばSuperHirn，XCMS（表2参照）では，まずすべての測定ファイルに対しピーク検出を行った後，二者間比較によって保持時間のずれを計算する．次に横軸を保持時間，縦軸は計算された保持時間のずれを描いて，スムージング関数

表2 ラベルフリー定量ソフトウェア一覧

ソフトウェア	タイプ	入力形式	OS/言語	Ref/URL
SpecArray	オープンソース	mzXML	Linux/C	文献5/ http://tools.proteomecenter.org/wiki/
MsInspect	オープンソース	mzXML	Windows, Linux, OSX/Java	文献6/ http://proteomics.fhcrc.org/CPL/home.html
OpenMS/TOPP	オープンソース	mzXML	Linux, OSX/C++	文献7/ http://open-ms.sourceforge.net/
SuperHirn	オープンソース	mzXML	Linux, OSX/C++	文献8/ http://tools.proteomecenter.org/wiki/
PEPPeR	オープンソース	mzXML	Windows, Linux, OSX/Perl, R	文献9/ http://www.broad.mit.edu/cancer/software/genepattern/
XCMS	オープンソース	mzXML	Windows, Linux, OSX/R	文献10/ http://masspec.scripps.edu/xcms/xcms.php
MSight	無償	mzXML, raw	Windows/C++	文献11/ http://www.expasy.org/MSight/
Mass++	無償	mzXML, mzML, raw	Windows	http://masspp.jp/
QuanLynx	有償	Waters raw	Windows	http://www.waters.com/
SIEVE	有償	Thermo raw	Windows	http://www.thermo.com/
MarkerView	有償	Applied Biosystems raw	Windows	http://www.absciex.com/
Elucidator	有償	Raw	Windows	http://www.rosettabio.com/
Expressionist	有償	mzXML	Windows	http://www.genedata.com/

raw：MS機器メーカーの独自フォーマットを表す

(LOWESS)を適用させて補正用モデル関数を求めている．一方，ダイナミックワーピング法では，核酸・アミノ酸配列のアライメントで用いられているダイナミックプログラミング(DP)アルゴリズムを利用して，最適経路を計算する過程において導かれた補正関数で異なる2つの試料間における保持時間のずれを補正する．また，PEPPeR（表2参照）では同定されたペプチドのMSパターンと未知（同定されない）MSパターンとを比較することによってアライメントを行っている．この場合は最低1つのペプチドが同定されている必要がある．

③MCピーク面積定量

MSイオン強度に基づいた定量ではピークとみなす全m/zに対して，一定の誤差（許容範囲）（ΔRTとΔm/z）を考慮しながら，MCを再構築する．このMCピークの面積値または強度は目的分子の定量値として用いることができる．ほとんどのMSメーカーはMCピークの再構築およびピーク面積を求めるためのGUI（グラフィカル・ユーザー・インターフェース）を提供しており，薬剤代謝物を分析するように，着目するものが数個〜数十個の範囲であれば，手動で計算することができる．しかしながら，プロテオミクス解析では，1回の実験で数百から数千のペプチドが同定され，しかも保持時間もずれるため，マニュアルでMCピークの再構築，定量，およびアライメントを行うのは現実的ではなく，自動化する必要がある．

最近多くのMSメーカーはRAWデータからMCを

取得するためのアプリケーション・インターフェース（API）も提供しており，独自バッチモードでMCの再構築がより容易になってきた．しかし，再構築されたMCピークの検出は，通常のMSもしくはMS/MSピーク検出よりさらに難しい点がある．なぜなら，ピークトップ（頂点）のみならず，ピークの開始点と終点の検出も必要であり，さらにピーク面積で定量する場合はピークの形状も記憶する必要があるからである．特に，血漿や臓器などのような複雑な試料のプロテオミクス解析を行う場合，ピーク数が多すぎて分離が不十分となってピーク同士が重なり合ったり，大きなピークの影響を受けてイオン強度が弱いピークの形状が歪むこともある．つまり，MCピークの開始点と終点の検出は非常に困難な場合が多い．MEND[17]，XCMSでは，画像処理分野でよく利用されているSDG（Second Derivative Gaussian）関数でMCスペクトルをモデル化し，ピーク検出および定量を行っている．この方法で算出されたMC定量値はバックグラウンドノイズに左右されにくい特徴がある．しかし，全ピークに対してモデル関数への当てはめを行うため，計算時間がかかるだけでなく，複数ピークによって合成されたスペクトルの分離もできない．

④ソフトウェアツール

これまで述べたアルゴリズムのほかにも数多くのソフトウェアツールが開発されており，いくつかはパッケージソフトウェアとして販売されている．表2にはその代表一覧を示す．SpecArrayはLC-MSラベルフリー定量のパイオニア的な存在であり，当初ESI-Qtofのデータ解析に開発された．MsInspectはJava言語で開発されており，OSプラットフォームに依存せず，ユーザー・フレンドリーなソフトウェアである．MSightはオープンソースではないが，Windows用のバイナリをダウンロードできる．また，検索エンジンの結果もインポートすることが可能であり，同定と定量結果を合わせて可視化できる．OpenMSはC++で書かれているオープンソース・ソフトウェアであり，ファイルフォーマット変換，データ処理，定量などのC++ライブラリーを提供しており，必要な部分だけをダウンロードして利用できるユニークなツールである．

表2に示したように，ラベルフリー定量用無償ソフトウェアツールは多く存在するが，特定の用途・プロジェクトのために開発されたものが多く，ダウンロードしてすぐに自分らの目的に合致して使えるものは少ない．われわれは数年前より汎用的なMS解析用のソフトウェア"Mass++"を開発した．Mass++はさまざまなMSデータを読み込み，解析するためのソフトウェアでスペクトルやクロマトグラムの表示，ピーク検出等の機能がある．MSデータフォーマットは，現在のところmzXML，mzMLなどのような汎用フォーマットのほか，XCalibur（サーモフィッシャーサイエンティフィック社），Analyst・Analyst QS（アプライドバイオシステムズ社），Mass Lynx（ウォーターズ社），LC/GC solutions（島津製作所），MassHunter（アジレント・テクノロジー社）にも対応している．また，Mass++はプラグイン構造になっており新たな機能の追加は容易であるだけでなく，不要な機能を削除することにより処理速度も大幅に改善することができる．プラグインは，C/C++，C++/CLI，Visual Basic，Visual C# 等のプログラミング言語で作成することができ，これらの言語のいずれかの知識があれば独自の機能を追加することも可能である．このことによりMSにおけるさまざまな目的や用途に応じたソフトウェアの実現を可能とした．例えば，Mass++には，われわれ独自で開発したピーク検出，アライメント，およびMC定量アルゴリズムが実装されている．

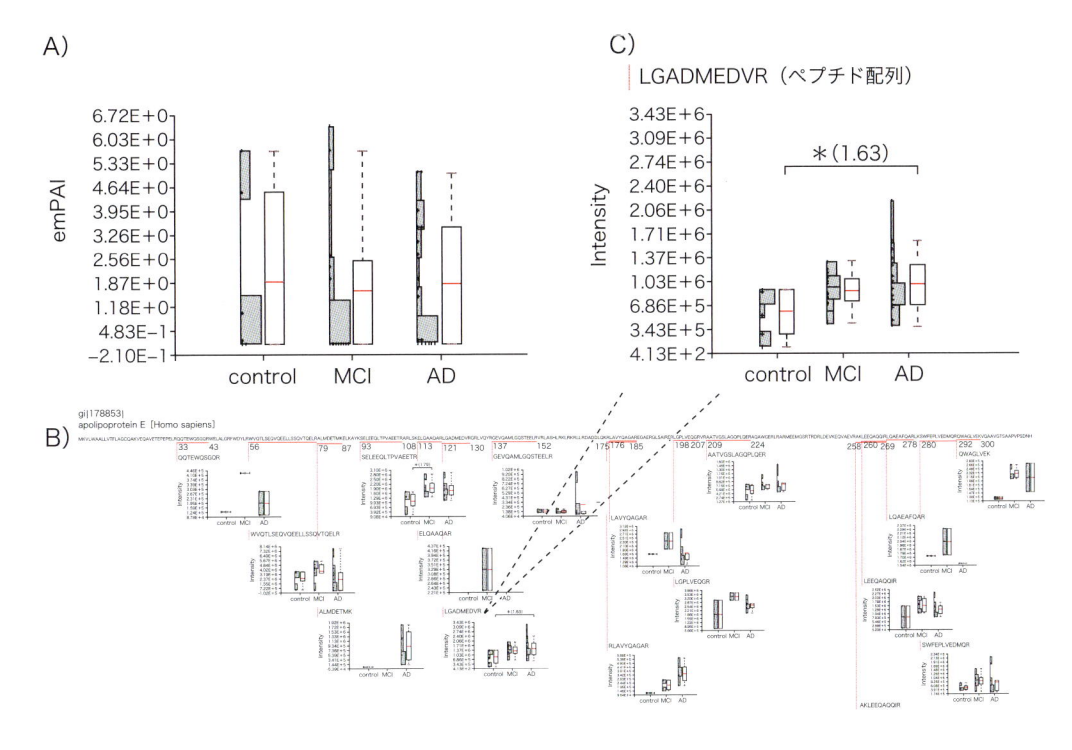

図　タンパク質レベル（A）とペプチドレベル発現（B）ビュワー（Pepper）
箱ひげ図の左隣には全サンプル発現値のヒストグラムもプロットされている

3 本技術でわかること

●タンパク質レベルとペプチドレベルの定量

　MSを利用したショットガン方式プロテオミクス解析においては，タンパク質の全長でなく，その一部であるペプチド断片を検出している．タンパク質レベルでの定量を行っているPAIやスペクトラルカウントとMSイオン強度に基づくペプチドレベルでの定量を組み合わせれば，より多くの情報を得ることができる．ただし解釈に困ることも多いのも事実である．

　われわれは，どちらの方法にも着目できるツールPepper（Peptide and Protein level quantitation viewer）を開発し，創薬研究に有用なバイオマーカー探索を行っている．図にはPepperの例を示した．例では，健常群（Control, 30サンプル），軽度認知症群（MCI, 30サンプル），認知症群（AD, 30サンプル）においてApoEのタンパク質レベルの発現変動（図A）とペプチドレベルの発現変動（図B）を示した．図Bでは，上部に示したApoEタンパク質配列に対して，赤の下線で示した16のペプチドが同定されている．それぞれのペプチドの配列の下ではControl群，MCI群，AD群における発現レベルに対応したボックスプロットも描画してある．つまり，このグラフを見ればタンパク質とペプチドレベルの発現量の両方を同時に比較することができる．

　さらに興味深いのは，図からわかるように，タンパク質レベルの発現で比較した場合，ApoEはControl群に対してMCI群およびAD群ではほとんど変動していない．しかしながら，ペプチドレベルの発現でみた場合，いくつかのペプチドの発現は

Control群に対して，MCI群，AD群では有意に上昇している．これら変動したペプチドについて調べた結果，そのうち1つはApoEのサブタイプであるApoE4がもつ特異的なペプチド配列（LGADMEDVR）であることがわかった（図C）．ApoE4がもつ変異はアルツハイマー病発症のリスクファクターとして知られており，われわれの結果とも一致している．このように，タンパク質全体の発現レベルでは変動しなくても個々のペプチドレベルで変動する可能性がある．また，ペプチドLGADMEDVRはApoE4に特異的な変異配列であるため，ApoE4全体の発現はこのペプチドで説明できる可能性がある．このように，ペプチドレベルの定量において，それらのペプチドが属しているタンパク質にユニークな存在であるかどうかは大変重要である．

4 展望

MS技術の急速な発展によってプロテオミクス研究は飛躍的な進歩を成し遂げてきており，現在すでにタンパク質の機能解析，薬剤作用機序，薬剤の標的探索，薬剤応答マーカー探索などの研究に不可欠な技術の1つとなっている．試料処理速度の著しい改善により大量のデータが生み出されるようになり，プロテオームインフォマティクスへの期待は高くなる一方である．本稿では，MSを利用したタンパク質の同定原理およびその自動化，定量の原理およびそれを実現するためのソフトウェアツールなどについて紹介した．ピーク検出，アライメント，定量のいずれにおいても標準的なアルゴリズムはなく，そ

れぞれ独自で行っているのが現状である．またソフトウェアツールに関しても互いに互換性がなく，クロストーク（相互利用）ができるインターフェースが求められている．われわれは，現在本稿で紹介したプロテオームインフォマティクスツールも含め，ゲノムインフォマティクス，トランスクリプトームインフォマティクス，メタボロームインフォマティクスなどに加え，さまざまなバイオインフォマティクスツールを駆使し，Cross-OMICS手法によって，創薬研究を加速している．

文献

1) Fenyo, D & Beavis, R. C.：Anal. Chem., 75：768-774, 2003
2) David, N. et al.：Electrophoresis, 20：3551-3567, 1999
3) Jimmy, K. et al.：J. Am. Soc. Mass Spectrom., 5：976-989, 1994
4) Colinge, J. & Masselot, A. et al.：Proteomics, 3：1454-1463, 2003
5) Li, X. J. & Yi, E. C. et al.：Mol. Cell. Proteomics, 4：1328-1340, 2005
6) Bellew, M. et al.：Bioinformatics, 22：1902-1909, 2006
7) Kohlbacher, O. et al.：Bioinformatics, 23：e191-e197, 2007
8) Mueller, L. N. et al.：Proteomics, 7：3470-3480, 2007
9) Jaffe, J. D. et al.：Mol. Cell. Proteomics, 5：1927-1941, 2006
10) Smith, C. A. et al.：Anal. Chem., 78：779-787, 2006
11) Palagi, P. M. et al.：Proteomics, 5：2381-2384, 2005
12) Ishihama, Y. et al.：Mol. Cell. Proteomics, 4：1265-1272, 2005
13) Liu, H. et al.：Anal. Chem., 76：4193-4201, 2004
14) Mueller, L. N. et al.：J. Proteome Res., 7：51-61, 2008
15) Gras, R. et al.：Electrophoresis, 20：3535-3550, 1999
16) Wang, W. et al.：Anal. Chem., 75：4818-4826, 2003
17) Andreev, V. P. et al.：Anal. Chem., 75：6314-6326, 2003

第Ⅱ部
実践編

創薬研究へのタンパク質・プロテオミクス解析の利用

1章 ● バイオマーカー探索への利用と研究戦略 ………………… 90
2章 ● 薬剤標的探索への利用と研究戦略 ………………………… 141
3章 ● 作用機序解析／病態メカニズム解析への利用と研究戦略 …… 175

第Ⅱ部 実践編　1章　バイオマーカー探索への利用と研究戦略

① 血漿・血清プロテオミクス解析による診断, 副作用, 予後マーカーの開発

尾野雅哉, 松原淳一, 本田一文, 山田哲司

バイオマーカーの開発は, 無数にある生体物質から有用な物質を見つけ出す探索過程（discovery phase）と見つけた物質が真に臨床的に有用であるかを検証する過程（validation phase）の2つに大きく分けられる. 探索過程で発見されたバイオマーカーは候補にすぎず, 臨床的に実効性のあるバイオマーカーとして認められるためには多数の臨床材料によって検証されなければならない. われわれは2DICALなどのプロテオーム解析システムによる探索手法の開発とともに, それらにより発見されたバイオマーカーを効率よく検証する手法の開発にも取り組んできた. 臨床現場に応用可能なバイオマーカー開発の流れを, われわれの実施例をもとに解説する.

1 用いる解析法と進め方

1）解析法

❖ 2DICAL

2DICAL (2 Dimensional Image Converted Analysis of LC-MS) はLC-MS (Liquid Chromatography-Mass Spectrometry) ショットガンプロテオミクスで作製される膨大なデータを効率よく定量的に解析する手法としてわれわれが独自に開発したものである. タンパク質が含まれるさまざまな試料（血液などの体液, 培養細胞抽出液, 病理組織標本など）を対象とし, 疾患群と健常群などの群間で網羅的に比較解析し, 差のある物質をペプチド配列のレベルで探索できる解析システムである. 同一ペプチド由来である質量電荷比と保持時間で決定されるピーク同士を比較解析することで, 無標識定量比較解析を実現し, 多数症例でのプロテオーム解析を可能とした. 2DICALは独立したソフトウェアとして三井情報より販売されている[1].

2DICALで比較解析を行ううえでLC-MSの測定条件は一定にしておく必要がある. 質量分析計は同一のものを用い, 液体クロマトグラフィーの条件は分離カラムとしてC18逆相カラムを用い, 毎分200nLの流量でアセトニトリル0～100％までの濃度勾配をかけて測定する. また, 実験誤差を軽減するために, 同一試料に対して複数回のLC-MS測定を行う.

得られたLC-MSデータは質量分析計によりさまざまな形式で出力されるが, すべてマスナビゲータ™のデータ形式に変換して2DICALで解析するので, 市販されているほとんどの質量分析計に対応することができる. 解析するピーク総数は数万ピーク以上となるが, 1つ1つのピークを群間で比較し, 統計処理することで, 群間で有意なピークを選択することができる. 選択されたピークはその質量電荷比と保持時間を標的としてタンデムマス測定を行い, 修飾構造まで含めた構造決定を行う（図1A）.

2DICALは既存のショットガンプロテオミクスの解析手法と比較し, 同位体標識法を用いる解析法に

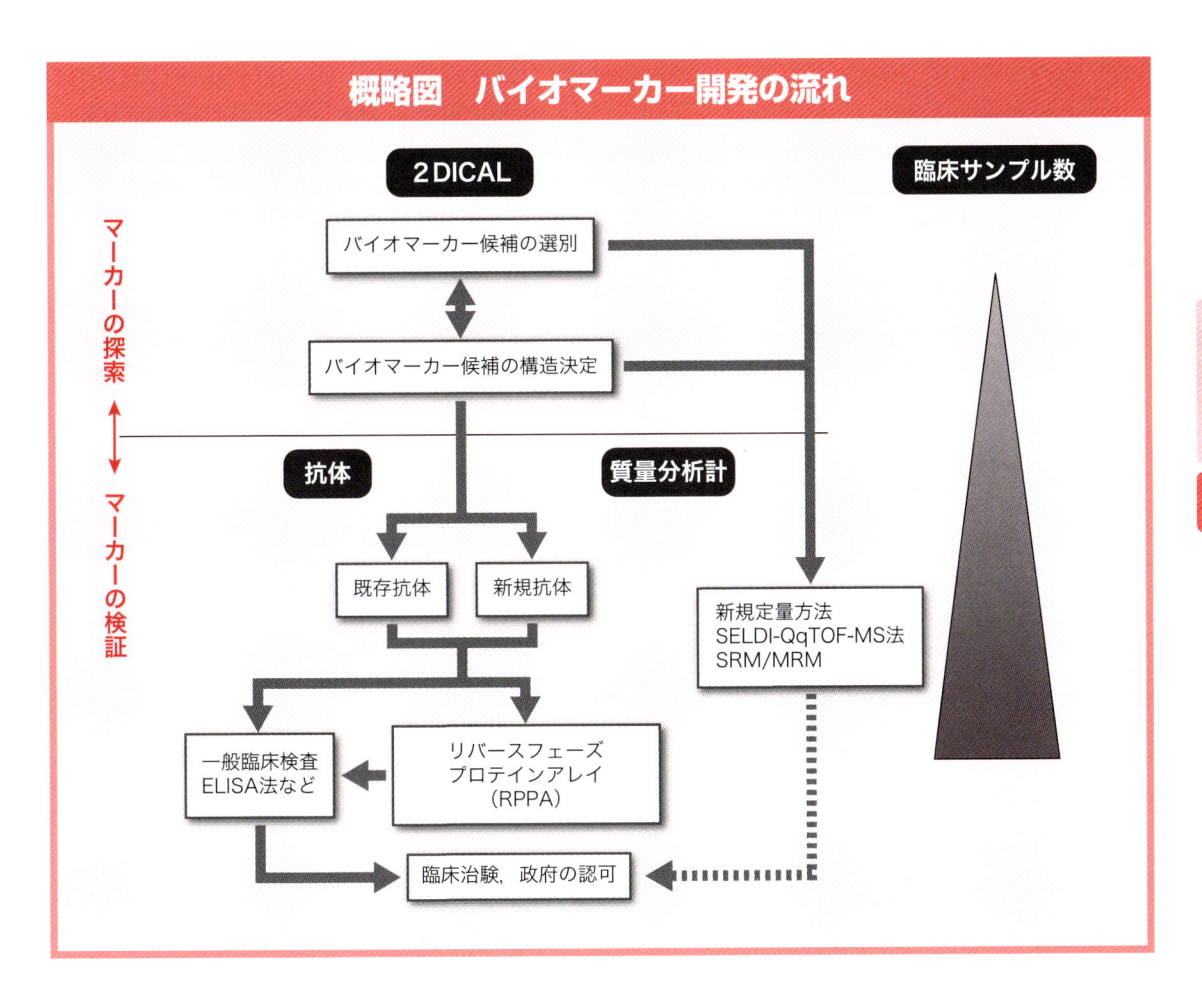

概略図　バイオマーカー開発の流れ

```
                        2DICAL                        臨床サンプル数
マ                  バイオマーカー候補の選別
│
カ                         ↕
の                  バイオマーカー候補の構造決定
探
索
─────────────────────────────────────────────
↕                    抗体           質量分析計
マ
│              既存抗体  新規抗体
カ                                      新規定量方法
│                                      SELDI-QqTOF-MS法
の                                      SRM/MRM
検
証         一般臨床検査    リバースフェーズ
           ELISA法など ←  プロテインアレイ
                           （RPPA）
                    臨床治験，政府の認可
```

比べ多数検体が処理できる点で優れており[2)3)]，ペプチド同定結果から解析する手法に比べ定量性に優れているといえる[4)5)]．また，質量電荷比と保持時間で示されるピークには修飾ペプチドも含まれており，プロテオミクスに期待される翻訳後修飾が決め手となるマーカー探索には威力を発揮するシステムである[6)7)]．

❖**リバースフェーズプロテインアレイ（RPPA）**

リバースフェーズプロテインアレイ（Reverse Phase Protein Array：RPPA）は，抗体による多数症例の解析を簡便に行うことを可能とするために本田らが開発してきたシステムである．数百例の症例を一度に解析でき，さらに1症例あたり数十 μLほどの血液で数千抗体を検査できるきわめて効率のよい解析手法である．

血清または血漿を数倍～数千倍に希釈して抗体との反応が至適になる濃度に調節し，数百症例の四重複測定を可能とするために，ロボット操作により特殊なコーティングを施した1枚のガラス（ProteoChip®）基板（2.7×7.6cm）上に6,144スポット作成し，そのガラス基板に一次抗体を反応させ，一次抗体に反応した標識化二次抗体の発色をマイクロアレイスキャナーにて計測し，同一希釈同一症例の四重複測定の平均値を反応強度とする（**図1B**）[8)]．各症例の反応強度を用いて統計解析を行う．

❖**一般的な抗体による解析法**

抗体を用いたELISA法（enzyme-linked immunosorbent assay）やネフェロメトリー法[※1]（免疫比ろう法）は一般臨床検査に用いられており，臨床検体を扱ううえでは最も信頼性が高いものである．

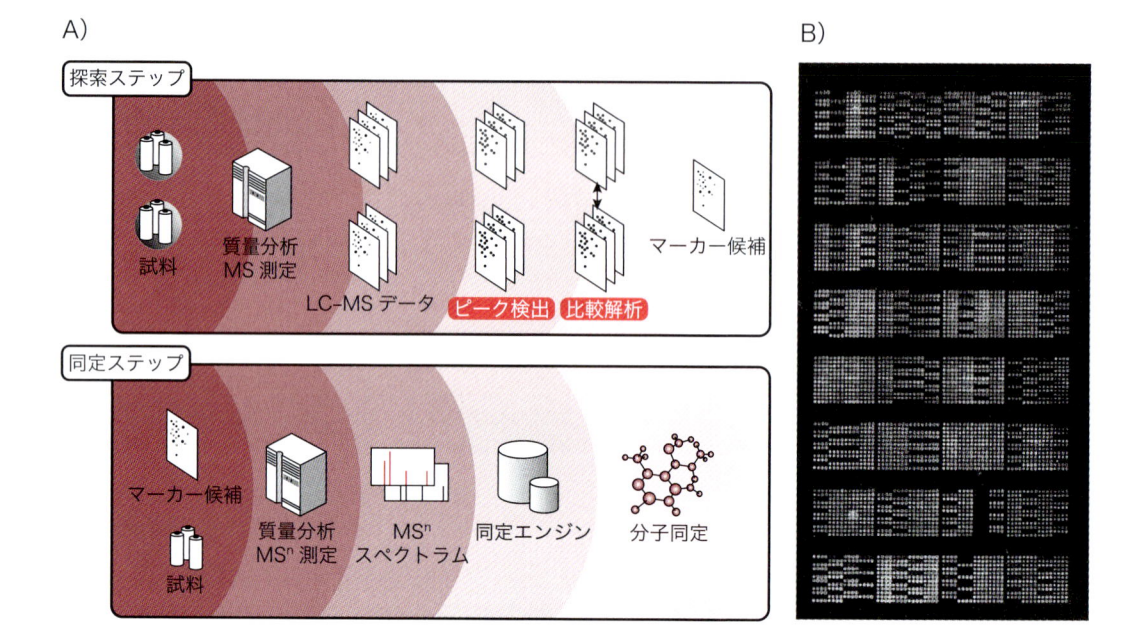

図1　2DICALの解析手法とRPPA
A) 比較する生体試料のLC-MS測定を行い，試料間で有意に差のあるピークをマーカー候補分子として選択する．マーカー候補分子に対して質量電荷比と保持時間をターゲットしたタンデムマス測定を行い，分子構造を決定する．B) 発色させ，マイクロアレイスキャナーで取り込んだRPPA像を示す．1枚のガラス基板に6,144スポット存在する（文献8より転載）

一般検査として測定されている場合には検査会社に測定を依頼し，市販キット化されているものであればキットを購入し測定する．抗体はあるが市販キットがない場合には，新しく検査キットを構築して測定する場合もある．

2）解析の進め方

数十～百例程度の臨床材料を用い比較対象となる症例群の血清や血漿を各種の前処理を加え，トリプシン処理し，LC-MS測定を行う．前処理としては，抗体やレクチンなどを用いて目的とする物質を濃縮する方法や，アルブミンなど豊富に存在し質量分析計での感度を下げるタンパク質を除去する方法を用いる．採取したスペクトラムデータを2DICALで解析し，比較対象となる症例群間の差を示すピークをマーカー候補とし，そのピークのペプチド配列を同定する．マーカー候補となるピークが翻訳後修飾を受けたペプチドである場合は，その構造決定のために工夫が必要になる場合もある．

次に，マーカー候補の再現性を確認するために，数百～1千例規模の臨床検体で検討するが，それだけの検体数を処理するためには前述したRPPAやELISA法などを用いる．質量分析計で多数症例の再現性の確認も可能であるが，臨床治験を行い，最終的に政府の認可を得るためには，検査法として認可されている方法でマーカーを測定できるようにすることが必要となる（**概略図**）．

※1　ネフェロメトリー（Nephelometry）法
検出を目的とする抗原に対する抗体を検体に添加して抗原抗体反応を行わせ，その抗原抗体複合物に光を当てて生じた散乱光を一定の角度で測定し，その散乱強度により検量線を作成して濃度を測定する方法．溶液中の粒子の数に比例した散乱光が得られることを利用している．

2 研究のプランニング

　生体に存在する物質は無数にあり，遺伝子（核酸），タンパク質，糖鎖，脂質などの生体物質として計測できるものであればどのようなものでもバイオマーカーとなる可能性がある．しかし，バイオマーカーとして意義をもつものはきわめて限られており，効率よくバイオマーカーを開発するためのプランニングが重要である．バイオマーカーの開発は，無数にある生体物質から有用な物質を見つけ出す探索過程（discovery phase）と見つけた物質が真に臨床的に有用であるかを検証する過程（validation phase）の2つに大きく分けられる[9) 10)]．

1）バイオマーカーの探索過程

　研究のプランニングにあたって最初に行う最も重要なことは，どのようなバイオマーカーを開発するかを決定することである．バイオマーカーは臨床的に意義のあるものでなければならないので，臨床現場をよく知る者と十分議論したうえで，バイオマーカーの開発を始めなければならない．目的とするバイオマーカーが決定されると，その開発のためにさまざまな材料や方法が選択される．材料には，*in vitro* の系を用いることも，より出口に近い臨床材料を用いることも可能である．また，研究手法もプロテオミクス，ゲノミクスの網羅的アプローチやバイオロジカルなアプローチなど，各研究機関が得意とするさまざまな方法を用いることができる．バイオマーカー候補として信頼性の高いものを絞り込むために，臨床材料を用いたバイオマーカー探索においてはある程度の症例数で検討することが望まれる．

2）バイオマーカーの検証過程

　探索段階でのバイオマーカーは候補にすぎず，検証されて初めてバイオマーカーとして認められる．検証を行うためには多くの臨床例を解析しなければならないので，効率よく定量解析できる方法を選ぶことが重要である．探索されたタンパク質に抗体が存在すれば，その抗体を用いた既存の検査法を用いることが可能である．抗体が存在しない場合には，特異抗体を作製したうえで，既存の検査法を用いることも可能である．また，RPPAなど抗体を用いて多くの検体を測定するシステムが開発されており，それらの方法による検証も可能になってきている．しかし，質量分析計で見つけられたピークが必ずしもタンパク質として同定されない場合や，候補となるピークが翻訳後修飾などにより抗体作製が不可能な場合もあり，そのような場合は質量分析計そのものによる多数検体での検証を行わなければならない．本田らはSELDI-QqTOF-MS（surface enhanced laser desorption/ionization quadrupole time-of-flight mass spectrometry）法により質量分析計による多数症例の検証を行い[11)]，また，近年はSRM/MRM（Selected Reaction Monitoring/Multiple Reaction Monitoring）を用いた解決法も模索されている．最終的には，臨床検査として可能な方法を用いて十分な症例数で検証された後，政府の認可を得て新規のバイオマーカーとして扱われるようになる．

3 研究例

1）診断マーカーの開発

❖探索過程

　膵がんは5年生存率が10％程度の非常に予後の悪いがんであるが，その大きな原因は早期発見が難しく，発見された段階ですでにがんが進行していることである．腫瘍が2cm以下の大きさであれば5年生存率は50％程度期待でき[12)]，予後改善のためには新規血漿腫瘍マーカーなどの有効な診断法の開発による早期発見が強く望まれている．

　血漿膵がん腫瘍マーカーを探索するために，倫理

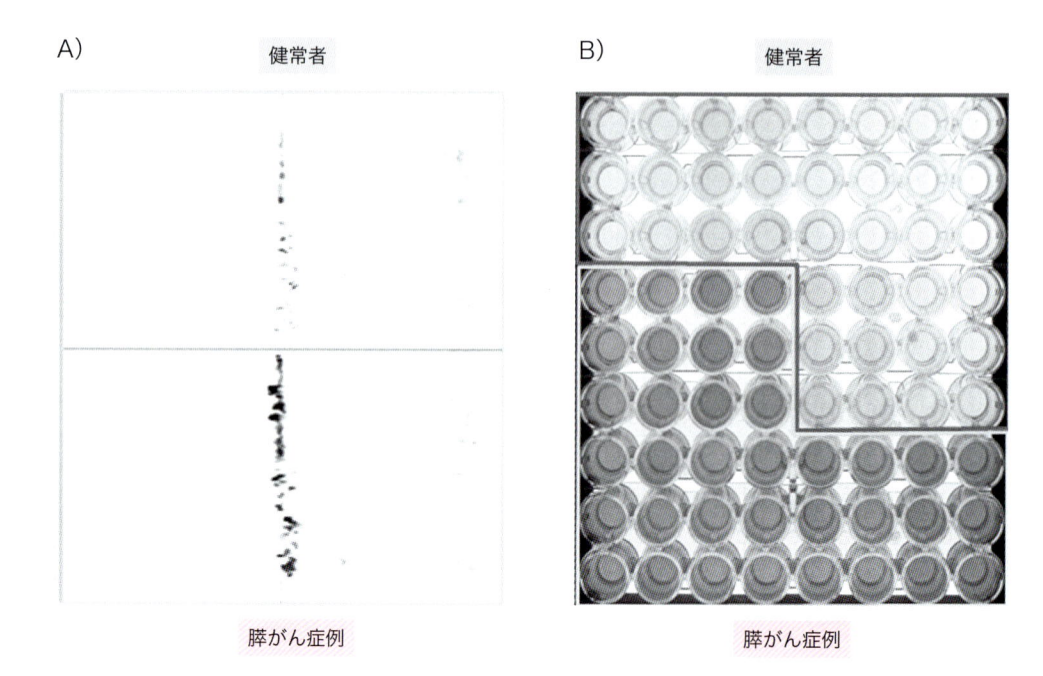

図2 膵がん診断マーカー
A) 2DICALによる探索で膵がん症例群で有意に強い強度を示したペプチドピークを示す．B) 水酸化プロリンα-フィブリノゲンに対する抗体（11A5）で作製した競合的ELISAで2DICALの結果を検証した（文献6より転載）

要件を満たす膵がん患者血漿および健常者血漿を国立がんセンター中央病院，東京医科大学病院にてそれぞれ43症例ずつ集積し2DICALで解析した．前処理にはコンカナバリンA（ConA）を用いてアルブミンなど血中に大量に存在するタンパク質を除去した分画を質量分析測定用試料とした．LC-MS測定は前述の通りに行い2DICALで解析した．115,325ピークが検出され，膵がん患者群と健常者群間で有意差のあるピークをU検定で$p<0.0005$，ピーク強度≥ 10，強度比≥ 2の条件で拾い出し，目視にてピークの有効性を確認した6ピークを選出しバイオマーカー候補とした（図2A）．選出したバイオマーカー候補のうち，3つのピークが構造決定され，いずれもプロリン残基が4-水酸化プロリンに翻訳後修飾されたα-フィブリノゲンのペプチド断片であった．この物質を認識する新規抗体（11A5）を4-水酸化プロリンに置換した合成α-フィブリノゲンペプチドとGANP（germinal center-associated nuclear protein）マウスを用いて作製し[13]，検証実験を行った．

❖検証過程

11A5抗体は水酸化プロリンα-フィブリノゲンを認識することが確認されたので，競合的ELISAを作製し，多施設共同研究で収集した686症例の血液を解析した．この血液検体には膵がん症例160例，健常者113例のほか慢性膵炎や膵がん以外のがん症例も含まれている．その結果，健常者に比べ膵がん症例で水酸化プロリンα-フィブリノゲンが有意に上昇していることが確認され（図2B），膵がんの早期段階から上昇することが確認された．しかし，他のがん症例でも上昇する傾向が認められ，α-フィブリノゲンの水酸化プロリン化はがん化に伴って起こる生物学的変化であると考えられた[6]．

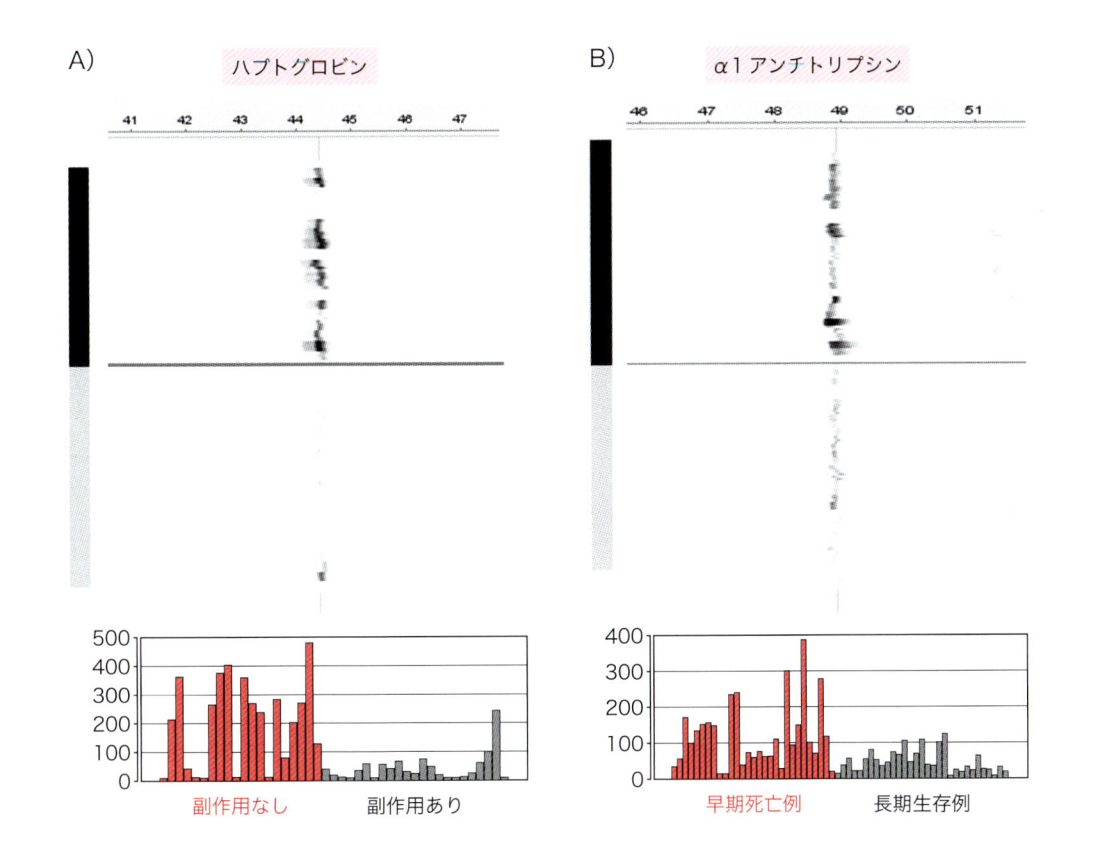

図3 副作用, 予後予測マーカー
2DICALによる探索で認められた群間差の大きいペプチドピークを示す（文献8, 14より転載）

2) 副作用予測マーカーの開発

❖探索過程

切除不能膵がんに対する標準的初回治療はゲムシタビン単剤による化学療法であるが, 血液毒性の副作用は致命的な有害事象につながる可能性があるため, 治療前に血液毒性を予測できるマーカーの開発は重要である. 血液毒性の両極端な症例群（強い副作用あり：25例, 副作用なし：22例）のゲムシタビン治療前血漿からアルブミンなど12種類の血中に大量に存在するタンパク質を除去した後にLC-MS測定を行い, 2DICALで解析した. 検出された60,888ピークのなかで最も2群間で差の大きかったペプチドピークのアミノ酸配列がハプトグロビン由来であることを同定した（図3A）.

❖検証過程

切除不能膵がん患者305症例のゲムシタビン治療前血液検体のハプトグロビン値を臨床一般検査であるネフェロメトリー法で計測し, 切除不能膵がんに対する化学療法副作用マーカーとして血中ハプトグロビン値が有用なマーカーであることを示した. さらに, 臨床応用を可能にするため, 血中ハプトグロビン値およびその表現型, 治療前好中球数・血小板数, 体表面積を用いた血液毒性予測モデルを構築した[14) 15)].

3) 予後予測マーカーの開発

❖探索過程

薬剤治療開始時にその治療による予後予測が可能であれば, 治療法選択において重要な情報となる.

われわれが副作用予測マーカー開発のために用いた血液はゲムシタビン治療前に採血されたものであるため，このデータを予後予測の観点から臨床情報を見直し，予後の良否を反映するピークを探索すれば，ゲムシタビン治療による予後を予測するマーカーが開発できる可能性がある．そのため前述の副作用予測マーカー開発のためにLC–MS測定した症例のなかから，生存率の両極端な症例群（長期生存例：31例，早期死亡例：29例）を選別し，2DICALで解析した．両群間で差の大きかったペプチドピークを選別しそのアミノ酸配列を決定したところ，α1アンチトリプシンとα1アンチキモトリプシンが同定された（図3B）．

❖ 検証過程

RPPAを用いてα1アンチトリプシンとα1アンチキモトリプシンの検証を行った．ゲムシタビン治療を受けた膵がん患者304症例の治療前血漿（252例），または血清（52例）を500〜4,000倍まで4段階に希釈してガラス基板にスポットし，抗α1アンチトリプシン抗体と抗α1アンチキモトリプシン抗体で反応させた．RPPA測定でα1アンチトリプシンの反応強度の低い124例の生存日数中央値は327日であったのに対し，反応強度の高い180例では生存日数中央値が201日と短く，ゲムシタビン治療開始時にα1アンチトリプシンの高い症例では有意に予後が不良であることが示された．α1アンチキモトリプシンも同様にその反応強度の違いで生存日数に有意差が認められたが，他の臨床情報とともに多変量解析を行うと，α1アンチトリプシン，アルカリホスファターゼ，白血球数，PS（performance status）が生存にかかわる因子として選別された[8]．

文献

1) Ono, M. et al.：Mol. Cell. Proteomics, 5：1338-1347, 2006
2) Gygi, S. P. et al.：Nat. Biotechnol., 17：994-999, 1999
3) DeSouza, L. et al.：J. Proteome Res., 4：377-386, 2005
4) Li, X. J. et al.：Anal. Chem., 76：3856-3860, 2004
5) Ishihama, Y. et al.：Mol. Cell. Proteomics, 4：1265-1272, 2005
6) Ono, M. et al.：J. Biol. Chem., 284：29041-29049, 2009
7) 尾野雅哉：細胞工学別冊　明日を拓く新次元プロテオミクス（中山敬一，松本雅記/監），pp 122-130, 秀潤社, 2009
8) Matsubara, J. et al.：Mol. Cell. Proteomics, 9：695-704, 2010
9) 尾野雅哉：実験医学増刊　分子レベルから迫る癌診断研究〜臨床応用への挑戦〜（中村祐輔/監），pp124-132, 羊土社, 2007
10) 尾野雅哉, 他：Cancer Frontier, 10：14-20, 2008
11) Honda, K. et al.：Cancer Res., 65：10613-10622, 2005
12) 江川新一, 他：膵臓, 23：105-123, 2008
13) Sakaguchi, N. et al.：J. Immunol., 174：4485-4494, 2005
14) Matsubara, J. et al.：J. Clin. Oncol., 27：2261-2268, 2009
15) Matsubara, J. et al.：Eur. J. Clin. Med. Oncol., 1：1-6, 2009

第Ⅱ部 実践編
1章 バイオマーカー探索への利用と研究戦略

② 血清・血漿バイオマーカー探索のための新しい前処理法の開発

朝長 毅，小寺義男

種々の疾病の診断および創薬のための血清・血漿バイオマーカーの探索は重要であるが，まだ満足のいくバイオマーカーを提案できているとは言い難い．この理由は，血清・血漿中のタンパク質のダイナミックレンジが10^{11}と幅広く，現在のプロテオミクス技術ではその中の量の多いタンパク質しか捉えられていないためと考えられる．疾病特異的なバイオマーカータンパク質はごく微量であり，そのような微量成分を検出する手法の開発，特に9割以上を占めるメジャータンパク質を取り除く効果的な前処理法の開発が急務である．本稿では，最近われわれが独自に開発した血清前処理法を紹介し，疾患バイオマーカータンパク質・ペプチド探索への臨床応用について述べる．

1 用いる解析法と進め方

1）低分子量タンパク質・ペプチドの高効率抽出法（DS法）の開発

創薬のターゲットとなる疾患バイオマーカー探索をプロテオミクス解析で行う場合の流れとして，通常罹患部の組織やモデル動物・細胞を用いて疾患特異的タンパク質を同定し，そのタンパク質の機能解析を通じて，疾患発症との関連を理解し，創薬に結びつけるという方法が一般的である．しかし，血液中には病巣から漏出・分泌されるタンパク質が存在すると考えられるため，そのようなタンパク質を直接プロテオミクス解析で検出・同定することも疾患バイオマーカー探索の1つの手段である．例えば，がんの転移にはその前準備として転移病巣に骨髄細胞が集積することが知られているが，そのメカニズムとして，がんの主病巣からのシグナルによって，転移予定組織から分泌されるタンパク質が原因と

なっていることが報告されており[1]，そのような液性因子の検出には血清・血漿プロテオミクスが威力を発揮すると思われる．

しかし，血清・血漿を用いたプロテオミクス解析の最大の問題点は，その中に含まれるタンパク質濃度のダイナミックレンジの広さであり，最大量と最小量のタンパク質の濃度比が10^{11}もあることである．血清・血漿中にはアルブミン，免疫グロブリンをはじめとした約20種類の高存在量タンパク質が総タンパク質量の99％を占めていることに加えて，タンパク質濃度のダイナミックレンジは組織，細胞に比べて10^3〜10^4大きく，現在のプロテオミクス技術ではそのレンジをカバーすることは到底不可能である[2]．したがって，血清・血漿中の組織由来の情報を含む微量な疾患バイオマーカーを探索するためには，濃度に応じた前処理法が必要不可欠である．現在最もよく用いられている方法は，上述の高存在量タンパク質の除去カラムである．しかし，その除去カラムを用いるだけでは，一部の高濃度タンパク質を除去

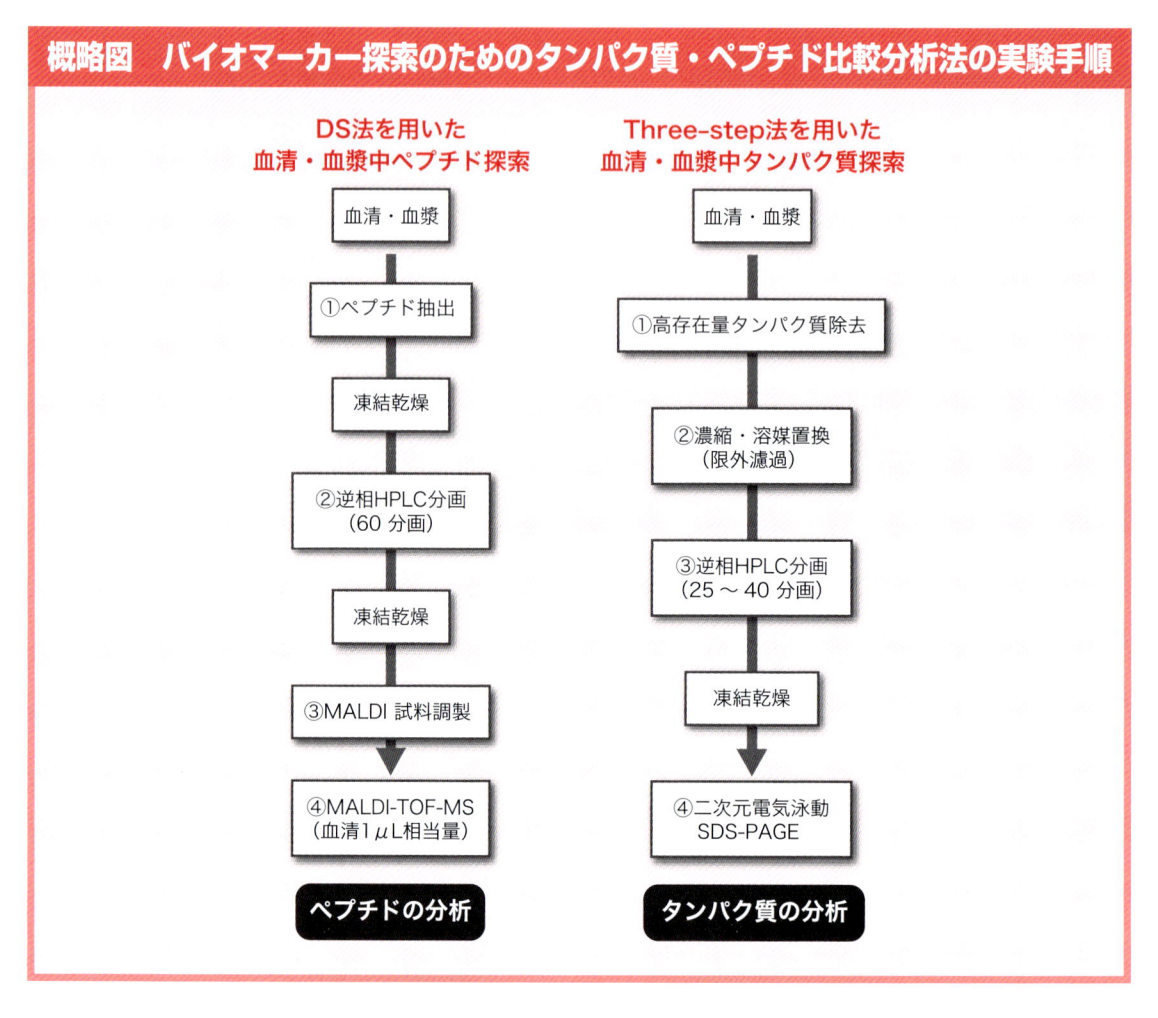

概略図　バイオマーカー探索のためのタンパク質・ペプチド比較分析法の実験手順

DS法を用いた血清・血漿中ペプチド探索

血清・血漿
↓
①ペプチド抽出
↓
凍結乾燥
↓
②逆相HPLC分画（60分画）
↓
凍結乾燥
↓
③MALDI試料調製
↓
④MALDI-TOF-MS（血清1μL相当量）
↓
ペプチドの分析

Three-step法を用いた血清・血漿中タンパク質探索

血清・血漿
↓
①高存在量タンパク質除去
↓
②濃縮・溶媒置換（限外濾過）
↓
③逆相HPLC分画（25〜40分画）
↓
凍結乾燥
↓
④二次元電気泳動SDS-PAGE
↓
タンパク質の分析

することしかできないため，処理後の血清・血漿のタンパク質濃度のダイナミックレンジは10^9〜10^{10}くらいまで低下するにすぎない．近年，除去カラム処理後に多段階のHPLCを用いて分画を行い，微量なタンパク質を検出しようとする試みがなされているが，分画すればするほどその過程におけるタンパク質の損失が大きくなるうえに，スループットや再現性が落ちるという欠点が生じる[3]．血清・血漿分析のもう1つの大きな問題点は，多くのタンパク質・ペプチドがアルブミンなどのキャリアタンパク質に結合して存在しているため，キャリアタンパク質の除去に伴ってこれらの結合タンパク質・ペプチドを損失する点である．特にペプチドにおいては顕著である．

このためわれわれは，①いかにスループットや再現性を維持しながら，微量なタンパク質・ペプチドを検出・同定するか，②アルブミン等のキャリアタンパク質の除去に伴うペプチド成分の損失をいかに減らすことができるかの2点についてさまざまな条件検討を行い，低分子量タンパク質・ペプチドの高効率抽出法〔differential solubilization method（DS法：別名K法）〕の開発に至った[4)5)]．一方，このDS法で除去されるタンパク質成分（主に分子量20,000以上）に関しては，市販の高存在量タンパク質除去カラムと逆相HPLC，電気泳動法を組み合わせた再現性の高い比較分析法を採用している（以後，Three-step法と記述する）．概略図に，われわれのグループで行っている血清・血漿中のバイオマーカー

レーン	1	2	3	4	5	6	7
血清量（μL）		0.5	5	10	5	10	100
抽出法	−	−	DS	DS	A	F	F

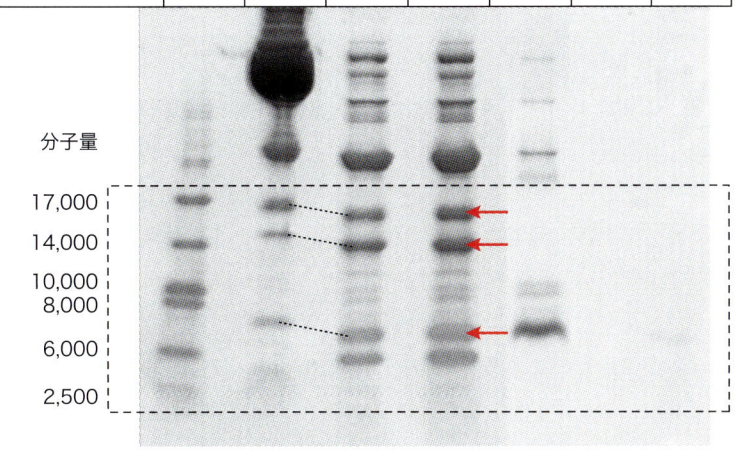

図1　DS法で抽出したペプチドの電気泳動分析結果

レーン1：分子量マーカー，レーン2：未処理血清0.5μL，レーン3，4：血清5μLならびに10μLからDS法で抽出した成分．レーン5：有機溶媒沈殿法（A）で血清5μLから抽出した成分，レーン6，7：限外濾過法（F）で血清10μLならびに100μLから抽出した成分（文献4より転載）

タンパク質・ペプチドの探索までの流れを示す．

2）DS法の原理

　低分子量タンパク質・ペプチドを対象としたDS法の原理はまず，1）高濃度のアセトンに血清を混ぜることにより，すべてのタンパク質，ペプチドを沈殿させる．その後，2）タンパク質と低分子量タンパク質・ペプチドの溶解度の違いを利用して，70％アセトニトリルにより，低分子量タンパク質・ペプチドだけを溶解して回収する．従来，血清の前処理によく用いられている高存在量タンパク質除去カラムや有機溶媒沈殿法では，アルブミン等のキャリアタンパク質の除去に伴いペプチド成分が大きく損失する．これに対して，DS法では，1）の過程において，血清中のタンパク質・ペプチドを変性させてアセトンで沈殿させることによって，アルブミンに結合したペプチドを比較的高効率に回収することを可能としている（**図1**，詳しくは後述）．一方，タンパク質を対象としたThree-step法はクラシカルな方法ではあるが，各ステップのタンパク質の損失を極力抑え，かつ，再現性を高めることにより，探索感度および比較分析精度の向上をめざしている．質量分析計に依存した高感度化は，しばしば結果の不安定性を導く．したがって，いずれの場合も，前処理の高効率化，つまり目的物の損失を抑えて不要な物の除去効率を上げることによって，質量分析計への負担を少なくすることが再現性の高い比較分析には重要であると考えている．

2　研究のプランニング

1）DS法をもとにしたペプチド探索の流れ

　DS法を基盤にしたマーカー候補ペプチド探索の研究プランニングは以下のとおりである（**概略図左**）．
①血清10μLを対象に，DS法にてペプチドを抽

出．その後，凍結乾燥にて濃縮し，使用まで保存．
② ①をH$_2$O/0.1% TFA（トリフルオロ酢酸）で溶解し，逆相HPLCでペプチドを60分画に分画．
③ ②の各分画物をH$_2$O/0.1% TFA 10 μLで溶かして，そのうちの1 μLをマトリクス試薬と混ぜてMALDI plateにて乾固．
④ ③をMALDI-TOF-MS測定．

通常はコントロール群と疾患群8血清ずつ（計16血清）を一度にDS処理し，②，③を経てMALDI-TOF-MS分析を行う．比較分析のためには，①はもとより②，③の再現性が非常に重要である．この点に関しては，②のHPLC分画は連続で行うこと，④のMALDI-TOF-MS測定は血清ごとに行うのではなく，16血清の同一分画について同時に③，④を行うことにしている．また，MALDI-TOF-MS測定においては，最も強度の大きいピークを飽和させないレーザー強度で一定回数測定し，ノイズレベルを合わせて比較解析し，疾患特異的に変動するピークを探索している．同一血清を10 μLずつ4～8サンプルに分けて①～④の過程を行い，各ステップの再現性を確認することをお勧めする（図2に同一血清を6つに分けて分析した結果を示す．詳しくは後述）．われわれはこの比較方法により，10 μLという微量の血清から数ng/mL以下の微量疾患関連ペプチドの検出に成功している．

高効率なペプチド抽出法を使うことの波及効果は，存在量の少ない微量な疾患関連ペプチドの探索が可能な点，スケールアップによりペプチドの正確な同定が容易である点，幅広い臨床検査の前処理法として応用が可能である点，患者への負担が少ない点など，すべての面において有利な点が多い．

2）Three-step法によるタンパク質探索の流れ

Three-step法によるマーカー候補タンパク質探索の研究プランニングは以下のとおりである（概略図右）．

① 市販の高存在量タンパク質除去カラムを用いて高存在量タンパク質を除去．
② ①を限外濾過フィルターを用いて濃縮するとともに，逆相HPLC用の溶媒（H$_2$O/0.1% TFA）に置換．
  ＊①の処理に伴いサンプル容量が1mL以上となるため，濃縮処理が必要である．
③ ②を逆相HPLCで25～40分画に分画．
④ ③の凍結乾燥物を，SDS-PAGEまたは二次元電気泳動を用いて比較分析．

この手法で12種類の高存在量タンパク質除去カラムと，一度に500 μg以上のタンパク質が分析できるアガロース二次元電気泳動法[6]を使った場合，300 μLの血清からスタートして，クマシー染色で100 ng/mL程度，蛍光検出で数ng/mL程度のタンパク質が検出可能である．

3 研究例

ここでは，DS法の抽出効率，DS法を起点とした比較分析法に関する基礎的なデータを示すとともに，大腸がん患者血清からバイオマーカー候補ペプチドを検出・同定した例を示す．

1）DS法の抽出効率と比較分析法の再現性

図1に，血清中のペプチドをDS法，有機溶媒沈殿法[7]（A法），限外濾過法[8]（F法）で抽出した成分を低分子用電気泳動法（Tricine-SDS-PAGE[9]）で分離し，比較した結果を示す．A法（レーン5），F法（レーン6, 7）ではアルブミンをはじめとした高分子量タンパク質の除去に伴い，ペプチド成分の大部分が除去されているが，DS法（レーン3, 4）では，高分子量タンパク質は若干残っているが分子量約20,000以下（点線内）のペプチド成分が他に比べて明らかに効率よく抽出されていることがわかる．また，矢印（←）で示した3種類のペプチドは血清

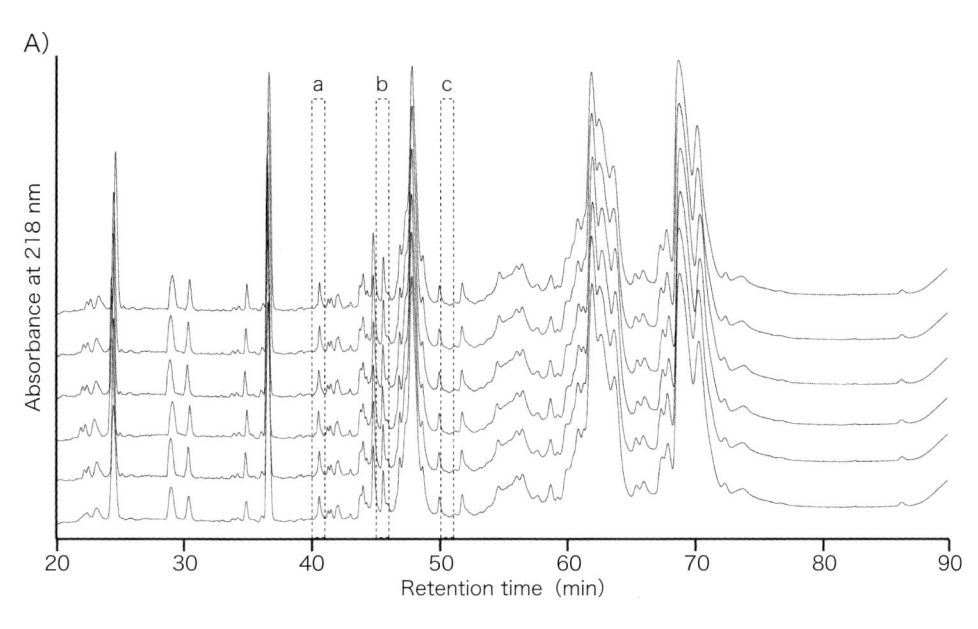

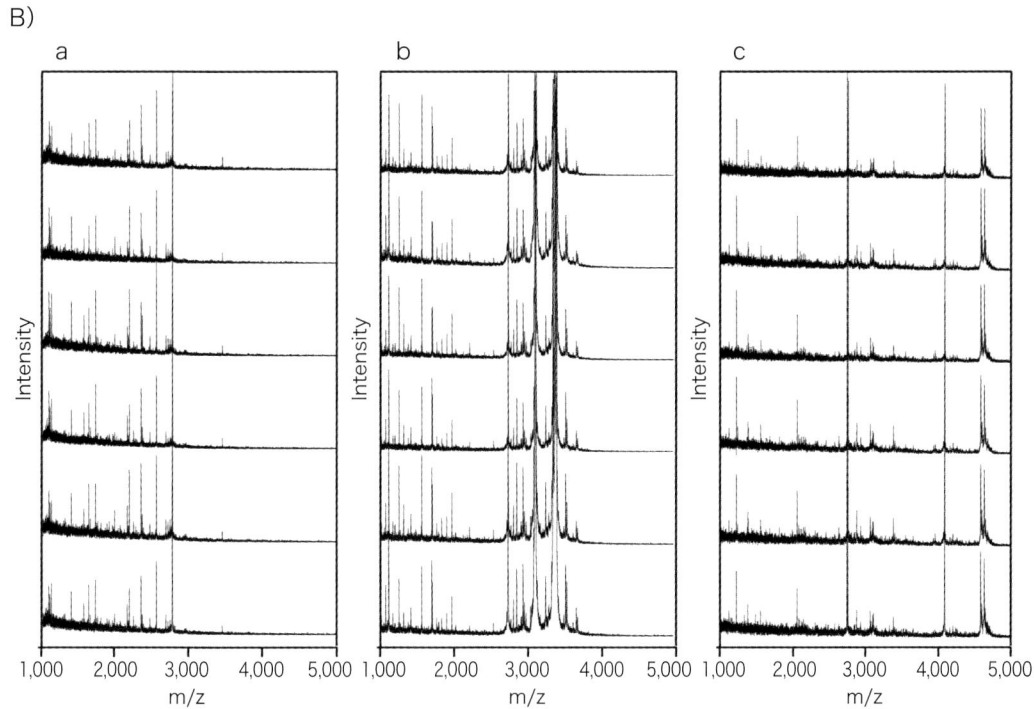

図2 DS法を基盤とした比較分析法の再現性
　A) 同質な血清6サンプル（各10μL）からDS法にて抽出したペプチドを逆相HPLC分析した結果．B) A) の溶出時間40〜41分（a），45〜46分（b），50〜51分（c）における溶出物をMALDI-TOF-MS分析した結果．DS法は全過程を通して非常に再現性が高いことがわかる（文献4より転載）

2）血清・血漿バイオマーカー探索のための新しい前処理法の開発

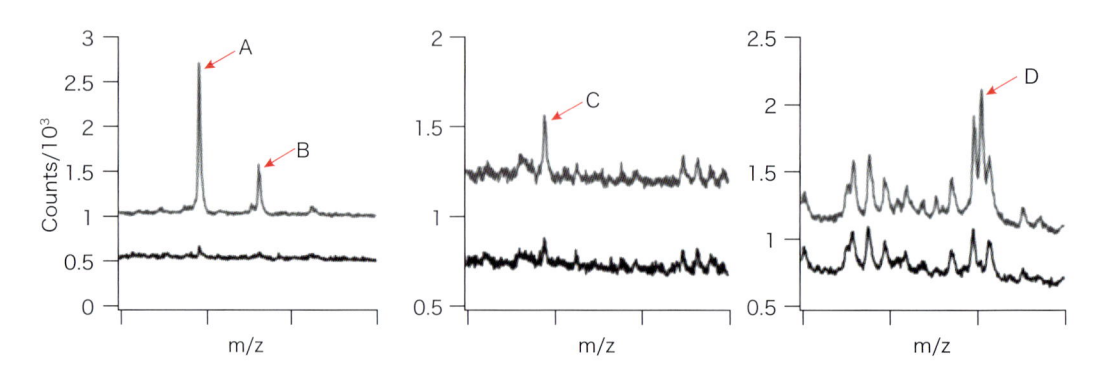

図3 大腸がんマーカー候補ペプチドの分析結果

概略図のペプチド比較分析法を用いて測定した大腸がん患者血清8例，健常者血清8例のMALDI-TOF-MSスペクトルの平均スペクトル．上側のスペクトルが大腸がん患者血清，下側のスペクトルが健常者血清である．また，A～Dは大腸がん診断マーカー候補ペプチドを示している（文献4より転載）

中の存在量が多いにもかかわらず，A法，F法ではその一部しか抽出できていないことがわかる．

複雑なペプチド混合物の中の微量成分を精度よく比較分析するためには，損失を抑えて細かく分画する必要がある．そこで，分画条件，分離カラムを検討し，逆相カラムにより60分画する方法を確立した．図2Aに1種類の血清を6つに分けて，各10 μL中のペプチドをDS法で独立に抽出し，逆相HPLCで分析したクロマトグラフを示す．汎用タイプの逆相HPLCを使用し，溶媒流速を100 μL/minで使用しているため，非常に再現性よく分離できていることがわかる．図2Bに60分画中の3分画（図2A中の溶出時間：a，b，c）のMALDI-TOF-MS測定結果を示す．この結果より，われわれのマーカーペプチド探索のための比較分析法は，全過程を通して非常に再現性が高いことがわかる．また，別の実験で健常者4例についてHPLCの60分画すべてについて分子量1,000～10,000を分析した結果，平均して約1,600種類のペプチドが検出され，そのうち約9割が4例中3例において強度1.5倍～1/2倍の範囲で観測されており，7割が4例中すべてにおいて同様に観測されていた（data not shown）．これだけ高い再現性で分析すると，予想以上に個人差が少なく，疾患に伴うペプチド組成の変化を系統的に分析できる可能性があることがわかる．

2）大腸がんマーカー候補ペプチドの探索

この方法を用いて大腸がん患者血清8例，健常者血清8例を比較分析した結果，4種類の大腸がん診断マーカー候補ペプチドの探索に成功した．図3に健常者血清8例ならびにがん患者血清8例のMSスペクトルの平均スペクトルを示す．A～Dのペプチドピークが大腸がん患者特異的に増加していることが明確にわかる．また，これらの4ピーク以外の部分が両方のスペクトルで非常によく一致している．このことは，われわれのマーカーペプチド探索法の精度が非常に高いことを示している．4種類のペプチドの大腸がんとの相関を示すP値はそれぞれ0.0013（A），0.0021（B），0.0006（C），0.0047（D）であった．また，一患者の血清に安定同位体標識ペプチドをDS法抽出前の血清に添加して同様の前処理の後にMALDI-TOF-MS分析した結果，A，Dについては数10～100 ng/mL，B，Cについては数 ng/mLであった．これらのペプチドは他の方法を用いた研究においても血清中での報告例がなく，4種類中の1種類はがん細胞中で増加する細胞膜の裏

打ちタンパク質zyxinの部分ペプチドであることが判明した。以上の成果の詳細は参考文献[4]に記載しているので，参考にしていただきたい。

以上，血清16検体をDS法で処理しMALDI-TOF-MSでの測定およびデータ解析までの一連の操作を行うのに約3カ月の時間を要するが，そのほとんどがMALDI-TOF-MS測定とデータ解析に費やされており，DS法そのものの処理は約5時間で終了する。したがって，MALDI-TOF-MSの代わりにLC-MSで測定し，データ解析を専用ソフトを用いて行うなどの工夫をすることにより，スループットの格段の向上が期待できる。また，Three-step法に関しては，現在のところ血清8検体を二次元電気泳動で比較分析するために数週間を要している。

4 展望

●バイオマーカー候補タンパク質・ペプチドの臨床応用に向けた今後の課題

探索で見つかったバイオマーカー候補ペプチドの臨床応用を考える場合，ハイスループットな検証法を確立する必要がある。通常は抗体を用いたELISA系を使用したハイスループット定量解析を行うところであるが，ペプチドは多くがタンパク質の断片であるため，その断片だけを特異的に認識する抗体の作製が困難である。このため，バイオマーカー候補ペプチドの検証を行うためには抗体を用いない手法の確立が必須である。

近年，三連四重極型質量分析計を用いたSRM (Selected Reaction Monitoring) /MRM (Multiple Reaction Monitoring) 法によって，ペプチドを非常に感度よく，正確に定量できることがわかってきた。この手法により，血清・血漿中の微量なペプチドも検出できる可能性があると思われるが，感度を向上させるためにはこれまで述べてきた前処理法が欠かせないことは同じである。したがって，われわれが開発したDS法とSRM/MRM法を組み合わせることによって，より高感度な血清・血漿バイオマーカーペプチドの発見に貢献できると考えている。また，タンパク質分析全般に関しては，高存在量タンパク質の除去に多くの労力・時間とコストを要するだけでなく，高存在量タンパク質に結合した成分の分析が一部の方法を除いてはできていないのが現状である。この点では，難しい要求ではあるが，簡便で効果的な血清の分画法ならびに高存在量タンパク質除去法の開発が待たれるところである。

文献

1) Hiratsuka, S. et al.：Nat. Cell Biol., 8：1369-1375, 2006
2) Anderson, N. L. & Anderson, N. G：Mol. Cell. Proteomics, 1：845-867, 2002
3) Lai, K. K. Y. et al.：Hepatology, 47：1043-1051, 2008
4) Kawashima, Y. et al.：J. Proteome Res., 9：1694-1705, 2010
5) Kawashima, Y. et al.：J. Electrophoresis, 57：13-18, 2009
6) Oh-Ishi, M. & Maeda, T.：J. Chromatogr. B. Analyt. Technol. Biomed. Life Sci., 771：49-66, 2002
7) Chertov, O. et al.：Proteomics, 4：1195-1203, 2004
8) Tirumalai, R. S. et al.：Mol. Cell. Proteomics, 2：1096-1103, 2003
9) Schagger, H. et al.：Anal. Biochem., 166：368-379, 1987

第Ⅱ部 実践編
1章 バイオマーカー探索への利用と研究戦略

③ グライコプロテオミクスによる疾患糖鎖マーカー探索

和田芳直

糖鎖遺伝子の発現等により変化した糖鎖を疾患マーカーとして見出すには，網羅的な糖鎖解析のほかに，特定のタンパク質に的を絞ったマーカー探索が行われる．糖鎖には構造多様性（ミクロ不均一性：microheterogeneity）があり，部位特異的な糖鎖プロファイル（糖鎖の種類とそれぞれの存在比）の把握が重要である．このような目的には糖ペプチドを試料とする質量分析が有効で，得られたマススペクトルをもとに数値化した糖鎖プロファイルを得ることができる．関節リウマチを例に挙げて，N型糖鎖およびO型（ムチン型）糖鎖プロファイリングの例を示す．

1 用いる解析法と進め方

1) 糖鎖機能と疾患マーカー

　グライコプロテオミクスという語は新しい．疾患マーカー探索を目的として体液中のタンパク質を網羅的に探索して特異的に増減を検出し，同定する作業自体は二次元電気泳動や二次元LCなど技術を習得すれば容易に実施できるが，それ故に新たな情報を掬い取るには，ますます微に入り細を穿たねばならない．一方，タンパク質の質的変化は，情報伝達のリン酸化，細胞内局在のための脂質修飾，分解につながるユビキチン化など多々知られているが，生合成された際の修飾パターンが疾患によって変化することについて最も多くの知見が蓄積しているのは糖鎖修飾である．実際，がんにおける糖鎖変化は古くから知られ，細胞機能変化が特定糖鎖の発現によって支配されることも多くの例で明らかにされている．多くの場合，糖鎖変化と細胞機能変化を関係づけるには，細胞機能に中心的にかかわるタンパク質をまず念頭において，そのタンパク質の特定部位の糖鎖構造が細胞機能を支配するスキームを描く．このように考えれば，グライコプロテオミクスによる糖鎖マーカー探索は，特定タンパク質の特定部位糖鎖の変化に注目するのが最も論理的である．しかし，やや後戻りの論理になるが，細胞が産生するタンパク質の特定部位糖鎖変化，すなわち特定糖鎖の増減は，その細胞における糖鎖遺伝子の（発現も含めた）変化の帰結である場合がほとんどであるから，このような糖鎖変化という表現型は当該細胞が発現する糖タンパク質にあまねく観測されていいはずである．したがって，糖鎖マーカー探索はその細胞がつくりだす糖タンパク質全体の糖鎖（プロファイル）を狙っても実現可能ということになる．しかし，多くの場合，糖鎖マーカーは微量成分であることが多いので，特定タンパク質にフォーカスして探索を行う方が成功の可能性が高い．

　疾患糖鎖マーカー探索研究における初期段階としての糖鎖プロファイル解析の流れを**概略図**に示した．

2) 糖鎖の種類，糖鎖プロファイル

　なぜ糖鎖構造は単一（ホモジニアス，あるいは単

概略図　疾患糖鎖マーカー探索初期段階研究の流れ

```
血液，組織
   ↓
タンパク質分離
  抗体アフィニティー
   ↓
SDS-PAGE/2DE ─→ 還元アルキル化 ─→ 糖鎖遊離
   ↓              酵素消化         （キットなど）
インゲル消化
   ↓
糖ペプチド濃縮回収
   ↓
糖ペプチド分析        糖鎖分析
  MALDI MS  LC-MS     MS/クロマトグラフィー
   ↓                    ↓
糖鎖プロファイリング
データ数値化
   ↓
多数検体による評価
  レクチンなどによるハイスループット分析
```

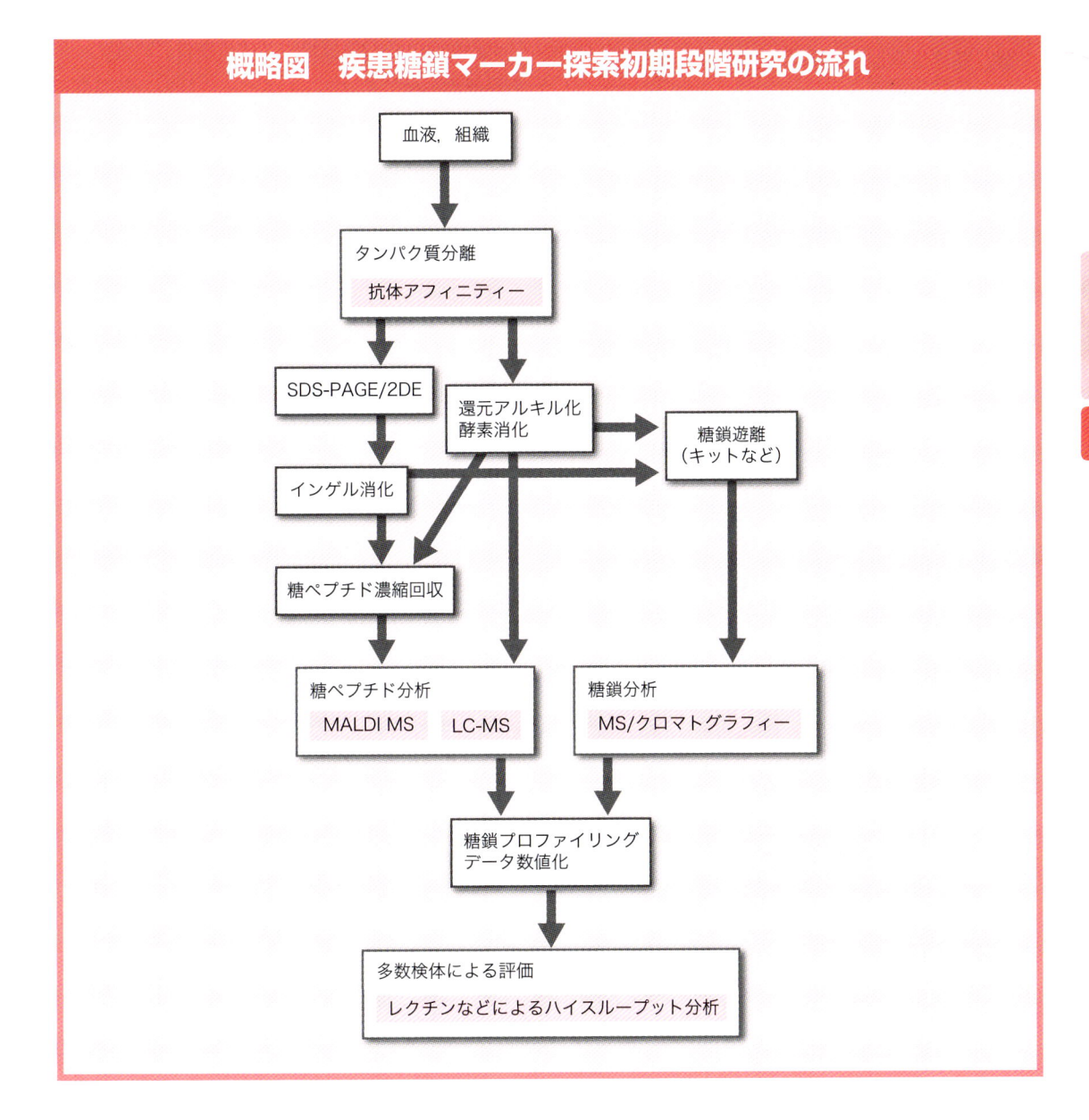

分散）でないのかという基本的な質問に対する答えは（現在のところ）誰ももちあわせていない．本来的にヘテロジニアスであるという点で，糖鎖修飾は翻訳後修飾のなかで特別の位置を占めている．

糖タンパク質糖鎖の種類を**表**に示す．現在のところ疾患糖鎖マーカーとして想定できるのはアスパラギン結合型糖鎖[※1]（N型糖鎖）とO型糖鎖のうちのムチン型糖鎖[※2]である．N型糖鎖はアミノ酸モチー

※1　アスパラギン結合型糖鎖
タンパク質におけるアミノ酸配列中のアスパラギン（Asn）の酸アミド基に糖鎖の還元末端のNアセチルグルコサミン（GlcNAc）がNグリコシド結合した糖鎖で，Asnに結合するGlcNAc-GlcNAc-Man$_3$の五糖を共通の母核とし，その非還元末端に伸びる構造の特徴から，高マンノース型，複合型，混成型に分類される．

※2　ムチン型糖鎖
タンパク質におけるアミノ酸配列中のセリンあるいはスレオニンのヒドロキシル基にOグリコシド結合している糖鎖すなわちO結合型糖鎖のうち，セリンあるいはスレオニンに結合したNアセチルガラクトサミン残基を基点とし，その非還元末端に順次単糖が結合して形成される糖鎖である．

表 糖タンパク質糖鎖の種類とタンパク質への結合様式

*N*型
GlcNAcβ–N–Asn
*O*型
GalNAcα–O–Ser/Thr（ムチン型）
Xylβ–O–Ser
Galβ–O–hydroxylysine
GlcNAcβ–O–Ser/Thr
Manα–O–Ser/Thr
Fucα–O–Ser/Thr
Cマンノース
Man–C–C–Trp

フ Asn–Xxx–Ser/Thr（Xxx ≠ Pro）に結合するが，全くあるいは部分的にしか結合していない場合もある．*N*型糖鎖は小胞体膜上でドリコール（脂質）に14糖の糖鎖ユニットが段階的に付加することで合成され，傍らのリボソームにおいて翻訳合成されたタンパク質に現れる上記モチーフに一括転移（en bloc transfer）される．一方，ムチン型糖鎖はSer/ThrへのGalNAc付加から順次伸長することで形成されるが，この反応を触媒するNアセチルガラクトサミン転移酵素UDP-N-acetyl-α-D-galactosamine：polypeptide N-acetylgalactosaminyltransferaseがヒトにおいても15種以上あるなどいくつかの理由により，その付加部位を予測することは現状では非常に難しい．また，ムチン型糖鎖は*N*型糖鎖と異なり，クラスター的に付加していることも多い．

図1に血中の主要糖タンパク質であるトランスフェリンとIgGのトリプシン消化によって得られる*N*型糖鎖をもつ糖ペプチドのマススペクトルを示す．縦軸は糖ペプチドのイオン量で，ピークの高さ（あるいは面積）がおおよその相対含量を示している．図1Aのトランスフェリンのマススペクトルにおいて，糖鎖付加部位であるAsn432とAsn630をそれぞれ含む糖ペプチドのシグナル（正しくはプロトン付加

分子）から，各付加部位における糖鎖プロファイルを得ることができる．このように，糖鎖の種類あるいはそれに加えて，その相対存在量の情報を「糖鎖プロファイル」とよび，そのような情報を得る作業のことを「糖鎖プロファイリング」とよぶ．

血漿や血清を材料としてタンパク質を分離することなく糖鎖全体を分析した場合に得られる糖鎖プロファイルは，IgGやトランスフェリンなど豊富に存在するタンパク質に付加する糖鎖プロファイルの影響を大きく受ける．例えばがん細胞に特定の糖鎖遺伝子が高発現し，その細胞から血中に分泌される糖タンパク質において特定糖鎖構造が増えたとしても，トランスフェリンを産生する肝細胞やIgGを産生する免疫細胞において同様の遺伝子発現変化が起こることは通常ないので，がん細胞由来の特定糖鎖構造の増加を血中糖タンパク質全体の糖鎖プロファイルにおいて検出することはまず不可能である．また，がんに伴うと思われた糖鎖プロファイル変化が二次的な炎症による肝臓や免疫細胞の反応を反映したものにすぎない場合も多く，このような糖鎖マーカーでは，がんと慢性炎症を区別できない．

3）糖鎖プロファイルの数値化―クロマトグラフィーと質量分析（MS）の比較

糖鎖プロファイルをパターンとして認識・解釈することには限界があり，数値化が必要である．糖鎖を切り出して還元末端をピリジルアミノ化などで誘導体化し，クロマトグラフィーで分離して標識体のもつ紫外吸収や蛍光検出によって定量が行われる．MSの場合は検出されるイオン量によって定量を行う．前者の場合，シグナル強度は糖鎖構造に左右されないが，後者の場合にはイオン化効率や検出効率に対して糖鎖構造やサイズが影響する．また，前者は保持時間によって異性体を分別定量することが可能である．

このような理由によって，MSによる糖鎖定量は補助であるとみなされてきた．ヒトプロテオーム機

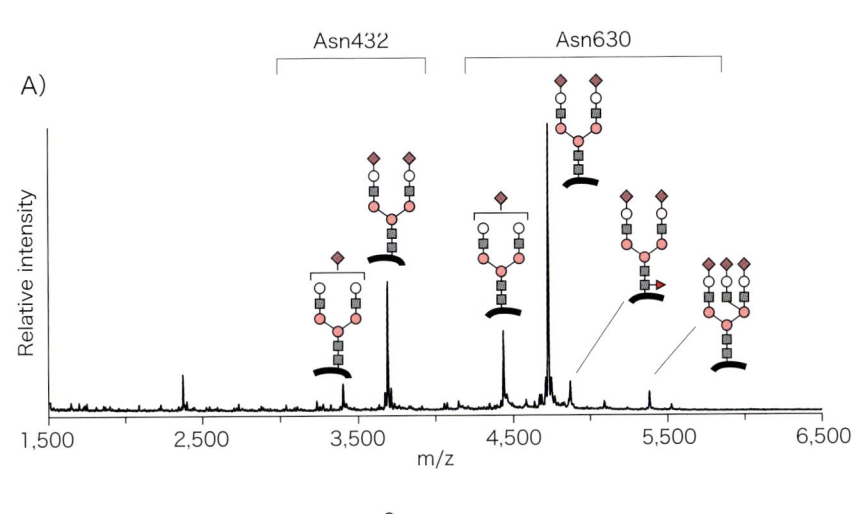

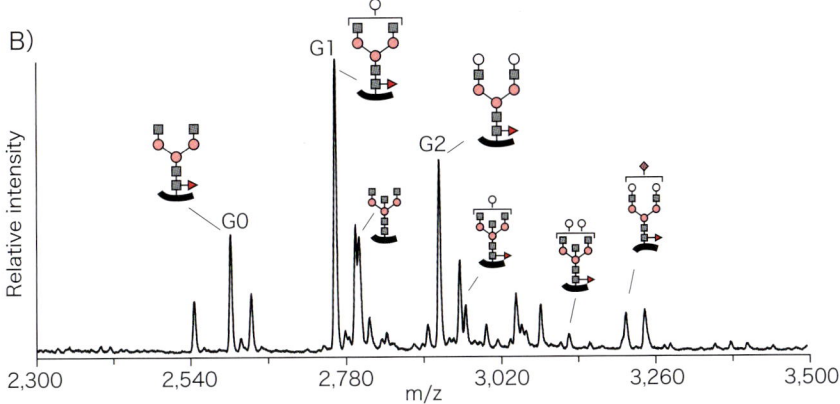

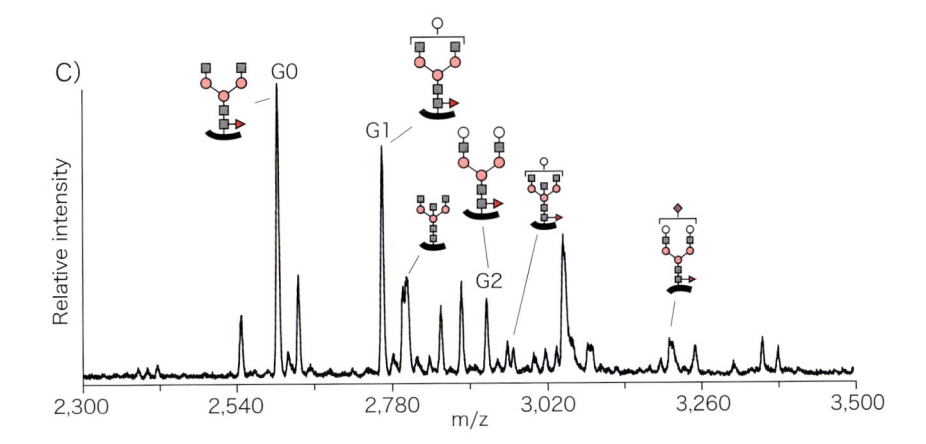

図1 糖ペプチドのMSによるN型糖鎖プロファイリングの例

A) トランスフェリンのトリプシン消化によって得た糖ペプチドのマススペクトルではAsn432, Asn630における糖鎖プロファイルを得られる．B) C) IgGのトリプシン消化によって得た糖ペプチドのマススペクトルではFc領域Asn297における糖鎖プロファイルを得られる（B：健常者，C：関節リウマチ患者）．各イオンがもつ糖鎖構造をピークの上に模式図で示した．■：Nアセチルグルコサミン，●：マンノース，○：ガラクトース，▼：フコース，◆：Nアセチルノイラミン酸（シアル酸）

3）グライコプロテオミクスによる疾患糖鎖マーカー探索　　107

構HUPOの先導研究ヒトグライコミクス・プロテオームイニシアティブ（Human Glycomics/Proteome Initiative）では糖鎖プロファイリングについて多施設共同研究を行った．その第一次研究では，糖鎖解析について十分な経験がある20研究室にトランスフェリンとIgG標品を配布し，各研究室の分析方法によって得たN型糖鎖プロファイルを比較した．その結果，標準とされるクロマトグラフィーによって得られた糖鎖プロファイルでも施設間である程度のばらつきがあること，そして得られたプロファイルはおおむねMSによるものと同じであるという結果であった[1]．同一研究室において調製した試料を同一研究室内でクロマトグラフィー（紫外吸収あるいは蛍光強度）とMS（イオン量あるいはシグナルの高さ）によって定量した結果がよく一致することから，施設間のばらつきは糖タンパク質からの糖鎖切り出しと誘導体化のプロセスに起因することがわかった．感度において劣らないことから，MSによるプロファイリング（定量）法の信頼性は現時点ではクロマトグラフィーに比べて遜色ないという結論であった．同様の結果はIgA1を試料とするO型（ムチン型）糖鎖プロファイルに関する第二次研究においても得られている[2]．

なお，糖鎖の誘導体化のうち完全メチル化[※3]（permethylation）はMS測定の感度やイオン化等における糖鎖構造安定性維持目的で行われるが，この誘導体化を用いた定量結果の研究室間差は非常に小さかった．これは完全メチル化プロトコールが比較的に標準化されていることによると思われる．つまり，糖鎖切り出しから誘導体化に至るプロトコール全体の世界標準化が望まれる所以である．

※3　完全メチル化
糖鎖のヒドロキシル基をまず金属のアルコキシド（R-O-Na$^+$）などとし，ついでヨウ化メチルによってメチル基を導入して元のヒドロキシル基をすべて安定なメトキシ基（R-OCH$_3$）に変える修飾法である．特に，結合炭素位の決定のための基本的化学修飾法として用いられる．

4）糖ペプチドを分析試料とする糖鎖プロファイリング

多施設共同研究によって，誘導体化過程が結果不一致の最大要因であることが明らかになったが，糖ペプチドのMSの試料調製にはこの誘導体化は不要である．糖ペプチド分子は，部位特定的糖鎖構造，糖鎖付加部位，さらにはタンパク質を特定できるペプチド配列というグライコプロテオームが要求する情報が備わっており，それらはMSおよびタンデムMSで一括解析できる．そもそも，糖ペプチドのペプチド部分は糖鎖に対しては還元末端標識構造そのものであり，ペプチド骨格自体が紫外吸収や疎水性，そしてMSでの感度上昇をもたらす修飾構造と考えることもできるから，糖ペプチドを分析試料とする糖鎖プロファイリングの重要性は明らかである．

2　研究のプランニング

1）フォーカスすべきタンパク質の選択

上でも述べたように，例えばがん細胞で発現増加しているタンパク質に焦点を絞り，そのタンパク質に付加している糖鎖のプロファイル変化をとらえるアプローチは成功の可能性が高い．FDA（米国食品医薬品局）の承認も受けて臨床に供されているAFP-L3はその好例である．AFP-L3は肝細胞がんマーカーであるαフェトタンパク質におけるフコシル化糖鎖をLCAレクチンにより定量する検査で，肝細胞がんを慢性肝炎，肝硬変と鑑別し，また，肝細胞がんの早期診断，治療効果判定，悪性度の指標としてその評価が確立されている．このように，がんにおいて増加することが知られているタンパク質の糖鎖について，そのプロファイル変化を見るのは糖鎖バイオマーカー探索の有効なアプローチであり，探索の基本方法としては，抗体によって目的とするタンパク質を精製し，糖鎖解析を行えばよい．

次に，MSを用いる糖鎖プロファイリングに進む

が，これは研究の初期段階として探索の方向づけをするのに有効であるが，多くの患者に適用するには不向きである．しかし，構造的な確証をMSによって得れば，AFP-L3のようなレクチンを用いる方法で多数検体についてバイオマーカーとしての有用性を検討する段階に進むことができる．

2）糖鎖プロファイリングからの数値化

糖鎖プロファイルでは糖鎖の相対存在比を数値化する．しかし，これでは特定単糖（特に末端糖）の存在量に変化があったとしてもそれを含むいくつかの糖鎖構造に分散し，統計解析には不利である．そこで，糖鎖プロファイルから構成単糖について数値化することが有用である[3]．

例えば，図1のIgGのN型糖鎖末端に付加するガラクトースについては，主要な3種類糖鎖（図中のG0, G1, G2）についてガラクトースのモル数は次の式で与えられ，図1B（健常者）は1.12（mol/ペプチド），図1C（関節リウマチ患者）は0.62（mol/ペプチド）となって，関節リウマチ患者におけるガラクトース減少を数値化できる．

（糖ペプチドあたりのガラクトース）＝Σ{（糖ペプチドのピーク％）×（それぞれの糖ペプチドが有するガラクトースの数）}×10^{-2}

図2はIgA1のO型（ムチン型）糖鎖を含む糖ペプチドのマススペクトルである．IgA1にはヒンジ領域にクラスター状のムチン型糖鎖付加があり，図2Aのようなきわめて複雑なマススペクトルとなる．しかし，シアル酸除去によりマススペクトルは図2Bのように単純化される．このマススペクトルをもとに構成糖であるGalNAcとGalのモル数も上のIgGのN型糖鎖におけるガラクトースと同様に次の式で与えることができる．

（糖ペプチドあたりのNアセチルガラクトサミンあるいはガラクトース）＝Σ{（糖ペプチドのピーク％）×（それぞれの糖ペプチドが有するNアセチルガラクトサミンあるいはガラクトース）}×10^{-2}

この式によって健常者（n＝9）の値を求めると，Nアセチルガラクトサミンは4.55±0.05，ガラクトースは3.53±0.08（mol/ペプチド）と，ばらつきは少ないことがわかる．

3 研究例

まず，糖ペプチドによる分析の必要性を明確に示す研究例として，前立腺がんにおける前立腺特異抗原（prostate-specific antigen：PSA）の糖鎖解析を挙げる．PSAは配列上1カ所にN型糖鎖をもっている．しかし，血液中では，遊離で存在する以外に，アンチキモトリプシンとエステル結合して存在する．アンチキモトリプシンには6カ所にN型糖鎖が付加しているために，単純に抗体で抽出した試料について糖鎖を切り出して解析してもPSAの糖鎖プロファイルを得ることは不可能である．SDS-PAGEではエステル結合のPSAとアンチキモトリプシンを分離できない．そこで，血中から抗体によって得た試料についてトリプシンで酵素消化し，得られた糖ペプチドのうち，PSA配列をもつ糖ペプチドを分析試料とした．このようにしてPSAのN型糖鎖プロファイルを得た後に，末端シアル酸の結合位置について，α2,6結合を切断しない*Streptococcus*由来シアリダーゼおよび非特異的に切断できる*Arthrobacter*由来シアリダーゼによる処理後のマススペクトルから，がん患者血清のPSAは健常者の精漿PSAと異なりα2,3結合シアル酸が主体であることがわかった．すなわち，PSA糖鎖におけるシアル酸の結合様式でがんを鑑別できる可能性がある[4]．

タンパク質精製には抗体を用いるが，精製度が不十分であればSDS-PAGEにより分離し，ゲル内消化から糖ペプチドを回収できる．また，酵素消化物において糖鎖をもたないペプチドから糖ペプチドを分離・濃縮することで分析が容易になり，そのような

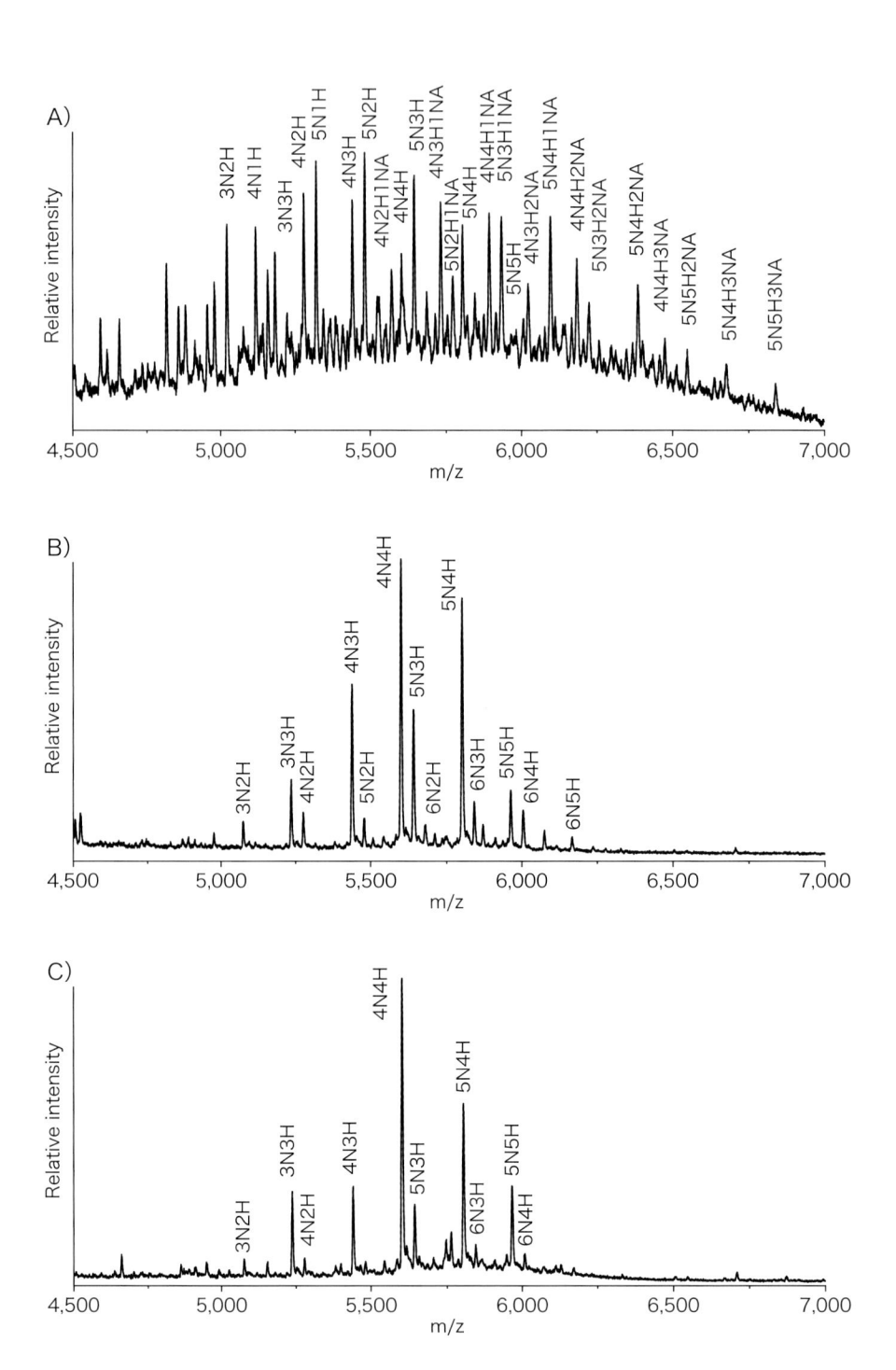

図2 糖ペプチドのMSによるIgA1のO型糖鎖プロファイリングの例

A) IgA1ヒンジ領域のトリプシン消化によって得た糖ペプチドのマススペクトル（健常者）．B) C) 上の試料を脱シアル酸処理して得た糖ペプチドのマススペクトル（B：健常者，C：関節リウマチ患者）．各イオンがもつ糖鎖組成をピークの上に示した．N：Nアセチルガラクトサミン，H：ガラクトース，NA：Nアセチルノイラミン酸

方法がさまざまに提案されている．われわれが考案した方法は微量，迅速，安価に実施できる[5)6)]．一方，糖鎖構造に選択性のあるレクチンはこの目的には不向きである．

最後に，先に述べた構成糖の計算法による解析例を挙げる．図2Cは関節リウマチ患者のIgA1由来糖ペプチドのマススペクトルである．健常者とは異なるパターンではあるが，その変化の表現を単糖モル数で表せば，Nアセチルガラクトサミンが4.35，ガラクトースが3.38（mol/ペプチド）となり，上に示したIgGのN型糖鎖におけるガラクトース減少とは異なって，Nアセチルガラクトサミンの減少が顕著であることが明示される．

以上，探索のキーとなる初段階においてフォーカスすべき構造基盤を確立するための方法を紹介した．次の段階としては，レクチンなどスループットの高い方法をもって多検体処理を行い，マーカーとしての有用性を確かめることになる．

文献

1) Wada, Y. et al.：Glycobiology, 17：411-422, 2007
2) Wada, Y. et al.：Mol. Cell. Proteomics, 9：719-727, 2010
3) Wada, Y. et al.：J. Proteome Res., 9：1367-1373, 2010
4) Tajiri, M. et al.：Glycobiology, 18：2-8, 2008
5) Wada, Y. et al.：Anal. Chem., 76：6560-6565, 2004
6) Tajiri, M. et al.：Glycobiology, 15：1332-1340, 2005

第Ⅱ部 実践編
1章 バイオマーカー探索への利用と研究戦略

④ グライコプロテオミクスによるがんの血清バイオマーカー探索

梶 裕之, 池原 譲, 久野 敦, 澤木弘道, 伊藤浩美, 成松 久

プロテオミクスによるバイオマーカー探索では主にタンパク質の量的変化が指標とされているが,本稿で紹介するグライコプロテオミクスによるマーカー探索の戦略では,糖タンパク質の質的変化を指標としている.すなわち,細胞表面や分泌タンパク質上の糖鎖が細胞ごとに固有の構造プロファイルを有し,その構造が分化やがん化など細胞タイプの変化に伴って著しく変化する事実に基づいて,がんに特徴的な糖鎖構造変化を示す,細胞タイプ特異的な糖タンパク質を探索するものである.疾患糖鎖マーカーの開発と実用化によって,血液検査で「がん」の種類と所在を的確に指摘できるようになれば,肉体的,経済的に少ない負担で適切な診断,治療を開始できるようになる可能性が高い.

1 用いる解析法と進め方

1) がんの血清バイオマーカー探索における問題点

血液は全身を循環し,諸臓器細胞から分泌,脱落された成分を多分に含むため,身体各所での活動状態や異変を検出するための検査試料として有用性が高い.また,採血操作は簡単で侵襲性が低い.反面,小さな局所的病巣に由来する微量成分は,成人男性で約5.5リットルにも達する濃厚なタンパク質溶液中(血清で50～60 mg/mL)に希釈されるため,検出や定量的計測が困難なことも少なくない.血中タンパク質の「量(濃度)」の変化に着目して,腫瘍の発生と進展に相関したバイオマーカーを探索する試みがなされているが,この難しさは簡単な計算により容易にイメージできる.例えば,ある臓器を構成する細胞が腫瘍化し,初期のステージにあったとする.この腫瘍はほとんどの場合,構成臓器の1%を占めるにも至らない.このような状況で,同じタンパク質が腫瘍細胞と正常細胞から産生される場合,そのタンパク質濃度が血液中で2倍になるためには,腫瘍細胞が正常細胞の100倍以上の量を産生していなければならない.この産生状況は尋常ではなく,組織マーカー探索においては十分な要因となり得るが,血液における2倍程度の濃度変化は個人差や体調に依存してしばしば観察されるため,このタンパク質濃度の変動のみを捉えて腫瘍の存在を疑うことは現実的に不可能である.したがって,早期腫瘍マーカーたりえるタンパク質は,全身の非腫瘍細胞が全くあるいはほとんど産生しないがん特異的なものでなければならないが,このようなタンパク質の血中濃度は探索システムの検出限界以下となる可能性が高い.現在,このような微量タンパク質を求めて,網羅的,高感度,定量可能なプロテオミクス技術を利用した探索やこのための技術開発が進められているが,真にがん特異的タンパク質が血中に存在するのか懐疑的な状況である.

概略図　腫瘍糖鎖バイオマーカーの開発戦略

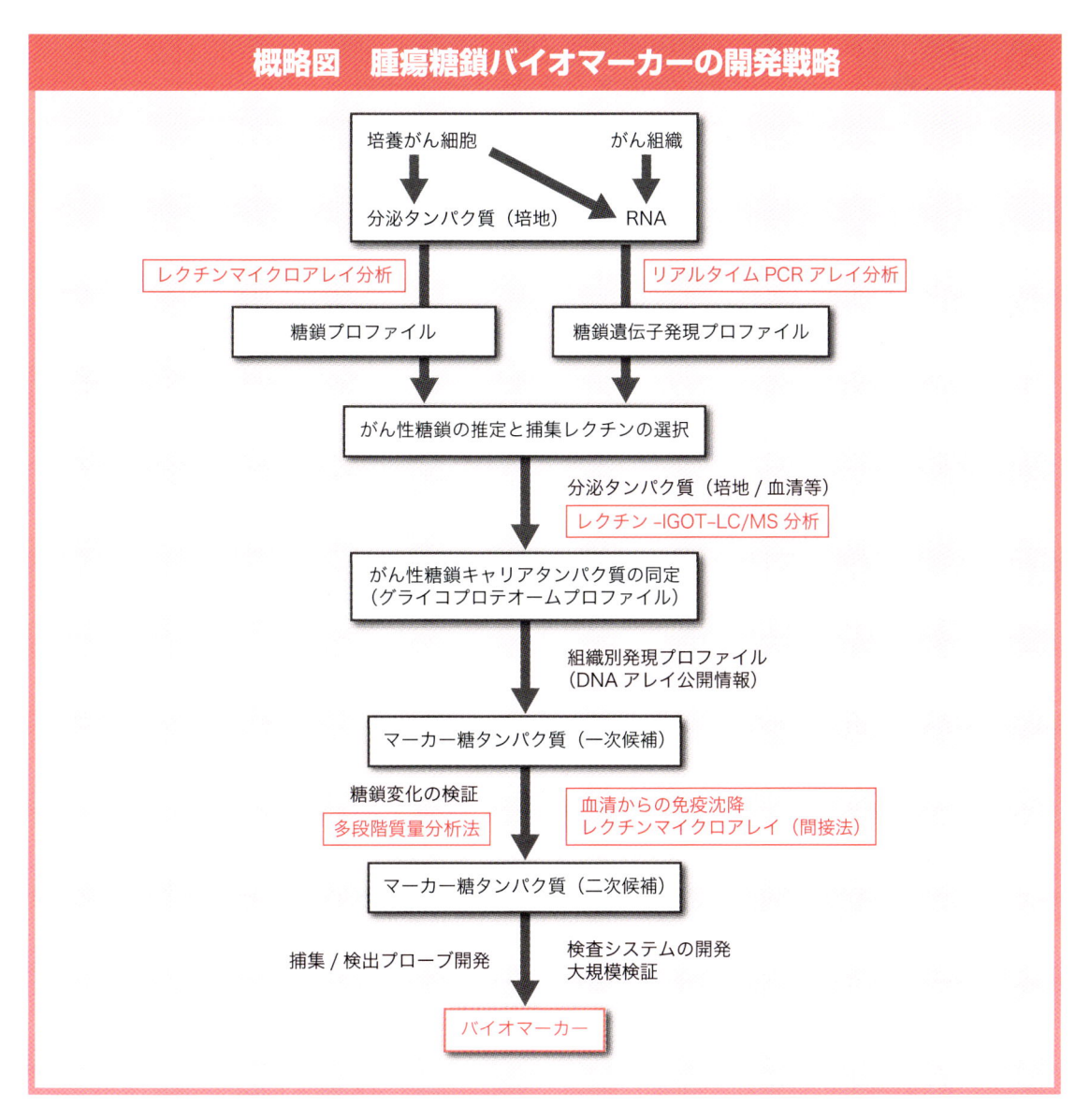

```
培養がん細胞        がん組織
    ↓    ↘         ↓
分泌タンパク質（培地）  RNA
    ↓                ↓
[レクチンマイクロアレイ分析]  [リアルタイムPCRアレイ分析]
    ↓                ↓
糖鎖プロファイル    糖鎖遺伝子発現プロファイル
    ↓                ↓
   がん性糖鎖の推定と捕集レクチンの選択
              ↓
        分泌タンパク質（培地/血清等）
        [レクチン-IGOT-LC/MS分析]
              ↓
    がん性糖鎖キャリアタンパク質の同定
    （グライコプロテオームプロファイル）
              ↓
        組織別発現プロファイル
        （DNAアレイ公開情報）
              ↓
      マーカー糖タンパク質（一次候補）
              ↓
    糖鎖変化の検証    血清からの免疫沈降
    [多段階質量分析法]  レクチンマイクロアレイ（間接法）
              ↓
      マーカー糖タンパク質（二次候補）
              ↓
    捕集/検出プローブ開発   検査システムの開発
                          大規模検証
              ↓
          [バイオマーカー]
```

そもそも患者の血液を対象とした腫瘍マーカー探索の困難さは，技術的な問題だけでなく，がんの多様性にあるとも考えられる．例えば，同一臓器に生じたがんであっても，宿主の多様性（遺伝的背景，生活環境・習慣，投薬・治療の有無，日周リズムなど）を反映し，患者それぞれで組織像が異なる．さらに，がん組織を形成する血管・間質の量など多岐にわたる変動要因が存在するので，血中のがん細胞由来成分量は患者ごとに大きく異なる．したがって，このような規格化が困難な試料を用いた探索・検証では，主要血清成分の除去や多段階タンパク質分離とLC/MSを組み合わせた大規模プロテオーム分析がいかに優れた検出方法であっても統計的有意差を示さないであろう．さらに，分析手順の複雑化は多数検体の検証を困難にしている．

2）がん細胞特異的な糖タンパク質マーカーの探索戦略

このようながんの生物学的特性をふまえてわれわれは，がん細胞に特徴的な構造の糖鎖をもち，かつ

4）グライコプロテオミクスによるがんの血清バイオマーカー探索

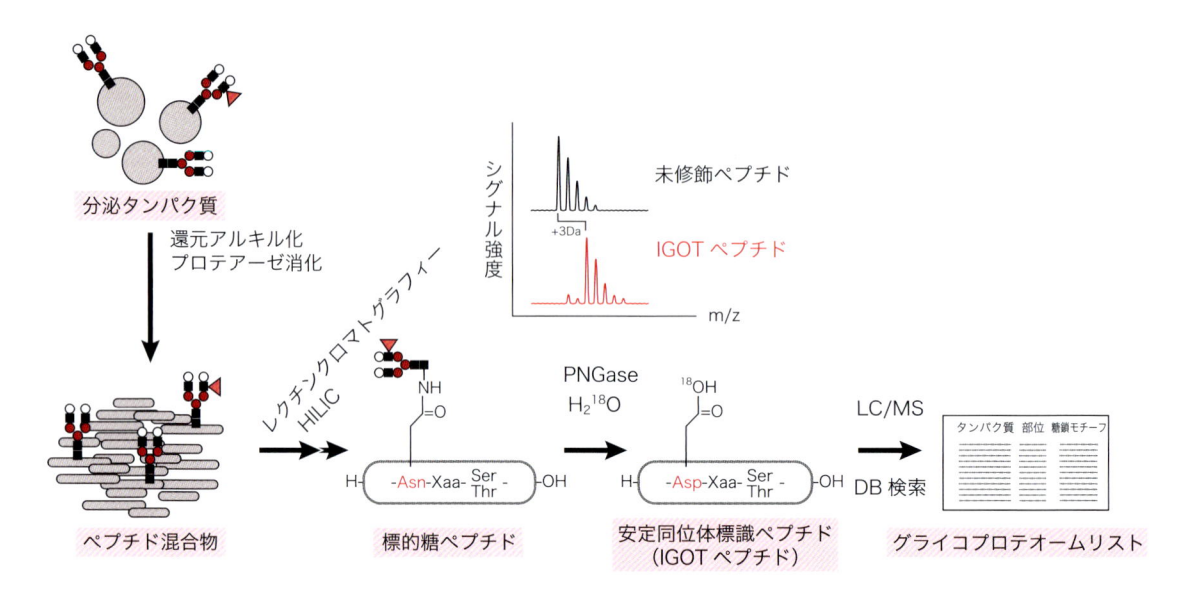

図1 レクチンカラムによる糖ペプチド捕集と糖鎖付加位置安定同位体標識（IGOT）-LC/MS法を利用した糖タンパク質大規模同定法

試料タンパク質混合物のトリプシン消化物より，標的糖鎖をもつ糖ペプチドをプローブレクチン固定化カラムで捕集し，親水性相互作用クロマトグラフィー（HILIC：hydrophilic interaction chromatography）でさらに精製する．N結合型糖鎖を安定同位体・酸素-18標識水中，PNGase（グリコペプチダーゼ）で切除すると，糖鎖付加Asn残基は側鎖に^{18}Oが導入され，Aspに変換される．この標識（IGOT：isotope-coded glycosylation site-specific tagging）ペプチドはLC/MS法で同定される．標識ペプチドの質量は未修飾ペプチドと比較して3Da増加するので（図中央上），糖鎖付加のなかった夾雑ペプチドと明確に識別される

組織（細胞）特異的なタンパク質における質的変化を指標として糖タンパク質マーカーを系統的（systematic）に探索する戦略を考案した[1]．これは，がん細胞表層やがん細胞が分泌するタンパク質上の糖鎖プロファイルが，正常細胞由来のそれとは異なる事実を基盤として策定されたもので，基本的に患者血清からは直接探索しない．その概要を**概略図**に示した．

はじめに，標的がん細胞において，いかなる糖鎖変化が生じているかを検討するために，多数のがん組織や株化したがん細胞で発現する糖鎖生合成関連遺伝子〔糖転移酵素，硫酸転移酵素やそれらの基質トランスポーターなど，約180種．グライコジーン（GG）とよぶ〕を定量的リアルタイムPCRアレイによって分析し，注目するがん種で特徴的に発現しているGGプロファイルを得る[1,2]．同時に，培養細胞上清に分泌されたタンパク質をレクチンアレイ分析に供して糖鎖プロファイルを得[3]，両プロファイルの情報を統合して，「がん性糖鎖構造」を予測し，さらにそれらを選択的に「捕捉可能なレクチン」を選別する．

ついで，選択したレクチンを用いて，標的とするがん細胞株の培養上清より糖タンパク質あるいは糖ペプチドを選択的に捕集し，そのキャリアタンパク質をグライコプロテオミクス技術により同定する[4]~[6]（**図1**）．がん細胞株の培養上清（無血清培地）から同定されたタンパク質は，がん細胞自らが遊離したタンパク質であり，当然GG/糖鎖プロファ

イルから予測した糖鎖変化を生じている可能性が高い．さらに同定された多数のタンパク質群より，細胞（組織）特異的に発現され，血中濃度の比較的高いタンパク質を優先的に選別し，検証へ進める．多くの場合がん細胞は，由来する元の細胞系譜を保持（lineage-addicted）しているため，組織・細胞別の発現状況は，データベースとして公開されているDNAアレイや免疫組織染色（ヒトプロテインアトラス，http://www.proteinatlas.org/）の結果などを参照することができる．糖鎖構造変化を指標とするため，選択するタンパク質はがん細胞周囲に存在する大量の正常細胞が分泌するものと同じであってもよいのである．このような糖タンパク質の質的変化はタンパク質濃度の増減を指標とした定量的LC/MSショットガン法[7)8)]や最近注目されているSRM/MRM分析法[9)10)]で検出することは困難である点で注目すべきである．

次のステップでは，選択した候補糖タンパク質分子上の糖鎖プロファイルが，健常者あるいは対照疾患患者の血清由来と標的がん患者の血清由来とで実際に変化しているかを確認する．この分析には候補タンパク質を取り巻く状況に応じて，以下の3つのアプローチが単独あるいは並行して利用できる．①特異抗体を用いた免疫沈降法等で単一に精製でき，数µgの量を準備できる場合，糖鎖を切り出し，多段階質量分析法にて糖鎖構造を網羅的に決定し比較する[2)]，②前項と同じ方法で精製できるが，精製度が十分でない場合（ゲル電気泳動のレベルで純度70〜90％程度）や必要量を確保するのが困難な場合，レクチンマイクロアレイ分析（間接法[11)]，後述）で糖鎖プロファイルを比較する，③標的タンパク質単独の精製が困難な場合，同定に利用したプローブレクチン（がん性糖鎖認識レクチン）で捕集したタンパク質をSDS-ゲル電気泳動後，免疫染色し，増減を比較する．多くの候補タンパク質は精製が困難であり，質量分析によって糖鎖構造を決定する①の方法は多大な労力と時間を要する．②のレクチンアレイ分析法（間接法）は，レクチンアレイ上に簡易精製したアナライト（標的）糖タンパク質を供し，各レクチンスポット上にトラップされた標的タンパク質を蛍光標識抗体で検出する方法で，感度，スループットがきわめて高い．一般に免疫沈降法で標的タンパク質を単一に精製することは困難なので，第一選択となるケースが多い．さらにこの分析では，多種のレクチンに対する結合シグナルが同時に得られるため，多検体検証実験に利用する，より鑑別に優れた検出レクチンを統計学的手法で選択し直すこともできる．検出プローブとして複数のレクチンを選択することで，シグナル強度の規格化や鑑別のためのカットオフ値の設定が可能になる．いずれのアプローチでも重要な要因は抗体の質で，免疫沈降法，ウエスタンブロット法，免疫組織染色法にそれぞれ適用可能な抗体があるかが検証のスループットに大きく影響する．この段階までの検証は数個から100検体以下の小規模な分析で行い，臨床情報（がん種，ステージ，性別，年齢，治療経歴，経過など）が確定されている試料で構成される学習セットの分析から，数を増やした検証セットのブラインドテストへと進められる．

小規模な検証で実用的なマーカーとしての可能性が示唆された候補については，中・大規模な検証へと進められる．このためには本格的なプローブの準備，検査法の選別と条件設定が必要となる．本戦略では，がん性糖鎖をもった糖タンパク質が標的であるので，タンパク質を認識するプローブと糖鎖を認識するプローブでサンドイッチして定量する形式での検査法が計画できる．この検査法について，固相担体（ELISAプレートや各種ビーズなど），検出・定量システム（呈色，発光など），前処理法，分析条件などを至適化する．当然のことながら，並行して数千におよぶ検証試料を準備してくれる医療機関との連携が不可欠である．

2 研究のプランニング

1) がんマーカー探索研究を計画する際の注意点

　血清がんマーカーの探索研究は，そのマーカーが臨床現場で必要となる状況を明確にし，それぞれに適切な探索試料や方法を選択することから始められる．この初期過程において，臨床医のみならず，より好ましくは臨床と分析の両面を理解しコーディネーターとなる基礎医学研究者を含めた綿密な議論による戦略設定が重要であることを強調したい．臨床的整合性や有用性についての議論を欠くと，例えば肝細胞がんの発症と進展についての知見（病理）が考慮されず，肝細胞がん患者と健常人の血清成分を比較して肝がんマーカーを探索・検証する，といった誤った研究デザインが立案されてしまう．また，健康診断等の血液検査で原発性腫瘍を早期発見するための検査マーカーの開発を計画する場合，有用性や有効性（死亡率の改善），緊急度を熟慮する必要がある．例えば，胃がん，乳がん，子宮頸がん，大腸がんなどの検診法はすでに確立しており，これらを上回るポテンシャルをもった血清マーカー開発の難易度はきわめて高いが，それに見合う有用性はそれほど高くない．また，CTやMRI等の画像診断を用いても早期病変を捉えにくい膵臓がんや卵巣がんでは探索・検証が事実上不可能に近く，たとえ開発に成功したとしても，擬陽性の可能性を鑑み，血液検査結果を信頼して開腹手術に踏み切るようになるかは疑わしい．つまり有用性の観点から一般に，早期発見のための検査マーカー開発という目標設定（作業仮説）そのものに現実味が薄いと考えられる．そこで次に，どのようながんマーカーが必要とされているのかを考察してみたい．

2) がんマーカーが効果を発揮する場面

　がんの存在が疑われた場合は通常，画像診断によって腫瘍の所在と進達度を検討し，生検が可能な場合には細胞診や病理組織診による確定診断に基づいて，根治手術の適応，術式，あるいは他の治療方法（化学療法，放射線療法など）が検討される．これらのステップが省略されることはないが，画像診断や生検は，高額な費用，侵襲性や放射線被曝等の肉体的負担を強いるので，コスト（被験リスク）対効果を適切に見極めることが求められている．したがって，腫瘍マーカーはこれに対応して，臨床現場で確定診断検査を受けるべき受診者を効果的に選別してハイリスク群を囲い込み（patient enrichment），すでにリスクの存在する患者を対象とした治療方針の確定や治療効果の判定，再発の監視に効果を発揮すると考えられる．

　イメージしやすいように，肝細胞がん（HCC：hepatocellular carcinoma）を例に挙げる．本邦のHCCは，B型あるいはC型肝炎ウイルスの持続感染を背景とし（およそ95％），その発症率は，肝炎の修復によって生じる肝線維化の程度に相関して上昇している（肝硬変では年率7～8％）．したがって，線維化の程度を指標として肝炎ウイルス感染者を階層化し，HCCの発症リスクが高く，画像診断を受診すべき患者を効率的に選別することが重要である．しかし現在，線維化の程度は肝生検で診断されているので，囲い込みの効率は悪い．またHCCの発症はAFP（alpha fetoprotein），PIVKA II（protein induced by vitamin K absence or antagonist-II），AFP-L3％のマーカー測定によって検査されている．しかし，これらの検査のみでラジオ波焼灼術などが適用可能な初期のがん（およそ2～3cm以下）を発見するのは難しく，臨床的には造影エコー検査，造影CTやMRI検査でサーベイされている．これらの検査は高額で，十数年の長期にわたり，頻繁に（3～4カ月に一度）受診することは，患者の負担も大きい．この状況はすなわち，適切な絞り込みを実現する血清マーカーの開発，およびそのための探索研究のプランニングが必要であることを明示している．

　さらにマーカー探索に際しては，臓器系統別に出

現してくるがん細胞の特性も考慮する必要がある．がんの組織像のバラツキが症例間で少なく，均一な組織像を呈するがん種で，*in vivo* のがん細胞の特性を保持したがん細胞株があると，探索も進めやすい．この観点では，HCCや肺小細胞がんは好適と考えられる．膵がんや胆道がんに比べるとHCCは組織学的異型度が低く，症例間のバラツキも少ない．肺腺がんや扁平上皮がんに比べて肺小細胞がんもまた，症例間のバラツキが少ないうえ，神経内分泌系細胞への共通した分化で定義されるがん種であり，複数存在する細胞株の特性も似ている．反対に，外科切除されたがん組織において，多方向への分化や退形成（アナプラジア・カタプラジア）が存在する症例の頻度が高い，膵がんや胆道がん，肺腺がんや扁平上皮がんは，個々の症例においてがん細胞を特徴づける共通形質を見出すこと自体が難しいので，血清マーカー探索はきわめて困難となるであろう．

3 研究例

●肝細胞がん（HCC），および肝疾患病態指標マーカーの探索

上述の研究プランニングに従い，HCCおよびその発症率に大きな影響を及ぼす肝炎ウイルス（HCV：hepatitis C virus）感染を背景とする肝疾患（肝線維化）の進行を追跡する血清糖タンパク質マーカーの探索を行った．はじめに培養細胞株として，肝細胞がん株2種（HuH-7およびHepG2，後者は肝芽腫由来）の培養上清（無血清培地）から調製したタンパク質をCy3蛍光標識し，レクチンマイクロアレイ分析に供した．顕著なシグナルを示したフコース認識レクチンのうち，AAL（ヒイロチャワンダケレクチン）をプローブとして選択した．肝がん細胞が産生する糖鎖でフコシル化が亢進していることは広く知られ，実際にAFPのフコシル化成分の割合（L3％）がマーカーとして使用されているので，開発目標はこの特性（感度，特異度，適用範囲の広さ）をしのぐ糖タンパク質（セット）となる．

固定化AALカラムを用いて，培養液タンパク質のトリプシン消化物からフコシル化糖鎖をもつペプチドを捕集し，IGOT処理の後，LC/MS分析により多数のコアタンパク質を同定した．このうちの1つ，α1-酸性糖タンパク質（AGP：α1-acid glycoprotein）はHCC患者血清においてフコシル化の亢進が確認されたため，病理学的に線維化の程度（ステージ，F）が確定された慢性肝炎患者（CH：F0/1-3），肝硬変患者（LC：F4），およびHCC患者の血清（全125症例）からAGPを簡易精製し，レクチンマイクロアレイ（間接法）で分析した結果，2種のレクチンの相対シグナル強度が線維化の進展をよく反映していた（図2）．

この結果をもとに，F3/4間の鑑別のためのカットオフラインを設定し，臨床診断済み患者血清（n=88）を用い，ブラインドテストを行ったところ，鑑定の正診率は93％（感度95％，特異度91％）であった（投稿準備中）．肝線維化の程度を血清学的検査によって数値化できることは，肝がん検出のための検査を受けるべき患者の絞り込みにきわめて有効であり，さらにインターフェロンによる肝炎治療の効果判定も可能となるため，現行の検査診断体系を著しく改善できると考えられる．現在，より早期のステージ間の鑑別マーカーおよびLC/HCC鑑別マーカーの検証を進めている．

4 展望

がん組織の薄切試料をマイクロダイセクトし，抽出したプロテオームを解析することでがん細胞を特徴づけ，治療方針の決定や予後予測に有効な組織マーカーを見出すことは実用化の段階にあるが，血清マーカーの開発は困難を極めている．分析化学者は試料調製法や分析手法の開発，機器開発メーカー

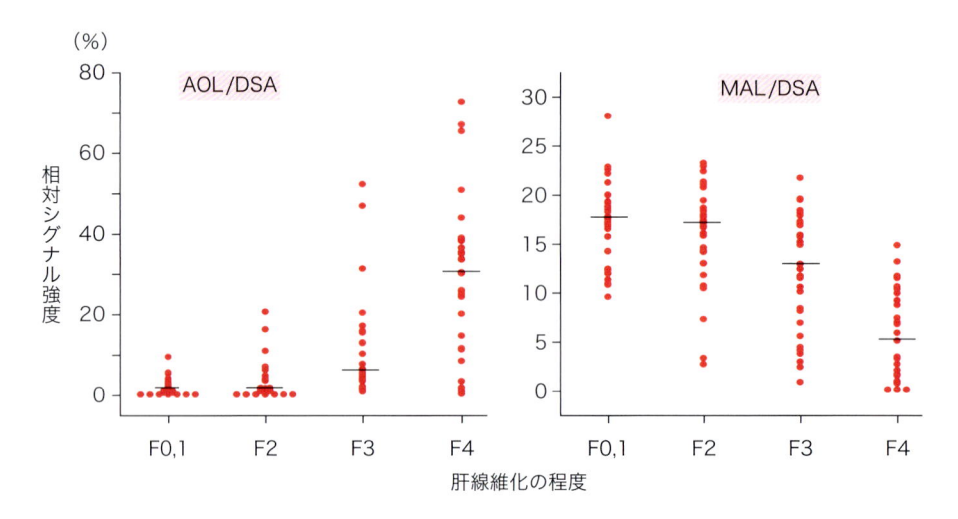

図2　肝線維化の進行に伴うα1-酸性糖タンパク質（AGP）のレクチンマイクロアレイ相対シグナル強度の変化

肝線維化のステージ（F）が病理診断されている肝疾患患者125症例の血清より簡易精製したAGPをレクチンマイクロアレイ分析（間接法）し，各シグナルをDSAシグナル強度で規格化した．AOL相対シグナル強度は線維化の進展に伴って高くなり，反対に相対MALシグナルは下がった．横棒は中央値．この3レクチンのシグナル強度よりカットオフ値を設定し，ブラインドテスト（n＝88）を行った結果，F3/4の鑑別で93％の正診率を示した．AOL：*Aspergillus oryzae* l-fucose-specific lectin，MAL：*Maackia amurensis* lectin，DSA：*Datura stramonium* agglutinin

---

は分解能や感度の改善をめざすが，臨床プロテオミクスの領域では医師や基礎医学研究者との綿密な情報交換に基づく戦略の立案がきわめて重要である．糖鎖構造変化を基軸としたマーカー探索法は，量的変動の誤差域に埋没してしまうコアタンパク質に生じた質的変化を検出する点でユニークであり，腫瘍性病変だけでなく，変性や再生といったこれまで臨床検査で捉えることのできなかった疾患の病理を検出できる疾患マーカーの探索にも有効であると考えられる．またグライコプロテオミクスは細胞表層から脱落してくる膜タンパク質の検出にも有効であり，治療標的の探索など創薬研究にも寄与すると考えられる．

謝辞

本稿で紹介した腫瘍糖鎖バイオマーカー探索の戦略は，新エネルギー・産業技術総合開発機構（NEDO）「糖鎖機能活用技術開発プロジェクト」の支援のもとに開発されたものである．また肝がん・肝線維化マーカーの開発は，国立国際医療センター国府台病院 肝炎・免疫研究センター溝上雅史センター長，名古屋市立大学大学院医学研究科田中靖人教授との共同研究成果である．

文献

1) Narimatsu, H. et al.：FEBS J., 277：95-105, 2010
2) Ito, H. et al.：J. Proteome Res., 8：1358-1367, 2009
3) Kuno, A. et al.：Nat. Methods, 2：851-856, 2005
4) Kaji, H. et al.：Nat. Biotechnol., 21：667-672, 2003
5) Kaji, H. et al.：Nat. Protoc., 1：3019-3027, 2006
6) Kaji, H. & Isobe, T.：Clin. Proteomics, 4：14-24, 2008
7) Gygi, S. P. et al.：Nat. Biotechnol., 17：994-999, 1999
8) Ross, P. L. et al.：Mol. Cell. Proteomics, 3：1154-1169, 2004
9) Picotti, P. et al.：Nat. Methods, 7：43-46, 2010
10) Addona, T. A. et al.：Nat. Biotechnol., 27：633-641, 2009
11) Kuno, A. et al.：Mol. Cell. Proteomics, 8：99-108, 2009

第Ⅱ部 実践編　1章　バイオマーカー探索への利用と研究戦略

⑤ 腎炎/膀胱炎バイオマーカー探索

平本昌志

尿は入手容易な臨床試料であり，特に泌尿器系疾患のバイオマーカー探索の試料として期待できる．われわれは，病因が未解明であり簡便な診断が困難な疾患である間質性膀胱炎とIgA腎症についてプロテオミクスを用いてバイオマーカーの探索を行った．いずれも二次元電気泳動によりタンパク質の発現変動を解析し，適宜酵素アッセイやELISAによるタンパク質定量等の検証実験を実施した．その結果，間質性膀胱炎では患者尿中にプロテアーゼ活性が存在しその活性が好中球エラスターゼ由来であることを見出し，IgA腎症ではα1-microglobulinが尿中に少ないことを見出し，それぞれバイオマーカーとして報告している．本稿ではこれらの尿を試料としたプロテオーム解析の実際について紹介する．

1 用いる解析法と進め方

1) 泌尿器系疾患のバイオマーカー探索における問題点

泌尿器系の疾患のバイオマーカーの探索の試料としてすぐ思い浮かぶのは尿である．この尿を試料とするプロテオミクスで問題となるのは個人差であり，血液と比較して尿中タンパク質の濃度には極端な差があるため，単純に複数検体の尿試料を健常者群と患者群にプールしてしまうのは問題が生じる場合がある．例えば，患者群に1例だけ極端なタンパク尿，すなわち他の100倍のタンパク質濃度の試料があった場合，この1例に由来する発現変化しか捉えられなくなってしまう恐れがあるからである．

本稿ではタンパク質発現変動の解析手段として二次元電気泳動法を用いている．本法は種々の制約が論じられているが，尿中タンパク質の分子量や等電点の情報が得られる利点がある．二次元電気泳動による解析では電気泳動像のマッチングが鍵となるが，一方の試料に全く存在しないスポットがあるとしばしばマッチングがうまくできない場合がある．

そこで，試料の個人差の問題と二次元電気泳動法の実験上の問題を解決するため，個別解析法を用いることとした．これは，健常者と患者すべての尿を少量ずつプールしたコントロール尿を作製し，これに対し健常者・患者の試料を1検体ごと個別に二次元電気泳動によるタンパク質発現比較を行うものである．解析は単純なプール試料の群間比較と比べて非常に煩雑となるが，個々のタンパク質についての相対濃度が全試料間で比較できることから患者の臨床情報（病気の進行度など）との関連も得られるし，上述の二次元電気泳動のマッチングが容易になるメリットもある．なお，本稿の研究例の実施時に有効な発現解析法は二次元電気泳動しかなかったためにこのような個別解析法を選択したが，現在は分析機器の発達により登場したラベルフリー法，すなわち各試料をLC/MSにより直接分析し主成分分析等の統計学的手法で解析する方法も有用と思われる．その詳細については第Ⅰ部-10を参照されたい．

5）腎炎/膀胱炎バイオマーカー探索　**119**

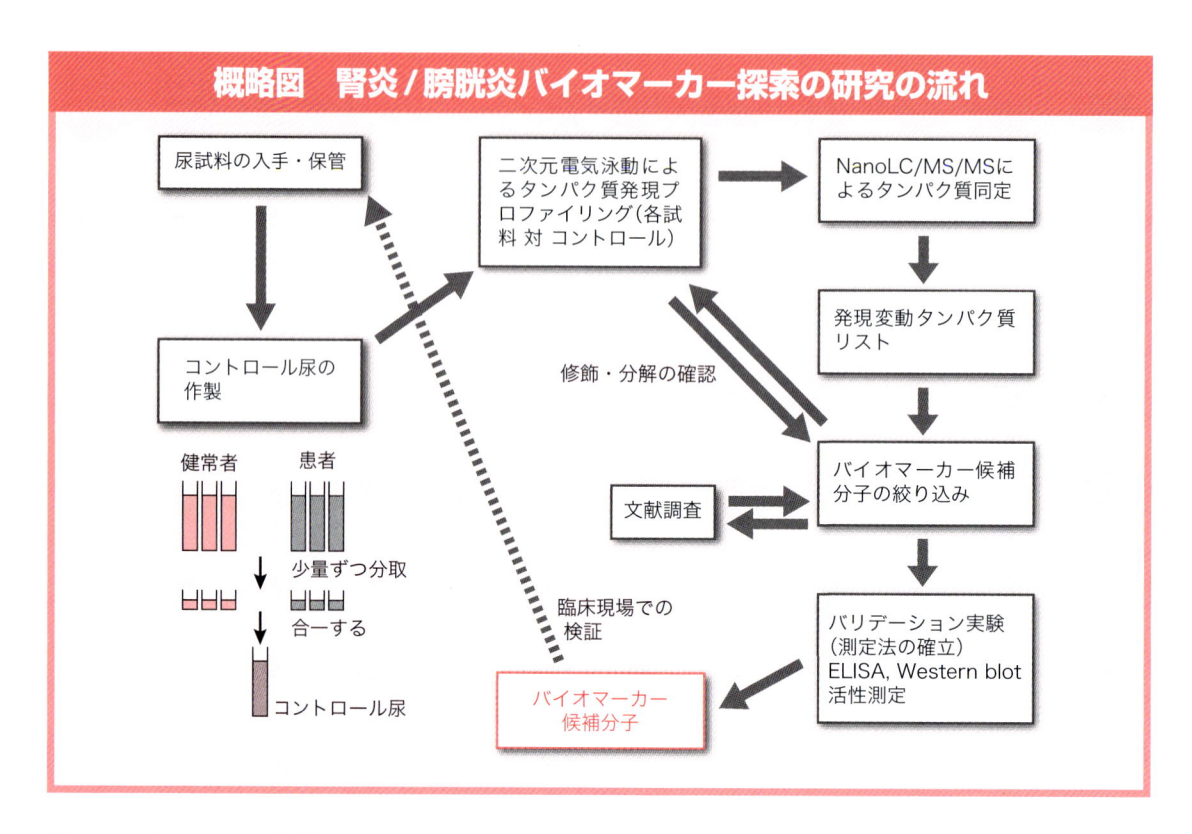

概略図　腎炎/膀胱炎バイオマーカー探索の研究の流れ

[図：尿試料の入手・保管 → コントロール尿の作製 → 二次元電気泳動によるタンパク質発現プロファイリング（各試料 対 コントロール）→ NanoLC/MS/MSによるタンパク質同定 → 発現変動タンパク質リスト → バイオマーカー候補分子の絞り込み（修飾・分解の確認、文献調査）→ バリデーション実験（測定法の確立）ELISA, Western blot 活性測定 → バイオマーカー候補分子（臨床現場での検証）。健常者・患者の試料を少量ずつ分取し合一してコントロール尿を作製。]

2) バイオマーカー候補分子同定までの流れ

二次元電気泳動で興味ある発現変動を示したスポットは，質量分析によりタンパク質の同定を行う．スポット検出下限であるナノグラムオーダーでは試料不足で同定できない場合もあり，スポットのゲル中消化から質量分析計への試料注入に至るまで，用いるチップやチューブの種類も含めて検討し，極力高感度な分析ができる体制を整えておく必要がある．また，われわれはNanoLC/MS/MSを用いてタンパク質同定を行ったが，しばしば1スポットから複数のタンパク質がヒットして検索エンジン（Mascotなど）のスコアを見てもどれが発現変動の主体なのかわからない場合があった．その場合は同定されたペプチド断片について相当するLC/MSのクロマトグラム上のピーク面積を比較することで変動主体タンパク質を特定し，タンパク質とスポットをなるべく1対1で関連させた．

このようにして発現変動タンパク質のリストが得られるが，このリストからバイオマーカー候補を抽出するためにバリデーション実験[※1]を行わなくてはならない．具体的には，抗体を用いた定量（ウエスタンブロット，ELISAなど）が挙げられ，しばしばそういったバリデーションはそれ以前のプロテオーム解析より時間を要することがあるし，リストが膨大であるほど大変な作業となる．そこで，発現変動タンパク質の文献情報を調べてバリデーション対象を絞り込むことになるが，これに加えて二次元電気泳動法の場合はスポットの存在位置も重要な情報となる．つまり，本来の位置から横方向に移動すれば等電点の変化，すなわちリン酸化などの翻訳後修飾が示唆され，下方向に移動すれば分解物である可能性が示唆される．このように，実験から得られた情報ならびに既知文献情報などをすべて加味し仮説を立ててバリデーションに臨むことで，効率的なバイ

※1　**バリデーション実験**

プロテオミクスで得られたバイオマーカー候補分子について，バイオマーカーとして利用できるかどうか確認するための実験．具体的には，バイオマーカー候補分子の抗体を用いて，ELISA法などを用いてより多くの検体について濃度測定を行うことなどが挙げられる．

オマーカー候補の提示ができるものと考えられる．

最終的に，有望なバイオマーカー候補は臨床現場で広く追試され認知されて初めてバイオマーカーと言える．それには臨床現場で実施可能な計測方法を確立しておくべきであり，そのうえで必要に応じて権利化した後で，適切な学術論文にて公開されることが重要と思われる．以上の流れを概略図に示した．

2 研究のプランニング

1) 尿サンプルの採取・保存

尿中のタンパク質の量は大雑把に数十 $\mu g/mL$ 程度以下であり，数mLで1回の二次元電気泳動の必要量（$100\mu g$）が得られるため，バリデーションに用いる分も含めて排泄1回分の尿（200〜300 mL）で十分である．注意点は採取後すぐに遠心して固形物を除いてから凍結保存することであり，この操作で膀胱上皮や白血球等の細胞に由来するタンパク質を除去できる．尿からのタンパク質の捕集にはわれわれは限外濾過膜を用いている．

2) 二次元電気泳動および質量分析

二次元電気泳動によるタンパク質発現変動解析はGEヘルスケア社の2D-DIGE（2 dimensional fluorescence difference gel electrophoresis）システム（詳しくは第Ⅱ部1章-6参照）を用いた．

タンパク質同定はNanoLC/MS/MSシステムで分析し，検索エンジンはマトリックスサイエンス社のMascotを用いた．留意点としては，タンパク質が微量の淡いスポットを極力同定するためにMascotスコアの閾値を低め（例：20点）に設定し，各々のプロダクトイオンスペクトルを人間の目により検証した．この際，尿の二次元電気泳動解析では同じタンパク質が何度もヒットすることが多いため，高いスコアでヒットした時のプロダクトイオンスペクトルを参考として検証することが大変有効である．

3 研究例

1) 間質性膀胱炎のバイオマーカー探索

間質性膀胱炎（以下，ICと略記）は頻尿・膀胱痛・尿意切迫感をきたす非感染性の慢性疾患であり，その発生機序は不明であり治療法も確立しておらず，患者のQOLを大きく損なうことがある疾患である[1)2)]．ICの診断は上記の症状に加え，麻酔下で膀胱鏡を実施して膀胱内の出血斑の有無の確認がなされている．簡便な診断を可能とするバイオマーカーが求められているが，まだ臨床利用されているものはない[3)]．

われわれはIC患者の尿中タンパク質に注目し，そのプロファイリングを2D-DIGEを用いて行った．2D-DIGEは健常者11，IC患者12，計23検体の尿を前述のように少量ずつ混合したものをコントロールとしてCy3でラベルし，個々の試料はCy5でラベルし，コントロール試料でゲル上に明確に観測される約300スポットについて各試料ごとの発現プロファイルを比較した．その結果，IC患者群に特異的な135スポットを検出し，うち111スポットを質量分析で同定した．IC患者群で減少したタンパク質は43種類で増加したのは4種のみであった．特にIC患者群で増加した33個のゲル上のスポット中29個は血清アルブミンであり，それらのスポットはゲル上で通常のアルブミンの存在位置より下方に点在していたことからアルブミンの分解が亢進しているものと考えられた（図1）．このことから，IC患者尿中にプロテアーゼ活性が存在する可能性が考えられた．

IC患者尿中のプロテアーゼ活性を確認するため，市販の各種プロテアーゼの蛍光基質19種の分解反応を調べたところ，好中球エラスターゼの基質ペプチドが特異的に分解されることがわかった（図2）．そこで実際に，基質分解活性を指標にプロテアーゼをIC患者尿中から各種カラムクロマトグラフィーを用いて精製したところ，SDS-PAGE上35 kDa付近のブロードなバンドを好中球エラスターゼと同定できた．

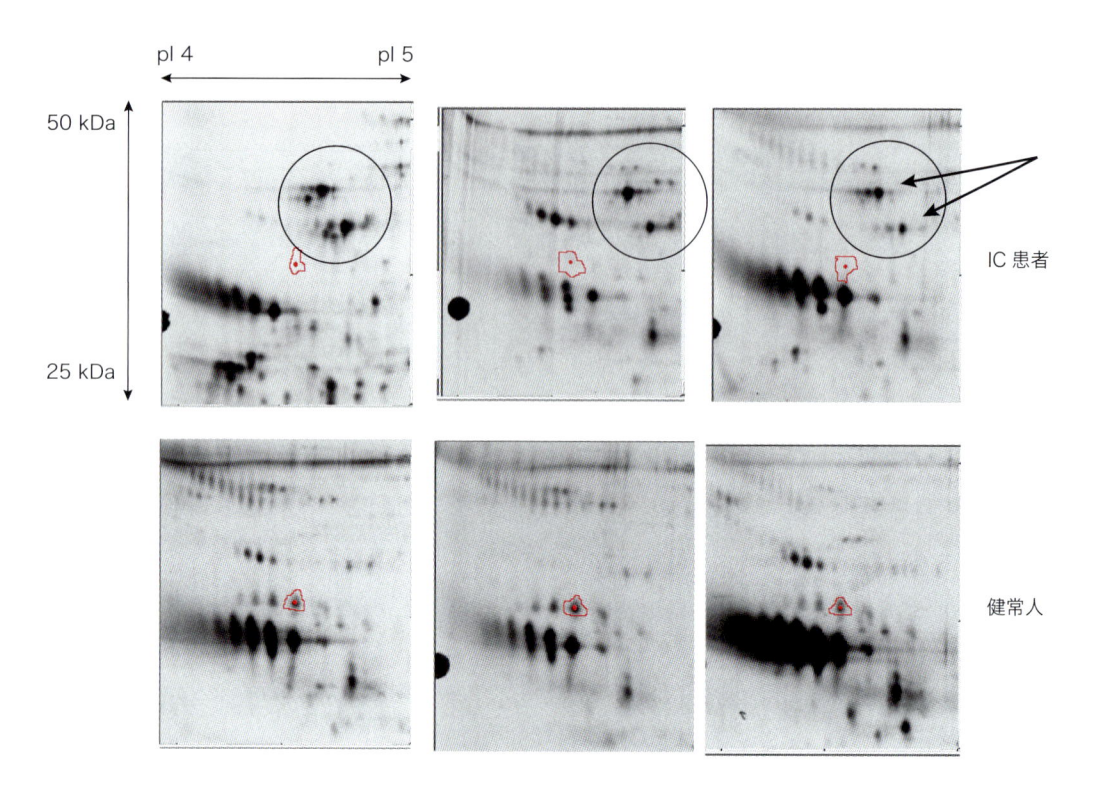

図1 間質性膀胱炎（IC）患者と健常者の尿中タンパク質の二次元電気泳動像の比較
　丸印中のタンパク質はIC患者で顕著に観察されており，特に矢印はアルブミンの分解物であった（文献4より転載）

　次に，好中球エラスターゼがバイオマーカーとなるかどうか精査するため，尿中の活性測定系を構築した．尿と基質を混ぜた後に蛍光測定するだけであり，蛍光測定器さえあれば何処でもできる簡便な系である．これにより健常者・過活動膀胱（OAB）患者・IC患者間の尿中エラスターゼ活性の比較を行うと，IC患者において有意にエラスターゼ活性が高いという結果が得られた．次に，IC患者を疼痛の有無で分類すると，疼痛を有するIC患者において有意にエラスターゼ活性が高いことが判明した．また，IC患者を膀胱容量で分類すると，より病状が重いと考えられる膀胱容量の小さい患者において尿中エラスターゼ活性が高いことがわかった．疼痛による分類の結果と併せて，エラスターゼ活性は病状の重症度と関連していることが判明した[4]．

　なお，本研究ではタンパク質プロファイリングに約3カ月，エラスターゼの精製および検証に約半年を要した．

2）IgA腎症のバイオマーカー探索

　IgA腎症（以下，IgANと略記）は糸球体メサンギウムにIgAが沈着することを特徴とする慢性糸球体腎炎である．診断後20年以上の経過観察で約40％の患者が腎不全に至るとされ，発症・進展機序の解明と有効な治療法の確立が求められている[5]．確定診断は腎生検でなされており[6]，診断バイオマーカーの有用性は高いと考えられる．

　そこでわれわれはIgANのバイオマーカー探索を目的としてIgAN患者尿中のタンパク質発現解析を2D-DIGEを用いて行った．2D-DIGEは健常者10検体とIgAN患者17検体の尿を前述のように少量ずつ混合したものをコントロールとしてCy3でラベルし，

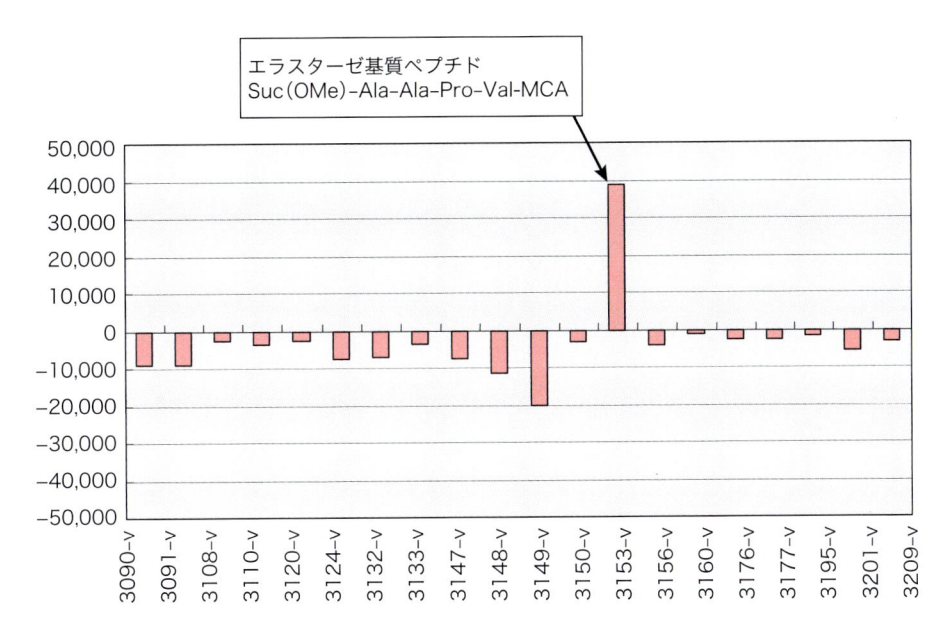

図2 IC患者尿中プロテアーゼの基質特異性の検討
各種蛍光ペプチド基質をIC患者尿に添加して活性を測定した．縦軸は蛍光強度差（IC患者−健常者）を示す．エラスターゼの基質ペプチドがIC患者尿中で顕著に分解された

個々の試料はCy5でラベルし，IgAN患者に特徴的に発現変動した174のスポットを検出した．それらを同定したところ，約7割のスポットは血清アルブミンの分解物であり，IgAN患者で増加していた．ほかにも多くの血清タンパク質が増加を示しており，IgANの症状であるタンパク尿に起因する発現変化と考えられたが，唯一α1-microglobulinだけがIgAN患者で逆に減少しており，このことがバイオマーカーとして利用できるのではないかと考えられた．なお，以上のタンパク質プロファイリングに約4カ月を費やしている．

α1-microglobulinのバイオマーカーとしての有用性を確認するため，その尿中の絶対量をより正確に調べることとし，ELISAを用いてα1-microglobulinおよび対照としてトランスフェリン，アルブミンの測定を行った．さらに，他の病態との比較のため，糖尿病性腎症（以下，DNと略記）患者尿16検体についても測定した．その結果，トランスフェリンとアルブミンの量はIgAN患者群，DN患者群でともに健常群より高値であったのに対し，α1-microglobulinはDN患者群で健常群より高値を示しながらIgAN患者群では健常群とあまり変わらない値であった（図3）．α1-microglobulinは血清タンパク質の一種であり，通常のタンパク尿ではアルブミンやトランスフェリンと同様にその尿中量が増加することが知られている．以上より，IgANでは，タンパク尿を呈するにもかかわらず，α1-microglobulinが増えていないことがバイオマーカーとして有用であると考えられた[7]．

α1-microglobulinは主要な血清タンパク質の1つであるが機能はよくわかっておらず，血清中でIgAと複合体を形成することが知られている．IgA腎症はIgAが糸球体メサンギウム細胞に沈着することが特徴的であるが，α1-microglobulinも同様に免疫染色されることが報告されている[8]．これらのことから，IgA腎症の原因物質としてIgA分子自身以外にα1-microglobulinが関与している可能性も考えられるのではないかと思われた．

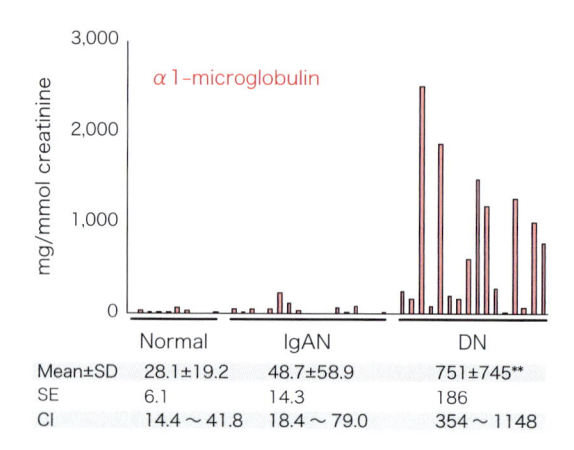

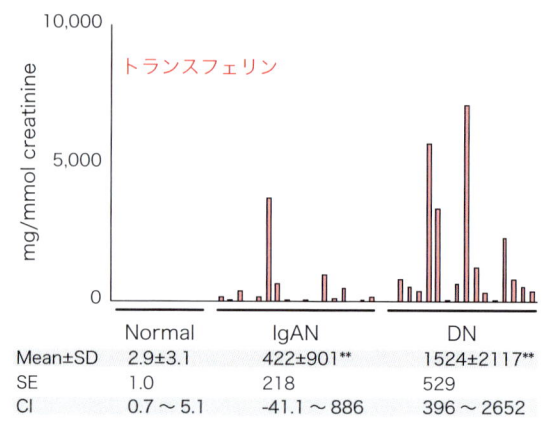

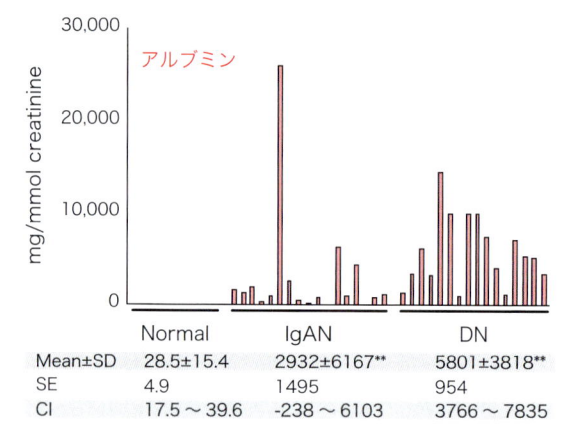

図3 IgA 腎症患者（IgAN），糖尿病性腎症患者（DN）および健常者（Normal）のELISAによる尿中タンパク質濃度の比較

糖尿病性腎症ではアルブミン，トランスフェリン，α1-microglobulin のいずれも高値を示したが，IgA 腎症ではアルブミンとトランスフェリンが高値を示すのに対し，α1-microglobulin は健常者と同等の低い濃度であった

α1-microglobulin

	Normal	IgAN	DN
Mean±SD	28.1±19.2	48.7±58.9	751±745**
SE	6.1	14.3	186
CI	14.4〜41.8	18.4〜79.0	354〜1148

トランスフェリン

	Normal	IgAN	DN
Mean±SD	2.9±3.1	422±901**	1524±2117**
SE	1.0	218	529
CI	0.7〜5.1	-41.1〜886	396〜2652

アルブミン

	Normal	IgAN	DN
Mean±SD	28.5±15.4	2932±6167**	5801±3818**
SE	4.9	1495	954
CI	17.5〜39.6	-238〜6103	3766〜7835

謝辞

本稿のうち，間質性膀胱炎に関する研究は国立病院機構相模原病院・泌尿器科 山田哲夫博士（現・やまだ泌尿器科クリニック院長）および同・臨床研究センター 三田晴久博士とアステラス製薬の共同研究，またIgA 腎症に関する研究は埼玉医科大学病院腎臓病センター腎臓内科 鈴木洋通教授，岡田浩一准教授および菅野義彦講師とアステラス製薬の共同研究によるものであり，感謝致します．また，研究をともに行ったアステラス製薬の横田博之，黒光貞夫，森田修司，内藤正規，由利正利の各氏に感謝致します．

文献

1) 和田直樹，柿崎秀宏：医学と薬学，62：601-607, 2009
2) 本間之夫：臨床泌尿器科，62：927-931, 2008
3) 巴ひかる：臨床泌尿器科，62：939-944, 2008
4) Kuromitsu, S. et al.：Scand. J. Urol. Nephrol., 42：455-461, 2008
5) 富野康日己：日本腎臓学会誌，50：440-441, 2008
6) 遠藤正之：腎と透析，64：57-61, 2008
7) Yokota, H. et al.：Mol. Cell. Proteomics, 6：738-744, 2007
8) Murakami, T. et al.：Am. J. Nephrol., 9：438-439, 1989

第Ⅱ部 実践編 1章 バイオマーカー探索への利用と研究戦略

⑥ 蛍光二次元電気泳動法（2D-DIGE法）を用いたプロテオーム解析

近藤 格

蛍光二次元電気泳動法（2D-DIGE法）は，従来からある二次元電気泳動法の発展系である．2D-DIGE法では，複数のタンパク質サンプルをあらかじめ蛍光色素で標識し，混合して二次元電気泳動法にて分離する．その際，内部標準となるタンパク質サンプルを用いればゲル間のばらつきを補正することができる．そして，2D-DIGE法では，超高感度の蛍光色素を用いることでレーザーマイクロダイセクションによって回収されるような微量のタンパク質サンプルからでもプロテオーム解析が可能である．抗がん剤治療への奏効性，転移，再発，組織型に対応するタンパク質が2D-DIGE法を用いて今までに多数同定されてきた．プロトコールも周辺技術も確立している．本稿では，タンパク質発現解析のツールとして優れた手法である2D-DIGE法を用いた正常・腫瘍組織からのプロテオーム解析について紹介する．

1 用いる解析法と進め方

●蛍光二次元電気泳動法（2D-DIGE法）の概略

2D-DIGE（2 dimensional fluorescence difference gel electrophoresis）法は従来からある二次元電気泳動法の発展系である．二次元電気泳動法はタンパク質を等電点と分子量に従って分離する手法で，1975年に発表されて以来，さまざまな分野で用いられてきた．二次元電気泳動法は，多様なプロテオーム解析が普及した現在でもプロテオミクスの分野では最もよく使用される技術の1つである．「タンパク質を等電点と分子量に従って分離する」という技術思想がいかに秀逸だったかということを，この事実は物語っている．

2D-DIGE法ではタンパク質を電気泳動の前にあらかじめ蛍光色素で標識する点が従来の二次元電気泳動法とは異なっている．2D-DIGE法では，複数のタンパク質サンプルを波長の異なる別々の蛍光色素で標識したのち混合し，1枚のゲルで電気泳動することで，ゲル間のばらつきを補正したのち，より再現性のある実験を行うことができる（図1）[1]．2D-DIGE法では蛍光色素の強度でスポットの濃度測定を行うので，銀染色やクマシーブルー染色よりもはるかに広いダイナミックレンジで発現量を測定できることも大きなメリットである．2D-DIGE法では，電気泳動後のゲルをレーザースキャナーで読み取ることで，蛍光シグナルとしてタンパク質スポットを検出する．ゲルはガラス板に挟んだままの状態でレーザースキャンされる．したがってゲル強度は問題にならず，スキャン面積いっぱいのサイズのゲルを使用することができる．一般に，観察できるスポットの数はゲルの面積に比例する．例えば，大型の電気泳動装置を使用することで，5,000個ほどのタンパク質スポットを観察することができる（図2）[2]．2D-DIGE法では，ゲル1枚あたり1時間以内でレーザースキャナーで画像を取得できるため，従来の銀染色やクマシーブルー染色に比べれば圧倒的に少な

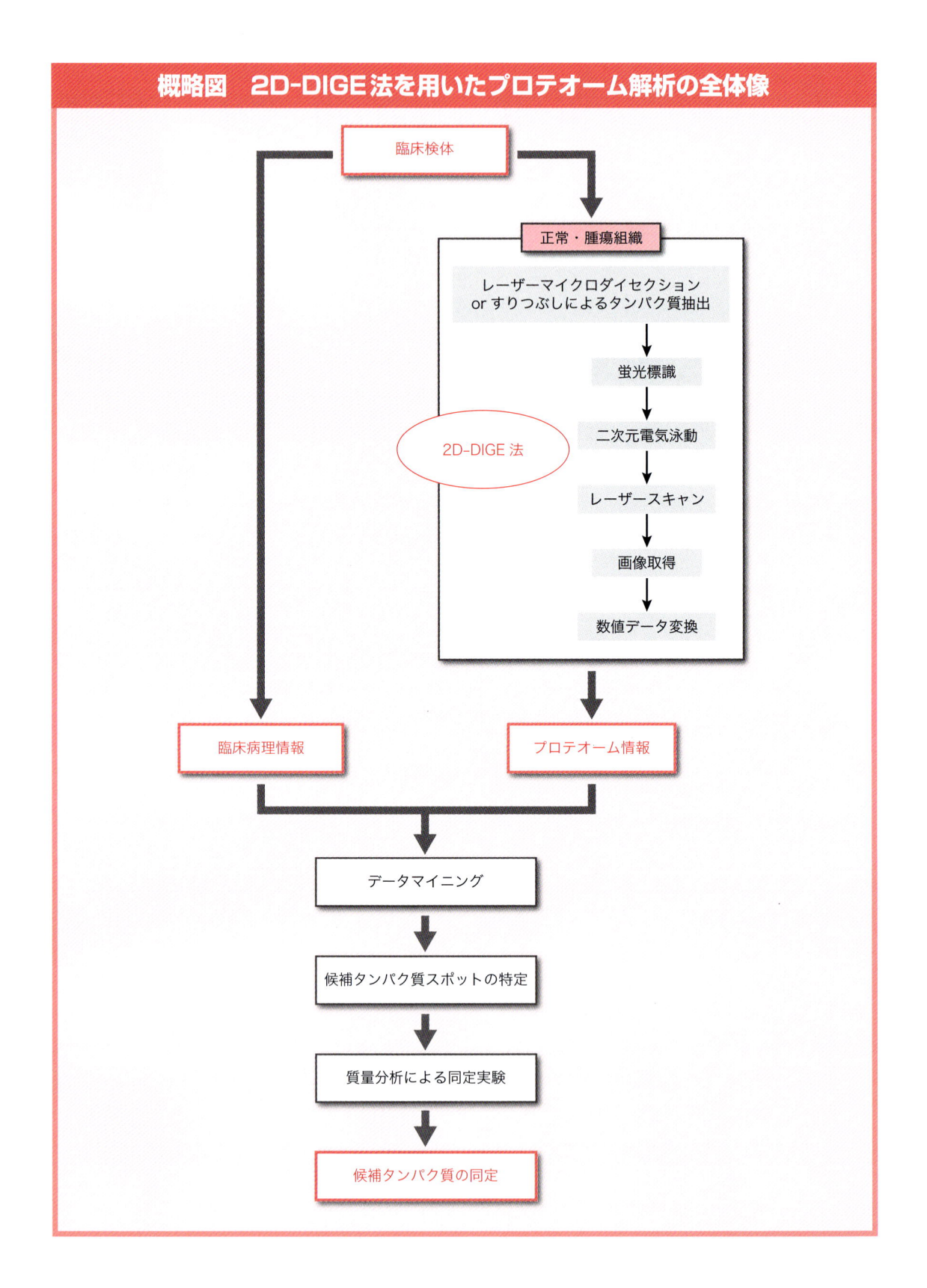

概略図　2D-DIGE法を用いたプロテオーム解析の全体像

```
                    臨床検体
                       │
                       ▼
                ┌─────────────────────────┐
                │    正常・腫瘍組織        │
                │  ┌───────────────────┐  │
                │  │ レーザーマイクロダイセクション │  │
                │  │ or すりつぶしによるタンパク質抽出 │  │
                │  └─────────┬─────────┘  │
                │            ▼            │
                │       蛍光標識          │
                │            │            │
                │            ▼            │
      2D-DIGE法 │      二次元電気泳動      │
                │            │            │
                │            ▼            │
                │      レーザースキャン    │
                │            │            │
                │            ▼            │
                │       画像取得          │
                │            │            │
                │            ▼            │
                │      数値データ変換      │
                └────────────┬────────────┘
                             │
       臨床病理情報        プロテオーム情報
              │                │
              └────────┬───────┘
                       ▼
                 データマイニング
                       │
                       ▼
              候補タンパク質スポットの特定
                       │
                       ▼
              質量分析による同定実験
                       │
                       ▼
              候補タンパク質の同定
```

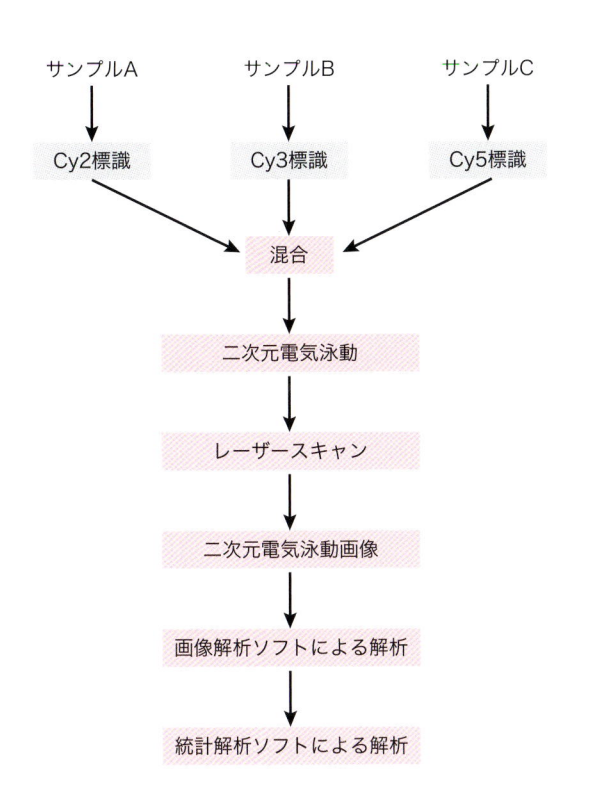

図1 2D-DIGE法によるプロテオーム解析のワークフロー
電気泳動の前にタンパク質を蛍光色素で標識する点が従来法と異なる点

図2 2D-DIGE法による典型的なゲル画像
大型の電気泳動装置（バイオクラフト社製）を使うことでたくさんのタンパク質スポットを観察することができる（巻頭カラー図1参照）

い労力と短い時間で実験を行うことができる．

　2D-DIGE法が従来法よりも決定的に優れているのは検出感度においてである．2D-DIGE法では2種類の蛍光色素が使用される．1つは，リジン残基を標識するCyDye DIGE Fluor minimal dyeであり[1]，もう1つは，システイン残基を標識するCyDye DIGE Fluor saturation dyeである[3]（GEヘルスケア社）．感度に優れているのは後者の蛍光色素である．この蛍光色素はタンパク質スポットの検出感度において，銀染色の数十倍の感度をもっている．CyDye DIGE Fluor saturation dyeを使えば，レーザーマイクロダイセクション法で回収されるようなごく少数の細胞からでもプロテオーム解析が可能である（**図3**）[4]．

　2D-DIGE法で用いられる蛍光色素で標識されたタンパク質は質量分析による解析にも対応しており，2D-DIGE法で観察されるタンパク質スポットはほぼすべて質量分析で同定することができる．質量分析による同定結果は，手術検体や培養細胞の発現解析の結果と合わせてデータベース化され，インターネット上で無料公開されている（Genome Medicine Database of Japan Proteomics：GeMDBJ Proteomics, https://gemdbj.nibio.go.jp/dgdb/DigeTop.do）[5]．

```
レーザーマイクロダイセクション
        ↓
目的の細胞集団を回収
        ↓
タンパク質抽出
        ↓
CyDye DIGE Fluor saturation dye標識
        ↓
2D-DIGE用サンプル
```

図3　レーザーマイクロダイセクション法からの 2D-DIGE 法
プロトコールは確立しており，装置さえあればすぐに実験可能である

2 研究のプランニング

● 2D-DIGE 法を用いた実験の流れ

　正常・腫瘍組織を用いたプロテオーム解析のポイントは2つある．1つは，入手可能な限り多くのサンプルを調べることである．さまざまな臨床病理情報を考慮して層別化したサンプルセットを使用することで，目的とする形質に対応するタンパク質を同定することができる（概略図参照）．内部標準サンプルを使う上述の実験デザインでは多数のサンプルを使用することが可能であり，実際に筆者のラボでは262検体を使った解析を実施したことがある．その後の検証実験に耐えうるデータを得るのに必要なサンプル数は誰にもわからない．サンプルの分子背景がどれだけ均一か，そしてどれだけたくさんのタンパク質を調べるか，によって必要なサンプル数が決まるからである．実験デザインを考えるときにはサンプルの背景にある生物学をよく考えて層別化するのだが，統計の理屈がどうだろうと実験してみないとわからないというのが実際である．

　2つ目のポイントは，レーザーマイクロダイセクション法をできるだけ使用することである．腫瘍組織には，腫瘍細胞以外にも正常上皮細胞，間質細胞，炎症細胞，脈管内皮細胞など，さまざまな細胞が含まれている．正常組織も同様で，研究対象とする正常細胞以外の細胞も通常は含まれている．したがって，腫瘍組織をまとめてすりつぶすのではなく，できれば，目的の細胞をあらかじめ回収してからタンパク質を抽出したいところである．そのために使われるのがレーザーマイクロダイセクション法である．顕微鏡で病理組織を観察しながら細胞をレーザーを使って回収し，タンパク質を抽出する．レーザーマイクロダイセクション法で回収された細胞から抽出したタンパク質をCyDye DIGE Fluor saturation dyeを使って標識するプロトコールは筆者のラボで開発された[4]．筆者のラボではこのプロトコールをルーチンに使い，発がんやがんの進展にかかわるタンパク質を調べている[6]~[8]．

❖ レーザーマイクロダイセクション法

　レーザーマイクロダイセクション法を用いた2D-DIGE法（図3）では，具体的には厚さ $10\,\mu m$ で作製した凍結切片であれば，細胞集団の面積として $1mm^2$，細胞の個数として3,000個が必要である．もっと少ない個数でも実験可能なのだが，安定した結果を得るためにプロトコールとしては3,000個としている．この数の細胞から実験を始めれば，大型の電気泳動装置（バイオクラフト社製）を使って5,000個近いタンパク質スポットを観察することができる．レーザーマイクロダイセクション法からの2D-DIGE法のポイントは凍結切片の染色法である．ヘマトキシリン＆エオジンで切片を染色するのがふつうなのだが，エオジンで染色すると2D-DIGE法はうまくいかない．ヘマトキシリンだけで染色するようにする[2][4]．

　レーザーマイクロダイセクションの機械は，細胞をキャプチャーするタイプと，ある面積の組織をまとめて回収するタイプとがある．細胞を1個単位で

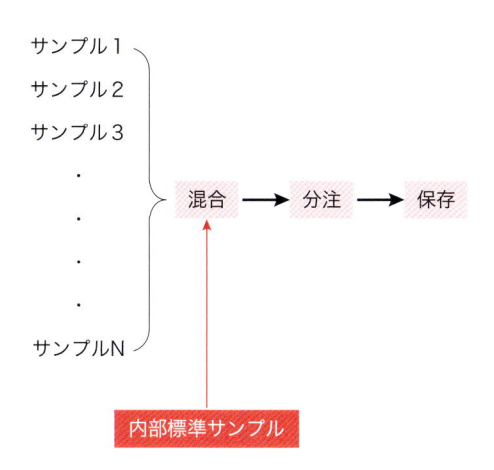

図4 内部標準サンプルの作製
すべてのサンプルを混合して内部標準サンプルを作製する．すべてのサンプル中のタンパク質スポットが，内部標準サンプルの2D-DIGE画像において観察される

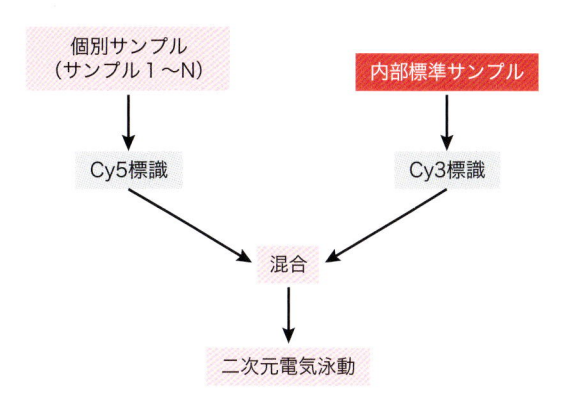

図5 内部標準サンプルを使用した多検体のプロテオーム解析
内部標準サンプルはCy3，個別サンプルはCy5で標識し，混合して二次元電気泳動にて分離する．基本的には2色の蛍光色素だけで多数のサンプルに対応できる

回収していたのでは3,000個集めるのにさすがに時間がかかりすぎるので，後者のタイプの機械がお勧めである．国内で普及している機種の代表的なものとしては，Molecular Machines & Industries（MMI）社，Leica社，PALM社のものがある．どの機種もさまざまな機能にあふれているが，プロテオーム解析の目的では基本的機能以外はほとんど使われない．筆者は3種類ともある期間使用したことがあるが，操作方法が簡単で故障がほとんどないことから，最終的にはMMI社の機械が気に入っている．数年前に2台を購入し，10名以上の方が入れ替わり立ち替わり使用してきたが，いたって好評である．筆者は試したことはないが，MMI社からは必要な機能のみを搭載した安価なバージョンも市販されている．レーザーマイクロダイセクション法の詳細（切片の染色法），凍結検体をすりつぶしてタンパク質を回収する方法，培養細胞からのタンパク質抽出についてもプロトコールを公開している[2]．

❖内部標準サンプルの作製・保存

2D-DIGE法で多検体を調べるプロトコールをご紹介する．まず，内部標準となるタンパク質サンプルを作製する（図4）．実験に用いるタンパク質サンプルをあらかじめ一式用意しておき，等量ずつ混合することで内部標準サンプルとする．解析したいサンプルが100個あれば，100個すべてから，例えば50 μgずつ集めて混合する．そして，1日の実験に必要な分量だけ分注し−80℃で保存する．個別サンプルはCy5で，内部標準サンプルはCy3で標識する（図5）．標識方法はGEヘルスケア社の推奨する方法や論文で発表されている標準的方法で問題ない．異なる蛍光色素で標識されたサンプルを混合し，1枚の二次元電気泳動ゲルにて展開する．ポイントは，電気泳動にかけるタンパク質の量をできるだけ少なくすることである．多量のタンパク質サンプルには，タンパク質以外の夾雑物も多量に含まれており，電気泳動のトラブルが発生しやすい．上述のCyDye DIGE Fluor saturation dyeであれば，内部標準サンプルも個別サンプルもゲル1枚あたり3 μgあれば十分である（1 μgでも十分であるが微量タンパク質のハンドリングの安定性を考えて3 μgとしている）．

タンパク質を少量だけ使うことで電気泳動のトラブルを減らすことができる．

❖ **電気泳動からゲル画像解析まで**

一次元目の電気泳動装置は各社から販売されている．筆者のラボではMutiphor II（GEヘルスケア社）を使っている．トラブルが皆無であることが大きなメリットである．二次元目の電気泳動装置は，A4サイズのゲルであればEttanDalt twelve（GEヘルスケア社），A3サイズのゲルであればバイオクラフト社製のものを使用している．バイオクラフト社製のものは筆者のラボの開発結果が市販化されたもので，ゲル作製装置を含めて一式購入することができる．

電気泳動終了後のゲルを読み取るレーザースキャナーは，Typhoonシリーズ（GEヘルスケア社）のものが使い勝手がよい．スキャン面積も広く，アレイにも対応しており，応用範囲が広い．得られる画像は，専用の画像解析ソフトで解析する．ソフトはGEヘルスケア社やNon-linear Dynamics社から市販されている．Cy5で標識された個別サンプル由来のスポットの濃度を，同じゲルのCy3で標識された内部標準サンプル由来のスポットの濃度で補正する作業は，画像解析ソフトがすべてのスポットについて自動的に行う．どちらの画像解析ソフトも一長一短だが，筆者のラボではNon-linear Dynamics社のProgenesis SameSpotsの方が評判がよい．スポット濃度を臨床病理情報に関連づける数値解析を行う機能は，画像解析ソフトには備わっている．とはいえ，一般的な統計解析ソフトかDNAマイクロアレイ用の解析ソフトの方が解析には便利だと考えている．画像解析ソフトには，スポットの濃度情報をエクセルファイル，タブ付きテキストファイル，XMLファイル，などで出力する機能が備わっているので，画像解析ソフトから数値情報を取り出して使うことができる（図6）．

❖ **実験計画の立て方**

2D-DIGE法のスループットはかなりよい．並列に

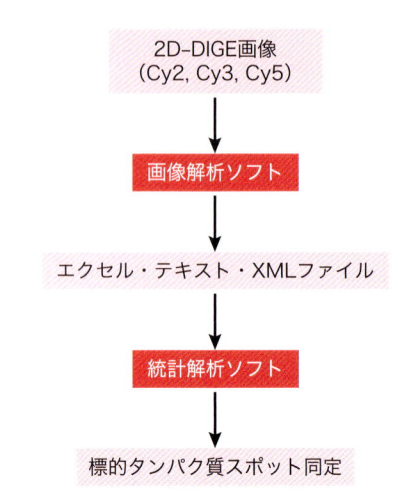

図6　2D-DIGEデータの解析法
画像解析ソフトと統計解析ソフトを組み合わせて使うことで効率のよい解析ができる

実験を行うことができるからである（図7）．例えば，一次元目の等電点電気泳動にかかる時間は約3日だが，実際に手を動かす時間はせいぜい4時間ほどである．電気泳動後のゲルは-80℃で保存可能である．二次元目のSDS-PAGEは，ゲルの重合を一晩かけて電気泳動をさらに一晩かけるので，3日かかる．筆者のラボでは，一次元目の電気泳動をまとめて行い，次に二次元目の電気泳動を行うようにしている．電気泳動はほとんどが待ち時間なので，重ねて実験することができる．例えば，月曜日に二次元目のゲルを作製し，火曜日から水曜日にかけて電気泳動する．並行して，火曜日にゲルを作製し，水曜日から木曜日にかけて電気泳動する．そして，水曜日にゲルを作製し，木曜日から金曜日にかけて電気泳動する．さらに頑張る人は，木曜日にゲルを作製し，金曜日から土曜日にかけて電気泳動する．1回の電気泳動で12枚のゲルを使用するので，1週間に48枚のゲルを使った実験が可能である．この実験計画は「絵に描いた餅」ではなく，実際に筆者のラボで行われている．1つのサンプルは3回電気泳動して平均値を算出するようにしているので，1週間に

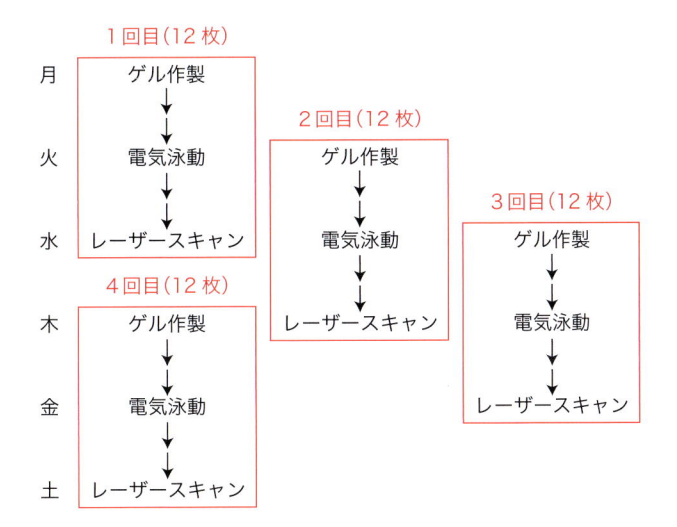

図7 典型的な週間実験計画
複数の作業と電気泳動をオーバーラップさせて実験する．レーザースキャナーによる高速なスポット検出がこのような実験を可能にした

16検体というのが標準的である．この実験を二組同時進行することもある．

❖ 2D-DIGE法のスポットからのタンパク質同定

タンパク質スポットに対応するタンパク質の同定実験のためには，100 μgほどのタンパク質を電気泳動する「分取ゲル」を別に作製する．解析ゲルの画像と分取ゲルの画像をマッチさせることで，候補タンパク質スポットを分取ゲルから回収する．スポットの回収には自動のロボットを使用すると便利である[4]．同定実験には，in-gel digestion法と質量分析を使用する[2]．リジン残基を標識するCyDye DIGE Fluor minimal dyeを使う場合には，MALDI-TOF-MSでもLC-MS/MSでもよいのだが，システイン残基を標識するCyDye DIGE Fluor saturation dyeを使用する場合には，LC-MS/MSの方が圧倒的に同定効率がよい．蛍光色素で標識されたペプチドはイオン化されにくいのか，経験的に検出されない．リジン残基を標識する場合には，全リジン残基の数％が標識されるようにしているのに対し，システイン残基を標識する場合には100％を標識するようにしていることが原因ではないかと推測している．筆者のラボでは，今までに2D-DIGE法で観察される10,000個ほどの個別スポットの同定に成功しており，そのうち6,000個以上の同定結果をデータベース化しインターネット上で公開している（GeMDBJ Proteomics）[5]．閲覧は無料で登録も不要なので，ご興味のある方は一度ご覧いただきたい．

3 研究例

筆者の研究の目的は，がんの治療成績の向上に役立つ診断技術を開発することである．そのために，治療奏効性や転移・再発・生存に相関するタンパク質をプロテオーム解析で探索している．今までに，肺がん，悪性胸膜中皮腫，食道がん，大腸がん，肝臓がん，胆管がん，膵がん，骨軟部腫瘍，消化管間質腫瘍を対象にしたプロテオーム解析を実施した．いずれの場合も，臨床病理情報が付加された手術検体を使用した．2D-DIGE法はすべての正常・腫瘍組

織を同じように解析対象とすることができるので，いったん実験系が確立すればあとは実験に要する時間と労力だけの問題であり，コンスタントに成果を期待することができる．プロトコールがしっかりしていれば実験の経験のない臨床医の方や大学院生でも短期間で結果が出る．これから紹介する研究例も医学部の大学院に籍を置いていた臨床医の方の研究成果である．

●消化管間質腫瘍におけるプロテオーム解析

消化管間質腫瘍は，消化管の間質に発生する悪性腫瘍である．消化管の神経細胞であるカハール細胞から発生すると考えられており，c-kitに変異があることが特徴的である．治療の第一選択は手術による切除である．近年，欧米での大規模な臨床研究の結果，術後にイマチニブ（グリベック®，ノバルティス社）を服用した消化管間質腫瘍の症例は明らかに転移再発の率が低いことがわかり，イマチニブの新たな適応として注目されている[9]．イマチニブによる転移再発の抑制は朗報なのだが，問題が1つある．それは，多くの症例が手術だけで治癒してしまうということである．つまり多くの症例においてイマチニブによる補助療法は不要だということである．不要な補助療法であれば避けるに越したことはない．イマチニブの副作用は言うに及ばず，高額な医療費の問題もある．白血病ではイマチニブを使った医療費が負担で無理心中を図った例が国内で2008年に発生している．高額な医療費はがん患者や家族にとって大問題であり，医療経済の観点からも注目されている．イマチニブの補助療法としての有効性は確立されたので，どのような症例が術後に転移再発するのかを見極め，イマチニブが必要な症例に選択的にイマチニブを使用することが次の重要な課題である．

われわれは，術後の転移再発を予測するための診断技術を開発する目的で，転移再発に相関するタンパク質をプロテオーム解析で探索した[10]．術後2年以内に転移再発した症例と，2年以上無再発だった症例の原発腫瘍組織を入手し，腫瘍組織に含まれるタンパク質を2D-DIGE法で調べた．腫瘍組織は手術時に得られ超低温で保存されていたものであり，その後の経過観察によって転移再発の状態が記録されていた．

2D-DIGE法を用いた解析の結果，フェチンというタンパク質の発現が術後の転移再発に高度に相関することがわかった．胎児の蝸牛で発現する遺伝子としてフェチンは報告されていたが，悪性腫瘍との関連性については報告がなかった[11]．われわれの実験では，術後の転移再発が認められた症例では原発腫瘍組織にフェチンが高度に発現していたのに対し，転移再発を早期にきたしていた症例ではフェチンの発現は認められなかった．その後，フェチンをクローニングした海外の研究グループよりポリクローナル抗体を入手し，国立がん研究センター中央病院の210症例を対象に免疫染色による検証実験を実施したところ，同様の結果を得ることができた．さらに，臨床検査用にモノクローナル抗体を作製し，新潟大学病院の100症例を対象に免疫染色を実施して，同様にフェチンの発現は術後の転移再発を予測しうるバイオマーカーとなることを確認した[12]．今後は，フェチンを用いた臨床検査を実用化したいと考えている．フェチン陽性症例には手術のみ，そしてフェチン陰性症例にはイマチニブを投与，という治療方針でどれくらい治療成績が向上するのか，前向きの臨床試験も必要になるだろう．フェチンとは逆の動きをするタンパク質，すなわち予後不良症例で高発現し，予後良好症例で発現が減少するタンパク質も同定しており，両者を組み合わせた診断も可能になるだろう．

4 展望

同様の研究は多くの抗がん剤について実施可能で

ある．新しい抗がん剤の必要性や奏効性を症例ごとに見極めるバイオマーカーの開発は，これからますます重要になってくるだろう．臨床情報が付加された十分な数の臨床検体に加え，臨床医や病理医との共同研究体制があって初めてこのようなバイオマーカー開発が可能になる．成功するバイオマーカー開発のためにはプロテオーム解析はもちろん重要なのだが，①臨床サイドからの意見聴取，②必要な試料収集，③プロテオーム解析後の検証実験，④事業化，も同様に重要である．プロテオーム解析から実用的な成果が出ないという批判は耳にするところだが，それは解析の技術レベルの問題だけに起因するのではなく，このような解析前後の研究体制にも問題があったからではないかと考えている．今回ご紹介した研究例について言えば，消化管間質腫瘍におけるイマチニブの課題は臨床医の方から持ち込まれた話だったし，自分の力では必要な臨床検体を集めることは到底できなかった．プロテオーム解析は半年もかからずに終了したのだが，その後のプロセスも大変だった．免疫染色による検証実験のためのポリクローナル抗体の海外からの入手〔MTA（Material Transfer Agreement）のやりとりを含む〕，検証実験のための検体の入手（倫理委員会の承認審査を含む），臨床検査のためのモノクローナル抗体の作製，そして各段階での検証実験の実施，事業化するパートナー企業探しなど，多くの方の協力を得つつも4年近くかかっている．したがって，プロテオーム解析の技術が劇的に進歩したからといって，今まで出なかった実用的な成果がすぐに得られるとは考えにくい．トランスレーショナルリサーチ全般にあてはまる課題が，プロテオーム解析を用いた診断技術開発にも立ちはだかっている．

他のプロテオーム解析の技術と同様に，2D-DIGE法は万能ではなく，プロテオームの一部を観察しているにすぎない．2D-DIGE法で観察できない微量な受容体，転写因子などについては別の手法を採用し，複数の技術をうまく組み合わせて使用することが必要である．1つの技術にこだわりすぎると研究の本来の目的を見失いかねない．最初に手法があって，そこから研究テーマを探すというのでは本末転倒である．筆者のラボでは2D-DIGE法で観察される全スポットの同定をめざしている．2D-DIGE法の全容と限界を明らかにしつつ，2D-DIGE法と相補的に使える技術を導入し，個別化医療に役立つ診断技術の創製をめざしてより高性能な実験系を構築したいと考えている．

文献

1) Unlü, M. et al.：Electrophoresis, 18：2071-2077, 1997
2) Kondo, T. et al.：Nat. Protoc., 1：2940-2956, 2006
3) Shaw, J. et al.：Proteomics, 3：1181-1195, 2003
4) Kondo, T. et al.：Proteomics, 3：1758-1766, 2003
5) Kondo, T. et al.：Expert Rev. Proteomics, 7：21-27, 2010
6) Hatakeyama, H. et al.：Proteomics, 6：6300-6316, 2006
7) Orimo, T. et al.：Hepatology, 48：1851-1863, 2008
8) Uemura, N. et al.：Int. J. Cancer, 124：2106-2115, 2009
9) Dematteo, R. P. et al.：Lancet, 373：1097-1104, 2009
10) Suehara, Y. et al.：Clin. Cancer Res., 14：1707-1717, 2008
11) Resendes, B. L. et al.：J. Assoc. Res. Otolaryngol., 5：185-202, 2004
12) Kikuta, K. et al.：Jpn. J. Clin. Oncol., 40：60-72, 2010

第Ⅱ部 実践編　1章　バイオマーカー探索への利用と研究戦略

⑦ 病理組織サンプルからのバイオマーカー探索

木原　誠, 板東泰彦, 西村俊秀

プロテオミクスによるバイオマーカー探索において，1）何を解析対象に選び，2）どのように探索し，3）いかにして候補タンパク質を検証するか，以上3項目のストラテジーが目標到達への成否を分ける．本稿で紹介する戦略は，ホルマリン固定パラフィン包埋（Formalin-Fixed Paraffin Embedded：FFPE）組織ブロックを出発材料に用い，LC-MSによるショットガン-プロテオミクスで候補タンパク質の同定を行い，Selected Reaction Monitoring（SRM）アッセイによる定量解析で検証を行うものである．グローバル解析によるマーカー候補の網羅的な探索フェーズと，目的とするタンパク質のみを定量解析するターゲット・プロテオミクスで実施する検証フェーズに明確に区別してアプローチすることが重要である．

1 用いる解析法と進め方

●FFPE組織からのマーカー探索と検証

グローバル解析でマーカー候補タンパク質を探索するにあたって，解析する試料の複雑性をいかに小さくするかが第一の課題である．研究の出口として臨床応用を考えると，末梢血液を用いて探索を始めたいところであるが，血液からの網羅的バイオマーカー探索は，試料の複雑性があまりにも大きいため，微量タンパク質の解析は困難を極める．一方で組織を探索の出発材料とした場合，得られた成果をどのように臨床応用するかが課題であった．マーカー探索のトレンドは，例えば固形がんのように疾病が局所の場合，その病変組織を深く解析して発症メカニズムに直結するタンパク質を明らかにし，これと関連して血液に漏洩するタンパク質およびその断片ペプチドを直接モニターすることで，創薬ターゲットの同定および治療方針に関連するバイオマーカーを見出す方向へ大きくシフトしている（「組織から血液への戦略」）．

FFPE[※1]組織ブロックを出発材料に用いたタンパク質やmiRNAの網羅的解析が，新しい手法として注目されている．FFPE組織ブロックは，患者病態，薬の投与歴などの情報や臨床結果（outcome）が付随している．いわゆる後ろ向き研究を行ううえで，対照群との比較を詳細にデザインすることができる．

グローバル解析で得られたマーカー候補タンパク質について，抗体を作製し，免疫染色やイムノブロッティング法，ELISA法を駆使することで検証が行われてきた．しかしながら，多数の抗体作製には，多大な費用と時間を必要とするばかりか，感度・特異

[※1] **FFPE：Formalin-Fixed Paraffin Embedded（ホルマリン固定パラフィン包埋）**
切除した病理検体の固定と薄切を行うための処理であり，ホルマリン固定後パラフィンに包埋する．通常はブロックとして保管されている．FFPE試料は，数μmの膜状に薄く切り，スライドガラスにマウントした後，ヘマトキシリン・エオジンでの染色を基本に，診断目的や病変に応じてさまざまな特殊染色が行われる．

度，ともに優れた抗体が作製できないとマーカーの検証ができない．実のところ，「抗体分子がどの分子と特異的にアフィニティーを示しているのか」という問いに対して，明確な答えは得ることができず，分子認識についての本質的な疑問が残る．

一方，質量分析による定量解析は，トリプル四重極MSを用いた低分子量化合物の定量が薬物動態分野でルーチン業務として行われている．この技術をペプチドの定量解析に適用したターゲット・プロテオミクスがバイオマーカー候補探索の有効な検証法として確立されつつある[1]．この手法は，標的とするペプチド断片をデザインし，そのターゲットのみを選択的定量するSelected Reaction Monitoring MSであり，略してSRM MS-based assay（SRMアッセイ）[※2]とよぶ．一度のSRMアッセイで20～200種類のターゲットを一斉定量することが可能である．

2 研究のプランニング

1）グローバル解析/探索的研究：FFPEサンプルからのLC-MSショットガン-プロテオミクス

FFPE組織ブロックからのマーカー探索について，レーザーマイクロダイセクション（LMD）によるサンプルの回収からLC-MS/MSによる解析までの手順を**概略図A**に示した．病院に保管されているFFPE組織ブロックをミクロトームで5～10 μmの厚さで切片を作製する．このとき組織切片をマウントするスライドガラスには，LMD専用のスライドガラス（例：DIRECTOR™スライド）を使用する．専用スライドガラスには，ガラス面と試料の間に，エネルギートランスファーコートが施されており，レーザー照射による試料のダメージを防ぐことができる．専用スライドガラスにマウントされた組織切片を脱パラフィン処理し，ヘマトキシリンで染色する（エオジン染色はペプチドの回収率が低下するのでお勧めできない）．染色後の組織切片を顕微鏡下で観察しながら，どの部位を回収するか選択する（**概略図A-①**）．目的とする細胞（例えばがん細胞）が組織内に均一に存在せず正常細胞と混在する場合，このステップで根気よく目的細胞のみを回収することが，夾雑する細胞由来のタンパク質を最小限に抑え，後の解析結果に反映される．研究の目的にもよるが，病理医の立会いの下で実施することが望ましい．回収するエリアを入力後，レーザーを照射し切り取られた組織断片がチューブ（0.2 mL，LMD専用）キャップ内に回収される（**概略図A-②**）．この操作において，各サンプルともに一定の面積（例：$8×10^6 \mu m^2$）を回収することが，後の群間比較解析を容易にする（例示した面積$8×10^6 \mu m^2$の場合，細胞数は約30,000個に相当し，質量分析計で10回の計測が可能な量である）．

FFPEサンプルからのプロテオミクスが可能となった背景には，Liquid Tissue™技術（Expression Pathology社）の開発がある．この技術は，ホルマリン処理によるアミノ酸残基間の架橋構造をゆがめ，トリプシン消化の高い効率とペプチド断片の高い回収率を可能とした[2]．

LMDで回収したサンプルは，遠心エバポレーターでドライアップ後，Liquid Tissueバッファー20 μLを加え，サーマルサイクラーで95℃，90分間処理を行う．この後常法に従いトリプシン消化を行う．LMD回収からトリプシン消化までは，同一チューブ

[※2] **SRM：Selected Reaction Monitoring（選択反応モニタリング）**
2段またはそれ以上の段数の多段階質量分析（MS^n）において，プロダクトイオンスペクトル（product ion spectrum）を取得する代わりに，分析対象化合物から生じる特定の（1種類とは限らない）プロダクトイオン（product ion）の信号量のみを連続的に検出するように，質量分析計を動作させること．仮にクロマトグラフィーにおいて，対象物と同程度の保持時間を有し，かつプリカーサーイオン（precursor ion）と同じm/z値を有する夾雑物が存在していても，夾雑物から対象化合物と同じm/z値のプロダクトイオンが生じない限りその影響を排除できるので，選択イオンモニタリング（selected ion monitoring）に比べて選択性が向上する．

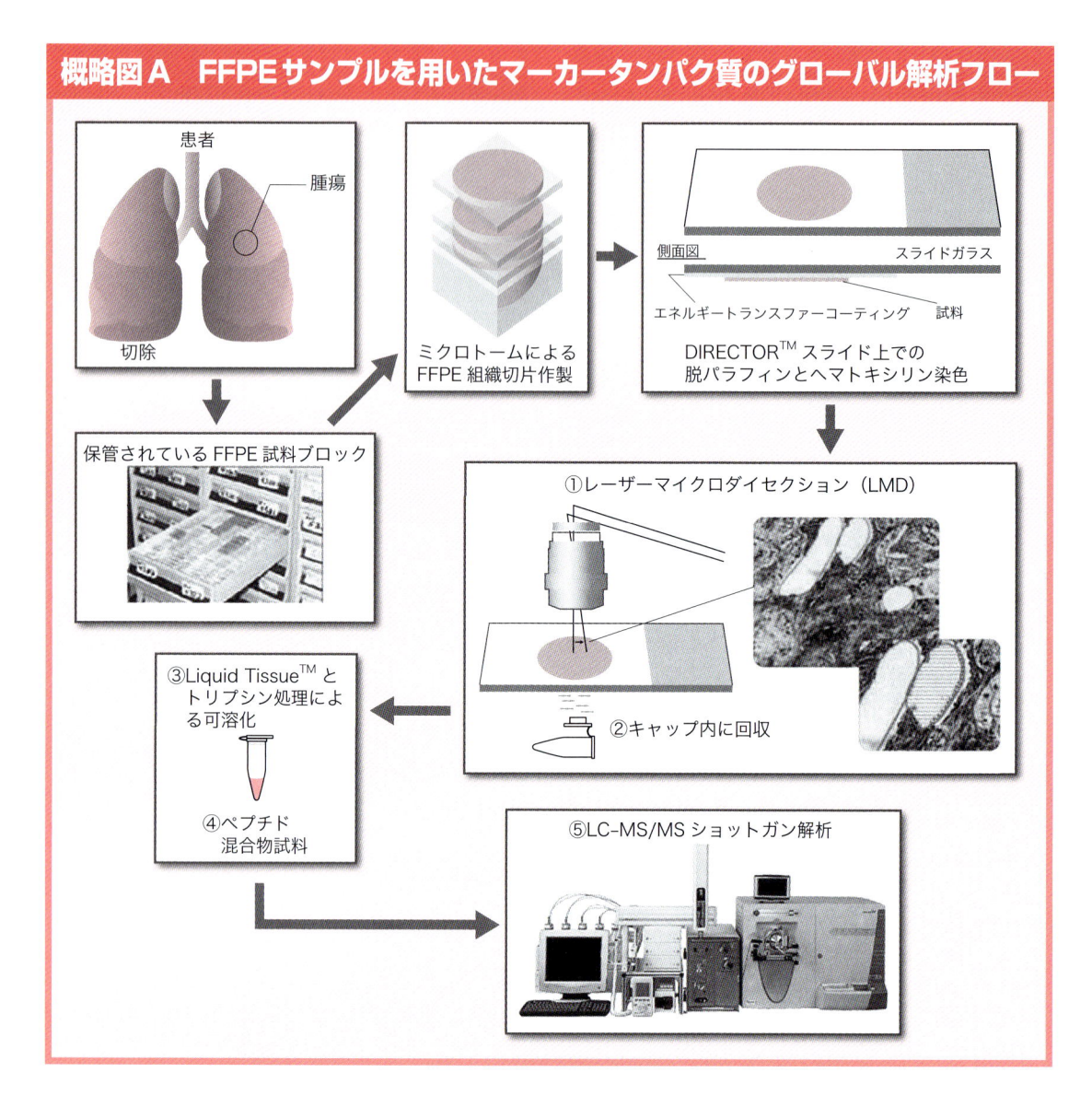

概略図A　FFPEサンプルを用いたマーカータンパク質のグローバル解析フロー

内で処理を行う（**概略図A-③**）．ここで得られたペプチド混合物試料を2本のチューブに等分し，1本を探索的研究に用い（**概略図A-④**），残りの1本を検証的研究に使用する．

　探索的研究では，得られたペプチド混合物試料をnanoLCとナノエレクトロスプレーイオン化インターフェースをもつ高分解能タンデム質量分析計を組み合わせた装置（**概略図A-⑤**）で解析を行っている[3]．上に例示したFFPE組織サンプル-面積$8×10^6$ μm^2分の細胞から，500〜1,000種類のタンパク質を同定している．

　臨床試料を用いたグローバル解析では，マーカー候補タンパク質の名前だけ（定性的解析）が並んだリストを作成してもあまり意味をもたない．群間比較による半定量解析を行うことで，マーカー候補タンパク質の変動を数値化し，検証的研究を行うべき候補タンパク質を絞り込むことがこのフェーズの到達目標である．質量分析計の検出結果をいかに定量解析に結びつけるか，一般的なアプローチとしては，iTRAQに代表されるペプチド末端をラベル化する方

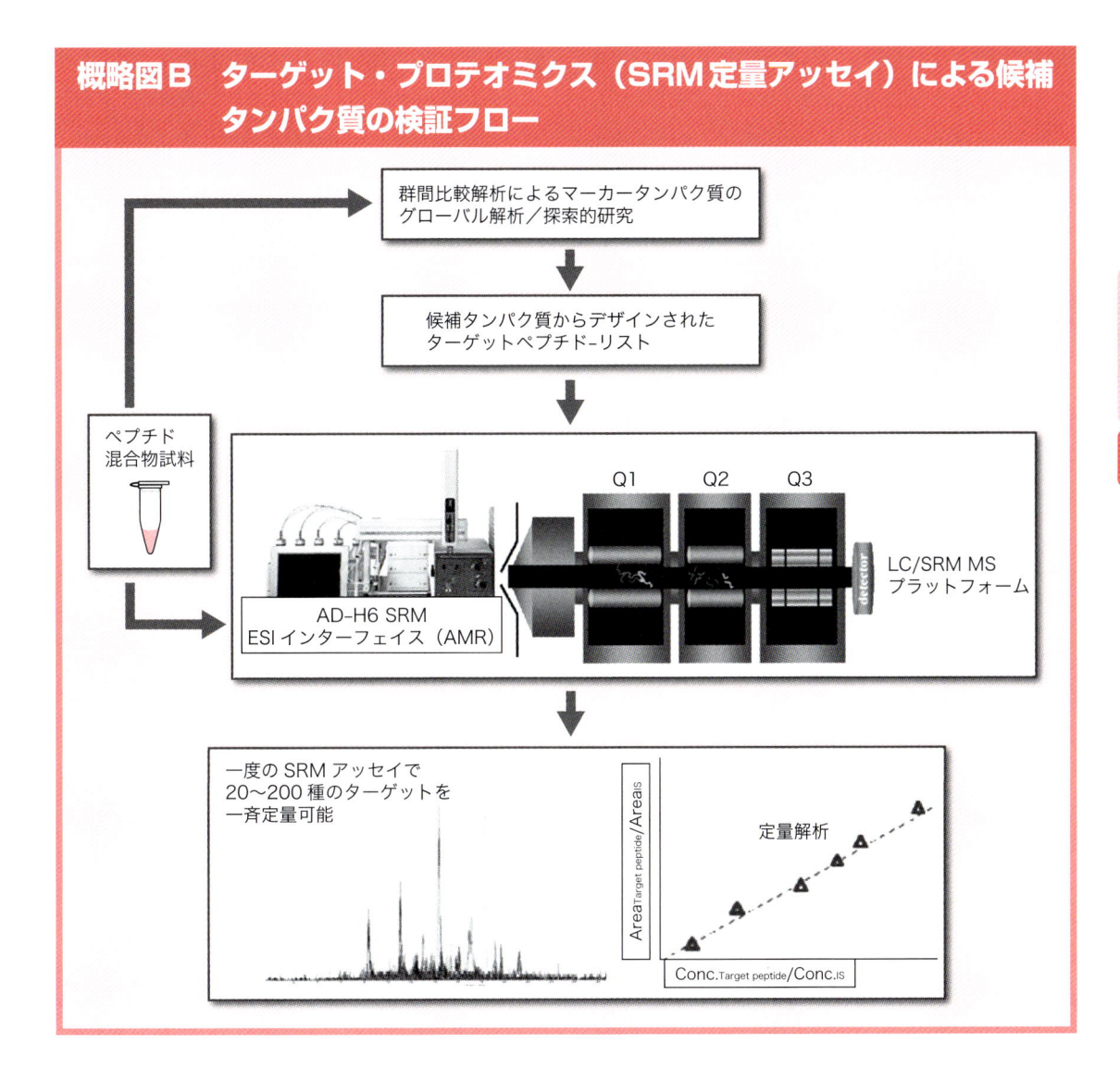

概略図B　ターゲット・プロテオミクス（SRM定量アッセイ）による候補タンパク質の検証フロー

群間比較解析によるマーカータンパク質の
グローバル解析／探索的研究

↓

候補タンパク質からデザインされた
ターゲットペプチド-リスト

↓

ペプチド混合物試料

Q1　Q2　Q3

AD-H6 SRM
ESIインターフェイス（AMR）

LC/SRM MS
プラットフォーム

↓

一度のSRMアッセイで
20～200種のターゲットを
一斉定量可能

定量解析

$Area_{Target\ peptide}/Area_{IS}$

$Conc._{Target\ peptide}/Conc._{IS}$

法と，非ラベル化による半定量解析がある[4]．複雑で基本的にヘテロな試料，また統計的有意性を考慮する大規模臨床プロテオミクスでは，臨床研究におけるコスト・パフォーマンスと修飾反応の化学量論的妥当性のバイアス等いくつかの懸案が存在する．われわれは非ラベル化に基づく，1) タンパク質同定に関するMS/MSスペクトルのカウント数に基づくスペクトラル・カウント法（Spectral counting or Identification-based approach）[5]〜[7]，また同一LC-MSデータを用いるが，2) LC-MSにおけるペプチド・イオン強度を溶出時間（retention time）とm/z値（MS軸）平面でマップした三次元画像として扱うイオン・カレント画像法（ion current-based approach）による比較定量解析[4]を行い，バイオマーカー候補の探索を行っている．

2) ターゲット・プロテオミクス/検証的研究：SRM定量アッセイによるマーカー候補の検証

グローバル解析で出発試料に用いたペプチド混合

物試料の残り半量を用いて，ターゲット・プロテオミクスによるSRM定量アッセイを行う（**概略図B**）．このターゲット・プロテオミクスでは，MSで測定を行う前にマーカー候補タンパク質のどの領域（ペプチド断片）を検出するかあらかじめデザインする必要がある．グローバル解析の群間比較定量解析で絞り込んだ各候補タンパク質について，どのペプチド断片を検証フェーズで検出するかデザインする．この際考慮すべき点としては，メチオニン残基・システイン残基は酸化の影響を受けやすいので，メチオニン残基・システイン残基を含まないペプチドが望ましい．糖鎖付加やリン酸化モチーフが考えられる配列も除外しておきたい．これらの条件を *in silico* でデザインするソフトウェアも開発されているが，最も確実な方法は，グローバル解析において実際にMS/MSのデータが明確に検出されているペプチドイオンを選抜し，MSによる検出効率，トリプシン消化効率，ペプチドの安定性等を考慮してターゲットを選択することである[8]．

ターゲット・プロテオミクスのSRM定量アッセイで20〜200種類のターゲットを一斉定量することが可能であるが，個々の候補タンパク質について，何種類のペプチドイオン（プリカーサーイオン）を選択し，何種類のSRM選択反応をターゲットして検出するか，具体的な基準づくりが必要となる．われわれが提案する基準は，各候補タンパク質について2種類のペプチドイオンを選択し，それぞれのペプチドイオンから3種類のSRM選択反応を検出することを目標とする．つまり，各候補タンパク質あたり，2（プリカーサーイオン）×3（選択反応），合計6チャンネルでターゲットの検出をデザインしSRMアッセイを行う．

SRM定量アッセイでは，安定同位体合成ペプチドで検量線を引くことで，目的とするペプチドイオンの絶対定量が可能である．つまり試料中の目的タンパク質（ペプチド）が何モル存在すると数値で示すことが可能となる[1]．このSRM絶対定量アッセイは，臨床応用の面で重要であるばかりでなく，プロテオミクス以外の他のオミックス解析と定量的なデータ統合を行ううえで一段質の高いデータと成り得て，次世代パスウェイ解析における重要な解析手法の1つであると言える．

残念ながら安定同位体合成ペプチドは高価であり，すべての候補タンパク質についてSRM絶対定量アッセイを行うことは困難である．絞り込まれた候補タンパク質に絶対定量による妥当性検証を行うが，その前にまず相対定量の検討・検証が現実的である．変動のきわめて少ないタンパク質を内部標準タンパク質とし，その検出量をもとにして全体のタンパク質（ペプチド）を補正する相対定量の手法が考えられる．われわれは，試料のこのような内在性タンパク質由来の特定ペプチド断片を用いて補正を行う内在性内部標準法（endogenous internal standard method）を新たに開発した[5]．組織試料においては，このようなタンパク質の1つ，アクチン-βを用い，病態の変化や薬剤投与の効果などと相関して変動するマーカー候補タンパク質のSRM相対定量を行っている．

3　研究例

● 初期肺腺がんにおける病期にかかわる　バイオマーカー探索と検証

縦隔リンパ節転移のないⅠA期14症例およびリンパ節転移のあるⅢA期13症例の肺腺がん患者由来FFPE組織切片を用いた．ⅠA期であっても予後が悪い患者，ⅢA期であっても予後がよい患者と判断できる分子マーカーが確立されれば，患者に最も利益のある手術・治療を施すことができる．原発巣および原発巣と転移巣のFFPE組織切片に対する探索的解析では，各々約700と500種類（同定の有意度は $p < 0.05$）を同定している．**図1**はスペクトラル・カウント法に基づく原発巣同定タンパク質群間の発

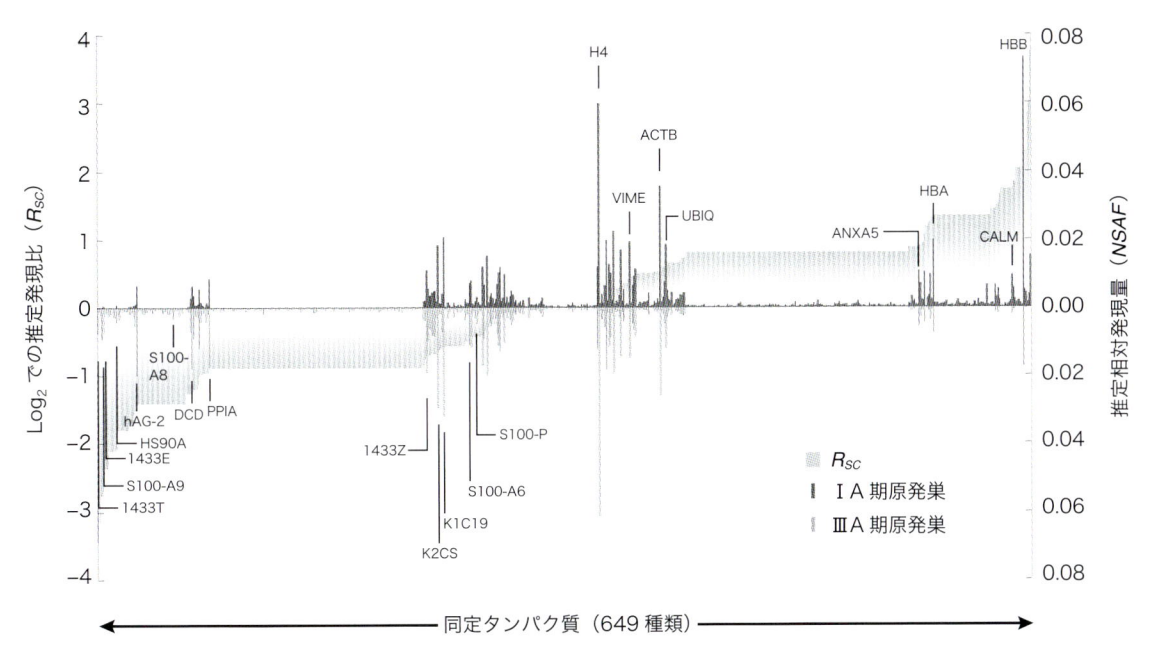

図1　原発巣群間における同定タンパク質649種類（X軸）に対する発現比（R_{SC}）と相対発現量（$NSAF$）の計算値
タンパク質は発現比順に並べられている（巻頭カラー図2参照）

現比較表示である．Log$_2$での推定発現比（R_{SC}）[7]と推定相対発現量（Normalized Spectral Abundance Factor：$NSAF$）[9]が各タンパク質に対して計算されている．これら同定タンパク質群につき，原発巣間および原発巣と転移縦隔リンパ節巣において二群間の比較を行った．比較にはスペクトラル・カウント法に基づいた統計検定（G検定など）を実施したところ，原発巣各群間および原発巣と縦隔リンパ節巣との比較において有意なタンパク質60～100種類（有意度は$p<0.05$）が見出された[5]．候補タンパク質のうち，血液で検出が可能と考えられる漏えいや分泌タンパク質に特に注目し，napsin-A，PPIase，S100-A9，hAG-2などを選択し，それぞれのSRM MS定量アッセイを構築して検証研究を実施した．その結果，hAG-2は進行病期で高発現し，napsin-Aは逆に発現が減少することが見出された．早期腺がんにおける病期や病態そのものに関連するバイオマーカーになる可能性が示された[10]．

図2はSRM面積と生存期間との関係をマップとして示したものである．データはSRMの2回測定の平均値で，患者番号を対応するデータ点に付記した．灰色と赤色は生存か死亡かの識別を意味する．赤色破線は生存期間23カ月およびSRM定量値$4×10^4$に対応する境界線である．napsin-AにおけるSRM定量結果は，主に左下の区画1と右上の区画2にデータの密度が高いことを示し，術後生存期間とSRM定量値とに相関が見出された．上記したnapsin-AのSRM境界定量値の上（＋）か下（−）によって症例群を分けた場合におけるKaplan-Meier生存率曲線では，log rank検定で$p=3.27×10^{-5}$と，生存率に大きな差が明らかにされた[10]．TropoelastinのSRM定量値もnapsin-Aと同様の挙動を示した．

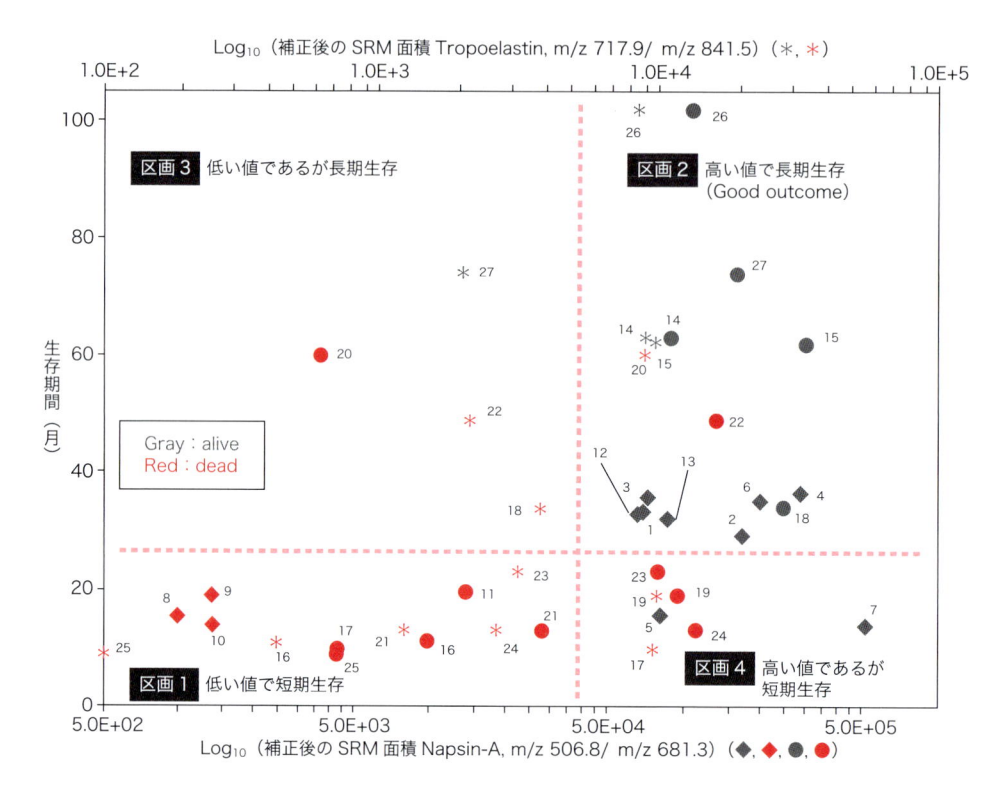

図2 SRMピーク面積と生存期間の関係

Napsin-AのSRM特異反応（m/z 506.8 / m/z 681.3），TropoelastinのSRM特異反応（m/z 717.9 / m/z 841.5）のSRMピーク面積と各患者生存期間について表示した．データポイントは2回のSRM測定の平均値．図中の番号は患者番号．灰色は生存，赤色は死亡．赤色破線で区切った4つのエリアは，（区画1）低い値で短期生存（Bad outcome），（区画2）高い値で長期生存（Good outcome），（区画3）低い値であるが長期生存，（区画4）高い値であるが短期生存，を示す

4 展望

本稿ではFFPE組織からのマーカー探索と検証について，肺腺がんの病期判定マーカーを例に挙げ，解析手法を中心に紹介した．創薬研究において，今後これらの手法を用いることで，薬剤の有効性や安全性に関する基準となるタンパク質を提示し，大規模な検証解析によって証明する方向へ進むと考える．信頼性の高いマーカーの利用は患者治療方針の決定をサポートし，テーラーメード医療の実現へとつながる．

文献

1) Picotti, P. et al.：Cell, 138：795-806, 2009
2) Prieto, D. A. et al.：Bio Techniques, 38：32-35, 2005
3) Hood, B. L. et al.：Mol. Cell. Proteomics, 4：1741-1753, 2005
4) Mueller, L. N. et al.：J. Proteome Res., 7：51-61, 2008
5) Kawamura, T. et al.：J. Proteomics, 73：1089-1099, 2010
6) Xiaoyun, F. et al.：J. Proteome Res., 7：845-854, 2008
7) Old, W. M. et al.：Mol. Cell. Proteomics, 4：1487-1502, 2005
8) Kamiie, J. et al.：Pharmaceutical Res., 25：1469-1483, 2008
9) Paoletti, A. C. et al.：Proc. Natl. Acad. Sci. USA, 103：18928-18933, 2008
10) Nishimura, T. et al.：J. Proteomics, 73：1100-1110, 2010

第Ⅱ部 実践編　2章　薬剤標的探索への利用と研究戦略

① 生理活性物質による創薬標的同定のコツ

佐藤慎一，村田亜沙子，白川貴詩，上杉志成

表現型スクリーニングにより生理活性分子が得られれば，その標的を決定する必要がある．しかしながら，生理活性分子の標的決定は実験的に困難を極める場合が多い．本稿では，生理活性物質の標的タンパク質を生化学的に精製し，同定する研究に焦点を絞る．過去の研究成果や最近の研究から，標的タンパク質精製のコツや注意点を抽出する．

1 用いる解析法と進め方

　生理活性小分子化合物の作用を理解するための方法がいくつか開発されている．遺伝学的な方法，ゲノミクスを用いた方法，生化学的に標的タンパク質を精製する方法などが挙げられる．このうち，古典的であるが最も直接的な方法は，化合物の標的タンパク質を生化学的に精製し，同定することであろう．具体的な研究の流れを**概略図**に示す．まず，表現型スクリーニングなどにより生理活性小分子化合物を得る．次に細胞抽出液から，化合物のアフィニティー樹脂を利用して標的タンパク質を精製する．得られた化合物結合タンパク質を，SDS-PAGEにより分離し，タンパク質バンドをゲルから切り出す．タンパク質を酵素消化・抽出したのち，質量分析を行い，データベース検索により同定する．同定タンパク質が化合物の作用を説明できる「標的」であるかどうかは，分子生物学・細胞生物学的な実験により検証する．

　この研究の流れの中で律速になるのは，標的タンパク質の検証である．分子生物学・細胞生物学・生化学，時には化学的手法も使って，さまざまな角度から標的タンパク質を検証する必要がある．労力を費やす検証ステップを効率化するには，標的タンパク質精製の精度を上げて，ニセの標的タンパク質を精製しない，もしくはニセの標的タンパク質を除外することが最重要である．ニセの標的タンパク質を数多く精製・同定してしまえば，その後の評価と確認に無駄な時間を費やしてしまう．小分子化合物の標的同定に携わる研究者たちは，その精度を上げたり，成功率の高い化合物を研究するために，工夫を凝らしている．次に標的タンパク質を決定する際の，研究者たちのいろいろな知略と戦略を紹介する．

2 研究のプランニング

　アフィニティークロマトグラフィーによる標的タンパク質同定において，最も問題となり得ることは「非特異的結合タンパク質」の存在であろう．洗浄操作により取り除いたつもりでも，必ず非特異的結合タンパク質は回収される．これら非特異的結合タンパク質に振り回され，標的タンパク質同定に大変な

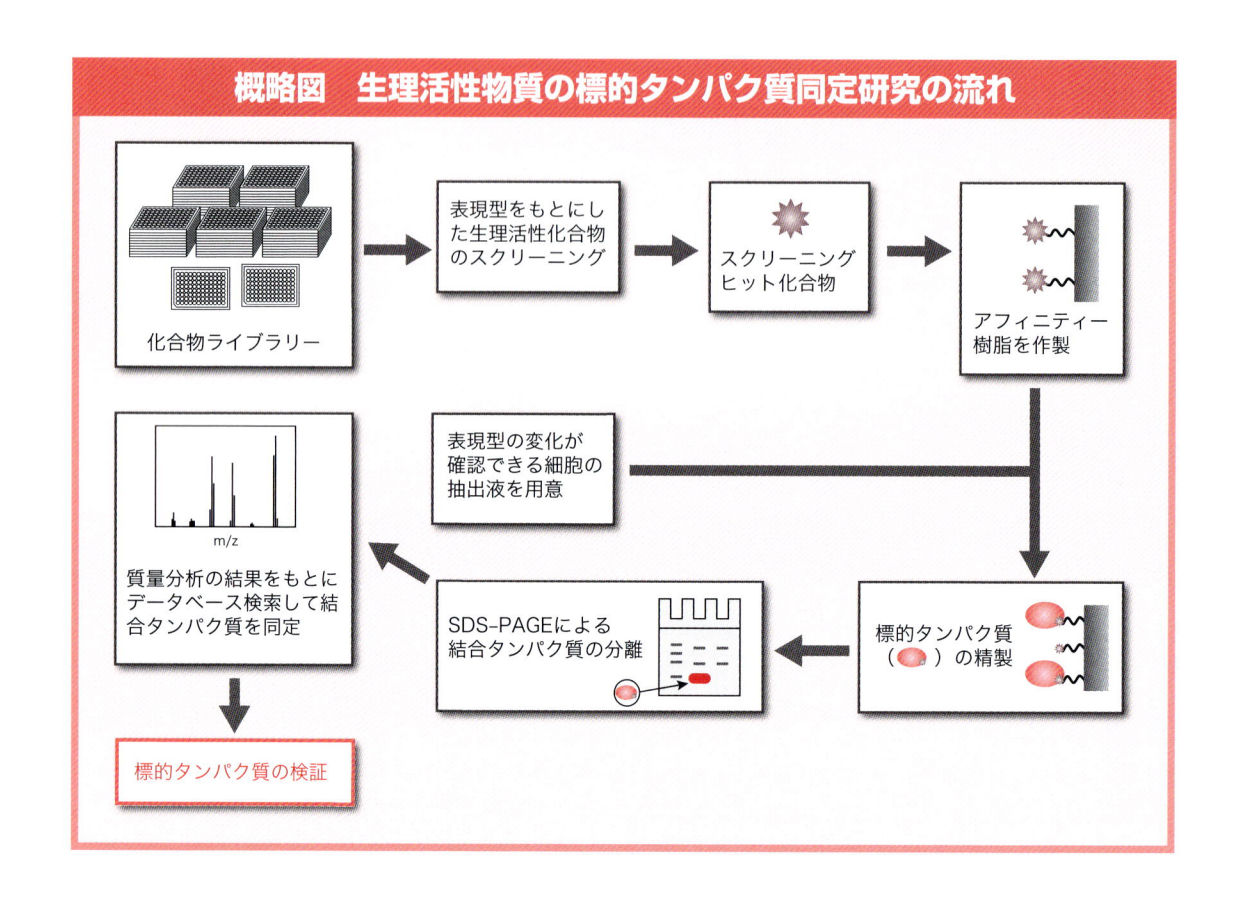

概略図　生理活性物質の標的タンパク質同定研究の流れ

- 化合物ライブラリー
- 表現型をもとにした生理活性化合物のスクリーニング
- スクリーニングヒット化合物
- アフィニティー樹脂を作製
- 表現型の変化が確認できる細胞の抽出液を用意
- 標的タンパク質（　）の精製
- SDS-PAGEによる結合タンパク質の分離
- 質量分析の結果をもとにデータベース検索して結合タンパク質を同定
- 標的タンパク質の検証

苦労をする研究者も多い．つまり，「標的タンパク質と非特異的結合タンパク質をいかに見分けるか？」ということが，標的タンパク質同定を成功させる「鍵」となる．

1) 相互作用の強さと標的タンパク質の存在量

一般的には，標的タンパク質との相互作用が強ければ強いほど，標的タンパク質の精製が成功すると信じられている．なぜなら，相互作用が強ければ，標的精製の際に強い条件で洗浄しても複合体が維持されるからである．強い洗浄によって，非特異的なタンパク質が精製されにくくなり，特異的な標的タンパク質が精製される可能性が高まる．しかしながら，注意しなければならないことがある．

標的決定の前に標的との相互作用の強さを評価することはできない．一般には，化合物がもつ生理活性の有効濃度によって推測される．例えば，μMで効果を示す化合物よりも，pMの濃度で作用する化合物の方が標的との相互作用が強いと推測できる．同様の活性を示す化合物なら活性の強い化合物を選択して標的決定を行うのが一般的である．しかし，有効濃度がきわめて低いからといって，標的タンパク質の精製が必ずしも容易であるとは限らない．有効濃度がきわめて低い化合物（例えばpM）では，標的との相互作用は強いかもしれないが，標的タンパク質は微量にしか存在しない場合が多く，この意味では標的決定が困難になる．

一方，構造活性相関を行ってもμMや100 nMの濃度程度しか有効濃度を下げられない場合はどうだろうか．この場合，標的タンパク質は細胞抽出液に多く存在するかもしれないし，微量かもしれない．不幸にも標的タンパク質が微量だった場合，生化学的な精製は困難だろう．しかし，標的タンパク質が多ければ，標的タンパク質を精製できる可能性があ

る．相互作用が弱い場合でも標的を精製できる場合があるのである．標的タンパク質の量と有効濃度のバランスが成功率を決定するのかもしれない．

先に述べた論理は，化合物が標的タンパク質に結合して，そのタンパク質の機能を阻害する場合に有効である（例えば酵素阻害剤）．一方で，化合物が標的タンパク質に結合して，複合体が何かの生理活性を発揮するような場合がある．この場合，有効濃度が低い化合物の標的決定が格段に容易になる．化合物の有効濃度が低くても標的タンパク質が多量に存在することがあるからである．例えば，FK506によるFKBP（FK506 binding protein）の精製である[1]．FK506はpMの濃度で効果を発揮するが，標的のFKBPは細胞内に多量に存在するタンパク質である．FK506-FKBP複合体がカルシニューリンの阻害という生理活性を発揮する．相互作用が強く，さらに標的タンパク質が細胞内に多量に存在する――標的精製が最も成功しやすい条件だろう．

2）競合阻害

化合物の標的タンパク質と非特異的結合タンパク質をうまく見分けるには，効果的な対照実験を行うことが重要である．標的タンパク質同定研究では，特に陰性対照実験（ネガティブコントロール実験）を上手くデザインすることが成功の秘訣となる．1つの有効な方法は，競合的結合阻害を利用する実験法である（図1A）．この方法では，あらかじめ過剰な化合物を加えた細胞抽出液を用意する．この細胞抽出液を化合物のアフィニティー樹脂で処理した場合，樹脂に担持した化合物と過剰に加えた化合物との間で競合が起こり，標的タンパク質の回収量は下がる――すなわち，ネガティブコントロール実験で回収されないタンパク質が，化合物の標的候補となる．この方法の問題は，生理活性小分子化合物，特に薬物候補物質は脂溶性が高い場合が多く，競合実験に十分な濃度が確保できないことだろう．われわれの経験では，化合物の溶解度がきわめて低い場合，効果的な競合的結合阻害がみられないことがあった．

3）対照化合物

生理活性をもたない対照化合物（化合物類縁体）を利用する方法もある．不活性化合物でも全く同じ手順で結合タンパク質を精製し，回収されるタンパク質の違いを活性化合物との間で比較する（図1A）．対照化合物では精製されず，活性のある化合物でのみ精製されたタンパク質が標的候補となる．理論的には，この方法を用いれば，標的タンパク質と非特異的結合タンパク質とを見分けることができる．しかしながら，実際はそれほど簡単ではない．生理活性をもたない対照化合物の選択に落とし穴がある．表現型での評価で生理活性をもたないと判定した対照化合物であるにもかかわらず，標的タンパク質に結合することがあるのである．物性（溶解度など）の悪さや細胞膜透過性の低さが原因となり，細胞を用いた生理活性評価で擬似陰性を示す化合物がこれにあたる．この場合，対照化合物でも標的タンパク質が精製されてしまうことになり，真の標的を見失う危険がある．では，どのような化合物を対照化合物とすればよいのだろうか？

対照として選ぶ化合物は，物性がきわめて似ているものが好ましい．具体的には，生理活性を失ったエピマーのような光学異性体などは優れた対照化合物である．また，リンカーを伸張する位置を変えることで生理活性を失う場合は，優れたコントロールとして利用できる．

4）溶出

標的タンパク質を選択的にアフィニティー樹脂から溶出する方法もある．結合タンパク質の溶出をSDSなどの変性剤により溶出すれば，非特異的結合タンパク質が大量に検出される．これら多量の非特異的タンパク質に隠れて，微量に存在する真の標的が検出できなくなることが多い．一方，溶出を生理活性化合物そのもので行えば，結合タンパク質を温和な

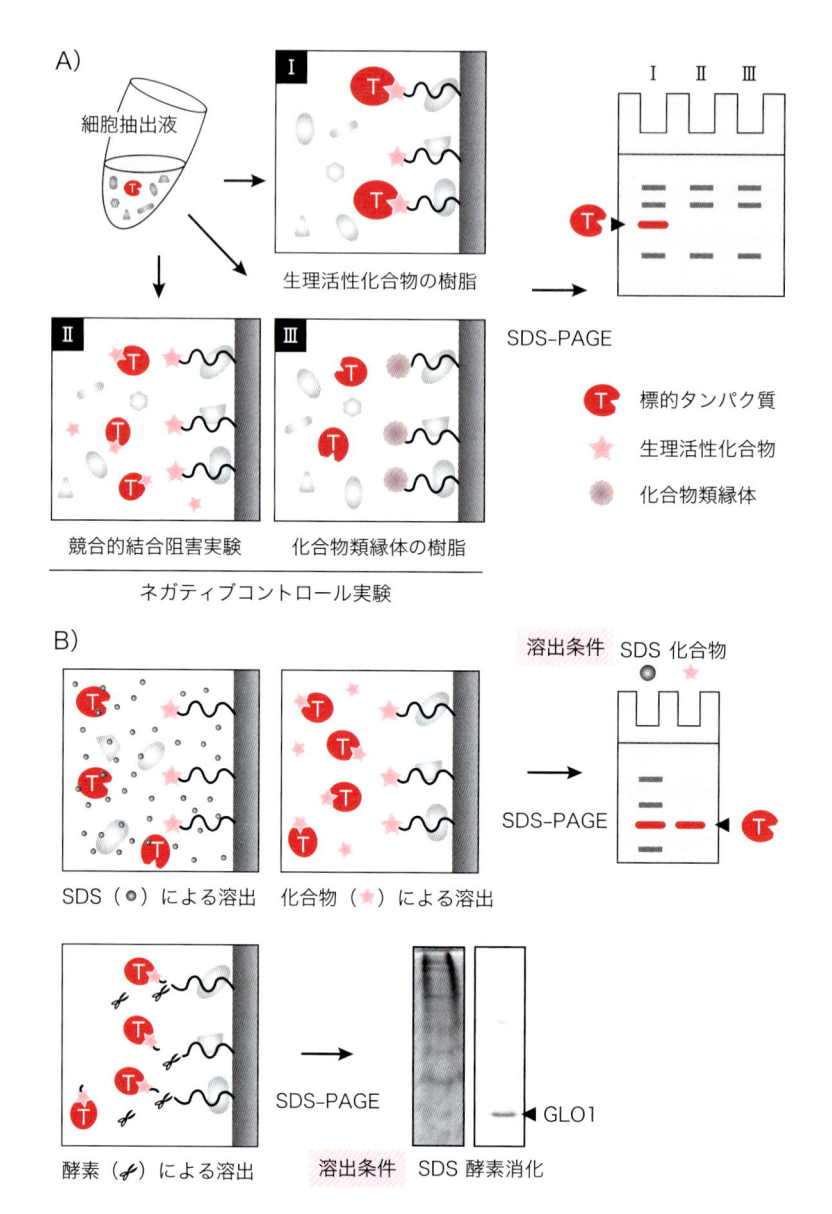

図1 標的タンパク質と非特異的結合タンパク質の見分け方
　　A）対照実験を用いた標的タンパク質の同定法．B）溶出方法の違いによる結合タンパク質の溶出パターン

条件で特異的に溶出でき，非特異的結合タンパク質の検出は抑えられる（**図1B**）．微量に存在する真の標的が非特異的タンパク質に隠れず，標的決定の成功率は高くなる．しかしながら，この方法は競合実験と同様，化合物の溶解度が高い場合にのみ可能である．また，標的タンパク質に対して共有的に結合する化合物では，標的タンパク質は溶出されない．

5）リンカー

生理活性小分子化合物とアフィニティー樹脂の間のリンカーの選択にも工夫が必要である．通常は市販されているメチレンリンカーやポリエチレングリ

コール（PEG）リンカーが利用される．異なる長さ・官能基をもつ多様なリンカーが用意されており，目的に合ったものが入手可能である．リンカーには，PEGリンカーのように水溶性の高いリンカーを用いた方がよい．リンカーを含めた化合物の物性がよくなり扱いやすくなるばかりでなく，メチレンリンカーを用いた場合に比べ，非特異的結合タンパク質の検出が抑えられる．また，リンカー選びで最も気をつけるべき点は「長さ」にある．われわれの経験では，ビオチン-アビジンの相互作用を利用してアフィニティー樹脂を作製する場合，リンカー長の違いが標的タンパク質の回収量に大きく影響した[2]．化合物に標的タンパク質が結合する際，アビジンから立体障害を受けない距離に化合物が提示される必要性があるからであろう．

6）樹脂

樹脂担体にも，多くの非特異的結合タンパク質が吸着する．非特異的結合タンパク質の樹脂担体への吸着を抑えることも，バックグラウンドノイズの軽減に重要である．各社から市販されている磁性ビーズは洗浄効率が高く，取り扱いも容易である．ビオチン-アビジンの相互作用を利用する方法では，アビジンへの非特異的結合タンパク質の回収を抑えるため，低吸着処理（脱グリコシル化）したアビジン（NeutrAvidin，サーモフィッシャー サイエンティフィック社）も市販されている．また，ラテックスビーズ担体を利用することで，従来のアガロース担体より非特異的結合タンパク質の回収を抑えられるという報告もある[3]．

3　研究例

われわれの研究から，生理活性化合物の標的タンパク質を決定した例を2つ紹介する．いずれも，上で述べた手法が組み込まれている．

1）インドメタシンによるグリオキサラーゼ1（GLO1）の同定

われわれは，標的同定におけるリンカーの重要性に着目し，「釣竿状」のリンカーを開発・利用している．釣竿は餌を遠くへ飛ばし，釣り糸が絡むのを防ぐ．釣竿のような物質をリンカーとして用いれば，標的タンパク質の回収率が高まると考えた．われわれが「釣竿」として利用したのはポリプロリンである．実際に，グルタチオンなどの既知化合物に釣竿をつけると，標的タンパク質の細胞抽出液からの回収率が格段によくなった．釣竿リンカーにはもう1つの工夫が施されている．それは，結合タンパク質の溶出方法への工夫である．釣竿リンカーと化合物の間に，配列認識がきわめて厳密なHRV3Cプロテアーゼの認識配列ペプチドを挿入した．化合物の結合タンパク質は，酵素消化による温和な条件（4℃）で結合タンパク質を回収できるため，非特異的結合タンパク質の検出を抑えることができる．この方法は「キャッチ＆リリース法」とよばれ，釣竿リンカーとともに，製薬会社や大学で用いられている．

われわれは，釣竿リンカーの有効性を評価するために，抗炎症剤インドメタシンの標的タンパク質精製を試みた．その結果，標的として知られているシクロオキシゲナーゼ（COX）を精製することに成功した．驚いたことに，インドメタシンの標的同定の際，COXタンパク質以外の主要な結合タンパク質が精製された．このタンパク質は代謝酵素であるグリオキサラーゼ1（GLO1）であり，生物学的・細胞生物学的な実験によりインドメタシン副作用を説明する「第二の」標的タンパク質であると示唆された（図1B）．

GLO1同定の成功には「2.研究のプランニング」の項に記した，いくつかの理由が当てはまる．①GLO1は比較的細胞内に豊富に存在するタンパク質であること（標的タンパク質の存在量），②インドメタシンによって競合的結合阻害が起こる結合タンパク質であることを確認できたこと（競合阻害），③結

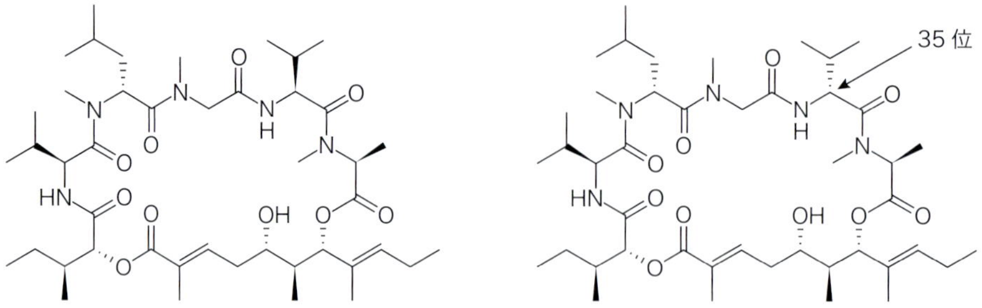

オーリライド　　　　　　　　　　　　6-エピオーリライド

図2　オーリライドとエピマーの構造

合タンパク質を酵素消化を用いて溶出したため，非特異的結合タンパク質の検出を抑えたこと（溶出），④釣竿法の利用（リンカー）で回収率が高かったこと，⑤NeutrAvidinアガロース樹脂の利用（樹脂）などである．

インドメタシン-GLO1の相互作用の解離定数は$4\mu M$であり，相互作用は強くない．細胞内に豊富に存在する標的タンパク質であったからこそ，GLO1の同定ができたのだろう．

2) オーリライドによるプロヒビチンの同定

オーリライドは，名古屋大学理学部山田静之教授（現名誉教授）のグループらによって単離・同定されたアポトーシスを引き起こす環状デプシペプチドである[4]．筑波大学の木越英夫教授らは，この海洋天然化合物の構造活性相関研究を行い，35位の光学異性体（エピマー）の活性が1,000倍弱くなることを見出していた（図2）[5]．われわれは，エピマーをネガティブコントロールとする標的同定研究をデザインした．それぞれを釣竿リンカー分子にカップリングして，細胞培養液から標的タンパク質の精製を行った結果，エピマーには結合せず，オーリライドに特異的に結合するタンパク質として，プロヒビチンを精製した．分子生物学・細胞生物学的な研究により，このタンパク質がオーリライドの標的タンパク質であることを確認した．

オーリライドの標的タンパク質同定の成功は，①プロヒビチンが細胞内に豊富に存在するタンパク質であったこと（標的タンパク質の存在量），②エピマーの存在（対照化合物），③酵素消化による標的タンパク質の特異的溶出（溶出），④釣竿法の利用（リンカー），⑤NeutrAvidinアガロース樹脂の利用（樹脂）などが決め手となった．

オーリライドはpMからnMでアポトーシスを引き起こす．しかし，標的は比較的豊富に存在するタンパク質であった．最近の研究によると，オーリライドがプロヒビチンに結合すると，特定のプロテアーゼの活性化が起こることがわかってきた．プロヒビチンを単に阻害するのではなく，FK506のように標的タンパク質を利用しているのかもしれない．

文献

1) Harding, M. W. et al.：Nature, 341：758-760, 1989
2) Sato, S. et al.：J. Am. Chem. Soc., 129：873-880, 2007
3) Shimizu, N. et al.：Nat. Biotechnol., 18：877-881, 2000
4) Suenaga, K. et al.：Tetrahedron Letters, 37：6771-6774, 1996
5) Suenaga, K. et al.：Bioorg. Med. Chem. Lett., 18：3902-3905, 2008

第Ⅱ部 実践編 2章 薬剤標的探索への利用と研究戦略

② アフィニティー樹脂を用いた創薬標的探索

田中明人

アフィニティー樹脂は，生理活性物質を担持させた固相担体をターゲット臓器等から調製したライセートと混合し，生理活性物質に特異的に結合するタンパク質を簡便に同定する技術である．本法では当該生理活性物質の薬理作用に関連するタンパク質や生理的反応タンパク質などに惑わされることなく，当該生理活性物質が直接結合するタンパク質を同定できることから，生理活性物質のターゲット探索に有力な手法である．しかし，従来技術では一般的な医薬品レベルの疎水的化合物への適応等ですら困難で，これまで汎用的な手法ではなかった．本稿では，魅力ある創薬ターゲット枯渇時代の現代において，創薬研究において"はずれ研究"リスクを軽減できる優れた方法としてのアフィニティー樹脂の応用戦略と，汎用的応用を可能としたいくつかの基盤技術を紹介する．

1 技術開発の歴史と現状

既知の創薬ターゲットとの類似性や病態において発現等の変化がみられるタンパク質などを創薬標的候補とする研究はここ10年多くの投資がなされてきた．しかし，残念ながら製薬企業の期待を満足するレベルでの新規創薬ターゲットが得られてこなかった．現代の製薬企業においては，迅速な創薬研究を遂行するに必要なSBDD（Structure based drug design），HTS（ハイスループットスクリーニング）やコンビナトリアル化学等の創薬関連技術の目覚ましい発展もあり，目的とする低分子化合物を獲得することが致命的な障壁とならなくなっており，この現状は"得られた低分子化合物が in vivo において目的とする薬理効果を示さない"ことの多さを物語るものと思われる（"はずれテーマ"）．つまり，われわれの生体ネットワークへの理解がいまだ十分ではなく，de novo 的創薬ターゲット探索が困難であるためと思われる（Forward Chemical Genetics[1]の限界）．一方，製薬企業には薬にはならなかった魅力ある低分子生理活性物質が多く埋もれている．また，市販薬や天然物などにも in vivo（一部はヒト）において魅力的薬理効果を示すものも多い．これらの生理活性物質のターゲットは，すでに当該化合物の薬理効果によって validation in vivo が事前にあるため，製薬企業にとって魅力的創薬ターゲットとなることが期待され（Reverse Chemical Genetics[1]），近年生理活性物質のターゲット探索が特に注目を集めている．しかし，一般的プロテオミクス的手法では，当該化合物の生理作用反応性の関連タンパク質などのノイズが多く，なかなか目的到達が困難な現況である．

一般に現代創薬が取り組むべき疾患の多くは，成人病やがんのように永年のステップの積み重ねによって形成されてきており，単一タンパク質機能を制御

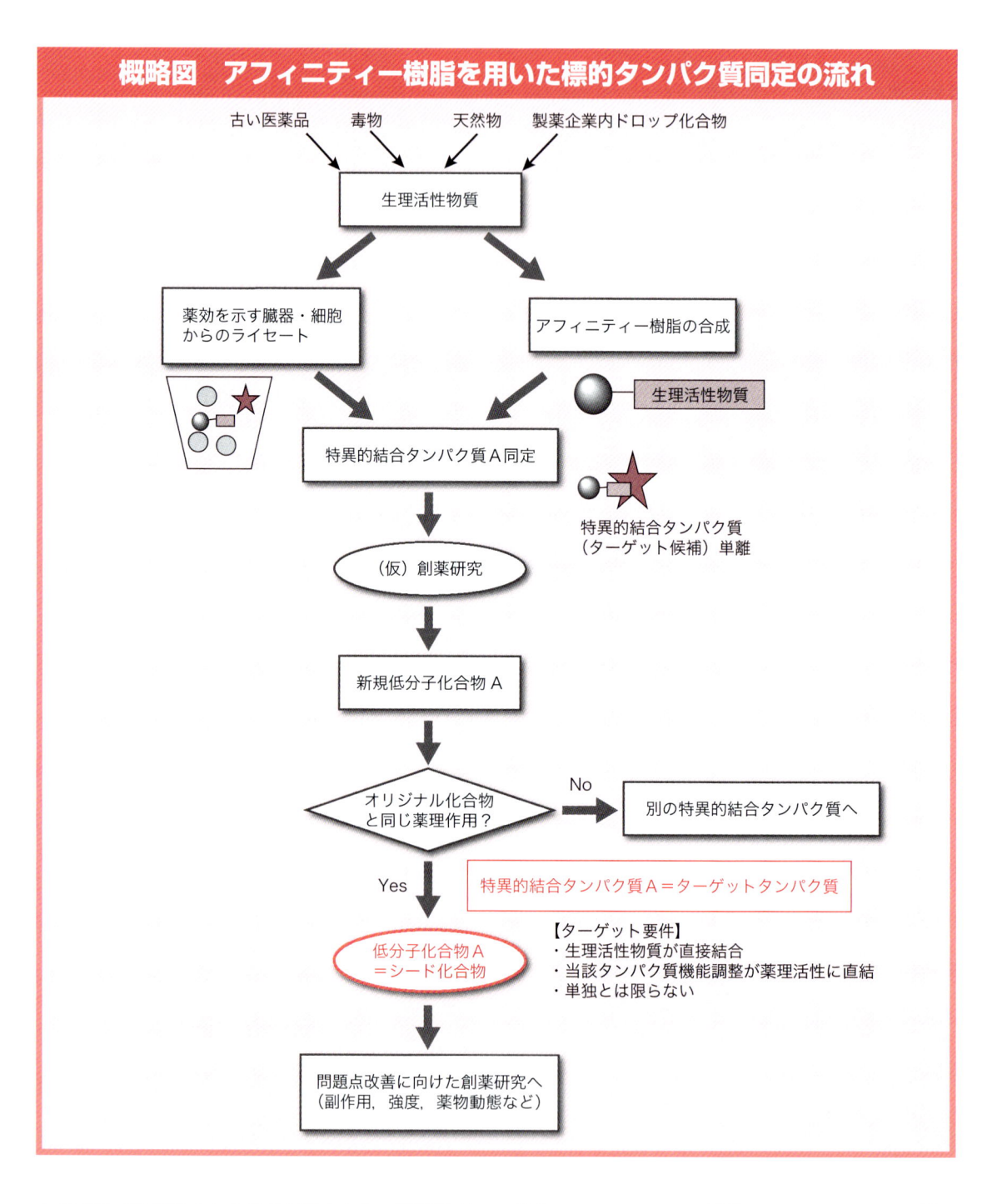

概略図　アフィニティー樹脂を用いた標的タンパク質同定の流れ

古い医薬品　毒物　天然物　製薬企業内ドロップ化合物
↓
生理活性物質
↓
- 薬効を示す臓器・細胞からのライセート
- アフィニティー樹脂の合成（生理活性物質）
↓
特異的結合タンパク質A同定
↓
特異的結合タンパク質（ターゲット候補）単離
↓
（仮）創薬研究
↓
新規低分子化合物A
↓
オリジナル化合物と同じ薬理作用？
- No → 別の特異的結合タンパク質へ
- Yes ↓

特異的結合タンパク質A＝ターゲットタンパク質

【ターゲット要件】
・生理活性物質が直接結合
・当該タンパク質機能調整が薬理活性に直結
・単独とは限らない

低分子化合物A＝シード化合物
↓
問題点改善に向けた創薬研究へ
（副作用，強度，薬物動態など）

するだけでは期待される薬効が得られない可能性が高い．アフィニティー樹脂による生理活性物質ターゲット探索は，直接当該化合物が結合するタンパク質すべてを同定できるメリットを有することから，本目的に関しても有用な方法と考えられる．しかし，従来のアフィニティー技術はDNAやタンパク質・ペプチド，一部天然物などの水溶性リガンドに指向し，ターゲットも細胞質タンパク質に限定された方法であるため，これまで一般化合物への適応例が少なかった．筆者も藤沢薬品工業（現アステラス製薬）

化学研究所勤務時代から，新規テーマ発掘を業務とし，この化合物中心のターゲット探索に取り組んできた．そのなかで，1990年代中期までにアフィニティー樹脂を用いFKBP12[2]やHDAC[3]同定などを行ったことでも有名なStuart L. Schreiber研究室（ハーバード大学）に留学したが，同研究室においてもAffiGel®に化合物を固定化する100年前からの手法を踏襲していた事実を知り，帰国後アフィニティー樹脂を用いたターゲット探索に傾注することとなった．

リバース・プロテオミクス研究所[4]（木更津，DNA研究所4F）はわが国独自の完全長ヒトcDNAの創薬的活用を背景とし，ライフサイエンス関連11社の共同出資で設立されたが，筆者は一般医薬品に特化したアフィニティー樹脂を用いた生理活性物質ターゲット探索技術の基盤開拓に専念した．本稿ではすでに開発してきた汎用的なアフィニティー関連技術[5]のうちいくつかの事例と開発したアフィニティー関連技術成熟化を視野に入れ行った既存医薬品101種類のアフィニティー樹脂による網羅的な医薬品特異的結合タンパク質同定研究（The Compounds 100プロジェクト）の概略について示す．

2 用いる解析法と進め方

1）利用制限の少ない新規特異的結合タンパク質同定方法の開拓（SAC法）

アフィニティー樹脂をライセートと混合し結合タンパク質を検討する際，数多くの結合タンパク質が観測されるのが一般的である．これらのなかで，特に強い相互作用を行うタンパク質（低いKd値を有する）が一般に目的とする特異的結合タンパク質と考えられる．従来，この特異的結合タンパク質同定には当該生理活性物質あるいはその誘導体溶出によって確認する方法（リガンド溶出法），および当該化合物をライセートに事前に混在させる拮抗実験（図1①A）が汎用されてきた．しかし，前述のように対象化合物の多くは低溶解性で，前者の方法ではリガンド溶出に必要な高濃度リガンド水溶液調整が，後者では拮抗に必要な量のリガンドをライセートに溶解されることが，それぞれ困難であり現実的には両法とも適応困難な手法であった．

われわれはこれらの問題を解決するため，図1①Bに示す新規方法を開拓した．本方法ではアフィニティー樹脂とライセートを混合する以外の作業が不要であるため汎用性の高い方法と考えられている．この手法ではアフィニティー樹脂とライセートを混合した際，最も低Kd値のタンパク質が優先的にアフィニティー樹脂と結合し，アフィニティー樹脂の分離と同時に最も多くライセートから消失することを利用している．つまり，1回目の結合後に得られたライセートには，求める低Kd値のタンパク質はアフィニティー樹脂によって選択的に除去されているため，2回目のアフィニティー樹脂と混合した際には結合することができず（すでにライセート中に存在しないため），1回目と2回目の樹脂に結合したタンパク質を比較することによって（B1とB2），従来の拮抗実験法（A1とA2）同様に目的とする特異的結合タンパク質を明らかにすることができる（SAC法：Serial Affinity Chromatography法[6]）．

モデル実験として，FK506固定化樹脂と特異的結合タンパク質FKBP12および代表的な非特異的結合タンパク質チュブリンとの混合実験をSAC法の手法に従い行った（図1②）．その結果，FKBP12は図1②Aに示されるように，1回目のFK506アフィニティー樹脂によってほぼ全量が捕獲され，2回目以降の結合実験ではほとんど確認されなかった．一方，チュブリンは6回目のFK506固定化樹脂まで確認された（図1②B）．また，両者の混合液を用いた検討では見事にFKBP12を特異的結合タンパク質として確認することができた（図1②C）．また，代表的な3化合物（FK506，ベンゼンスルホンアミド，MTX）を例にとり，実際にライセートを用い比較実

①SAC法の原理

A) 拮抗実験

B) われわれが開発したSAC法

● 特異的結合タンパク質
● ● 非特異的結合タンパク質
Ⓘ ○ 非結合性タンパク質

A1, A2：拮抗実験によって得られる結合タンパク質
B1, B2：SAC法によって得られる結合タンパク質

②モデル実験における SAC法の結果

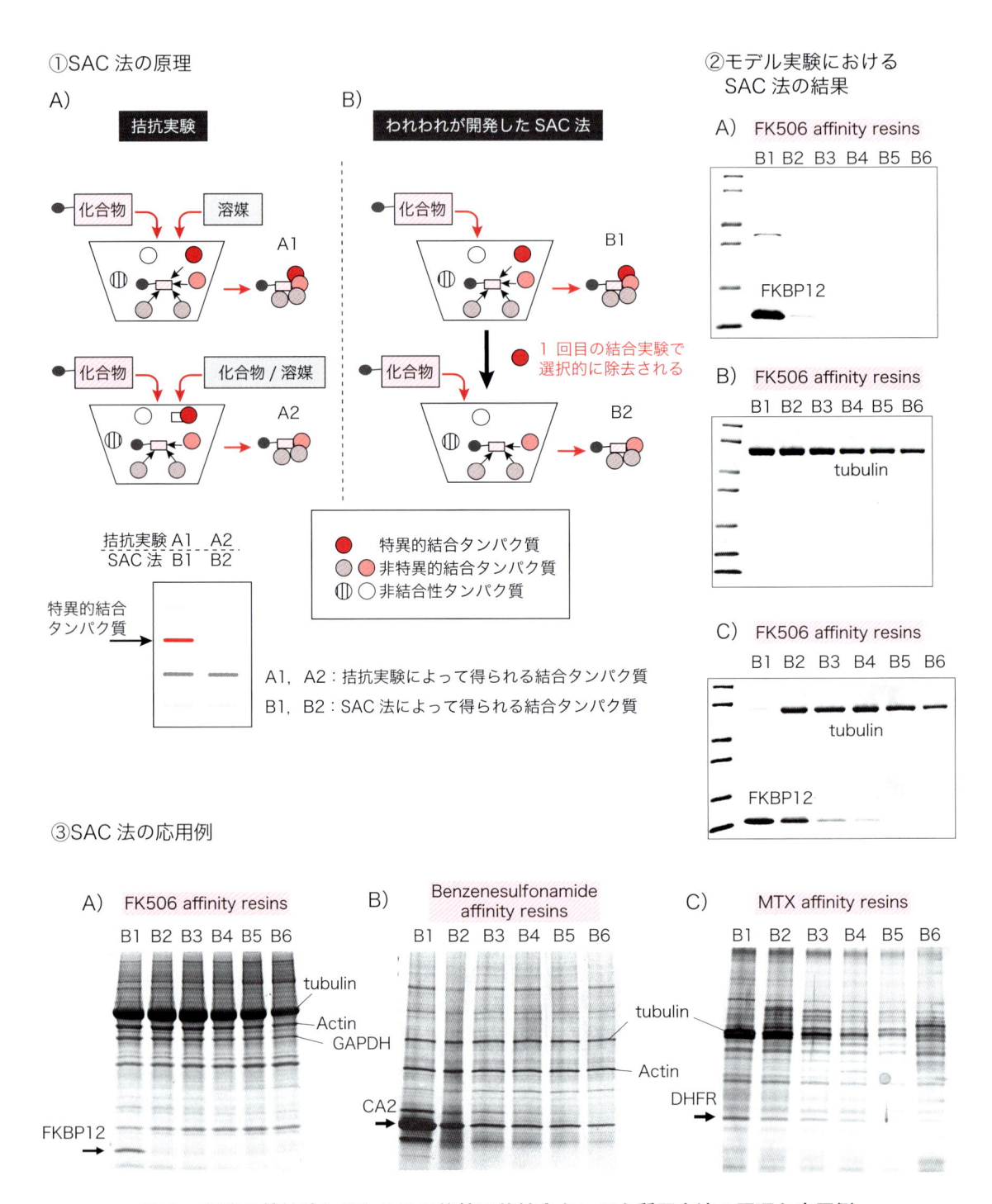

A) FK506 affinity resins
B) FK506 affinity resins
C) FK506 affinity resins

③SAC法の応用例

A) FK506 affinity resins
B) Benzenesulfonamide affinity resins
C) MTX affinity resins

図1　従来の拮抗法に代わる汎用的特異的結合タンパク質同定法の原理と応用例

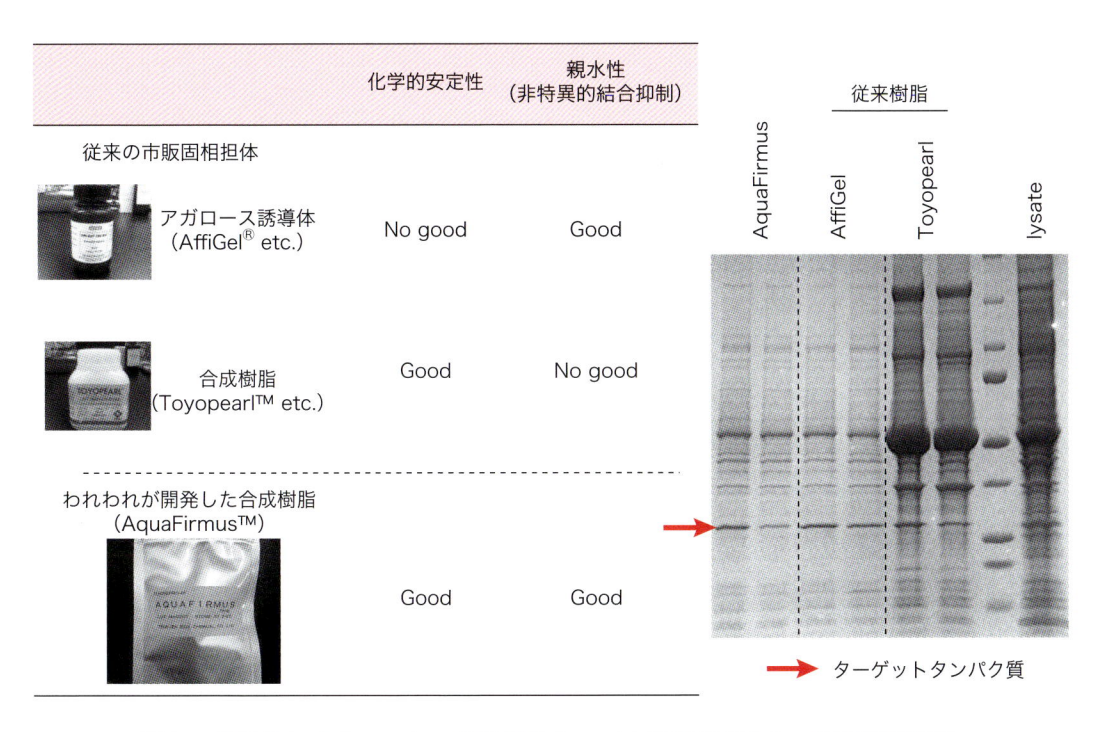

図2 化学的に安定で，かつ非特異的タンパク質吸着が少ない新規樹脂開発

験を行った（**図1③**）．その結果，すべての事例でSAC法は既知の特異的結合タンパク質を同定することができ，その有用性を示唆することができた．

前述のように，拮抗実験は通常医薬品では適応が困難のため，後述するThe Compounds 100プロジェクトでは，医薬品の特異的結合タンパク質同定研究ではすべて本手法を用い遂行した．また，特異的結合タンパク質として同定された未知のタンパク質のうち，いくつかについてBIACOREを用い測定した結果，すべてμM以下のKd値を示し（未発表データ）同法の有効性が確認された．

2）新規アフィニティー樹脂用固相担体の開発

現在，一般にアフィニティー樹脂の合成にはアガロース誘導体のAffiGel[7]および合成樹脂のToyopearl[TM 8]が用いられる．前者は親水性が高く非特異的結合タンパク質が少なく，広く世界的に用いられている．しかし，化学的に不安定なため合成的アプローチが厳しく制限される欠点がある．一方，後者は合成条件下での安定性を誇る反面，高い疎水的性質由来の非特異的結合タンパク質吸着の問題があった．われわれはこれらのことを背景とし，新たに高度親水性モノマーを開発し，高い化学的安定性と親水性をあわせもつ合成樹脂AquaFirmus[TM 9]を開発した（**図2**）．

AquaFirmusはベンゼンスルフォンアミドを共通リガンドとした検討からもAffiGel並みに非特異的結合タンパク質が少ないことが実証され，現在幅広いターゲット探索に用いられるようになっている．また，AquaFirmusは構造的にはメタクリレート系合成樹脂であることからコンビナトリアル化学で用いられる一般的合成条件でも安定であり，さまざまな固相反応にも適応可能である．本樹脂はNEDOプロジェクトの成果物として市販されている[9]．

3 研究例

● 101医薬品特異的結合タンパク質の網羅的探索（The Compounds 100 Project）

現在使用されている医薬品のうち，創薬ターゲット指向型医薬品以前の多くの医薬品はその薬理メカニズムの明確性とは異なり，直接当該医薬品が結合し当該医薬品の薬理効果を担うタンパク質，いわゆるターゲットタンパク質が不明なものが多い．

一方，われわれは創薬ターゲット既知の生理活性物質を用い，上述のアフィニティー樹脂研究の基盤技術を構築してきたが，モデル研究での成功が必ずしも新技術の一般的有用性を証明するわけではないことも事実である．そこで，われわれは流通する医薬品101種類を選択し，われわれの開発した技術を適応しアフィニティー樹脂を合成し，特異的結合タンパク質の網羅的探索を通じた基盤技術の成熟化の両立をめざした研究を行った（The Compounds 100 プロジェクト）．研究詳細は，実施研究契約の関係から現在のところ公開することはできないが，ここでは公開可能な結果を示し，その全容を俯瞰する．

❖ 実験条件

・アフィニティー樹脂用固相担体：非特異的タンパク質吸着が多い欠点を有するが，化学合成に適するToyopearlを使用した（AquaFirmusは当時開発中）．
・共通ライセート：Jurkat細胞とTHP1細胞を1：1で混合し作製した．
・101医薬品：特に制限を設けず，各研究者の選択を優先し選択した．

❖ 結果

101医薬品に特異的結合していると考えられるタンパク質は565種類あった．平均すると1医薬品5～6個の特異的結合タンパク質があることになり，"生理活性物質の優等生"と考えられ，限定された薬効ターゲットのみと相互作用していると考えられる医薬品ですら，かなりの数のタンパク質と何らかの相互作用を行っていることを実験的に示す結果となった．また，SAC法およびBIACOREを用いたKd値から明らかに医薬品と特異的に結合するが，数多くの医薬品と同様に結合するタンパク質もあることが明らかとなった．図3に，われわれが同定した565種類のタンパク質が本プロジェクトで特異的結合タンパク質として同定された回数を示す．

多くの特異的結合タンパク質は1回のみ同定され，その選択性が示されたが，なかには遺伝子発現制御に関与すると考えられているFar upstream element binding protein 2 などのように，のべ192回も特異的結合タンパク質として同定されるタンパク質もあり，アフィニティー樹脂を用いたターゲット同定に潜む隠れたリスクが新たに発見された．つまり，これらのタンパク質はあらゆる薬効を示す医薬品に満遍なく特異的に結合していることから特定の薬効ターゲットではなく，低分子医薬品（化合物一般）特有の非特異的な薬理作用（例えば毒性）に関与することが想像されるが，このような事実はいまだ認知されておらず，初めてアフィニティー樹脂を用いたターゲット探索を実施した際には注意を要する．また，非特異的結合タンパク質として有名な解糖系タンパク質 Glyceraldehyde-3-phosphate dehydrogenase（GAPDH）も76回同定された．

これらの事実は低分子化合物を中心とした創薬ターゲット探索研究に広く教訓を示唆していると考えられる．

4 展望

いわゆる従来型創薬ターゲットが枯渇し，これまで通りの創薬研究継続が困難な時代になりつつある．また，知的財産権保護や医療費抑制を背景とした新規医薬品認可などの厳格化を受け従来型の欧米追従型創薬が困難になり，独自の創薬テーマ探索がこれ

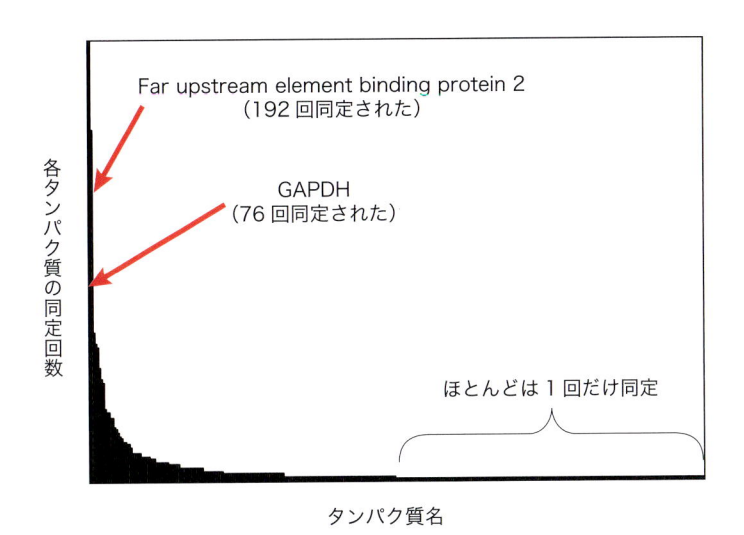

図3　101医薬品に結合したタンパク質の同定回数比較

（図中ラベル：Far upstream element binding protein 2（192回同定された）、GAPDH（76回同定された）、ほとんどは1回だけ同定、各タンパク質の同定回数、タンパク質名）

まで以上に新薬創造型企業に求められ，新規創薬ターゲット探索手法開拓の要請が強まってきている．一方，ポストゲノム時代と言われる現代においても，ゲノム情報のみからタンパク質の"生きた機能"を推定することは困難であり，創薬ターゲットの特定に必要な"病態における当該タンパク質の役割推定"にはより現実的な実験路線が求められている．製薬企業には，高次評価に進みながら副作用のためドロップした化合物をはじめとし，多くの創薬ターゲットを照らす生理活性物質を有する．これまでこれらの化合物は活用法がなく，眠らされてきたが，本稿で述べた方法により，新たな創薬資源として再活用することが可能である．当然，これらをベースにした毒性・副作用ターゲット探索も重要な戦略課題と考えられる．

謝辞

本研究は新エネルギー・産業技術総合開発機構（NEDO）からの研究委託により実施した．本研究遂行に貢献頂いた旧リバース・プロテオミクス研究所化学部門の原村昌幸（中外製薬），山崎晃，市山高明，高橋晃樹，山本貴義（大日本住友），竹内幹夫（アステラス製薬），寺田知弘，東山喜三彦（日本新薬），古屋実，中西顕伸（帝人製薬），田村鶴紀（日立化学）の各研究員，および磯貝隆夫所長（現東大教授）に深謝致します（敬称略）．

文献

1) Chemical Genetics：発案者Schreiber研のホームページに詳しい（http://www.broad.harvard.edu/chembio/lab_schreiber/members/schreiber.html）
2) Harding, M. W. et al.：Nature, 341：758-760, 1989
3) Taunton, J. et al.：Science, 272：408-411, 1996
4) 現在は本社を移動している（http://www.reprori.jp/jp/index.htm）
5) 成果一覧：田中明人ホームページ参照（http://www2.huhs.ac.jp/~h070016a/）
6) Yamamoto, K. et al.：Anal. Biochem., 352：15-23, 2006
7) http://www.bio-rad.com/
8) http://www.tosoh.com/
9) 筑波家田化学より販売中．関連論文：Iwaoka, E. et al.：Bioorg. Med. Chem. Lett., 19：1469-1472, 2009

第Ⅱ部 実践編　2章　薬剤標的探索への利用と研究戦略

③ 作用機序未知抗がん剤の標的同定
―プラジエノライドの標的探索

小竹良彦

新たな創薬ターゲットを見出し，画期的な新薬を創出することは製薬産業の1つの生命線である．作用機序がユニークな活性化合物の標的分子同定は，新たな「創薬ターゲット」の発見に繋がる．これまでも作用機序が未知な化合物の標的タンパク質の同定が，創薬の新たな研究領域を開花させてきた．ケミカルバイオロジーの1つの研究機軸であるこのアプローチにおいて，質量分析によるタンパク質同定は必須の技術基盤で，結合タンパク質の検出から同定までの研究効率を飛躍的に向上させた．本稿ではプロテオミクス技術の活用法の一例として，われわれが見出した抗腫瘍活性天然物プラジエノライドの標的分子探索を紹介する．

1 用いる解析法と進め方

1）ケミカルプローブの合成

研究のスタートは，作用機序が新規と考えられるユニークな活性化合物をもとに，その結合タンパク質を単離・精製するためのツール化合物，すなわちケミカルプローブ（プローブ＝釣り針）を合成することにある．ついで，このプローブ化合物（以下，プローブと略）を用いて結合タンパク質を精製し，SDS-PAGEとタンパク質染色によってその結合タンパク質をバンドとして検出する．このバンド中のタンパク質を質量分析によるペプチドマイクロシークエンスによって同定することが第一の目標となる．

2）結合タンパク質の追跡・同定

プローブには，細胞中の結合タンパク質を追跡し，単離・精製を可能にする構造修飾を加えておく[1]．例えば，活性化合物をトリチウム（^{3}H）標識した^{3}Hプローブでは，細胞分画を行い，膜，細胞質，核画分のそれぞれの^{3}Hカウントを検出することで結合タンパク質の局在を検証できる．また，蛍光基を導入した蛍光プローブでは，蛍光顕微鏡で観察することで結合タンパク質の局在を視覚的に確認できる．さらに，細胞内のさまざまな小器官に選択的に局在する蛍光物質や，マーカータンパク質の抗体を用いた二重染色法によって，細胞内局在をより詳細に追跡できる．

これらの局在情報をもとに結合タンパク質の単離・精製を進める．ここでは，化合物にビオチンを導入したプローブとストレプトアビジン樹脂，または化合物を直接樹脂に固定化したアフィニティー樹脂など（アフィニティープローブと総称される）が汎用される．例えば，結合タンパク質の局在が示唆された画分や小器官から調製したタンパク質試料をアフィニティー樹脂に処理することで，結合タンパク質を濃縮できる．ついで，樹脂から溶出したサンプルをSDS-PAGEによって分離し，染色することで結合タンパク質を検出することができる．また，光親和性基はUV照射によって近傍に存在するタンパク質と共有結合を形成するため，光親和性基とビオチンの両方を導入しておくことでプローブが共有結合

概略図　作用機序がユニークな活性化合物の標的同定までの流れ

```
活性化合物の発見
    ├──────────────────────────┐
    ↓                          ↓
構造活性相関の把握          活性のプロファイリング
    ↓                          新規性の検証
① ケミカルプローブの合成      作用機序の考察・推定
   プローブの活性確認              ┊
    ↓                              ┊
② 結合タンパク質の追跡・同定       ┊
 1）細胞内局在・分布を検証する      ┊
   ・³Hプローブ・蛍光プローブなど  ┊
   ・結合タンパク質を含む試料      ┊
    （画分・オルガネラなど）の調製 ┊
    ↓                              ┊
 2）結合タンパク質を濃縮・精製する  ┊
   ・ビオチンプローブ・アフィ      ┊
    ニティー樹脂など               ┊
   ・免疫沈降実験                  ┊
    ↓                              ↓
 3）結合タンパク質を検出する    ③ 結合タンパク質＝標的分子の検証
   ・SDS-PAGE・タンパク質染色     作用機序の解明・検証
    によるバンドの検出          ・化合物の結合タンパク質への作用
   ・光親和性ビオチンプローブに    様式（機能阻害など）の検証
    よる結合タンパク質の検出    ・結合タンパク質の機能を生物学的
   ・結合タンパク質のバンド       手法で制御した際の表現型の一致
    ↓                            などの確認
 4）結合タンパク質を同定する
   ・質量分析                      ‖
                              標的分子の同定
```

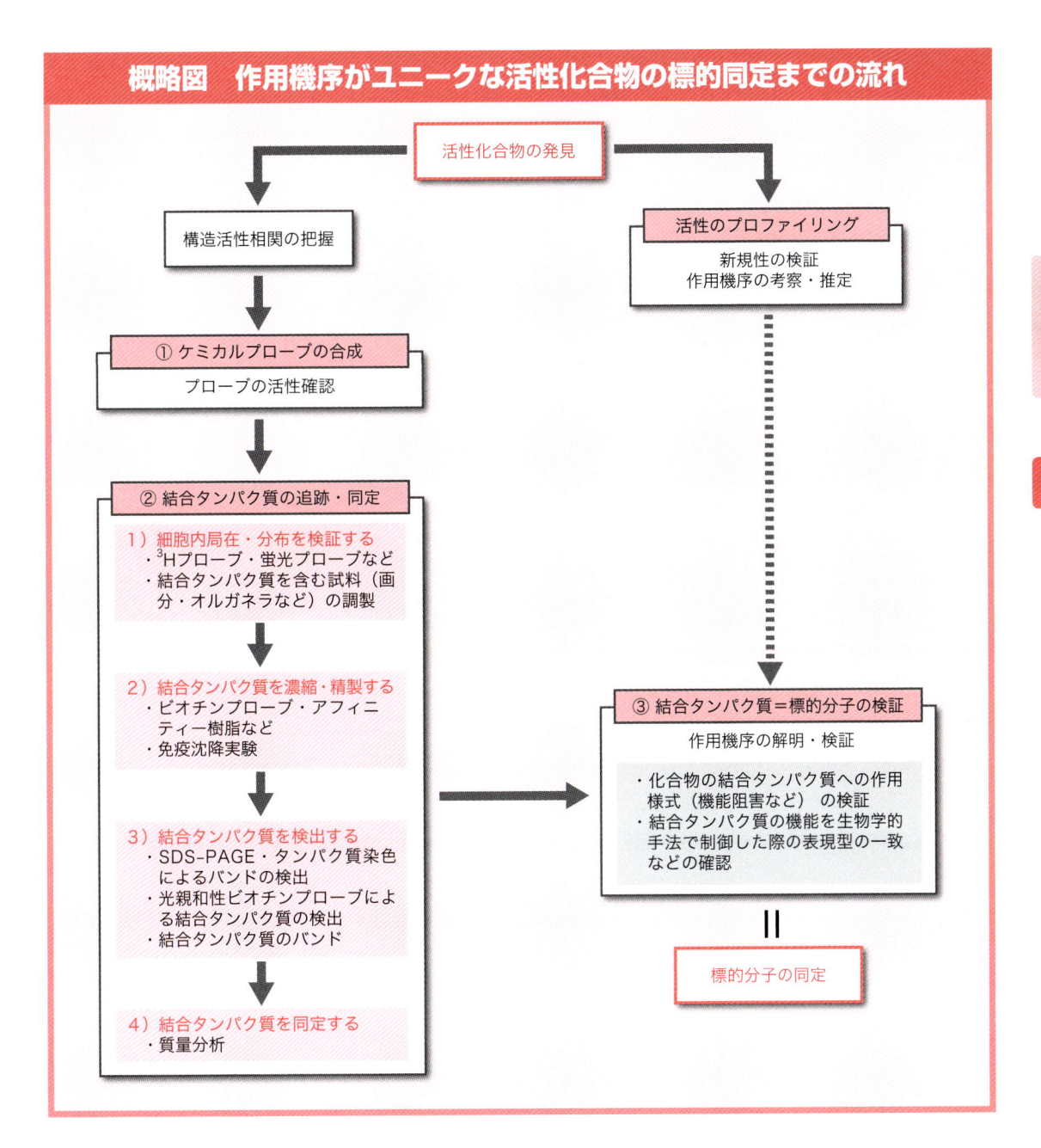

したタンパク質をストレプトアビジン-HRPを用いて検出することができる．検出されたバンドについて質量分析を行うことで結合タンパク質が同定される．

3）結合タンパク質＝標的分子の検証

結合タンパク質の同定は1つのゴールであると同時に次なる研究のスタートでもある．すなわち，結合タンパク質と標的分子は必ずしも同義ではなく，同定された結合タンパク質と化合物の生物活性との関連性・因果関係を示す必要がある．作用機序が未知の化合物は，酵素や受容体など特定のタンパク質を用いたcell-free系のスクリーニングではなく，化合物がもたらす細胞レベルでの作用（表現型）に着

目した細胞系アッセイから見出されてくる．したがって，化合物処理によって結合タンパク質の機能が阻害されることや，siRNA処理によってその発現を抑制した場合に，化合物処理時と同じ作用や表現型が観察されることを確認する必要がある．すなわち，化合物とは独立した生物学的な方法で結合タンパク質の機能を修飾した際の作用が化合物処理と一致することを示すことが最終的なゴールとなる（概略図）．

2 研究の留意点とプランニング

ケミカルプローブを用いた標的分子探索に着手する前に，活性化合物の構造活性相関と生物活性のプロファイルを把握しておくことが重要である．

プローブには結合タンパク質を追跡するための化学修飾を加えるが，この修飾が適切でなければ結合タンパク質への親和性が失われ，活性は消失してしまう．したがって，活性が保持される位置を修飾する必要があり，どの部位が修飾可能か，どの程度の構造修飾が許容されるかといった構造活性相関を把握しておく必要がある．この情報をもとにより高い活性を保持したプローブをデザイン・合成することが研究を成功させる鍵となる．

また，結合タンパク質の単離・精製が容易に達成された例は稀で，多大な労力と時間を要する．わずかな道具（ケミカルプローブ）を手にして草木の茂るジャングルに分け入り，道を切り開きながら秘宝（結合タンパク質）を探すようなものである．したがって，本当に魅力的な宝か，所在地の大まかな地図は入手できないかなど，可能な限り情報を入手しておくことが重要である．すなわち，本当に斬新な作用機序か，類似の活性を有する既知化合物がないか，どのような機能・パスウェイに関与していそうかといった活性プロファイルを詳細に把握しておくことが，実験計画の立案と得られたデータの的確な解釈に貢献する．

これらの情報をもとに結合タンパク質の単離・精製に着手することになるが，多くの場合プローブや樹脂への非選択的な結合タンパク質との戦いとなる．いかに非選択的な結合タンパク質を除外し，真の結合タンパク質を見出すかの工夫が勝敗を左右する．樹脂についてはさまざまな改良が報告されつつあるので，ここではプローブ化合物を用いる際の工夫や留意点を紹介する．

まず，複数のプローブを用いることを勧める．導入したプローブ構造によっては，特定のタンパク質に非選択的に結合するほか，細胞膜などに局在する場合がある．例えば，われわれはある蛍光基を導入したプローブが非選択的に細胞膜に局在することに悩まされた．この場合，複数のプローブを用いることで，得られた実験結果の共通項の中に真の解を探ることができた．また，プローブと当初の活性化合物の競合実験は必須である．例えば，活性化合物の競合（共存）下においても^{3}Hプローブや蛍光プローブのシグナルが減弱・消失しない場合は，活性とは関係のない非選択的な結合（分布）と判断できる．さらに，活性化合物とほぼ同一の構造でありながらも活性は有していない非活性型プローブ（ネガティブプローブ）をデザイン・合成しておくことも有益である．このツールによって，活性には関与しておらず，化合物の構造や物性に依存して結合してくる非選択的な結合タンパク質を除外することができる．例えば，活性型と非活性型プローブのアフィニティー樹脂をそれぞれ調製し，結合タンパク質を濃縮して得られたタンパク質を比較することで，活性型プローブでのみ検出されたタンパク質が活性に関与している結合タンパク質であると考察できる．

同定された結合タンパク質の標的分子としての検証にも高いハードルが待っている．ここでの留意点は，化合物処理とsiRNAなどの生物学的な手法による検証結果が必ずしも一致しない場合があることである．化合物の結合によってタンパク質が機能を損なう（機能消失・阻害）場合と，新たな機能がタン

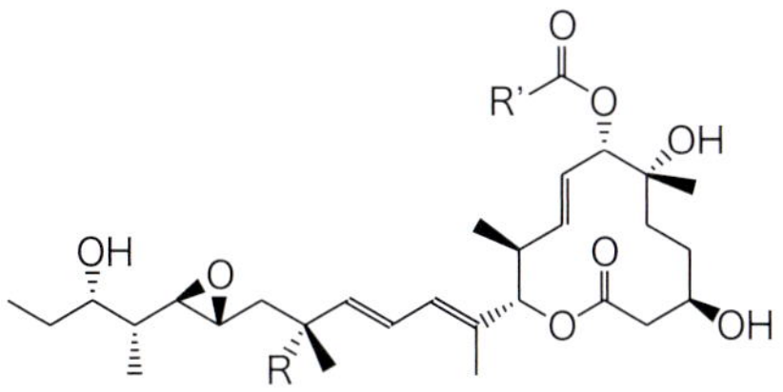

化合物	R	R'	in vitro 活性 (IC$_{50}$, nM)	
			VEGF-PLAP *	WiDr **
プラジエノライド B	H	CH$_3$	1.0	0.86
プラジエノライド D	OH	CH$_3$	4.3	6.0
E7107	OH	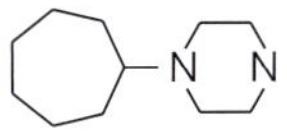 (cycloheptyl-piperazinyl)	3.6	3.2
^{3}H プローブ	H	^{3}H-C$_2$H$_5$NH	4.9	6.1
BODIPY-FL プローブ	H	R^{FL}NH	78.4	70.2
PB プローブ	H	R^{PB}NH	644.8	595.0

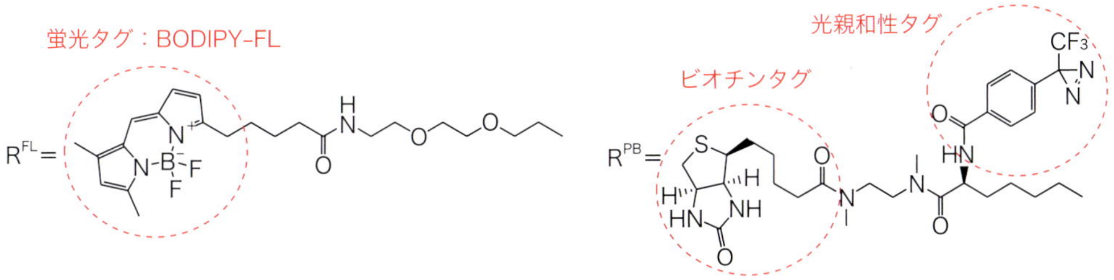

蛍光タグ：BODIPY-FL　　ビオチンタグ　　光親和性タグ

* 低酸素刺激による遺伝子発現抑制活性　** ヒト大腸がん細胞 WiDr を用いた細胞増殖抑制活性

図1　プラジエノライドとケミカルプローブの構造と活性

パク質に付与される場合（機能獲得・活性化）がある．機能消失の場合は，タンパク質の発現をsiRNAによって抑制することで化合物処理と同様の効果が期待されるが，機能獲得の場合はsiRNA処理で検証することは困難である．遺伝学的な解析等も含めてさまざまな生物学的アプローチを網羅させて検証を進める必要がある[1]．

3　研究例

● 新規抗腫瘍性天然物プラジエノライドの標的分子同定

プラジエノライドは，低酸素刺激によって誘発される血管内皮増殖因子（vascular endothelial growth factor：VEGF）プロモーター下流の遺伝子発現を抑制する化合物として見出された（図1）[2]．低酸素刺激による遺伝子発現をnMオーダーで抑制する（VEGF-PLAP assay[※1]）のみならず，がん細胞に対して直接的な増殖抑制活性を示した．なかでもプラジエノライドBは in vivo モデルにおいて優れた抗腫瘍活性を示し，腫瘍を完全に消失させた[3]．この優れた抗腫瘍活性が既存の抗がん剤とは全く異なるメカニズムに基づくことを，39-cell line ヒトがん細胞パネルアッセイに基づく COMPARE analysis など，複数のデータが示していた[4]．われわれはこの魅力的な天然物をリード化合物とした探索研究を行い，より優れた抗腫瘍活性と好ましい物理学的性質を有するE7107を見出し，臨床研究に進めて

※1　VEGF-PLAP assay
レポーターアッセイの1つで，VEGFプロモーター下流に分泌型の胎盤性アルカリホスファターゼ（placental alkaline phosphatase：PLAP）を組み入れたもの．低酸素刺激によって誘導されるVEGFプロモーター下流の遺伝子発現の変動をPLAPの活性を指標にして評価できる．

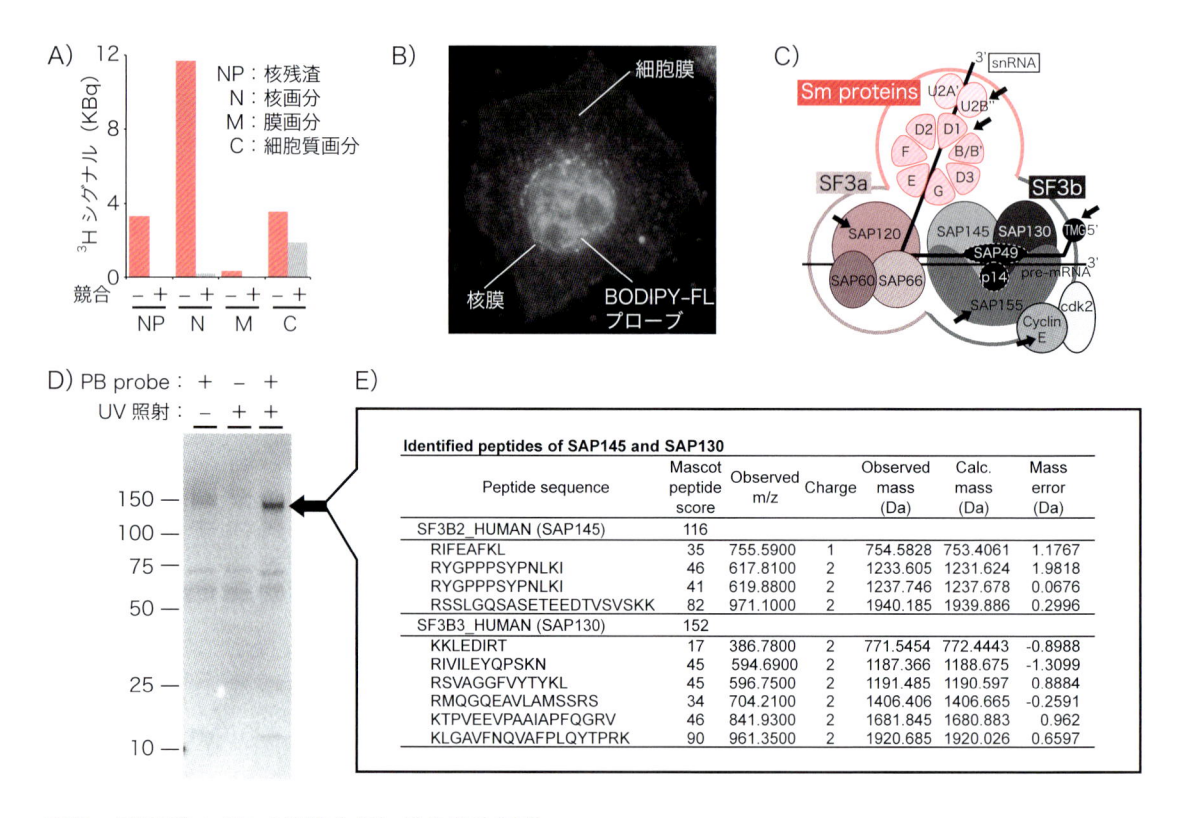

図2 プラジエノライド結合タンパク質の同定

A）³Hプローブの細胞内分布：核画分のシグナルはプラジエノライドの競合（＋）でほぼ完全に消失した．B）BODIPY-FLプローブの局在：細胞膜をコンカナバリンAで，核膜を抗ラミンA抗体によって多重染色を行った（巻頭カラー図3参照，文献11より転載）．C）U2 snRNPの構造：³Hプローブを共沈させた抗体の認識タンパク質を矢印で示した．D）PBプローブ結合タンパク質の検出：プローブの添加とUV照射の双方に依存して140kDaにバンドが検出された．E）140kDaのバンドの質量分析結果

いる[5)6)]．

しかし，プラジエノライドの具体的な作用機序は不明なままであった．抗がん剤領域では分子標的治療薬なるキーワードが定着しつつあることから，作用機序を分子レベルで解明すべきと考えた．それには，プラジエノライドをケミカルプローブとして用い，その結合タンパク質を決定することが最良の方法と判断した．そこで，構造活性相関をもとにプラジエノライドにトリチウム，蛍光基（BODIPY-FL），光親和性基およびビオチンタグ（photoaffinity/biotin，PB）をそれぞれ導入した³Hプローブ，BODIPY-FLプローブおよびPBプローブを合成した

（図1）．これらの化合物は，in vitroにてnMオーダーからsub-μMオーダーの細胞増殖抑制活性を示したことから，プラジエノライド標的分子への親和性を保持していると判断された．これらのプローブを細胞に処理し，それぞれの結合タンパク質を³H放射活性，蛍光によって追跡し，ストレプトアビジン-HRPを用いてその検出を試みた[7)]．

まず，結合タンパク質の細胞内分布を検討した．³Hプローブを処理した細胞の細胞分画を行い，各画分中の³H放射活性を測定したところ，核画分が最も高かった（図2A）．ついで，BODIPY-FLプローブ処理した細胞を蛍光顕微鏡により観察した結果，プ

ローブが核内に局在し，顆粒状構造として観察された（図2B）．この顆粒は核スペックルのマーカーであるSC-35の局在と完全に一致した．核スペックルは転写やスプライシングにかかわるタンパク質が高密度に存在する構造体であることから，結合タンパク質が転写因子やスプライシング関連因子である可能性が示された．

そこで，結合タンパク質をさらに絞り込む目的で，^{3}Hプローブ処理した細胞から調製した核画分に対して，転写・スプライシングに関連するさまざまな因子に対する抗体を用いて免疫沈降実験を行い，^{3}Hプローブが共沈される抗体を探索した．その結果，6つの抗体で^{3}H放射活性の共沈が観察された．その5つはスプライシングにおいて重要な役割を果たしているU2 small nuclear ribonucleoprotein（U2 snRNP）の構成タンパク質（または構造）に対する抗体であり，残る1つはU2 snRNPとの複合体形成が報告されているサイクリンEに対する抗体であった（図2C）．この結果から，結合タンパク質はU2 snRNP複合体中に存在すると判断した．

真核生物では，DNAから転写されたmRNA前駆体（pre-mRNA）には，イントロンとよばれるタンパク質のアミノ酸配列の遺伝情報をもたない部分が含まれており，遺伝子情報をタンパク質へと翻訳するには介在するイントロンを取り除き，アミノ酸配列の情報をもつエキソンだけを正確につなぎ合わせる必要がある．この工程がスプライシングであり，U2 snRNPはスプライシングにかかわる代表的なマシナリーの1つである．

U2 snRNPは，Smコアタンパク質，スプライシングファクターSF3a，SF3bといったサブユニットから構成される巨大なタンパク質複合体である．この中に存在する結合タンパク質を可視化し，検出する目的で光親和性・ビオチンプローブを用いた実験を行った．光親和性モイエティー[※2]を介して共有結合させた結合タンパク質を，ビオチンを足がかりとしてストレプトアビジン-HRPによって検出した．その結果，約140kDaの位置にバンドが検出された（図2D）．U2 snRNPの中でこの分子量を有するタンパク質としては，SF3bサブユニットに存在するspliceosome-associated protein（SAP）145またはSAP130が候補となる．実際にこのバンドを切り出し，In-Gel消化を行って得られたペプチドのマイクロシークエンスを行った結果，SAP145およびSAP130が同定された（図2E）．しかしながら，この2つのタンパク質はほぼ同じ位置に検出され，どちらが結合タンパク質であるかを結論づけられなかった．そこで，SAP145とSAP130についてそれぞれGFP（27kDa）との融合タンパク質を発現させた細胞を用いて同様の実験を行い，プローブ結合タンパク質のバンドシフトが検出されるかを検証した．その結果，GFP-SAP130発現細胞では約170kDaの位置に結合タンパク質のバンドがシフトし，GFP-SAP145発現細胞ではバンドシフトが観察されなかったことから，結合タンパク質はSAP130であると結論づけた．

以上のプローブを用いた実験においては，すべてプラジエノライドおよびE7107との競合実験を行い，プラジエノライドおよびE7107の結合タンパク質もSAP130であることを確認した．しかし，得られた一連のデータはプラジエノライドが細胞内のすべてのSAP130に結合するのではなく，SF3b複合体を形成しているSAP130にのみ結合することを示していた．例えば，SAP130の発現をsiRNA処理により抑制した細胞においては，BODIPY-FLプローブの核スペックルへの局在が観察されなかったのみならず，SAP145の発現を抑制した場合においてもその局在は消失した．この結果はSAP130への結合にはSAP145の存在も必要であることを示唆しており，

※2　**光親和性モイエティー**
光（UV）照射によってニトレンやカルベンなどの反応性の高い化学的活性種を生じる化学構造（官能基）．ニトレンを生じるアリルアジド，カルベンを生じるトリフルオロメチルフェニルジアジリジン，励起カルボニルを利用するベンゾフェノンなどが汎用され，近傍に存在するアミノ酸残基と共有結合を形成する．

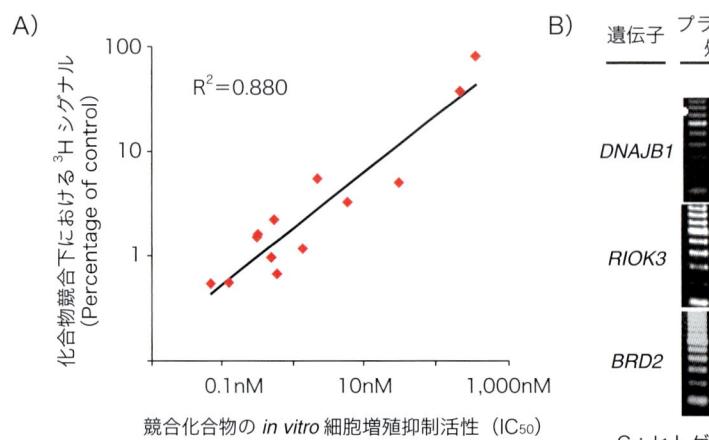

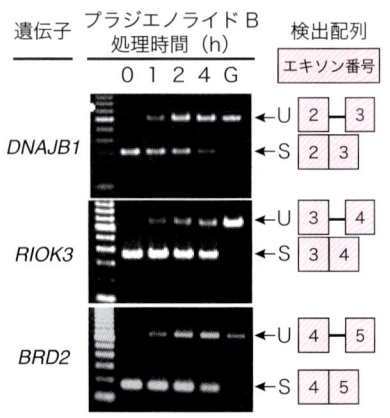

図3 標的分子としての検証
　A) プラジエノライド化合物のSF3bへの結合親和性と生物活性との相関． B) プラジエノライドによるスプライシング阻害の検出

プラジエノライドがSAP130やSAP145など他のSF3b構成タンパク質から構成されるSF3b中のポケット構造にはまり込んでいる可能性などが考えられた．

　次に，スプライシングファクターSF3bが，プラジエノライドの抗腫瘍活性に関与する「標的分子」であるかの検証を行った．まず，強弱さまざまな細胞増殖抑制活性を示すプラジエノライド化合物を，SF3bへの^{3}Hプローブの結合に対して競合させた．その結果，強い細胞増殖抑制活性を有する化合物がより高い競合能を示し，プラジエノライド化合物の抗腫瘍活性とSF3bへの親和性が相関することを確認した（図3A）．

　さらに，プラジエノライドがSF3bに結合するのみならず，その機能を阻害しているかの検証を行った．その結果，プラジエノライド処理した細胞内で，スプライシングが阻害された結果生じるイントロン配列が残った未成熟なmRNAの出現を確認した（図3B）．また，これらの未成熟mRNA（unspliced form RNA）は，プラジエノライドの処理時間と処理濃度にそれぞれ依存して発現量が増加した．さらに，スプライシング阻害をきたす濃度は細胞増殖抑制活性を発揮する濃度と一致したことなどから，プラジエノライドはSF3bに結合し，その機能を阻害することで抗腫瘍効果を発揮していると結論づけた[7]．

4　展望

　プラジエノライドの標的分子を解明したことによって，E7107がスプライシングファクターSF3bを標的とする"First-in-class"の薬剤であることを分子レベルで示すことができた．同時に，今回の結果はスプライシング因子が抗がん剤創出に向けた新たな創薬ターゲットとなりうる可能性を示している[7)8)]．しかし，「スプライシングの阻害が，なぜがん細胞選択的な増殖抑制・細胞死につながるのか？」についてはさらなる研究の深耕化が必要であり，今後の研究展開が期待される[9]．

　プラジエノライドの例のみならず，作用機序が不明な多くの活性化合物の結合タンパク質の同定に質

量分析技術が広く応用されており，研究の効率化に大きく貢献している．今後のさらなる技術開拓によって，結合タンパク質の同定のみならず活性化合物の結合部位の決定に至る方法論が一般化されると，創薬研究へのインパクトがさらに高まると期待される[10]．

文献

1) 吉田　稔：細胞工学, 28：326-331, 2009
2) Sakai, T. et al.：J. Antibiot., 57：173-179, 2004
3) Sakai, T. et al.：J. Antibiot., 57：180-187, 2004
4) Mizui, Y. et al.：J. Antibiot., 57：188-196, 2004
5) Iwata, M. et al.：Proc. Am. Assoc. Cancer Res., 45：691, 2004
6) 小竹良彦：Medical Science Digest, 35：371-374, 2009
7) Kotake, Y. et al.：Nat. Chem. Biol., 3：570-575, 2007
8) Kaida, D. et al.：Nat. Chem. Biol., 3：576-583, 2007
9) 小竹良彦ら：蛋白質核酸酵素, 53：28-35, 2008
10) Winski, S. L. et al.：Biochem., 40：15135-15142, 2001
11) 小竹良彦：有機合成化学協会誌, 67：1141-1151, 2009

第Ⅱ部 実践編
2章 薬剤標的探索への利用と研究戦略

④ 生理活性ペプチド探索のためのペプチドミクス

佐々木一樹，南野直人

ペプチドミクスは，細胞の内外に存在するプロテアーゼによってタンパク質が切断されて生じるペプチド（内在ペプチド）を対象とする．内在ペプチドの中に，ペプチドホルモンのような生理活性ペプチドが含まれている．生理活性ペプチドは生体が産生し分泌する活性物質であり，創薬のターゲットとして魅力的である．質量分析法を活用して，分泌ペプチドの配列をプロファイリングしながら，生理活性ペプチドを発見しようとする新しいアプローチがようやく現実のものとなりはじめた．本稿では，通常のプロテオーム解析とは異なる固有の問題に言及するとともに，われわれの取り組みについても記述する．

1 用いる解析法と進め方

われわれは，内在ペプチドの体系的な解析，すなわちペプチドミクスを活用して生理活性ペプチドを探索している．具体的には，分泌ペプチドを包括的に同定することにより，前駆体タンパク質のプロセシングとそれに伴う生理活性ペプチドの生成部位を予測している．ペプチドはLC-MS/MSで同定する．配列の特徴から活性ペプチド候補を選択・合成し，実験で活性を検証する．概略図にある「活性ペプチド候補の選択」以降は，一般的な実験操作であるため，それ以前の過程について記載する．

1）生理活性ペプチド探索研究の流れ
①目的試料から固相抽出でペプチドを濃縮する．
②抽出物をゲル濾過によって分離し，ペプチド画分を回収する．
③LC-MS/MSでペプチドの配列を決定する．
④同定ペプチドを前駆体配列の上にマッピングし，前駆体のプロセシング様式を予測する．
⑤プロセシングされたペプチドのなかから活性ペプチド候補を選択し，各種のアッセイ系で検証する．

2）各ステップの背景・注意点
❖①固相抽出
試料調製の第一段階としてオクタデシルシリル基を主体とした固相抽出カートリッジを用いる．

❖②ペプチド画分の回収
一般的に，タンパク質の含有量は内在ペプチドに比べて圧倒的に多いので，タンパク質を除去した試料を質量分析の対象とする．タンパク質の除去は，限外濾過やゲル濾過，あるいは電気泳動による分離が用いられる．

❖③質量分析
内在ペプチドの配列を決める際には，人為的な酵素消化を施さない．内在ペプチドのC末端は特定のアミノ酸に限定されておらず，既知の生理活性ペプチドに限ってみても，その大きさはアミノ酸3残基から，50残基を超えるものまでさまざまである．したがって，LC-MS/MSを用いることが望ましい．

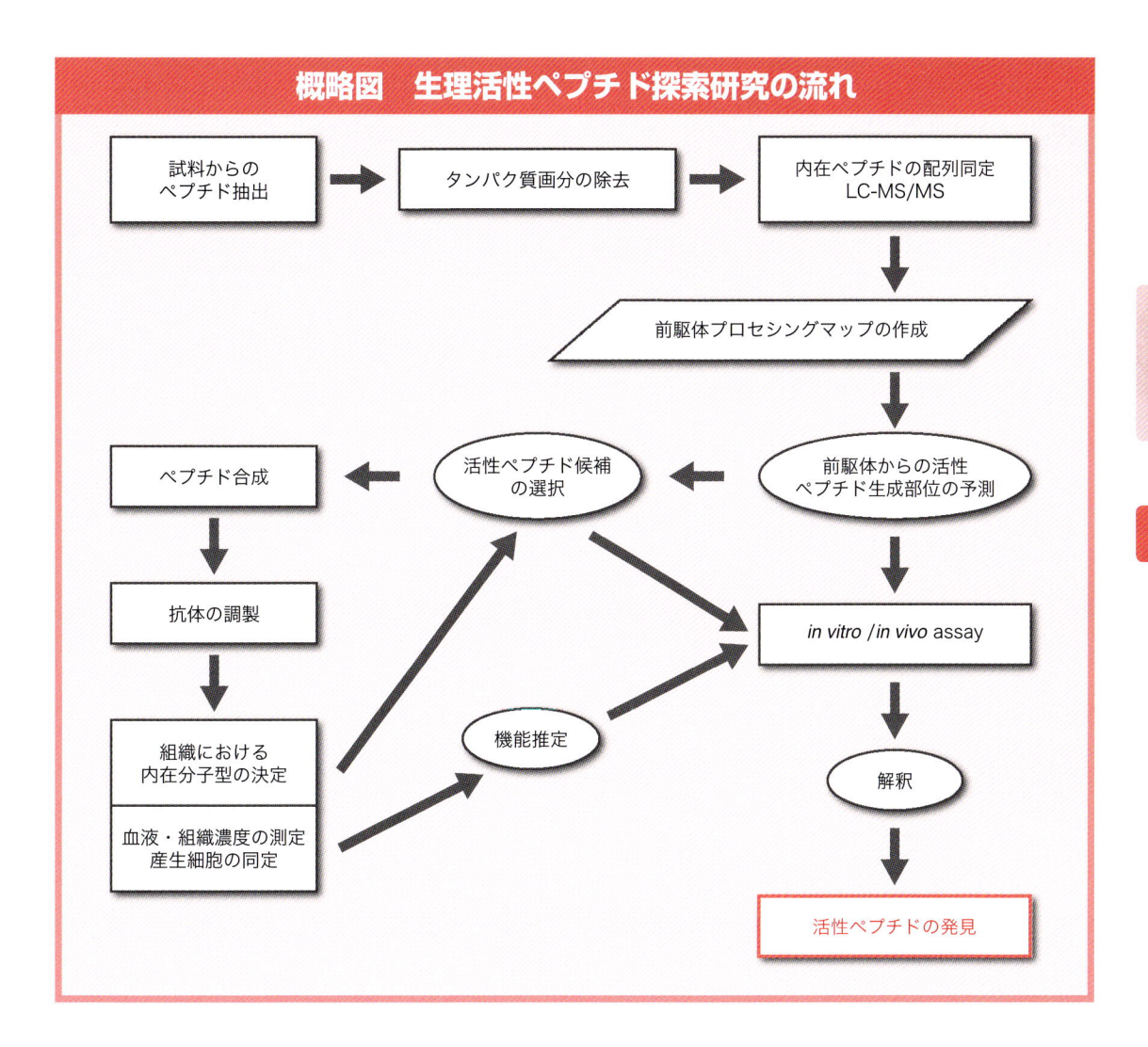

概略図　生理活性ペプチド探索研究の流れ

```
試料からの          タンパク質画分の除去    内在ペプチドの配列同定
ペプチド抽出                              LC-MS/MS
                                            ↓
                              前駆体プロセシングマップの作成
                                            ↓
ペプチド合成 ← 活性ペプチド候補 ← 前駆体からの活性
              の選択              ペプチド生成部位の予測
    ↓                                      ↓
抗体の調製                          in vitro / in vivo assay
    ↓              機能推定                 ↓
組織における                               解釈
内在分子型の決定                             ↓
    ↓                                活性ペプチドの発見
血液・組織濃度の測定
産生細胞の同定
```

LC-MS/MSに加えて，同じ試料をイオン化法の異なるMALDIで測定すると同定数が向上できる．その場合はLCで分離した試料をMALDIターゲットにスポットし，スループットの高いTOF/TOF型の質量分析計で測定する．しかし，TOF/TOF型では，4,000Daを超えるペプチドのMS/MSは難しいことが多い．LC-MS/MSのLCはいわゆるナノLCであり，MS/MS取得のパラメータに関して工夫が必要である[1]．

❖④前駆体タンパク質のプロセシング予測

内在ペプチドは，前駆体タンパク質から特定のアミノ酸配列またはモチーフを認識するエンドペプチダーゼによって切り出されて生じる．切断された直後のペプチドを「プロセシングされたペプチド」とよぶことが多い．生理活性ペプチドもそこに分類される．しかし，細胞外に分泌されると，エキソペプチダーゼの攻撃を受けてN末端あるいはC末端からアミノ酸が順次外されてくる．同定されたペプチドを，それぞれの前駆体配列の上にマッピングすると，N末端あるいはC末端が外れたペプチド群がラダー状に並ぶことがわかる（図1）．このマップから，前駆体タンパク質のプロセシングを推定する作業を進める．

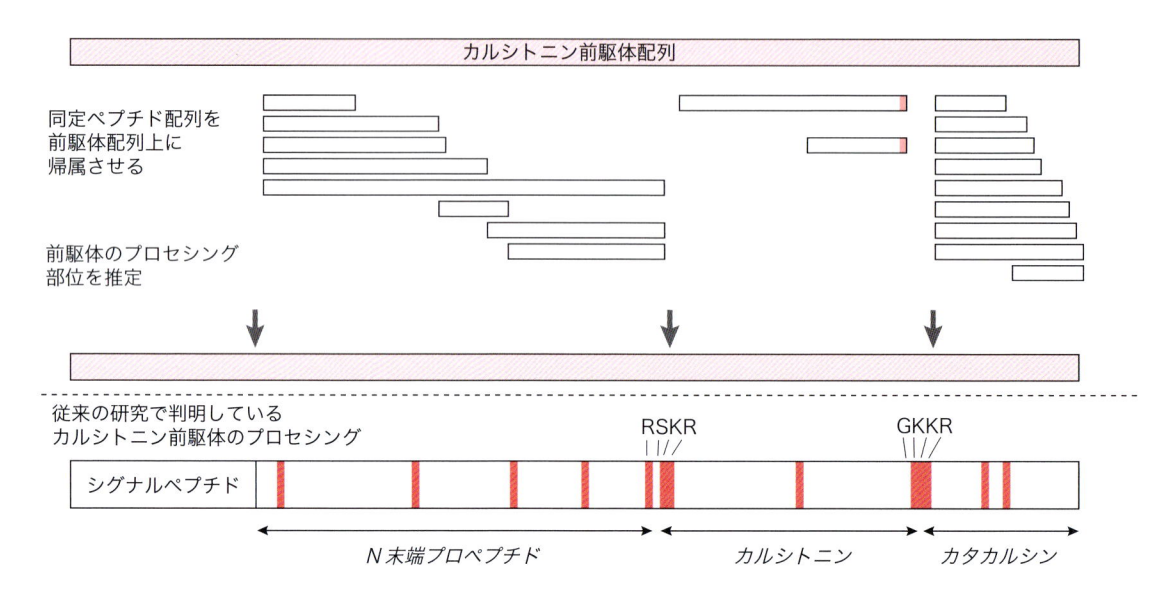

図1　同定ペプチドから予測する前駆体のプロセシング—カルシトニン前駆体の事例—

同定ペプチド配列（☐，右端の┃はC末端アミド化）から前駆体プロセシングマップを作成し，主要な切断部位として3カ所を推定した（➡）．この推定は，すでに知られているシグナルペプチド切断部位ならびにプロセシングされた3種類のペプチド（イタリック表記）とよく合致している．すなわち，プロセシングが不明な前駆体にも適用可能なことが示唆される．┃は塩基性アミノ酸，GKKRはアミド化モチーフ，RSKRはプロホルモン変換酵素の認識部位を示す

❖⑤活性検証のための候補ペプチドの選択

本項で記述しているアプローチで適切な試料を解析することで，プロセシングされた分泌ペプチドの分子型も明らかになってくる．しかし，どのペプチドが生理活性ペプチドであるかは不明である．そこで，このなかから実際にいくつかの候補ペプチドを選択し，合成して活性を検証する．どのペプチドを選択すべきかについて体系的な基準はない．種間でアミノ酸配列の相同性が高い領域を選択するのは大前提である．われわれは以下のようなペプチドは除外している．1) 酸性アミノ酸の割合が高い，2) システインが奇数個含まれている．また，逆に考慮する点としては，生理活性ペプチドに特徴的な翻訳後修飾（C末端アミド化，チロシン硫酸化など）がある．

2　研究のプランニング

この研究は，生理活性ペプチドが前駆体から生成する部位を実試料の解析から推定することが1つのポイントであるから，プロセシングされた分泌ペプチドをどれだけ効率よく同定できるかが成功の鍵を握っている．このようなペプチドをアフィニティー精製などの化学的手法で選択することは不可能であり，試料の吟味と試料調製法の適否が第一関門となっている．プロセシングされた分泌ペプチドは，プロテオーム全体の中ではきわめて微量で，トップダウン解析の分析技術が進歩したとしても，タンパク質と分離しない限りは同定できないであろうと考えられる．試料抽出に十分な注意が払われていない場合には，既知の生理活性ペプチドを完全な分子型で同定することも困難である．

1）試料の吟味

　質量分析は相対的に量が多い分子，イオン化されやすい分子が優先的に検出されやすい．細胞や組織の抽出物中には，細胞内タンパク質の代謝分解の結果生じてくる多量の分解ペプチドが存在している．これらも生理活性ペプチドと同様に内在ペプチドであり，分泌性の生理活性ペプチドに比べて存在量は圧倒的に多い．したがって，分泌ペプチドの含量が多いと予測される試料を出発材料とすべきである．

2）試料調製法

　生物試料は，抽出の過程でオルガネラの破壊操作を伴うため，プロテアーゼが活性化されて，ペプチドが分解されやすい．分解酵素の活性を完全に抑制することはできないが，一般的な注意事項として，1）微量の組織を未凍結の状態でミンスしない，2）液体試料の場合は，可能な限り凍結前の状態で処理し，凍結する場合も条件を一定にして，凍結融解を反復させない，などの点に配慮する．

3）無血清培地の利用

　試料の吟味と調製法の重要性を記したが，選択肢として，培養細胞の上清を無血清下で回収して用いることも一案である．しかし，初代培養細胞など無血清条件に脆弱なものは，数時間の無血清培養で浮遊細胞が顕著に増え，そこから細胞内タンパク質が漏出し，細胞骨格やリボソームタンパク質由来の断片ペプチドばかりが同定され，分泌ペプチドの同定が結果的に抑制されてしまうことが多い．培養株でも無血清培養のストレスが細胞に与える影響を念頭におく必要がある．無血清培地の成分として添加されている成分にも留意すべきである．添加成分として一般的なインスリンを含む培地を測定すると，分解が進んだインスリン断片が非常に多量に存在していることがわかる．

4）同定ペプチド数

　新規のペプチドを同定するためには，上記の試料の性質にもよるが，少なくとも数百種類以上の分泌ペプチドの同定を目標とする必要がある．

5）質量分析による同定の実際

　内在ペプチドは，4,000 Daを超える質量をもつものも多く，イオン化法は，多価イオンで検出ができるElectrospray ionization（ESI）を用いる．ESIの通常のスキャン範囲（m/z 300〜2,000）ではこれらのペプチドは，4〜8価で検出されることが多いので，高分解能で測定できる装置が望ましい．7,000 Daを超えるペプチドでは，9〜12価の親マスが選択されてMS/MSに供される．われわれは，LTQ-Orbitrapを用いている．この装置は，生活環境に普く存在するポリシキロサンのマス値を内部標準として用いることで2 ppm（イオントラップに導入されるイオン量が多い場合は5 ppm）で親マスを絞り込むことができ，プロダクトイオンも，25 mmuの範囲で検索できる．質量精度の低い装置では，翻訳後修飾を3個以上考慮すると誤った配列がヒットしてくるが，質量精度の高い装置では5種類ほどの翻訳後修飾を同時に考慮して検索させても，正しい配列にヒットする確率が非常に高い．ただし，検索ソフトが算出するスコアの値を過信してはならない．われわれは，以下の2点を必ず確認している．1）ランク1とランク2にヒットするペプチド配列のスコアの開き，2）MS/MSスペクトル上で，実測イオンと理論上観測されるイオンとのマッチングの度合い．例えば，翻訳後修飾を受ける部位が配列中のアミノ酸残基に複数存在する場合，マッチングを十分に検討する必要がある（図2）．このようなときには，s/nのよいMS/MSスペクトルがとれるようにdata-dependent scanのパラメータを変更して，再測定する．翻訳後修飾の位置について厳格な投稿規程を定めている質量分析やオミックスの専門誌もあるので，結果の解釈には注意が必要である．

Rank 1, Mascot score 81.9, expectation 0.00013

L|T|G|P|I|G|P|P|G|P|A|G|A|P|G|D|K|G|E|T|G|P|S|G|P|AGPTGARGAPGDRGEPGPPGPAG

Rank 2, Mascot score 44.3, expectation 0.75

L|T|G|P|IG|P|PGPAGAPGD|K|GE|T|G|P|SGPAGPTGARGAPGDRGEPGP|PGPAG

Rank 3, Mascot score 29.1, expectation 25

L|T|G|P|I|G|P|PGPAGAPGDKGETGPSG|P|AG|P|TGARGA|P|GD|RGE|PGPPGPAG

図2　翻訳後修飾の位置決めの難しさ

MS/MSスペクトル上にすべてのプロダクトイオンが観測されるわけではない．上記はコラーゲン由来のペプチドで，4つのプロリンが水酸化（赤文字）された事例を示す．上記の各配列と仮定した場合に，得られるプロダクトイオンの理論値と実測値とが0.025 Da以内で合致した際に]と| で示した．ランク1の配列では，太い| で示したyイオンが最も強いシグナルとなっており，14番目のプロリンの位置で切断されたbイオンとyイオンが両方観測された（図中☆）こと，およびランク2とのスコアの差から考えると，ランク1が最も確からしいとみなして事実上問題はない．一般的には，修飾を受けた部位で切断されたイオンが確実に検出されないかぎり，修飾位置の一意的な決定は困難である．この検索では，"Mascot ions scores ＞ 51 indicate identity or extensive homology（$p<0.05$）"であり，Expectationの値が0.05未満の場合が最も確からしい同定と判断される

　また，LC-MS/MSにおいて，多価イオンで検出される場合，単一同位体質量からのみ構成される分子イオンのピーク強度が必ずしも最強あるいは2番目の強度にはならない．LC-MS/MSは自動測定であるから，親マスの単一同位体質量の読み取り間違いが生じることもある．そのような場合，s/nのよいMS/MSが得られたとしても，ペプチドの観測値が1 Daずれて算出されてしまい，正しく同定されないこともある．また，ESIのスペクトルを1価に換算するソフトも単一同位体質量の読み取り違いを生じる場合がある．このようなことは4価以上のペプチドを考慮する機会がほとんどないプロテオーム解析では問題となっておらず，注意が必要である．

　なお，C末端アミド化は生理活性ペプチド探索のうえで重要な手がかりになる．C末端アミド化はそのC末端側にグリシン残基が存在しなければ起こらない反応であるが，検索ソフトウェアはそのようなことは考慮しないため，スコアが高くとも偽の結果を生じることがあり要注意である．

　生理活性ペプチドや抗菌ペプチドの多くは分子内にジスルフィド結合をもっており，タンデム質量分析で同定するためには還元アルキル化が必須である．新規ペプチド探索の立場においても，この処理は不可欠となる．しかし，多くのタンパク質はそのジスルフィドの架橋位置が不明であり，システインを偶数個もつペプチドが同定された場合，それがペプチド内でのジスルフィド結合か否かは，質量分析の結果のみでは判断できない．このような場合，非還元

状態で試料を測定し，ジスルフィド結合生成に相当する質量が減少（一対あたり2.02 Da）しているペプチドが検出されるか否か確認する．その親マスがMS/MSされている場合は，配列を部分的に読み取れることもある．そのペプチドが活性ペプチド候補として有望ならば，抗体を作製して，非還元状態で免疫沈降を行い，その質量から判断するのが確実である．一案として，タンデム質量分析の開裂法として一般的な衝突誘起解離（CID）[※1]ではなく，電子移動解離（ETD）あるいは電子捕獲解離（ECD）[※2]の機構を搭載した質量分析計の利用が挙げられる．ETDならびにECDは，還元アルキル化をせずにペプチドの配列情報を取得でき，また翻訳後修飾をもつペプチドの同定にも威力を発揮する方法で，今後の応用が期待される．

3 研究例

神経細胞や内分泌細胞の分泌顆粒には生理活性ペプチドが局在し，エキソサイトーシスで細胞外に迅速に放出される．そこで，分泌顆粒をもつ培養細胞として甲状腺髄様がん培養株TTを用いた[1]．コンフルエントになった10cmディッシュ1枚の細胞をHanks培地で2回リンスし，carbacholとforskolinを10^{-5}Mずつ加えたHanks培地で2分間刺激した．刺激後の培養上清を遠心して回収し，固相抽出した．その後，抽出物を凍結乾燥し，60％アセトニトリル・0.1％TFAに溶かし，同じ液で平衡化したゲル濾過HPLCカラム（東ソー）にかけて，ペプチドを1,000〜9,000Daを目処に分画した．刺激によって分泌ペプチドを多量に確保しえた．さらに，各分画を再び凍結乾燥し，還元アルキル化を行った．反応後の試料を脱塩し，LTQ-OrbitrapでLC-MS/MSを実施した．分解能は15,000で設定した．Data-dependentモードで取得したMS/MSスペクトルはMascot Distillerを用いて1価への換算を行い，適切なデータベースを用いて，Mascotで検索を行ったところ，同定ペプチドのうち，MascotのIdentity thresholdを超えたペプチドは400個あり，それらは23の前駆体タンパク質に帰属された．98％のペプチドは，シグナルペプチドをもつ前駆体タンパク質に由来しており，そのほとんどは，分泌顆粒に局在することが知られている前駆体由来であった[1]．既知の生理活性ペプチドの多くも完全な分子型で同定できた．同定リストのなかに，未知のC末端アミド化ペプチドも発見し，さまざまな検証実験の結果，そのペプチドが生理活性ペプチドである所見が得られた[2]．すなわち，世界で初めてこのようなアプローチで生理活性ペプチドを発見できることを明らかにできた．分泌顆粒をもつさまざまな培養細胞を用い，この手法を使って生理活性ペプチドの探索を進めている．

※1 **衝突誘起解離**
collision induced dissociation（CID）と称される．タンデム質量分析で最も一般的な解離法で，希ガスとの衝突によって衝突エネルギーが内部エネルギーに変換され，イオンを解離させる．collision activated dissociation（CAD）とよばれることもある．CIDによる解離はペプチドのアミノ酸配列に依存するため，均一で細かなプロダクトイオンを得ることは容易ではない．

※2 **電子移動解離および電子捕獲解離**
それぞれelectron transfer dissociation（ETD），electron capture dissociation（ECD）と称される．ETDはプラス電荷をもった分子に，有機化合物から生成させたラジカルアニオンを反応させて解離させる．ECDは低速の電子を照射して目的分子を解離させる．ETDおよびECDはCIDとは反応機構が異なり，ペプチド主鎖を優先的に解離させ修飾基は保持されるため修飾部位の決定に優れており，CIDを補完する方法として注目されている．

文献

1) Sasaki, K. et al.：Mol. Cell. Proteomics, 8：1638-1647, 2009
2) Yamaguchi, H. et al.：J. Biol. Chem., 282：26354-26360, 2007

第Ⅱ部 実践編
2章 薬剤標的探索への利用と研究戦略

⑤ リン酸化プロファイリングによる創薬標的探索

矢吹奈美, 長野光司

金属イオンアフィニティーカラムや抗チロシンリン酸化抗体を用いてリン酸化ペプチドを濃縮し, LC-MSによって同定するリン酸化プロテオミクスはキナーゼの基質探索やリン酸化プロファイリングによる創薬標的探索への利用が可能である. 実際に臨床肺がん組織を用いた大規模なリン酸化プロファイリングが行われ, がん細胞の分類や新規標的の発見に成功した例が報告されている. われわれはリン酸化プロテオミクスに加えて, 全細胞抽出液のプロテオミクスも行うことによって, キナーゼ基質のリン酸化レベルと発現量を見積もり, 既知情報データベースから責任キナーゼを抽出し, その活性予測を行うことによって, 創薬標的探索に応用している.

1 用いる解析法と進め方

1) チロシンリン酸化プロテオミクス解析

リン酸化プロテオミクスの手法として最も広く用いられているのがIMAC, TiO_2などの金属イオンアフィニティーカラムを用いてリン酸化ペプチドを濃縮後, LC-MS分析で同定を行う手法である（図1A, 第Ⅰ部-2参照）. この方法では1回のMS測定で1,000～2,000程度のリン酸化ペプチドを同定できるが, 比較的存在量の多いリン酸化セリン, スレオニンを含むペプチドが多く, 存在量の少ない（総リン酸化部位の約1%）チロシンリン酸化ペプチドはあまり同定されない. チロシンリン酸化は抗チロシンリン酸化抗体を用いて免疫沈降を行い, LC-MSで同定する方法があるが, チロシンリン酸化タンパク質を免疫沈降し, 同定した場合, リン酸化部位は決定できないうえ, 同定タンパク質が真のチロシンリン酸化タンパク質なのか免疫沈降時に非特異的にビーズ等に吸着したタンパク質なのかを区別することはできない. 一方, チロシンリン酸化ペプチドを免疫沈降する方法ではリン酸化部位を決定することができる. チロシンキナーゼは活性化状態においては自己リン酸化されていることが多いため, この自己リン酸化レベルをキナーゼ活性の指標としてみなすことができる. さらに同定した基質のキナーゼがわかっている場合は基質のリン酸化を測定することによって, キナーゼの活性状態を知ることができる[1)2)]. この方法は10^8程度の細胞（$225cm^2$ボトル1～2本）から1回の分析で100～200のチロシンリン酸化ペプチドを同定することができる（図1B）.

また, Luminex flow cytometer（Luminex社）と抗体ビーズを用いて多種のチロシンキナーゼのリン酸化を検出する方法も報告されている[3)]. この方法では60のチロシンキナーゼのリン酸化測定に必要な細胞数は$1×10^5$程度であり, LC-MSによるリン酸化プロテオミクスに比べると約1/1000となっているが, リン酸化部位を決定することはできない.

2) 統合プロテオミクス解析

われわれは, 同定できるリン酸化部位の網羅性を上げるために, 前述の金属イオンアフィニティーカ

概略図　リン酸化プロファイリングによる標的探索研究の流れ

```
培養細胞または臨床組織から細胞抽出液調製
            ↓
          ペプチド
         ↙       ↘
[リン酸化プロテオミクス]   [全細胞プロテオミクス]
   ↓                        ↓
リン酸化ペプチド濃縮        全ペプチド分画
（リン酸化レベルの見積もり）（リン酸化タンパク質発現量の見積もり）
         ↘       ↙
      LC-MSによる同定・定量
            ↓
   [統合プロテオミクスデータ]
            ↓
キナーゼおよびキナーゼ基質リン酸化情報の抽出 ← [既知のリン酸化部位データベース情報]
            ↓
活性化されているキナーゼ，シグナル伝達経路を予測し，標的候補分子を同定する
            ↓
生化学・分子生物学的手法による標的候補分子の評価・絞り込みを行う
```

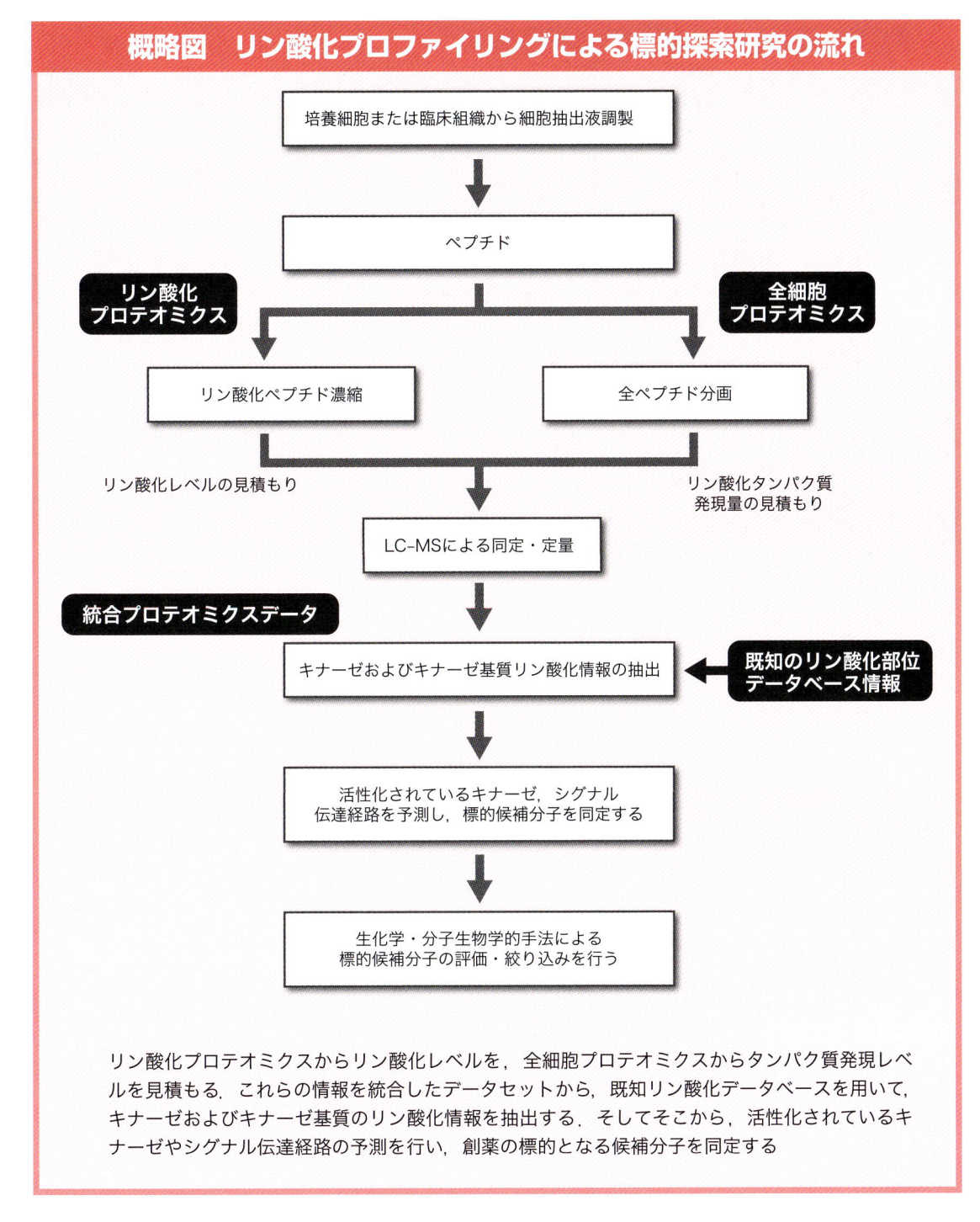

リン酸化プロテオミクスからリン酸化レベルを，全細胞プロテオミクスからタンパク質発現レベルを見積もる．これらの情報を統合したデータセットから，既知リン酸化データベースを用いて，キナーゼおよびキナーゼ基質のリン酸化情報を抽出する．そしてそこから，活性化されているキナーゼやシグナル伝達経路の予測を行い，創薬の標的となる候補分子を同定する

ラムを用いた手法と抗チロシンリン酸化抗体を用いた手法を並行して行っている（図1A，B）．またリン酸化プロテオミクスから得られる情報だけではリン酸化が変動しているのか，そのタンパク質の発現量が変動しているのかの判断ができない．そこでわれわれはこれらのリン酸化プロテオミクスに加えて，細胞抽出液をOFFGEL fractionator（Agilent社）で分画した後，LC-MSによるタンパク質同定を行

図1 各種プロテオミクス解析のワークフロー

A) 金属イオンアフィニティーによるリン酸化プロテオミクス
<10^7 細胞 → 細胞抽出液 500μg → ペプチド → リン酸化ペプチド濃縮カラム MassPREP™ (Waters社) → 1,000～2,000 リン酸化ペプチド
2～3日 / 4時間／サンプル

B) チロシンリン酸化プロテオミクス
>10^8 細胞 → 細胞抽出液 10mg → ペプチド → 抗チロシンリン酸化抗体カラム → 100～200 チロシンリン酸化ペプチド
3～4日 / 4時間／サンプル

C) 全細胞抽出液プロテオミクス
<10^6 細胞 → 細胞抽出液 50μg → ペプチド → OFFGEL fractionator (Agilent社) → 12分画サンプル → 3,000～4,000 タンパク質
2～3日 / 4時間×12フラクション＝48時間／サンプル

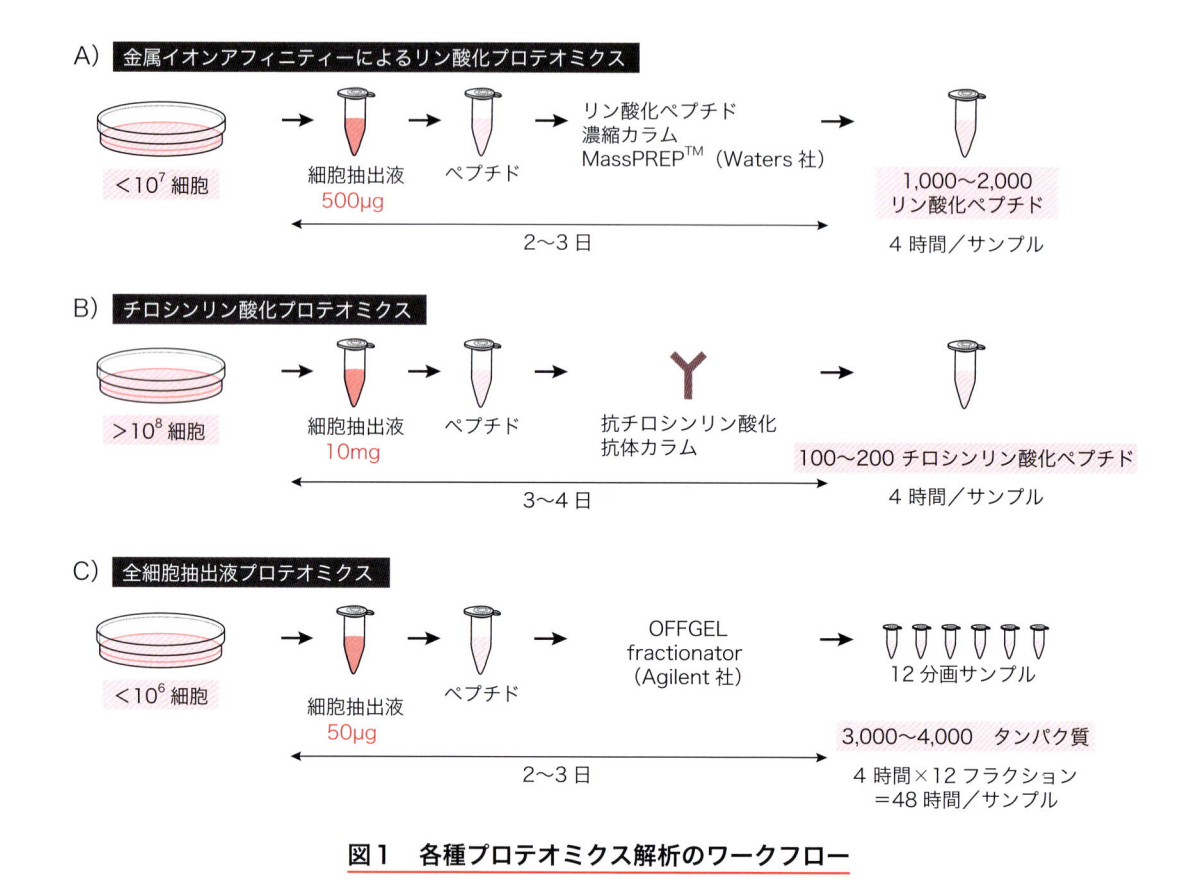

い[4]，スペクトラルカウント（同定ペプチドのMS/MSされた回数）によって，タンパク質発現量の見積もりを行っている（全細胞抽出液プロテオミクス，図1C）．そしてリン酸化プロテオミクスと全細胞抽出液プロテオミクスから得られた情報を統合し，細胞内シグナル伝達にかかわる分子の発現レベルとリン酸化レベルを見積もることにより，リン酸化シグナル伝達経路活性化状態の検出を行っている（概略図）．

3）その他のリン酸化解析法

既知のキナーゼに対する合成基質ペプチドを細胞抽出液と混合し，*in vitro* で反応させて生じたリン酸化基質ペプチドをLC-MSで同定・定量する方法（KAYAK法：Kinase AcitivitY Assay for Kinome profiling）も報告されている[5)6)]．KAYAK法では主にPI3KとMAPK経路の既知の90のリン酸化ペプチド同定と定量を1回のキナーゼ反応およびLC-MS分析によって行っている．また，キナーゼのリン酸化状態と発現量を見積もるために，複数の非特異的なキナーゼ阻害剤を樹脂に固定化し，この樹脂を用いてアフィニティー精製を行った後に，LC-MS分析することによって，キナーゼのリン酸化と発現量を同時に見積もる方法も報告されている[7]．この方法によって219のキナーゼのリン酸化状態と発現量を定量できるが，既知の自己リン酸化部位情報は限定されているうえ，基質のリン酸化の情報は失われてしまう．

2 研究のプランニング

われわれはMSを用いて基質のリン酸化をバイアスなしで測定できる統合プロテオミクスを用いている（概略図）．この手法を用いた主な応用例は，①キナーゼの基質探索と②各種細胞株，臨床がん組織におけるキナーゼ活性ヒートマップの作成による創薬標的探索が挙げられる．特別なLC-MSの定量法を組み合わせなくても同定リストが得られればそれに付随するスペクトラルカウントによって大雑把な量の見積もりはできるが，より精度の高い定量値を得たい場合は主にSILAC（第Ⅰ部-3参照）を用いている．

1）SILAC法を用いたキナーゼの基質探索

キナーゼ基質の同定を行う方法としては，目的とするキナーゼ特異的な阻害剤またはsiRNA処理等を培養細胞に行い，そのキナーゼ活性を阻害した場合としない場合の細胞内リン酸化状態をリン酸化プロテオミクスにより測定・比較する方法が挙げられる．リン酸化プロテオミクスに，より定量性をもたせるためにSILAC法を用いる．

具体的には10cm² dish（1×10⁷cell程度）2枚をSILAC培地でラベル化後，片方の細胞は阻害剤またはsiRNA処理を行い，もう片方はコントロール細胞とする．それぞれの細胞から細胞抽出液を調製し，各々500μgずつ（タンパク質量）混合して，還元アルキル化，トリプシン消化を行い，ペプチド消化物を得る．生じたペプチド消化物からリン酸化ペプチドを金属アフィニティーカラムを用いて濃縮する〔われわれはMassPREP™（Waters社）を用いている〕．抗チロシンリン酸化抗体によるアフィニティー精製によりチロシンリン酸化ペプチドを濃縮する場合は，SILACラベルした細胞抽出液10mg（タンパク質量）ずつを混合後，還元アルキル化，トリプシン消化を行い，ペプチド消化物を抗体アフィニティーカラムで精製して，リン酸化ペプチドを得る．得られたリン酸化ペプチドについてLC-MS分析し，リン酸化部位の同定および定量を行う（図2）．

リン酸化の変動情報に加えて，タンパク質発現量の変動を測定したい場合には，SILACラベルした細胞抽出液50μgずつを混合し，OFFGEL fractionatorで分画後，LC-MS分析でタンパク質の同定・定量を行えばよい．特異的キナーゼ阻害剤またはsiRNA処理により，あるキナーゼを阻害した際にリン酸化が減少したタンパク質は，そのキナーゼの直接の基質またはそのキナーゼの下流のシグナル伝達経路に含まれる分子である可能性が高いと考えられるので，さらに生化学的・分子生物学的な解析を行うことによって新規のキナーゼ基質を決定することが可能である．

❖注意点

- SILAC実験を行う際，例えばコントロールと薬剤処理細胞などをそれぞれHeavyとLightのアミノ酸でラベルする場合，逆のラベルをしたもの，つまり，コントロールをLightで，薬剤処理細胞をHeavyでラベルした実験（スワップ実験）を行うと信頼性の低い定量値データを除くことができる．
- スワップ実験間で定量値変動の増減が一致しない場合，変動方向の判断ができないので，定量値データから除いている．
- 同じリン酸化ペプチドが1回のLC-MS分析で複数回同定された場合，各リン酸化ペプチドの平均値をそのリン酸化ペプチドのSILAC定量値としている．
- SILACによる定量性は2倍程度の変化があれば十分検出可能であるが，ダイナミックレンジがそれほど広くないため，極端に大きな変化（50〜100倍以上）を定量的に検出することは難しい．

2）キナーゼ活性ヒートマップの作成

がん細胞ではキナーゼ阻害剤に対する感受性が異なることがしばしばみられるが，このキナーゼ阻害剤感受性の違いの原因の1つとして，どのキナーゼがどの程度活性化しているかが，各細胞において異

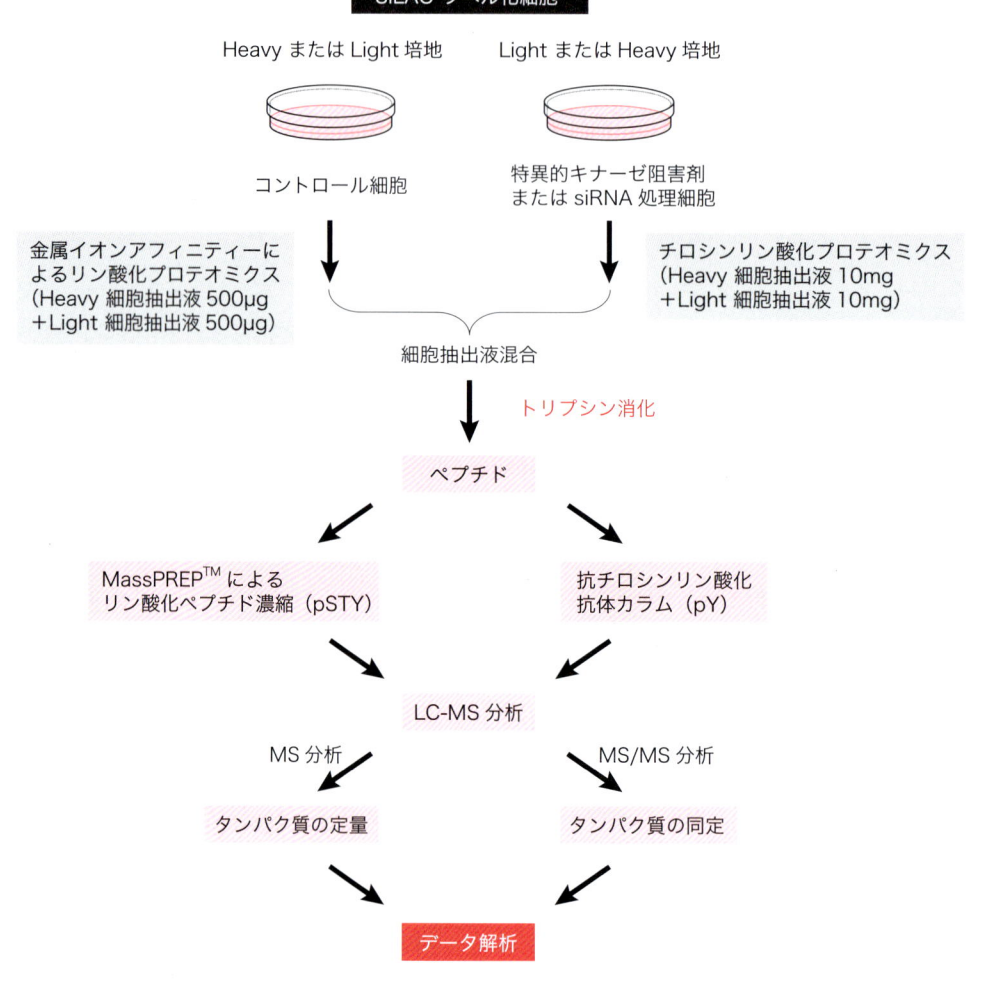

図2　キナーゼ基質同定のためのSILACリン酸化プロテオミクス

なっていることが挙げられる．このため各がん細胞における各種キナーゼの活性化状態を知ることは，キナーゼ阻害剤研究を促進する助けになると考えられる．多数の細胞を解析し，ヒートマップを作成するとき，解析する細胞の種類は多いほうが望ましいが，どういう細胞をどのくらい解析するかはスループットとキャパシティーを踏まえて，慎重に検討する必要がある．われわれは1サンプルを4時間弱かけて分析しているので，LC-MS分析だけを考えると1台のLC-MSシステムで1日6サンプルが分析可能ということになる．またチロシンリン酸化解析の場合は10^8程度の，金属イオンアフィニティーの場合は10^6〜10^7程度の細胞を用意する必要があり，その後，サンプル調製に3〜4日かかることも念頭において，計画を立てる必要がある（図1）．またSILACのような相対比較定量法により取得したデータを順次蓄積し，分析間での比較を行うのは難しい．一方，スペクトラルカウントによる定量法で得られたデータは定量精度が低いが，適切な内部標準があれば分析間での比較が可能で，データを蓄積し，データベースとして利用していくことができるので，この点も考慮する必要がある．

3 研究例

1) キナーゼ基質の探索

ここではAbl（tyrosine-protein kinase ABL1）の新規基質としてRbを見つけた例を紹介する[8]．はじめにAblが活性化されている細胞株を用いて抗チロシンリン酸化抗体によってチロシンリン酸化タンパク質を免疫沈降し，LC-MSで同定した．チロシンキナーゼ阻害剤であるgenistein処理によってチロシンリン酸化が減少するタンパク質をスペクトラルカウントによって選択した．そのなかでScansite（http://scansite.mit.edu/）などのリン酸化予測データベースを用いて，リン酸化を受けている可能性が高く，また生物学的に興味深い，がん抑制遺伝子として知られているRbに着目した．

Rbのチロシンリン酸化はAbl依存的ながん細胞でのみ確認することができたので，RbはAblの新規の基質である可能性が考えられた．まず組換えタンパク質を用いた in vitro 実験からRbのCドメインがAblによってリン酸化されることを示した．次にCドメインタンパク質を用いてLC-MSによってリン酸化部位を同定したところ，主にY805がリン酸化されていることがわかった．その後，当該リン酸化部位の点変異体Rbを作製し，この点変異体がAblによりリン酸化されなくなることを確認した．また，Y805を含むリン酸化配列を特異的に認識する抗体を作製し，この抗体を用いたウエスタンブロッティングによって内在性のRbのY805がリン酸化されていることを示した．さらにこのリン酸化はAbl阻害剤によって阻害されることを示した．以上のことから，RbのY805はAblの新規の基質であることが明らかとなった．その後，機能解析を行い，このリン酸化はがん細胞の生存にかかわる役割を果たしていることを明らかにした．

2) チロシンリン酸化プロファイリングによる標的探索

図1Bに示した抗チロシンリン酸化抗体を用いたリン酸化プロテオミクス解析によって，41種類の非小細胞肺がん培養細胞株と150の臨床がん組織のリン酸化プロファイリングが行われ，ヒートマップが作成された[1]．定量はスペクトラルカウントを用いており，多くの細胞株で検出されるGSK3β Y279のリン酸化部位を含むトリプシン消化ペプチドの数値を内部標準として利用した．1つの細胞株について100〜200のチロシンリン酸化ペプチドが同定されたが，臨床サンプルについては数十ペプチドと少なくなっていた．これは出発材料の量をあまり確保できないことによると思われる．この解析から細胞株と臨床サンプルでは活性化されているチロシンキナーゼに違いがあることが明らかとなった．また階層的クラスタリング解析によって，非小細胞肺がんの臨床がん組織をチロシンキナーゼ活性の特徴によって5つのグループに分類することができた．さらに彼らは特定の細胞株，臨床サンプルで異常に活性が高いチロシンキナーゼに注目し，この原因を解析して，ALK（anaplastic lymphoma kinase）やROS（proto-oncogene tyrosine-protein kinase ROS）との新規の fusion gene を発見した．さらにこれまで非小細胞肺がんの標的としては考えられていなかったPDGFRが，特定のがん細胞で異常に活性が亢進していることを見出し，創薬標的の候補として提案した（図3）[1]．

3) リン酸化プロファイリングによる標的探索

上記2) の方法はチロシンリン酸化だけをモニターしているため，チロシンキナーゼの標的探索には向いているが，他の多くのセリン・スレオニンキナーゼは対象とはならない．また，タンパク質発現量についての情報がないため，チロシンリン酸化の亢進が過剰発現によるものか，キナーゼ活性の亢進によるものかの区別はできない．

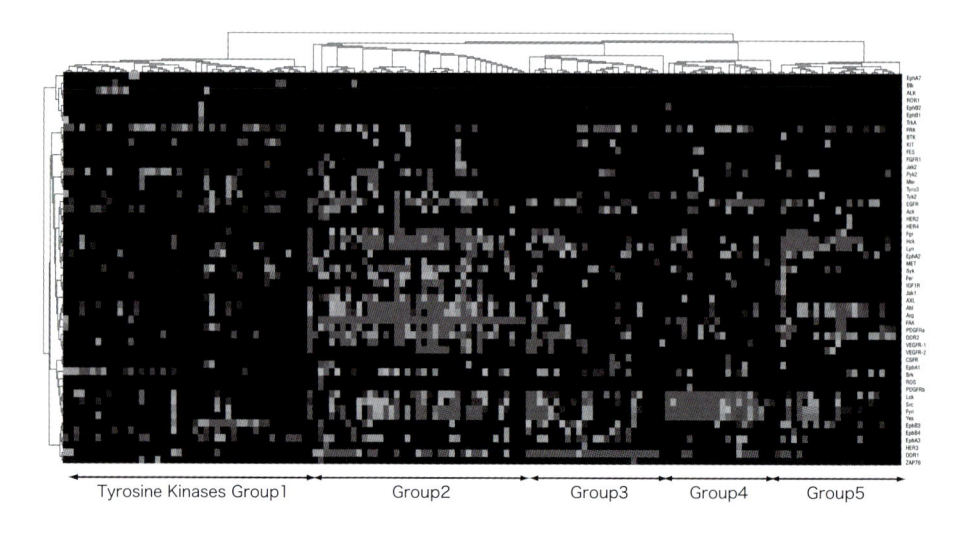

図3 非小細胞肺がん臨床組織のチロシンキナーゼリン酸化によるクラスタリングパターン

各チロシンキナーゼのリン酸化のスペクトラルカウントをGSK3βのスペクトラルカウントで補正し，階層的クラスタリング解析をした．この解析からチロシンキナーゼのリン酸化状態により，150の非小細胞肺がん臨床組織を5つのグループに分類することができた（巻頭カラー図4参照，文献1より転載）

そこでわれわれは大腸がん細胞株HCT-116を用いて統合プロテオミクスによるプロファイリングを行い，スペクトラルカウントによって大まかなリン酸化レベルとタンパク質発現量を見積もった．同定したリン酸化部位のうち76％についてはタンパク質の発現量を見積もることができた．またリン酸化プロテオミクス解析の多くは，作用するキナーゼが知られていないリン酸化部位を同定する．したがって，1）で記述したようにそのリン酸化にどのような生物学的意味があるのかは，機能解析を行い証明しないとわからない．

一方，キナーゼがわかっているリン酸化はそのキナーゼの活性化状態をモニターすることができるため，2）で記述したように同定結果がすぐに生物学的意味を与えてくれる．そこでPhosphoELM database（http://phospho.elm.eu.org/）を利用して，同定したリン酸化部位のうち，作用するキナーゼがわかっているものを抽出したところ，136のリン酸化部位が含まれていた．これは83のキナーゼによってリン酸化されることが知られている．つまり，この手法によって83のキナーゼの活性状態をモニターできるだけでなく，あるキナーゼがどの基質を優先的にリン酸化しているか，どこにシグナルが強く流れているかということを俯瞰することができる．この手法を用いてさまざまな細胞株を分析し，ヒートマップを作成すれば，創薬標的探索に利用することができるだけでなく，薬剤処理による変化を解析することによって，作用機序解析に利用することも想定できる．

文献

1) Rikova, K. et al.: Cell, 131: 1190-1203, 2007
2) Rush, J. et al.: Nat. Biotechnol., 23: 94-101, 2005
3) Du, J. et al.: Nat. Biotechnol., 27: 77-83, 2009
4) Hubner, N. et al.: Proteomics, 8: 4862-4872, 2008
5) Kubota, K. et al.: Nat. Biotechnol., 27: 933-940, 2009
6) Yu, Y. et al.: Proc. Natl. Acad. Sci. USA, 106: 11606-11611, 2009
7) Daub, H. et al.: Mol. Cell, 31: 438-448, 2008
8) Nagano, K. et al.: Oncogene, 25: 493-502, 2006

第Ⅱ部 実践編　3章　作用機序解析／病態メカニズム解析への利用と研究戦略

① プロテインチップを利用した抗がん剤の作用因子解析

明石哲行，矢守隆夫

抗がん剤の開発では，抗腫瘍効果を及ぼす作用機序をより詳細に知ることは重要である．抗がん剤が作用するようなシグナル伝達因子などを解析するために，リン酸化タンパク質も検出できるSELDI-TOF MSの拡張利用が期待された．実際，がん細胞株の抗がん剤処理によるタンパク質発現や翻訳後修飾の変動をSELDI-TOF MSで解析した例では，新規PI3K阻害剤の利用から，PI3Kの下流因子で複数箇所リン酸化されたネイティブの4E-BP1が薬剤作用因子として確認された．また，MetAP2阻害剤からは，プロセシングを受けたTrx-1やCypAなどが作用因子候補として同定された．本稿では，プロテインチップを用いた抗がん剤の作用因子解析法について紹介する．

1 用いる解析法と進め方

抗がんを目的とした創薬が治療薬へとステップアップしていく臨床試験の過程では，その有効性（腫瘍抑制効果）と安全性（重篤な副作用の回避）を明示することが必要となってくる．そのため，抗がん剤候補の標的とする分子を含め，抗腫瘍効果を及ぼす作用機序をより詳細に知ることは重要である．また，臨床での化学療法において，治療効果のモニタリングや薬効・毒性の評価ができるようなバイオマーカーがあれば，薬剤処方の調整（量，投与期間の決定）をするための手助けとなると考えられる．

そこで最近，プロテオミクス解析を利用して，抗がん剤処理により影響を及ぼすタンパク質（シグナル伝達因子，酵素基質など）の探索が試みられている．このようなタンパク質は，作用機序を明らかにする手がかりとなる可能性や，効果判定のバイオマーカーとなる可能性がある．本稿では，プロテインチップとMSを組み合わせたバイオ・ラッド社のSELDI (surface-enhanced laser desorption/ionization)–TOF MSを利用した解析法を紹介する．

1) SELDI-TOF MSとは

SELDIは，医療現場での迅速なバイオマーカーによる診断をすることをコンセプトに開発され，操作が簡便で，専門家でない初心者・研究者・医療関係者でも手軽に扱うことが可能である．クロマトグラフィー様の表面をもつプロテインチップでサンプル中から特定の属性をもつタンパク質を捕捉し，TOF-MSで捕捉タンパク質の分子量と存在量を解析する．解析対象とするタンパク質群は限定的であるものの，酵素消化をしていない低分子量域（＜約25kDa）のタンパク質を網羅解析できる（精製標品であれば高分子量のものでも測定可能）．SELDIは，リフレクトロンを備えていないMALDI-TOF MSのリニア型に相当し，MALDIのリフレクトロン型でみられるようなリン酸基の脱離は起きない．また，

概略図　抗がん剤の作用因子解析の流れ

```
        ・培養細胞
        ・実験動物
            など
        ↙        ↘
   薬剤未処理    薬剤処理
              (処理濃度・時間の検討)
        ↓          ↓
          サンプル回収
        ・がん細胞株/上清
        ・血管内皮細胞株
        ・ゼノグラフト
                  など
              ↓
           分画・精製
        ・細胞質/核/膜分画
        ・イオン交換クロマトグラフィー
        ・アフィニティークロマトグラフィー
        ・免疫沈降
                  など
              ↓
        SELDI-TOF MS 測定
          [レーザー/TOF-MS/検出器/プロテインチップ]
              ↓
        プロファイル比較・
        標的分子の選出
              ↓
        標的分子の予測・同定
        ・抗体利用による確認
        ・Peptide Mapping による予測
        ・MS/MS による同定
```

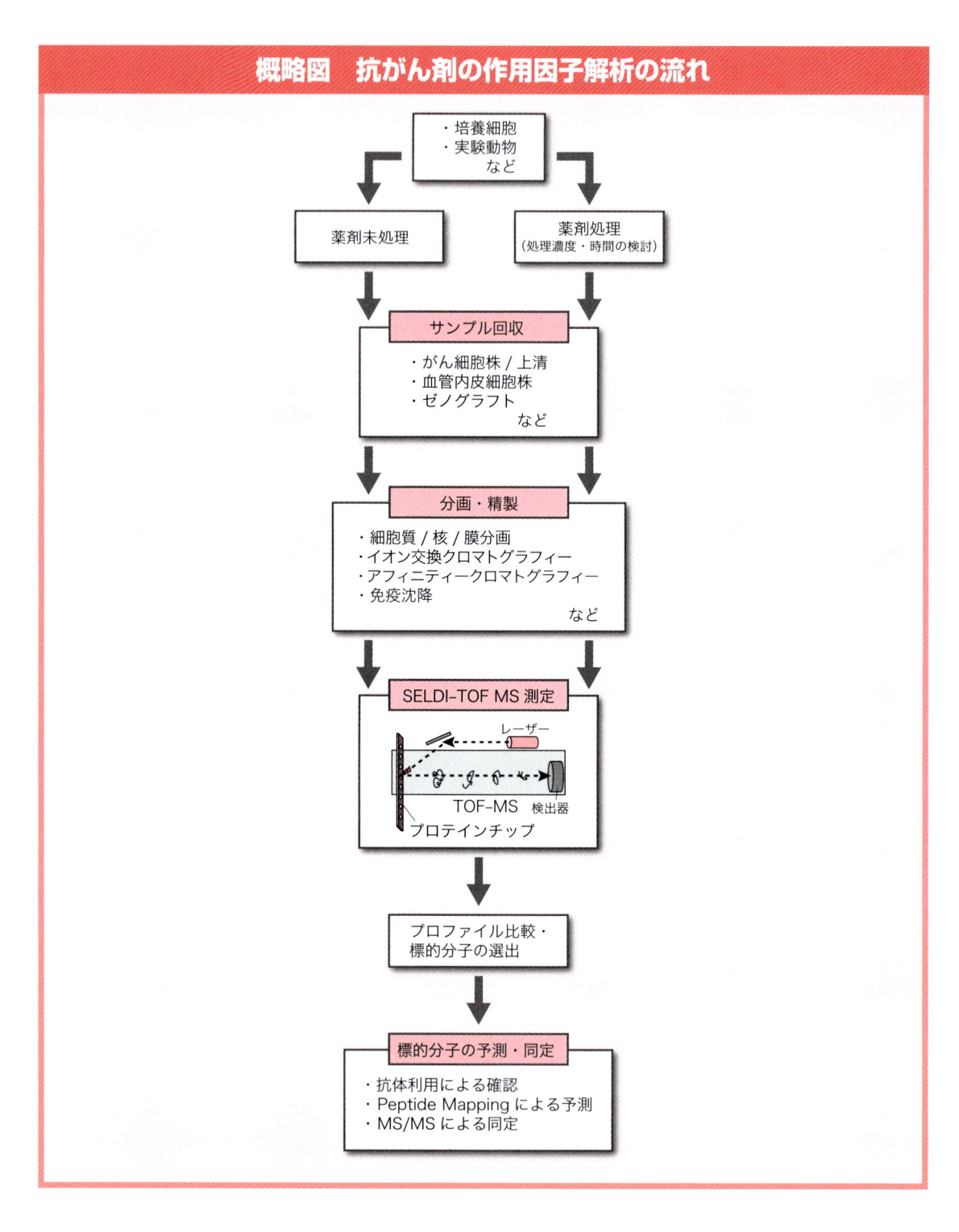

SELDI測定では，サンプルを載せたスポット面に対して広範に数十回のレーザーを照射し，得られるピークの積算平均値を算出することで，感度，定量性を高めている．そのためSELDIでは，複数箇所リン酸化されたネイティブのリン酸化タンパク質のピークも定量的に観察することができる[1) 2)]．

2）抗がん剤の作用因子解析の進め方

抗がん剤によるがん退縮効果は，がん細胞における増殖・成長・転移の阻害やアポトーシス誘導によるもの，また，がん細胞に酸素や栄養を補給する毛細血管の新生阻害によるものが考えられている．そのため抗がん剤の作用機構を調べるためのサンプルとしては，がん細胞株やその分泌物（上清），血管内皮細胞株，ヒトがん細胞移植片（ゼノグラフト）などが主な対象となると考えられる．

研究の流れ（**概略図**）としては，培養した細胞株を利用して，任意の時間・濃度の下，調べたい薬剤を処理したのち，その薬剤処理および未処理のサンプルを回収する．その後，必要に応じて回収サンプルからタンパク質の分画（細胞質，核など）・精製（イオン交換，アフィニティーカラムなどの利用）を行い，標的タンパク質群をフォーカシングすることでMS測定による検出感度を上げる．SELDIのMS測定により得られた薬剤処理と未処理のタンパク質プロファイルを比較して，有意な変動を示すピークを薬剤感受性タンパク質の候補として選出する．SELDIでの候補ピークのタンパク質同定は，やや困難ではあるが，データベース検索（TagIdent, http://www.expasy.org/tools/tagident.html）を利用することでタンパク質を推定できる場合があり，それに対する抗体が入手できれば，抗体を利用したタンパク質確認を行うことができる．しかし，データベースによるタンパク質推定ができない場合や適切な抗体が入手できない場合は，一連のタンパク質同定方法〔タンパク質精製のスケールアップ，SDS-PAGEによるタンパク質分離，酵素消化処理，MS測定によるペプチドマスフィンガープリンティング（PMF）法での同定，他社のMS/MS装置との組み合わせによるペプチドシークエンス決定法での同定〕に従うことになる．

2 研究のプランニング

まず，薬剤処理により発現量や修飾に影響を及ぼすようなタンパク質を探索することが目的であるため，適切な薬剤の処理濃度・時間の範囲を調べておくことは重要である．例えば，薬剤の処理濃度が濃すぎると，親和性の高い標的分子のほかに，副作用を及ぼすような親和性の低い分子も標的候補として挙がってしまい，作用機序の解析を困難にしてしまう可能性がある．また，培養細胞を利用する場合，細胞の種類によって薬剤作用効果は大きく異なるため，取り扱う細胞の種類の選択も重要である．GI_{50}（細胞増殖を50％阻害する薬剤濃度）を基準にして濃度設定するのも1つの方法である（薬剤によっては，細胞の種類の違いによりGI_{50}値の差が数百〜数千倍以上もあるケースがある）．さらに，細胞の由来する臓器・組織の違いや，細胞内のタンパク質の変異・欠損によって，得られるタンパク質プロファイルが異なる場合もあるため，細胞の種類の検討は可能であればした方がよい．

細胞からタンパク質を抽出するバッファーの検討も随時必要である．例えば，何かのタンパク質精製キットのプロトコールに従ってしまい，今まで使用していたバッファー条件を変更してしまうとタンパク質プロファイルが変わってしまう場合がある（細胞を0.5％NP-40で処理して細胞質画分を回収していたところ，0.25％CHAPSに変えたことで核画分も混入するようになったことがある）．また，リン酸化タンパク質を回収する際に，細胞破砕液としてバナジン酸ナトリウムのような脱リン酸化酵素阻害剤を数種含むバッファーを一般的に使用するが，濃度の濃いバナジン酸ナトリウム（数十mM）は，リン酸化タンパク質の回収率を上げるが，SELDIにおける検出感度を悪くする（1mMなら問題ない）．

SELDIでは，抗体を利用して標的タンパク質を確認する方法がある．細胞抽出液から抗体で標的タン

パク質を除き，プロファイルの中から標的タンパク質のピークのみが消失していれば，ものである可能性が高い．また，抗体で回収したサンプルそのもの（免疫沈降物）のプロファイルから標的タンパク質を確認できる場合もある（後述に例を記載）．リン酸化タンパク質をゲル内酵素消化してPMF法やMS/MSで同定する場合には，リン酸化状態により酵素の切断パターンが変化すること[3]を考慮して，あらかじめ脱リン酸化処理したサンプルを使用した方がよいかもしれない[1]．

同定後のアッセイやタンパク質解析などにもSELDIは利用できる場合もある．薬剤効果のモニタリング[8]やタンパク質改変体利用によってリン酸化の順位決定[2]をした例もある．

3 研究例

最近の抗がん剤の開発では，特定のタンパク質分子を特異的に標的する分子標的薬が大きく着目されている．ここでは，標的の異なる2種類の分子標的薬を使った，プロテインチップ利用による作用因子の探索の実験例を紹介する．第一の例は，われわれのPI3K阻害剤ZSTK474に関する研究，第二の例は，WarderらのMetAP2阻害剤TNP-470に関する研究を紹介する．

1) PI3K阻害剤ZSTK474の作用因子解析

ZSTK474（全薬工業）は，PI3K（Phosphatidylinositol 3-kinase）を標的とし，強力な細胞増殖抑制活性をもつ阻害剤である[4]．PI3Kは，下流の多くのシグナル伝達因子を活性化し，細胞周期や増殖を促進する．がん細胞におけるPI3K経路は，恒常的に活性化されている場合が多く，腫瘍の形成・増殖への関与が示唆されている．マウスのヒトがん細胞ゼノグラフトにおいても，経口投与したZSTK474は，毒性が少なく，顕著に腫瘍の増殖を阻害する．

また，ZSTK474には，血管新生阻害効果も認められており[5]，有望な抗がん剤として期待されている（臨床試験予定）．

われわれは，ZSTK474の作用により影響を及ぼすシグナル伝達因子を探索すべく，EGF刺激したヒト肺がん細胞株A549を利用して，ZSTK474処理により変動を示すリン酸化タンパク質の同定を試みた（図1A）[6]．A549におけるZSTK474のGI$_{50}$値の3倍濃い濃度で薬剤処理した細胞（1.5μM，30分）と薬剤未処理の細胞を，脱リン酸化を防ぐためにただちに液体窒素で凍結した．凍結細胞をバッファー（0.5％ NP-40，脱リン酸化酵素阻害剤を含む）で可溶化し，遠心後の上清から細胞質画分を回収した．この抽出液を，キアゲン社のリン酸化タンパク質精製キットを利用して，リン酸化タンパク質の濃縮を行った後，脱塩・濃縮用の遠心チューブで脱リン酸化タンパク質阻害剤を除去した．薬剤処理していない細胞由来のサンプルの一部は，脱リン酸化酵素（λ-PPase）処理を行った．ここで，①薬剤未処理，②薬剤未処理→脱リン酸化処理，③薬剤処理，の3種類のサンプルをSELDIの強陰イオン交換チップ（Q10）で解析し，プロファイル比較をした．その結果，6つのタンパク質ピーク群で，脱リン酸化処理による約80 Da（リン酸化1個の分子量）の整数倍の分子量分のピークシフトが観察された．なかでも，12.9 kDaをはじめとするピーク群（図2A-a）は，脱リン酸化処理によりピークが消失する代わりに12.5 kDaの〔12.9 kDaのピークより400 Da（80 Da×5）小さい〕ピークが出現し（図2A-b），さらに，ZSTK474処理した場合では，それらのピークシグナルの消失/減少が観察された（図2A-c）．

TagIdentツールを利用して，約12.5 kDaの分子量でデータベースから標的タンパク質を検索した結果，複数のリン酸化部位をもつ4E-BP1が候補として考えられた．4E-BP1は，PI3K-Akt-mTORのシグナル伝達経路の下流因子で，タンパク質合成の制御に関与している（図3）．4E-BP1抗体による細胞

A)

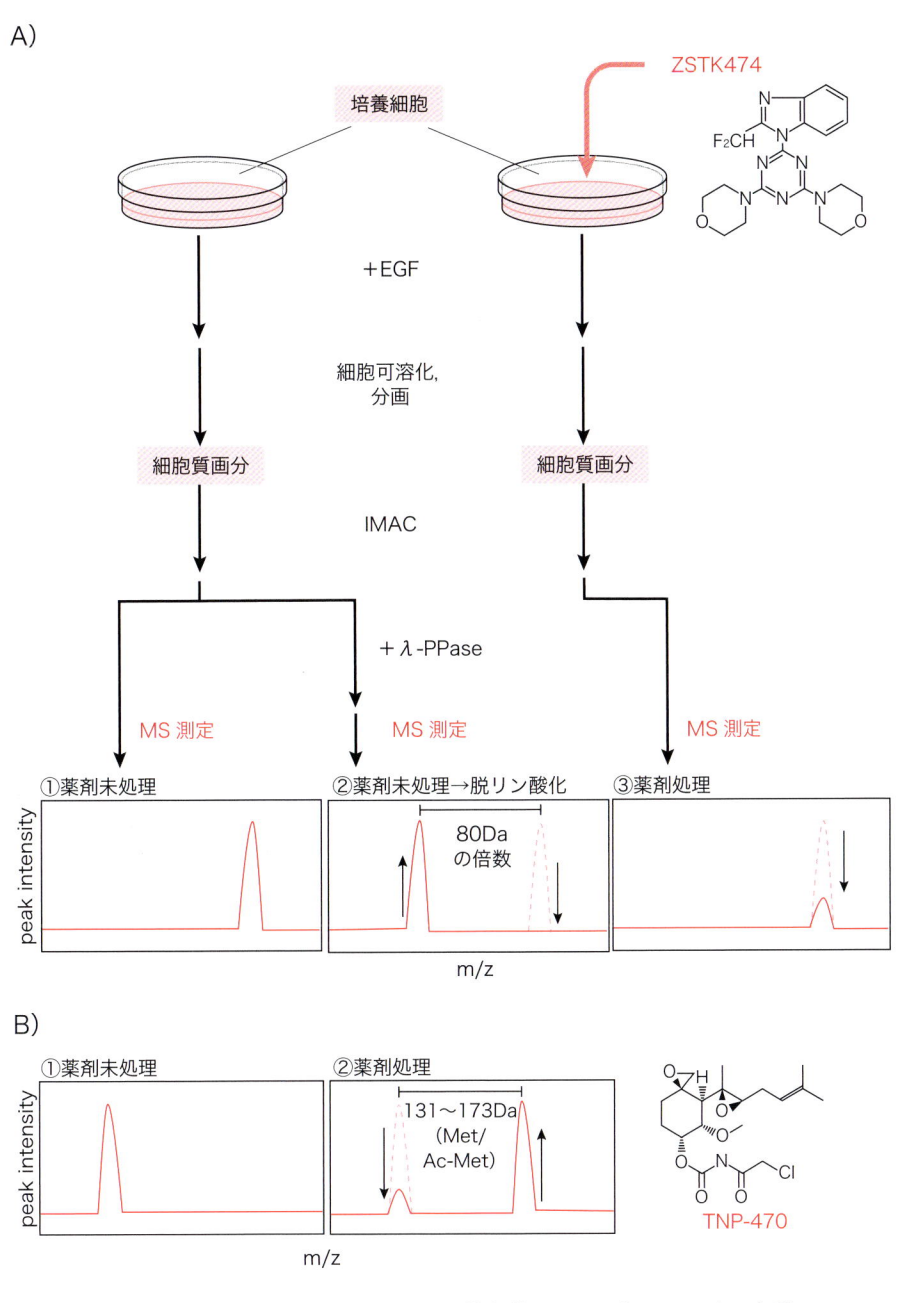

図1 薬剤処理により予測される薬剤作用因子プロファイル変動

(A) 培養細胞に+EGF、ZSTK474処理を行い、細胞可溶化・分画後、細胞質画分をIMACにより処理、+λ-PPase処理を行いMS測定。
① 薬剤未処理
② 薬剤未処理→脱リン酸化（80Daの倍数）
③ 薬剤処理

(B)
① 薬剤未処理
② 薬剤処理（131〜173Da (Met/Ac-Met)）

TNP-470

抽出液からの免疫沈降画分をSELDIで解析したところ，上記同様の複数ピーク群が観察でき（**図2B-a**），また，脱リン酸化処理（**図2B-b**）やZSTK474処理（**図2B-c**）によりリン酸化体に相当するピークはすべて消失することも確認された．従来のPI3K阻害剤（LY294002, wortmannin）は，mTORも阻害することで4E-BP1のリン酸化を阻害すると思われていた（**図3**）．しかし，新規PI3K阻害剤ZSTK474

1) プロテインチップを利用した抗がん剤の作用因子解析

A) ZSTK474感受性のリン酸化タンパク質の検出

B) 免疫沈降による標的タンパク質の確認

図2　SELDI-TOF MSによる薬剤作用因子の探索（文献6より改変）
詳細は本文参照

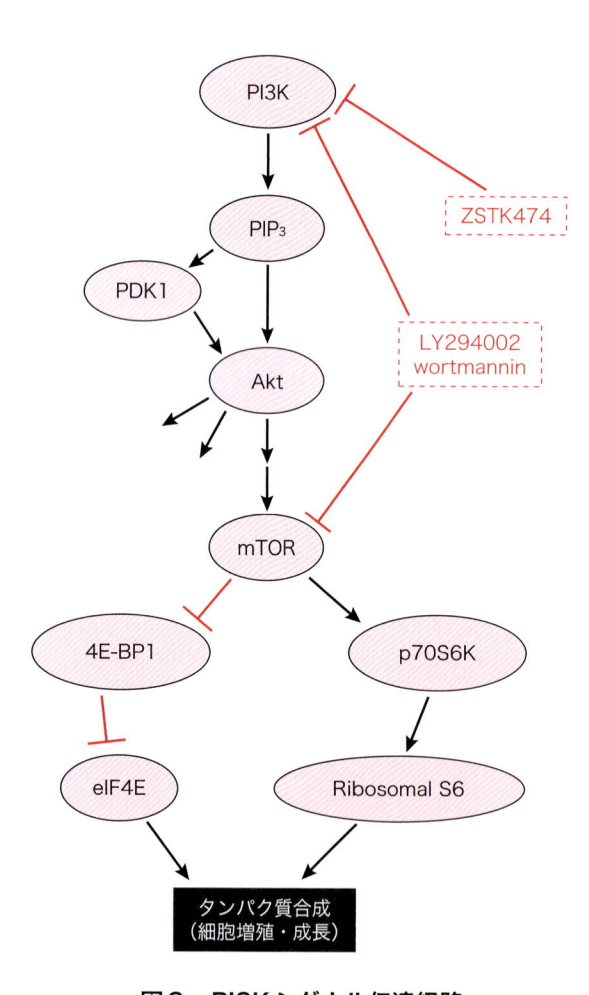

図3　PI3Kシグナル伝達経路

にはmTOR阻害活性はないため[7]，4E-BP1のリン酸化にはPI3K-Aktの活性化が必要条件であることが示唆された．

2) MetAP2阻害剤TNP-470の作用因子解析

TNP-470（武田薬品工業）は，血管内皮細胞の増殖を阻害するカビ由来天然物質フマギリンをもとに合成された誘導体で，MetAP2（Methionine aminopeptidase-2）を特異的に強く阻害することが知られている．MetAP2は，タンパク質のN末端から翻訳開始メチオニンをプロセシングする酵素で，Srcファミリーでみられるプロセシング後のN末端ミリストイル化のような翻訳後修飾やタンパク質の半減期などの制御にかかわると考えられている．しかし，MetAP2活性阻害によって観察される血管新生阻害やがん細胞の増殖阻害の詳細な作用メカニズムは不明である．

Warderらは，MetAP2活性阻害によるその作用メカニズムを調べるために，SELDIもしくはMALDI-MSを利用してMetAP2の基質の探索を行い，高分解能性のFT-ICR-MSやLC-MS/MSを使ってその同定を試みている[8]．血球系細胞株（K562,

MEL）において，TNP-470を処理した場合と未処理の場合の細胞抽出液をSELDIの逆相クロマトグラフィーチップ（H50）で解析し，プロファイル比較したところ，薬剤処理によりピークが低くなり，同時に約131〜173 Da〔メチオニン（Met）もしくはアセチル化メチオニン（Ac-Met）の1個分の分子量〕ほど高分子量側ピークが高くなるのが観察された（**図1B**）．それらのうち，11.6と18 kDaのピークは，それぞれTrx-1（Thioredoxin-1）とCypA（CyclophilinA）として同定された．Trx-1は，細胞内の還元環境を維持し，細胞成長や血管新生への寄与が示唆されている．CypAは，Rbとの相互作用を介して細胞周期制御にかかわることが示唆されている．また，未切断のCypA（Ac-Met）のピークは，TNP-470の処理濃度に依存してSELDIで検出されるが，その変化はTNP-470濃度に依存する細胞増殖の阻害曲線とほぼ一致する．このことから，SELDIによる薬剤効果のモニタリングの可能性も示唆された（詳細は省くが，Warderらは他の探索法を用いて，SH3BGRL，eEF2，GADPHもMetAP2の基質として同定している）．

4 展望

診断用マーカーを探索するためのMSと思われがちなSELDI-TOF MSではあるが，SELDIの簡便な操作で薬剤感受性リン酸化タンパク質の探索もできることを紹介した．このように，解析法の工夫の積み重ねにより，SELDIのさらなる拡張利用が期待される．

文献

1) Akashi, T. et al.：Biochem. Biophys. Res. Commun., 352：514-521, 2007
2) Akashi, T. & Yamori, Y.：Proteomics, 7：2350-2354, 2007
3) 片山博之，小田吉哉：できマス！プロテオミクス（小田吉哉，夏目　徹/編），pp120-135，中山書店，2004
4) Yaguchi, S. et al.：J. Natl. Cancer Inst., 98：545-556, 2006
5) Kong, D. et al.：Eur. J. Cancer, 45：857-865, 2009
6) Akashi, T. & Yamori, Y.：Proteome Science, 7：1-8, 2009
7) Kong, D. & Yamori, T.：Cancer Science, 98：1638-1642, 2007
8) Warder, S. E. et al.：J. Proteome Res., 7：4807-4820, 2008

第Ⅱ部 実践編　3章　作用機序解析／病態メカニズム解析への利用と研究戦略

② 融合プロテオミクスによる病態メカニズムの解析
—抗がん剤感受性にかかわる腫瘍細胞内シグナルの解析

荒木令江，森川　崇，坪田誠之，小林大樹，水口惣平

病態において異常に制御されたシグナル伝達経路にかかわる分子群の特異的抽出を可能とする新しい融合プロテオミクス法を概説する．本稿ではプロテオーム解析（iTRAQ法や2D-DIGE法など）とトランスクリプトーム解析（DNAアレイ法など）による分子発現差異解析法を融合的に用いて，比較サンプル群の同時解析データ情報を統合マイニング（iPEACH/MANGO）することによって，膨大な情報から特異的活性化分子群の抽出を行い，迅速な生化学的検証法，siRNAや阻害剤等による生物学的機能検証法の組み合わせによる統合的病態分子メカニズム解析法を提案した．悪性グリオーマの薬剤感受性にかかわる分子群の検索にこれらの方法論を応用し，新規の抗がん剤抵抗性にかかわる活性化シグナルを見出した解析例を紹介する．

1 用いる解析法と進め方

1）融合プロテオミクス

病態サンプルを用いて，病態マーカーや創薬の標的となる細胞内異常シグナルネットワークを検索するには，ゲノム解析やmRNA発現解析，タンパク質の発現解析や特異的翻訳後修飾／相互作用解析などのさまざまな分子解析結果を統合的に総合評価することによって初めて可能となると考えられる．しかし，これらの解析方法論は元来個々に確立されているため，出力されるデータの言語やフォーマットや表示の概念がそれぞれ異なっており，これらを融合して統合的に評価することは現状では困難である．すなわち，複数の装置によって異なる概念で解析を行い，病態組織細胞内においての異常活性を示すタンパク質ネットワークや翻訳後修飾，細胞内タンパク質の相互作用機能等の多くの情報を得たとしても，それを有機的に結びつけて解釈することが簡単にできないのが現状である．そこでわれわれは，病態関連分子解析を効率的に進めることができる統合マイニング解析プログラムの考案を試み，腫瘍組織細胞の機能分子メカニズム解析，バイオマーカー検索等への応用を試みている[1)2)]．

われわれが用いる融合プロテオミクスのアプローチは，**概略図**のように行う．すなわち，患者から得られた組織や細胞サンプルに関して，病理学的チェック，染色体の異常の有無，正常，異常：悪性度（グレード）の違い，抗がん剤感受性有無などで分類をしたのち，プロテオームおよびトランスクリプトームの定量的解析を行い，すべてのデータをデータベース化する．これらの統合データから分子クラスター解析，ネットワーク解析を含めた種々の機能解析を行い，最も重要である分子群を抽出して検証した後，臨床マーカー，治療，予防，創薬開発などへの応用へ繋げていく．プロテオミクスの方法論で感度と再現性と定量性を向上させる目的で用いられるディファレンシャル解析法として，蛍光標識法（2D-DIGE法：2 dimensional fluorescence difference gel electrophoresis）や安定同位体標識

概略図 融合プロテオミクスの研究の流れ

抗がん剤感受性，非感受性の患者グリオーマサンプル解析の例

融合プロテオミクスのストラテジーを示す．まず，腫瘍組織を外科的手術によって切除したのち，病理学的検査を行い，遺伝的背景（LOHの有無など）による分類を行う．さらに，これらのサンプルよりタンパク質とmRNAを同時に抽出して，2種類のプロテオミクス，2D-DIGE法とiTRAQ法による解析，およびDNAアレイを行う．差異のあったすべての分子群を同定後，タンパク質およびmRNA全データを in silico によって融合的にデータマイニングしたのち，それらの分子について腫瘍細胞における生物学的機能を検証する

法（iTRAQ法：isobaric tag for relative and absolute quantitation）が挙げられる．これらは，1回の解析で複数のサンプルの比較画像やシグナルから分子の情報（アミノ酸配列情報や，絶対量，分子量や等電点や翻訳後修飾など）を得ることができる方法論である．使用する質量分析計は，ESIやMALDIなどのイオンソースや，分離検出部に四重極型やTOF型，イオントラップ型やFT型，これらのハイブリッド型などで，各特徴によって，検出分子が同定されやすい/にくいという得意不得意がある

ため，これら手法を組み合わせて解析することが，網羅性と信頼性ある結果を導くために必要不可欠になっている．同時に同じサンプルを用いて2D-DIGE法とiTRAQ法によって得たデータを比較すると，2D-DIGE法では主に翻訳後修飾による等電点や分子量の変化が起こったタンパク質の差異が非常に視覚的に感度よく，定量的に検出されるのに対して，iTRAQ法ではタンパク質発現（存在）量に依存した差異と分子同定がハイスループットに，かつ感度よく行われる．そこで，同一サンプルのiTRAQおよび

2D-DIGEによるプロテオーム解析データ，およびDNAアレイによるトランスクリプトーム解析データのすべてを統合し，統合的マイニングによる解析方法論を用いる．これによって，病態組織細胞内で特異的に活性化しているシグナル分子カスケードを抽出し，かかわる分子群のいかなる発現変動と（翻訳後修飾を含む）構造変化が治療抵抗性などに関与するか，すなわち，疾患メカニズムの一端を解明することが可能となる．さらに，これらの統合的な解析によって，病態の治療方針や予後予測をより正しく診断するための臨床マーカーや，有効な治療薬を開発するための基礎情報をデータベース化することが可能となることが期待される．

2）プロテオミクス解析情報統合プログラム iPEACH/MANGO

統合的に行うプロテオミクス解析の利点は，タンパク質自体の量的変動（iTRAQなど）と，タンパク質のmRNAレベルでの発現変動（DNAマイクロアレイ，qRTPCRなど），およびタンパク質の翻訳後修飾を含めた変化（2D-DIGEなど）が同時に情報として取得できることである．一方で，統合プロテオミクスの解析結果を扱ううえでの問題点として，個別の複数のプロテオーム解析（2D-DIGEやiTRAQ）相互，およびトランスクリプトーム解析（DNAマイクロアレイ）の結果の書式に共通性がなく，比較や統合が困難であること，そして，膨大な数の分子を解析するため，解析結果から有意な情報を抽出する効率的な方法論が確立されていないこと等が挙げられる．われわれが開発したiPEACHおよびMANGOはこれらの問題を解決するため，それぞれの生データから同定された分子のすべての言語を統一し，翻訳後修飾情報や定量値，染色体情報，GO（gene ontology）などを紐づけした情報を網羅させ，重みづけと優先順位を付加した統合一元化ファイルを自動的に作成することができる．

融合プロテオミクス解析のために作成した統合プログラムiPEACHによって自動的に解析ファイルを統合する一連の方法を簡単に記述する（図1）．すなわち，異なる病態組織/細胞内で発現が確認された遺伝子（DNAアレイ）とタンパク質群（iTRAQ：ESI-Qq-TOFとMALDI-TOF-TOFによる両解析データや，2D-DIGE：PI3-11のデータおよびPI4-7のデータなど）のそれぞれの同定分子群のすべての情報を含むリストを読み込み，アクセッションを統合したファイルを作成する．このファイルにはgene description（分子の定義や機能情報），染色体位置情報，統合プロテオミクスにおける解析法〔DNAマイクロアレイ，iTRAQ（MALDI-MS），iTRAQ（ESI-MS/MS），2D-DIGE等〕，GOアノテーション，タンパク質翻訳後修飾の有無と頻度（2D-DIGEで同定された修飾スポットの情報）などが付与されている．また，統合ファイルのデータのうち，それぞれの分子に重みづけを行い，優先順位をつけ，同一タンパク質でも翻訳後修飾が併せて確認されるものを注目すべき分子として自動的に上位にランクするアルゴリズムを用いている．さらに自動的に有意と評価して閾値を設定し，閾値以下の変動分子を解析対象から外すようにマスクした後，GO解析やKeyMolnet等の分子ネットワーク解析に直接用いることができるように整形済みテキストとして統合ファイルを出力することができる（特願2010-81525）．オリジナル解析データの一元化ファイルにおいてはヒトサンプルの場合，通常30,000個の分子情報を対象とし，そのなかから統計学的に定量性が有意な分子群を抽出してリストアップする．

❖MANGO

Molecular Annotation by Gene Ontology（特願2006-072392：http://srv02.medic.kumamoto-u.ac.jp/dept/tumor/Japanese/link/link.html）．さまざまな生物種で同定されたタンパク質のGOアノテーションを自動でヒトオーソログに変換し対応させ解析するためのツール[1]．

❖**iPEACH**

integrated Protein Expression Analysis Chart（特願2010–81525：web–application準備中）．同じサンプルからゲノミクス，プロテオミクス，トランスクリプトミクス等のすべてのデータを統合マイニングし，重要分子シグナル群を抽出するための統合マイニング解析プログラム．

3) 融合プロテオミクスの検証ツールとしての2D–プロテインチップ

組織・細胞内で発現されている何万というタンパク質を二次元電気泳動で分離してそのままチップ化するという構想が実現化しつつある．高分子領域や塩基性領域などのタンパク質に対して不得意である点を除いては，おそらく現状のプロテオーム解析法のなかで，最も定量的に再現性よく数千のタンパク質を修飾構造の違いも含めて分離できる方法論は二次元電気泳動（2D–PAGE）の右に出るものはないであろう．2D–電気泳動プロテインチップに用いる二次元電気泳動は，通常どおり，タンパク質の等電点の違いによって分離する等電点電気泳動（IEF）を一次元目に，SDS–ポリアクリルアミドにて分子量の違いで分離する電気泳動を二次元目に行う．電気的にPVDFなどの膜上に転写したタンパク質は比較的安定であり，構造や機能を保持しているものも多い．5,000種以上のタンパク質が転写されている膜そのものがプロテインチップとして有効に使用できる可能性から，これを二次元電気泳動–Natural Protein Chip（2D–プロテインチップ）とよんでいる．われわれは，このチップを再現性よくハイスループットに作製するための自動化二次元電気泳動装置（Auto–2D）を開発している（文献2，他準備中）．これによって，今まで1週間近くかかっていた2D–Western blottingによる検証実験が3〜4時間以内に終了するようになった[3)〜5)]．カクテル化した数種類のターゲット分子に対する抗体を用いて，Auto–2D–Western blotting法によって，病態サンプルを

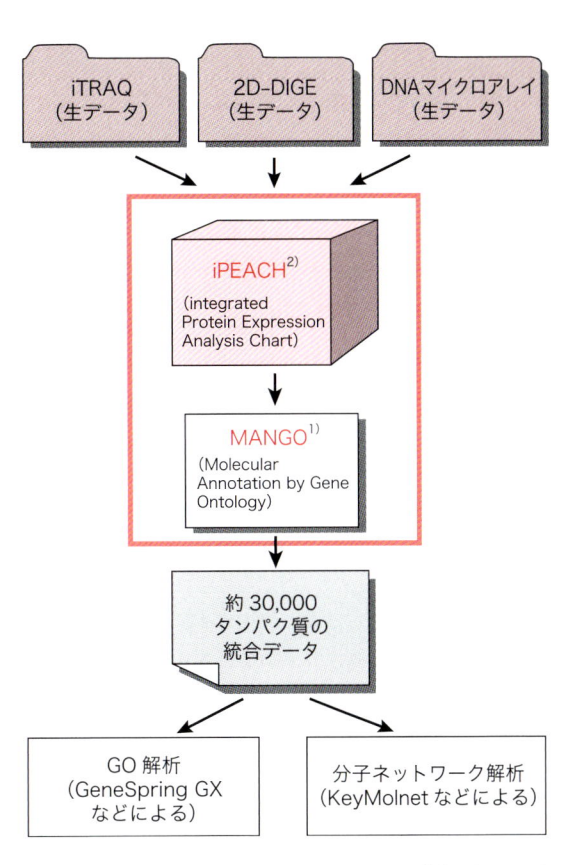

図1 iPEACHとMANGOによる融合プロテオミクスの統合データストラテジー

統合プロテオミクスデータマイニングシステム．2D–DIGE，iTRAQおよびDNAアレイの各データをiPEACHへ投入し，各手法から得られたデータをEntrez Gene IDへ変換後，タンパク質名，fold change，p–value，染色体上の位置（Locus）などを紐づけ，さらにMANGOによって，GOアノテーションを行い，重みづけ順位をつけて1つのチャートとする．このソフトによって，3つの手法から得られたデータの一元化が即座に可能となり，GO解析，パスウェイ解析等へ直接供することができるため，重要な分子群の抽出操作が容易になった

解析し，翻訳後修飾を含む発現パターンから同定分子群の治療予後予測マーカーおよび治療ターゲットとしての可能性の検討が迅速，簡便，高感度に可能となっており，その応用が期待されている（図3に応用例を示す．投稿準備中）．

2 研究のプランニング

1) サンプルの調製と質量分析

　同時にiTRAQや2D-DIGEおよびDNAアレイ解析を行ってサンプルのデータを一元化するためには，同一のサンプルから，タンパク質とmRNAを同時に採取する必要がある．比較解析するサンプル群の数によって必要量が異なり，また，検証実験の種類によっても前後するが，一般的にはiTRAQ法では約20〜50μg，2D-DIGE法では約100〜200μg（minimal dye法の場合）の可溶化タンパク質，DNAアレイでは約100〜200ngのmRNAがあれば一応の解析は可能である．われわれは，iTRAQ解析においては8plex法を用いているが，これらは1回の解析に8種類のサンプルを異なる安定同位体iTRAQ試薬でラベルしてその混合物を解析に用いることができる．通常4種類のサンプルを2連ずつ1セットとして解析し，これを2セット行うことによって再現性を確保している．イオン交換によって約40分画した1セットのサンプルは各サンプルを分割して，nanoLC-ESI-QqTOFおよびnanoLC-MALDI-TOF-TOFにてexclusionをかけながら解析を2回ずつ行う．Protein pilot（AB SCIEX社）というiTRAQ解析ソフトによって40画分の全データをマイニングし，これによって，約5,000種類のタンパク質の比較定量的データを得ることができる．2D-DIGE解析においてはPI4-7およびPI3-11の2種類の解析を3連の解析セットで行い，これらのプロファイルをDeCyder（GEヘルスケア社）によって統計的に解析し，変動の認められるスポットの優先的な同定と，同時に2D-データベースのための周辺スポット，ランドマーク群の同定を行う．同定した変動スポットのPI，分子量，スポット数（修飾の有無）の情報をデータとしてリストアップする．DNAアレイは通常，Affimetrix社のプローブを用いて解析した後，GeneSpring（Agilent社）による統計解析を行っている．

2) データの一元化と検証実験

　上記の複合的に産出されたそれぞれのデータを，一元化するために再フォーマットし，iPEACHにより統合する．病態組織/細胞サンプルを用いたオリジナル解析データの一元化ファイルにおいては，約30,000個の分子情報を対象とし，そのなかから統計学的に有意な分子群を抽出し，さらに病態組織細胞間で有意に発現変動していると評価された分子群に焦点を当てて解析を行う．その結果，単独のプロテオミクスのみあるいはDNAアレイのみでは得ることのできなかった新規の細胞内シグナルが，すなわち，すべての情報を統合マイニングし網羅的に評価して解析することで初めて有意に抽出され，関連する分子群が浮き彫りになってくる．絞り込みを行ったシグナルに関しては，1つ1つ念入りに阻害剤や活性化剤やsiRNAなどを用いて細胞レベルの検証を行う必要があるが，高い絞り込みを行っているため，これらが予想どおりに証明できる可能性が高くなる．少なくとも，われわれが試みている抗がん剤抵抗性腫瘍の解析において抽出された新規の細胞内活性化シグナルに関しては，かなりの確率で検証実験に成功するとともに，患者の抗がん剤抵抗性を感受性に転ずるための方法論に対するアイデアの創出に有用であった（詳細を次項の研究例で説明する）．病態サンプルは量が限られているため，できる限りの情報を最大に生かす必要性があり，iPEACH/MANGOによって統合したファイルをデータベース化することによってさまざまなメタ解析に再利用することも可能である．また，検証実験に用いる病態モデル細胞や動物は，複数種類のラインを準備して共通の表現型と分子の動態を観察する必要がある．これらの解析に有用な分子動態の可視化のためのツール〔Auto-2D-Western blotting装置（前述），タイムラプス蛍光顕微鏡や2光子顕微鏡，動物個体観察用トモグラフィー装置など〕も一般的になりつつある．

3 研究例

ヒト悪性グリオーマである退形成乏突起神経膠腫（anaplastic oligodendroglioma/astrocytoma：AO/AOA）に焦点を当てた解析例を紹介する．悪性グリオーマにおいて唯一化学療法に感受性を示すAO/AOAは，現在のところ明確に予後を予測できる簡便な診断マーカーは存在せず，早期において患者の化学療法感受性を見極めるマーカーや治療ターゲットの開発は早急に取り組むべき重要な課題として近年注目されている．これまでに唯一，AO/AOAの染色体1番短腕部（1p）と19番長腕部（19q）の片アリル欠失（LOH）と化学療法感受性の関連性が報告されているが，化学療法感受性との因果関係を詳細に説明できる特定の遺伝子などの情報は全く報告されていない．理由として，ゲノム上の欠失が必ずしも遺伝子の欠失と相関しない転座の可能性や，あるいは，欠失した遺伝子群を介して間接的に化学療法耐性メカニズムに作用している他の遺伝子の関与等が考えられ，詳細なAO/AOAの化学療法感受性のメカニズムをゲノムや遺伝子レベルのみで結論を出すには限界があった．そこで，融合プロテオミクスによる解析によって，抗がん剤感受性にかかわる分子群の抽出が可能であるかどうか，検証法も含めて検討した．

1）悪性グリオーマの抗がん剤感受性にかかわる分子群の解析の流れ（概略図参照）

AO/AOA 47検体のなかから1p/19q LOH＋（28検体中5検体）および1p/19q LOH－（19検体中5検体）のAO/AOA組織を選択し，これらそれぞれからmRNAおよびタンパク質を回収し，それぞれDNAマイクロアレイ，iTRAQ，2D-DIGEによる解析に供した．各々の網羅的解析結果から得られたデータは，iPEACHを用いて整理・統合し，オリジナル解析データの一元化ファイル内30,000個の分子情報を対象として，そのなかから統計学的に定量性が有意なもの16,287分子を抽出した．さらに，1p/19q LOH＋および1p/19q LOH－の脳腫瘍組織において抗がん剤感受性に関連して変動している重要な分子群139種類を特定した．一元化ファイル情報を用いてGO解析およびKeyMolnetソフトウェアによる分子間ネットワーク解析を行い，脳腫瘍細胞内における抗がん剤感受性関連シグナルネットワークを抽出した．この情報によって予測された特異的活性化分子ネットワーク構成分子群に関して，さらにAO/AOA検体47サンプルすべてにおいてウエスタンブロッティングおよび組織免疫染色にて検証を行うとともに，1p/19q LOH＋および1p/19q LOH－のグリオーマ培養細胞を用いて同様の検証，さらにsiRNA，阻害剤，活性化剤を融合的に用いた生化学的な活性測定，抗がん剤感受性阻害や活性化等の検証実験を行い，悪性グリオーマにおける抗がん剤感受性にかかわる分子機序の解明を試みた．

2）抽出された活性化シグナルの絞り込み例

1p/19q LOH＋および1p/19q LOH－のAO/AOA組織間でiPEACH解析の後，有意に発現変動していると評価された分子群のリスト内で，1p/19q LOH－で発現が亢進している分子群139に焦点を当て解析を行った．一元化統合ファイル（iPEACHで作成）を用いたGO解析および細胞内シグナルネットワーク解析を行い，これらの分子メカニズムの相互作用機序を推察した．1p/19q LOH－AO/AOAにおいて特異的に発現が増加していた分子に注釈づけられているGO termのなかで，GO解析により統計的に有意に関連がみられたGO termは，Regulation of gene expression，Regulation of transcription，DNA bindingなど遺伝子の発現調節に関与するものが多く，抗がん剤抵抗性の細胞内で特異的に活性化しているシグナルが，抗がん剤感受性にかかわる分子の転写活性を制御している可能性が示唆された．KeyMolnetソフトウェアを用いて関連活性化分子

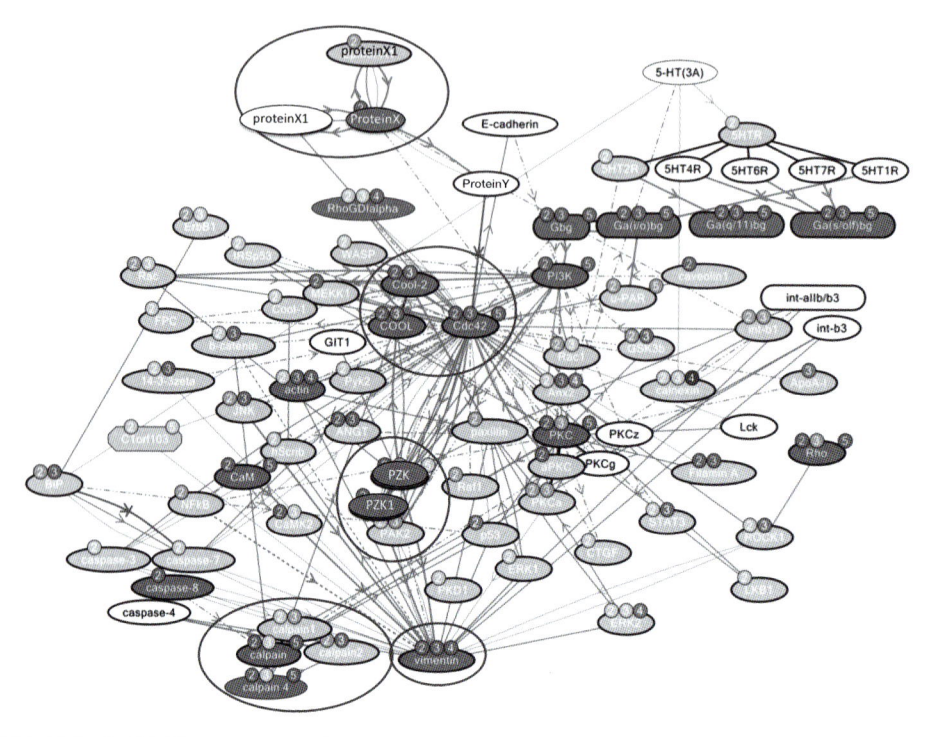

図2 抗がん剤非感受性グリオーマで活性化しているVimentin活性化シグナルネットワーク（iPEACHによる抽出）[12]

GO解析により抽出された重要な分子リストをもとに，一元化ファイルから各分子に紐づけられた発現変動量，Locus情報を取り出してKeyMolnetに供した．その結果，Vimentinを中心にその修飾酵素（キナーゼやプロテアーゼ）分子群の上昇が関連すること，さらに，その修飾酵素分子は染色体1p/19qにLocusしていることが判明した．また，修飾分子群の上流では，G proteinの上昇，ProteinXの上昇が最も関連していることが明らかとなった．GO解析のみによる分子群の抽出ではわからない，分子群の関連性をネットワーク解析に供することで，グリオーマの抗がん剤感受性に関する有意な活性化パスウェイを抽出することができた

ネットワークを検索すると，興味深いことに，1p/19qのローカスに位置する分子群が多数ネットワーク上に抽出され，DNAアレイで最も上昇変動したProteinXとプロテオミクスで翻訳後修飾のファクターを含めて最も変動したVimentinを始点終点としてCdc42や，その下流で活性化するProteinZ kinase（PZK），CalpainSS（calpain small subunit）等を介するProteinX-Vimentin間の分子ネットワークがグリオーマ組織における抗がん剤感受性に重要である可能性が抽出された（図2）．

3) 抽出された分子ネットワークの生化学的検証実験

GO解析ならびにネットワーク解析にて，有意に上昇した重要な分子としてVimentinとProteinXとそれにかかわる制御因子群のネットワークに注目し，それらの発現量を組織免疫染色とウエスタンブロッティングにより検証した．患者由来組織（合計36検体，LOH－：18検体，LOH＋：18検体），LOH－培養グリオーマ細胞であるU373細胞およびU251細胞，LOH＋U87MG細胞およびA172細胞を用いて解析した結果，VimentinとProteinX両分子とも

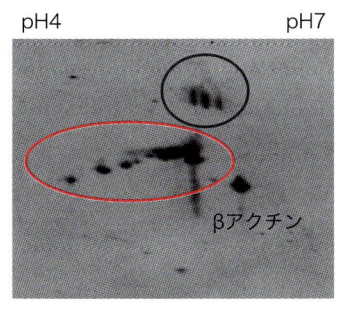

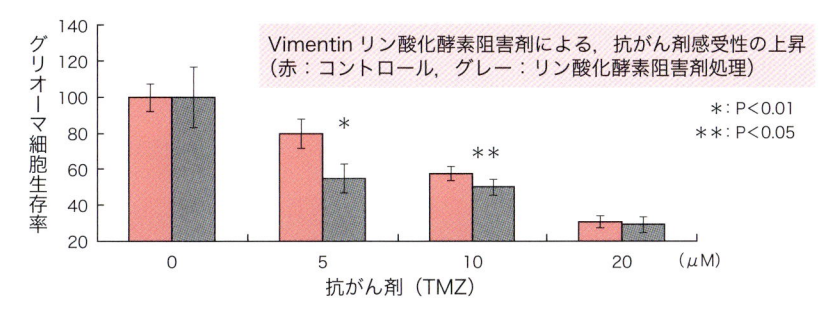

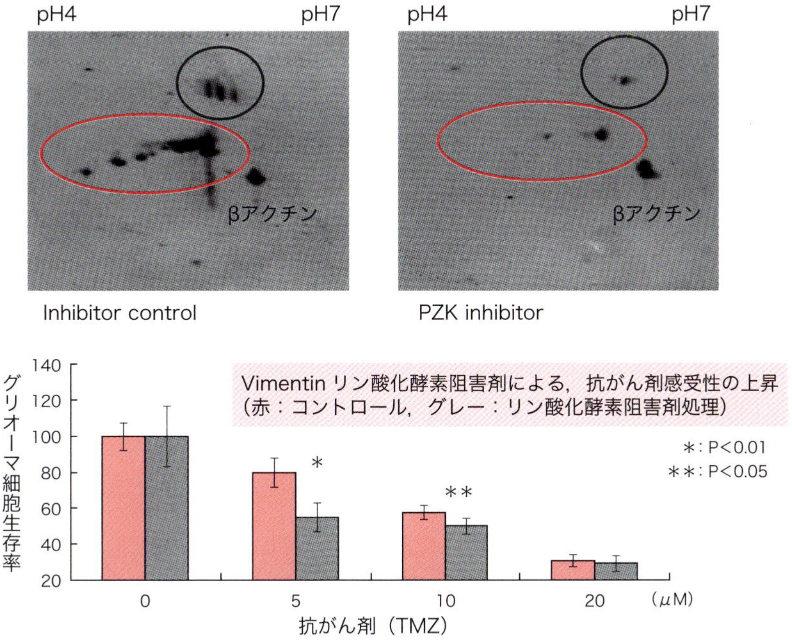

図3 抗がん剤非感受性グリオーマ細胞内のVimentinのフラグメント化がリン酸化酵素阻害剤で阻害され抗がん剤感受性が上昇した解析例

赤丸：内在性Vimentin，黒丸：GFP-Vimentin（Auto-2D-Western blottingによる）．上図：VimentinのPZKによるリン酸化を阻害することで起こるVimentin 2D patternの変化．U373細胞（GFP-Vimentinを恒常的に発現している）にPZK阻害剤およびそのネガティブコントロールを処理し，Auto-2D-Western blottingにてVimentinの2D patternを比較した．コントロールにおいては，内在性および発現Vimentin両者ともに，酸性側にシフトしているリン酸化修飾と，同時に分解フラグメントの存在が観察されるが，PZK阻害剤処理によってこれらの修飾タンパク質スポットが消失した．下図：PZK阻害剤処理によって，U373細胞の抗がん剤（TMZ：Temozolomide）感受性が上昇した．Vimentinのリン酸化と分解はグリオーマ細胞の抗がん剤感受性を低下させていることが示唆される

にLOH−群の組織/細胞にて有意な上昇が認められ，これらの高発現群の生存率が低発現群に比べて有意に低くなる（$p=0.015$）ことが判明した．さらに，Vimentinの修飾分解フラグメントの上昇はPZKおよびcalpainの活性化と相関するとともに，生存率低下にも相関がみられた（投稿中）．これらの事実から，1p/19q LOH−のグリオーマ細胞の中で抗がん剤抵抗性に関連して，ProteinX→Cdc42活性化→PZK活性化→Vimentinリン酸化→Vimentinのcalpainによる切断というカスケードが活性化していることが想像された．また，切断されたフラグメントVimentinの細胞内局在を調べたところ，フラグメント化されたN末端側Vimentinが特異的に核へ移行していること，さらに興味深いことに，このフラグメントN末端側Vimentinは核に移行することによって，ProteinXのmRNA発現を上昇させていることが判明した（投稿中）．これらの所見から，抗がん剤抵抗性グリオーマ細胞内で，Vimentin特異的なリン酸化と分解修飾を活性化するProteinXを介した新規の活性化ループが存在することが考えられた．

4) 抗がん剤を用いた活性化分子ネットワークの生物学的検証実験

これらの事実関係を生物学的に検証するため，それぞれのカスケードにかかわる分子群の発現および活性阻害剤を用いて，悪性グリオーマの第一選択薬 Temozolomide（TMZ）に対するグリオーマ細胞の感受性変化を解析した．まず，Vimentin siRNA を用いて，グリオーマ細胞のTMZへの感受性を検討し，細胞内でのVimentin活性化ループが活性化しているグリオーマ細胞（抗がん剤抵抗性）は，Vimentinの発現を低下させることによってTMZへの感受性を上昇させることが可能であることが判明した．また，その活性化ループ最上流に存在するProteinXの発現をsiRNAにてノックダウン，さらに，その下流のPZKおよびその下流のcalpainの活性化を抑制することによって，これらのTMZへの感受性を同様に検討した．その結果，Vimentinと同様にこれら分子群の阻害は有意にグリオーマ細胞のTMZへの感受性を上昇させることが判明した（図3）．またVimentin活性化ループの活性化で核移行したN末端側Vimentinフラグメントは，ProteinXの転写活性を上昇させ，細胞内Vimentinの活性化ループが活性化し，ProteinX→Cdc42活性化→PZK活性化→Vimentinリン酸化→Vimentinのcalpainによる切断→Vimentin N末端側の細胞内核移行→ProteinXの転写活性上昇→Vimentin活性化ループの活性化，という一連のシグナルがLOH−の悪性グリオーマ細胞内で活性化しており，これがTMZなどの抗がん剤の耐性機序の1つであるということが，初めて明らかとなった（投稿中）．

4 展望

プロテオミクスの高感度かつハイスループットな新技術の融合的アプローチによるプロテオーム解析データ，およびDNAアレイによるトランスクリプトーム解析データを統合するアルゴリズム（iPEACH/MANGO）を活用することによって，腫瘍組織細胞内で活性化しているシグナル分子群が有効に抽出できることを初めて証明し，これらの治療予後予測マーカーおよび治療ターゲットとしての可能性を初めて提唱した．本方法論はすべての疾患・病態の解析はもとより，細胞生物学における基礎的な分子メカニズム情報を得るためのアプローチにも応用でき，蓄積されたデータベースを活用することによって，新しい病態メカニズムの解明や診断や治療のマーカー・創薬開発に重要な基礎情報を提供できることが期待される．

文献

1) Kobayashi, D. et al.：Mol. Cell. Proteomics, 8：2350-2367, 2009
2) Hiratsuka, A. et al.：Anal. Chem., 79：5730-5739, 2007
3) Patrakitkomjorn, S. et al.：J. Biol. Chem., 283：9399-9413, 2008
4) 荒木令江：二次元電気泳動プロテインチップによる病態解析．『マイクロアレイ・バイオチップの最新技術』（伊藤嘉浩／監），pp206-217，CMC出版，2007
5) Tokutomi, Y. et al.：Biochem. Biophys. Res. Commun., 364：822-830, 2007
6) 『疾患プロテオミクスの最前線』（戸田年総，荒木令江／編），遺伝子医学MOOK，メディカルドゥ，2005
7) 荒木令江：病態プロテオミクスによる神経系腫瘍関連蛋白質群を介した細胞内異常シグナルの検索．『蛋白質の翻訳後修飾と疾患プロテオミクス』（吉川敏一／監），pp101-114，診断と治療社，2006
8) 荒木令江：in vitro ラベル法．『決定版！プロテオーム解析マニュアル』（礒辺俊明，髙橋信弘／編），pp111-124，羊土社，2004
9) 荒木令江：生物物理化学，50：217-224, 2006
10) 荒木令江：プロテオミクスによる病態解析への戦略と現状．『がん−発生・進展と予防・治療の展開−』（藤原研司 他／編），pp43-65，自然科学社，2006
11) 特願2006-07239：解析プログラム，プロテインチップ，プロテインチップの製造方法，および，抗体カクテル．出願人：熊本TLO，発明者：荒木令江 他
12) 特願2010-81524：融合プロテオミクス解析による疾患原因タンパク質群の同定方法および薬剤効果検出方法．出願人：国立大学法人熊本大学，発明者：荒木令江 他
13) 特願2010-81525：統合プロテオミクス解析用データ群の生成方法及び同生成方法にて生成した統合プロテオミクス解析用データ群を用いる統合プロテオミクス解析方法．出願人：国立大学法人熊本大学，発明者：荒木令江 他

第Ⅱ部 実践編

3章　作用機序解析／病態メカニズム解析への利用と研究戦略

③ アルツハイマー病治療薬開発をめざしたγ-セクレターゼ基質のプロテオミクス解析

井上英二

　プレセニリンは，家族性アルツハイマー病の原因遺伝子であり，γ-セクレターゼとよばれるプロテアーゼのサブユニットの1つである．γ-セクレターゼは，種々の膜分子を膜貫通領域内で切断し，細胞内シグナル伝達を変化させることにより，さまざまな生理現象を制御している．また，アルツハイマー病の主因の1つであると考えられているAβの産生にも関与していることが知られている．本稿では，γ-セクレターゼの中枢神経系における生理機能を明らかにする目的で行った，細胞生物学的・生化学的手法を組み合わせたプロテオミクス研究について紹介する．

1　用いる解析法と進め方

　アルツハイマー病は，進行性の認知機能の低下によって定義される神経変性疾患の1つで，病理学的には，Aβ（アミロイドβペプチド）の蓄積と神経原線維変化によって定義される．アルツハイマー病の発症・進行には，シナプス機能の病的変化が引き金になっていることが知られており，アルツハイマー病における認知機能障害の程度は，シナプス減少の程度と最も高い相関性を示すことが知られている．したがって，シナプス機能を改善させることは，有効なアルツハイマー病治療法の1つであると考えられる．事実，アセチルコリンエステラーゼ阻害により，神経活動を活性化させる薬剤が，アルツハイマー病の治療薬として，広く用いられている．

　一方，プレセニリンは，家族性アルツハイマー病の原因遺伝子であり，γ-セクレターゼとよばれるプロテアーゼのサブユニットの1つである．発生期には，Notchという膜分子の細胞内ドメインを切り出すプロテアーゼとして機能し，神経発生に重要な遺伝子の発現制御を行っていることが知られている[1]．γ-セクレターゼは，成熟個体においても発現しており，Notch以外のさまざまな膜分子のシグナル伝達制御にかかわっていることが知られている[2]．特に，プレセニリンの脳特異的ノックアウトマウスが，アルツハイマー病でみられるようなシナプス機能障害，神経変性，細胞死を示すことから[3]，中枢神経系におけるγ-セクレターゼの機能が注目されている．しかしながら，さまざまな膜分子が基質として同定されているにもかかわらず，中枢神経系における主要な基質，あるいはそのシグナル伝達機構については，全く明らかにされていない．したがって，γ-セクレターゼの中枢神経系における機能を解析することは，きわめて重要なことである．

　基質である膜分子がγ-セクレターゼによって切断を受けるには，物理的な接触が必要である．したがって，γ-セクレターゼによって，頻繁に切断されている基質は，γ-セクレターゼと挙動をともにしている可能性が高いと考えられる．実際，γ-セクレターゼとその基質が，同じ膜ドメイン内に存在し，そこで切断反応が行われているという報告もされている[4]．

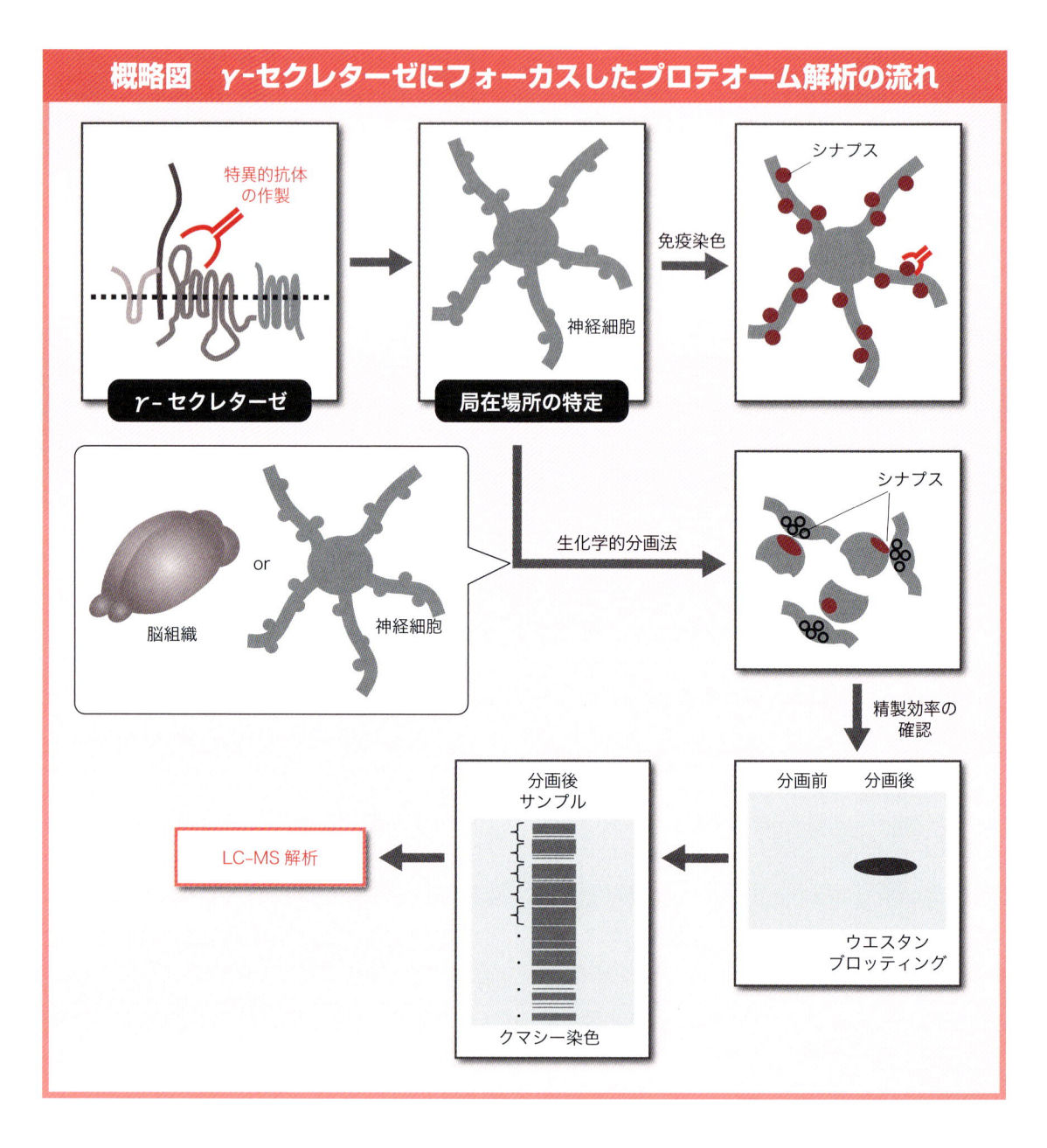

概略図　γ-セクレターゼにフォーカスしたプロテオーム解析の流れ

このことから，中枢神経系におけるγ-セクレターゼの主要な基質を同定するには，γ-セクレターゼの神経細胞における局在を細胞生物学的，生化学的に明らかにし，そこに共局在している基質をプロファイリングすることが重要であると考えられる（概略図）．

2　研究のプランニング

1）γ-セクレターゼの局在場所の特定

前述のように，基質のプロファイリングを行うには，γ-セクレターゼの局在を明らかにする必要があり，また，それに基づいて，精製プロトコールを確立しなければならない．分子の局在を解析するには，

目的の分子に対する抗体を作製し，その抗体を用いて免疫染色を行う必要がある．これまでに，神経細胞のさまざまな機能領域を選択的に標識することのできる多くのマーカー分子が報告されているので，通常，これらのマーカー分子に対する特異的抗体をともに用いて二重，あるいは三重染色で，分子の局在を解析する．一方，古典的な生化学的手法であるショ糖密度勾配法や遠心分離法を組み合わせることによって，神経細胞の細胞内小器官，あるいはさまざまな膜領域の分離精製が可能であることが知られている．これにより，生化学的に目的の分子の局在を解析することも可能であり，また，種々の界面活性剤などを用いることによって，細胞骨格との結合能など目的の分子の生化学的特性についても調べることができる[5]．したがって，細胞生物学的・生化学的手法を組み合わせて解析を行うことによって，目的の分子の局在だけでなく，分子のもつ性質や機能まで推測することが可能になる（概略図）[5]．

2）サンプルの精製純度

いかに目的のサンプルを高純度に精製できるかが，プロテオミクス解析を行ううえで最も重要なポイントである．近年の質量分析技術の向上により，検出感度の改善が行われたものの，それによりバックグラウンドも増えてしまい，解析結果の容量が膨大になった一方で，信頼性が低下し，評価が十分に行えないこともしばしばある．したがって，上述の細胞生物学的・生化学的手法により得られた生物学的な知見をもとに，常に精製純度を確認しながら，サンプル調製を行っていくことが重要になってくる．必要に応じて，複数の分画・精製ステップが必要になることもある．

3）解析データの評価のしかた

また，解析結果の評価方法も重要である．特に得られたデータが膨大になってくると，評価方法の網羅性と高いスループット性が必要となってくる．評価方法は，必ずしも実験的なものにする必要はなく，分子のドメイン構造やコンセンサス配列などを指標に評価することも可能である．実際，γ-セクレターゼの基質がもっている膜貫通領域付近のリジン/アルギニンが並ぶコンセンサス配列を用いて，基質探索を行ったという報告もある[6]．このコンセンサス配列をもっている分子すべてがγ-セクレターゼの基質であるというわけではないが，これまで同定された基質のほとんどすべてがこの配列をもっている．すなわち，γ-セクレターゼの基質であるということの必要条件である．したがって，γ-セクレターゼの基質にフォーカスしたプロテオミクス解析においては，きわめて有効な評価方法として用いることができると考えられる．つまり，得られたプロテオミクスの解析結果から，コンセンサス配列を有した膜分子を基質候補としてピックアップし，各々の候補分子が，実際にγ-セクレターゼによって切断されるかを実験的に確認していけば，基質のプロファイリングを行うことが可能になるというわけである．残念ながら，現段階では，最終的な確認実験に，高いスループット性はない．今後，γ-セクレターゼによる基質の切断反応を，網羅的，かつ定量的に解析できる，高いスループット性をもったプロテオミクス技術の開発が必要である（図1）．

3 研究例

● γ-セクレターゼ基質のプロテオミクス解析

本項では，実際にわれわれが行ったγ-セクレターゼ基質のフォーカスト・プロテオミクス解析の研究例について紹介する．

われわれは，まず，γ-セクレターゼの神経細胞における局在を明らかにする目的で，プレセニリンに対する特異的抗体を用いて，プレセニリンの局在について解析し，プレセニリンが神経終末部に局在するBassoonや後シナプスの主要構成因子の1つであ

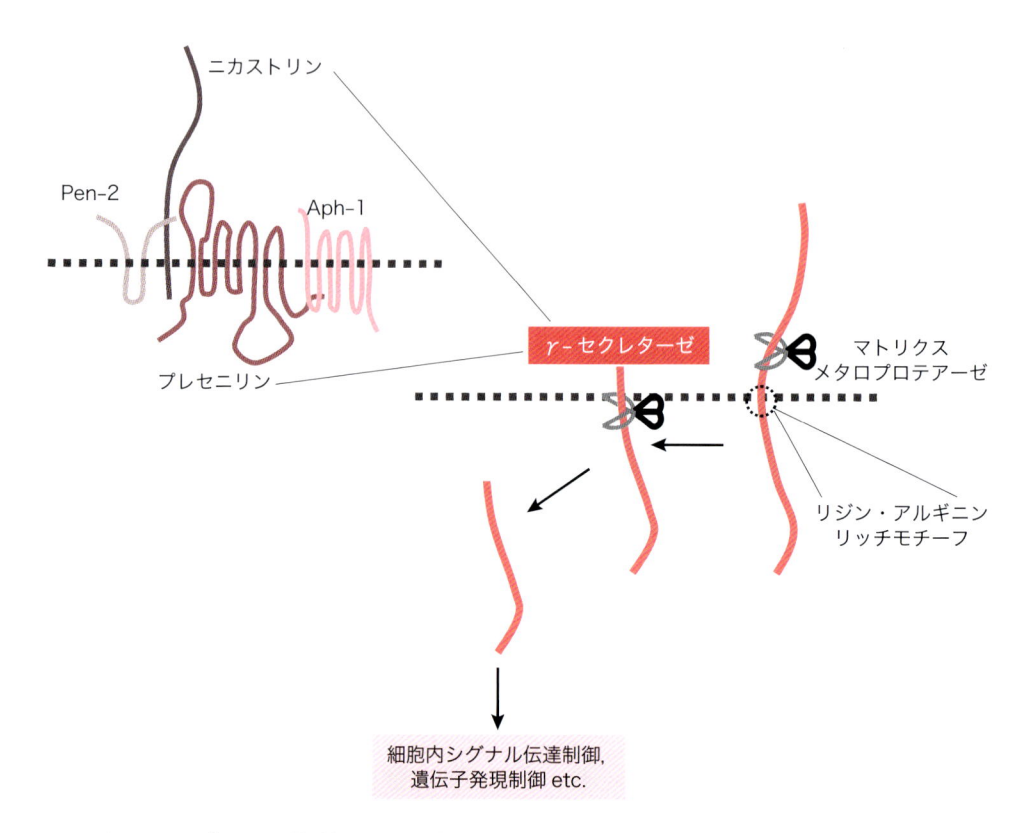

図1 γ-セクレターゼによる基質の切断反応

γ-セクレターゼは，プレセニリン，ニカストリン，Aph-1，Pen-2で構成される複合型プロテアーゼである．マトリクスメタロプロテアーゼによって切断された後に切断する

るHomerといった分子と共局在することを見出した．また，生化学的な解析から，プレセニリンだけでなく，もう1つのγ-セクレターゼの構成因子であるニカストリンもシナプスに局在していることを確認した[7]．また，γ-セクレターゼ阻害剤を海馬神経細胞に添加すると，シナプスの数が有意に減少したことから[7]，γ-セクレターゼはシナプスで局在・機能し，その基質もまた，シナプス周辺に集積しているのではないかと考えられた．しかしながら，これまでに複数のグループが，ラットの脳から精製したシナプス画分のプロテオミクス解析を行ってきたが，同定された分子のなかに，γ-セクレターゼの主要な基質と思われる分子は含まれていなかった．これは，解析に用いたサンプルに，γ-セクレターゼ基質のような膜分子よりも，シナプスに豊富に存在している細胞骨格系分子が多く含まれていたことが原因であると考えられる．つまり，これまで行われてきた古典的な分画法だけを用いてサンプルを精製するのではなく，γ-セクレターゼの生化学的な特性を考慮した分画方法と組み合わせて，サンプル調製を行っていく必要があるということである．そこでわれわれは，さまざまな細胞で，γ-セクレターゼが濃縮していると報告されているラフトという膜構造に着目した[8]．この膜構造は，コレステロールとスフィンゴ脂質などで構成される，界面活性剤に不溶性を示す膜構造であり，さまざまな膜分子や細胞内シグナル伝達に関与する分子が集積していることが知られている．そこで，ラット脳から精製したシナプス画分を界面活性剤で処理した後，ショ糖密度勾配法でラフトを分画し，γ-セクレターゼの挙動を解析した．

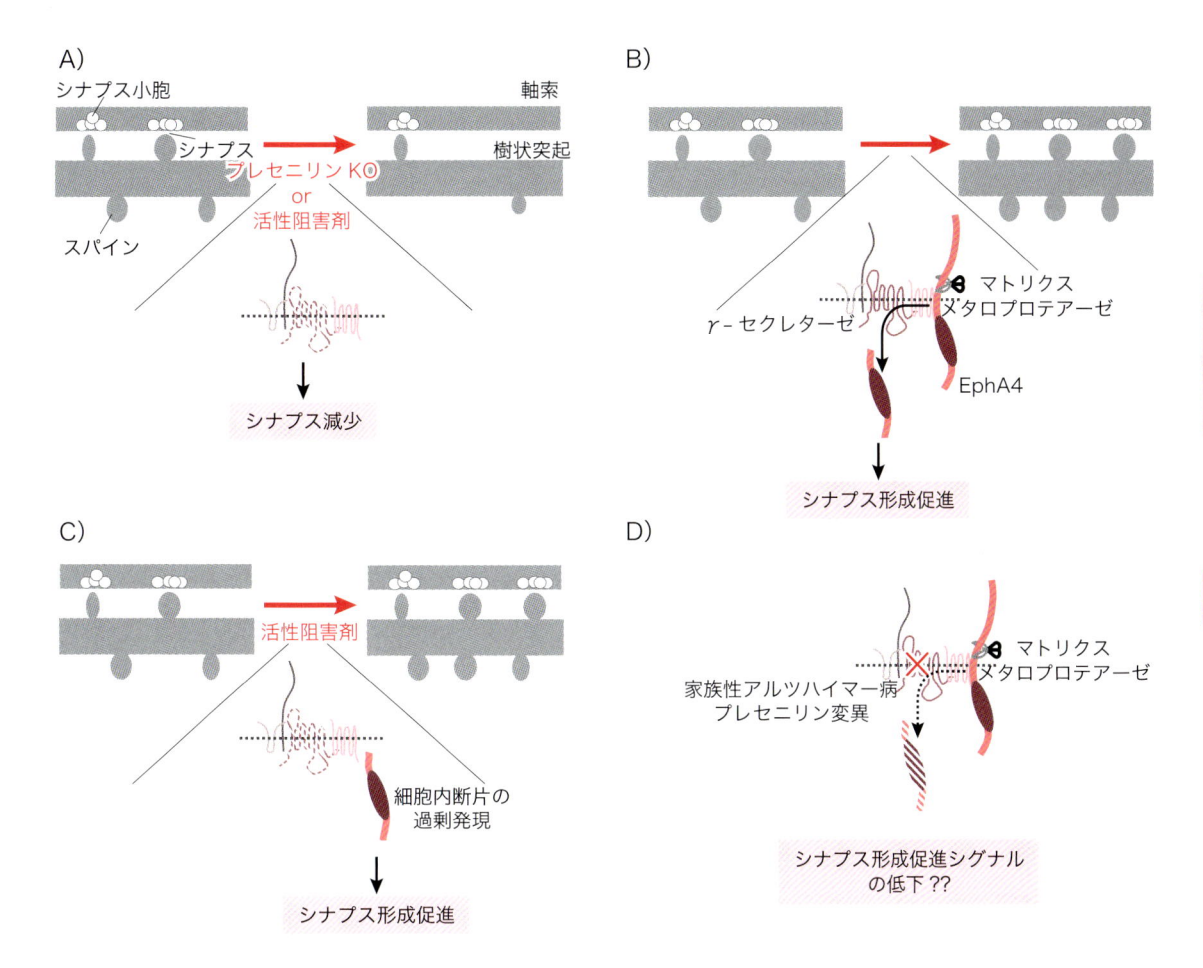

図2　γ-セクレターゼによるシナプス制御
A) γ-セクレターゼが不活化されるとシナプスは減少する．B) 神経刺激により，EphA4の切断反応は惹起され，その結果生じた切断断片はシナプス形成を促進する．C) γ-セクレターゼ不活化によるシナプス減少は，EphA4の切断断片を発現させることにより回復される．D) EphA4の切断反応は，家族性アルツハイマー病変異をもったプレセニリンで，減少する

　その結果，γ-セクレターゼは，シナプスラフトに強く濃縮していた[7]．

　基質のプロファイリングを行うためには，多くのラフトに濃縮している分子を同定する必要がある．そこで，われわれは，精製したシナプスラフト画分を電気泳動し，クマシー染色を行った後，レーンを18等分し，そのすべてのブロックを解析した．その結果，合計324種類の分子を同定した．そのなかから，膜貫通領域をもち，γ-セクレターゼの基質がもつ相同配列を有した分子を探索した結果，これまでにγ-セクレターゼの基質として報告されている，L1，N-Cadherin，LARファミリー分子に加え，新しい基質候補としてEphA4という分子を同定した．実際，EphA4を細胞に発現させて，切断実験を行ったところ，γ-セクレターゼ依存的に切断反応が行われていた[7]．

　EphA4は，Ephrinとよばれる分子のレセプターの1つであり，レセプター型チロシンキナーゼである．中枢神経に強く発現しており，神経ネットワーク形成やシナプス形成に重要であるということが報

告されている[9]．われわれは，γ-セクレターゼによるEphA4切断反応の生理的重要性を明らかにする目的で，γ-セクレターゼによって切断された結果，切り出されるEphA4の細胞内ドメインの機能解析を行った．まず，EphA4の細胞内ドメインを発現するベクターを作製し，海馬神経細胞に遺伝子導入をして，数日後に，シナプスの形態について解析を行った．その結果，シナプスの数が有意に増加した．したがって，γ-セクレターゼによるEphA4の切断は，シナプス形成・維持の促進に関与していることが考えられた．また，この細胞内断片は，γ-セクレターゼ阻害剤を添加したときに起こるシナプス数の減少を完全に抑制した．さらに，生化学的な解析から，EphA4の切断反応は神経活動によって制御され，その切断反応は，家族性アルツハイマー病で見つかっているプレセニリン変異によって，著しく低下されることも見出した[7]．これらの結果から，EphA4は，シナプスにおけるγ-セクレターゼの重要な基質の1つであり，また，この制御機構の低下がアルツハイマー病の発症・進行にかかわるのではないかと考えられた（図2）．

このように，プロテオミクス研究を発展させていくには，分析技術の開発だけでなく，サンプル調製法の改良も重要である．しかしながら，本項で紹介した研究例では，同定できた基質，あるいは基質候補は少なく，中枢神経系におけるγ-セクレターゼの基質すべてを同定できたとは考えられない．今後，さらなる精製・解析方法の改善が必要であると考えられる．

文献

1) Le Borgne, R. et al.：Development, 132：1751-1762, 2005
2) Thinakaran, G. & Parent, A. T.：Pharmacol. Res., 50：411-418, 2004
3) Saura, C. A. et al.：Neuron, 42：23-36, 2004
4) Kamal, A. et al.：Nature, 414：643-648, 2001
5) Inoue, E. et al.：Neuron, 50：261-275, 2006
6) Haapasalo, A. et al.：J. Biol. Chem., 282：9063-9072, 2007
7) Inoue, E. et al.：J. Cell Biol., 185：551-564, 2009
8) Vetrivel, K. S. et al.：J. Biol. Chem., 279：44945-44954, 2004
9) Pasquale, E. B.：Nat. Rev. Mol. Cell Biol., 6：462-475, 2005

第Ⅱ部 実践編　3章　作用機序解析／病態メカニズム解析への利用と研究戦略

④ γ-セクレターゼの構造・機能解析
―プロテオミクス解析による創薬標的分子の同定

富田泰輔，岩坪　威

　γ-セクレターゼは4つの膜タンパク質を最小単位とし，基質の膜貫通領域を加水分解するという特殊な機能を発揮するプロテアーゼである．アルツハイマー病（AD）発症に深く関与するアミロイドβペプチドの産生を行うことから，γ-セクレターゼを標的としたAD治療・予防法の開発が進められている．またγ-セクレターゼはNotchを含めさまざまな膜タンパク質を切断し，タンパク質分解依存性のシグナル伝達に関与することが明らかとなっている．そのため，アミロイドβペプチド産生活性特異的なγ-セクレターゼ制御法の開発が求められている．γ-セクレターゼが高分子量膜タンパク質複合体であることから，プロテオミクス解析による相互作用因子群の同定から特異的な創薬標的分子の同定が期待されている．

1 用いる解析法と進め方

1) アミロイド仮説

　高齢人口の増加に伴い，全世界で認知症患者は今後急速に増加すると予想されている．認知症疾患のうち最も頻度が高いのが，アルツハイマー病（Alzheimer's disease：AD）である．ADの病理学的特徴として，大脳皮質における神経細胞脱落に加えて，老人斑，神経原線維変化の出現が知られている．老人斑の主要構成成分はアミロイドβペプチド（Aβ）である[1]．Aβはその前駆体タンパク質Amyloid precursor protein（APP）の一部分であり，βおよびγ-セクレターゼとよばれる2つのプロテアーゼにより切断を受け，神経細胞より常に産生・細胞外に分泌されている（図1）．AβにはC末端長の2アミノ酸異なるAβ40とAβ42の2つの分子種の存在が知られ，特にAβ42の凝集性は著しく高いこと，脳内に早期より優位に蓄積を開始することが明らかとされてきた[2]．家族性AD（Familial AD：FAD）がAPPおよびプレセニリン（Presenilin：PS）遺伝子の点突然変異に連鎖し，その変異の多くがAβ42産生を特異的に上昇させること，Aβオリゴマーが神経毒性を発揮すること，また脳内アミロイド蓄積が学習記憶障害と連関することが示され，Aβ産生・分解バランスの異常による脳内濃度上昇と，それに続くAβ凝集・蓄積などのプロセスが神経細胞の変性をもたらしAD発症を惹起すると想定する「アミロイド仮説」が成立するに至った．

2) 創薬標的分子としてのγ-セクレターゼ

　アミロイド仮説に基づいたAD治療薬開発において，γ-セクレターゼは最も重要な創薬標的分子の1つである．特にFAD遺伝子としてPSが同定されたことがγ-セクレターゼ研究の端緒となった．まずPSノックアウトマウスの解析が報告され，PSはγ-セ

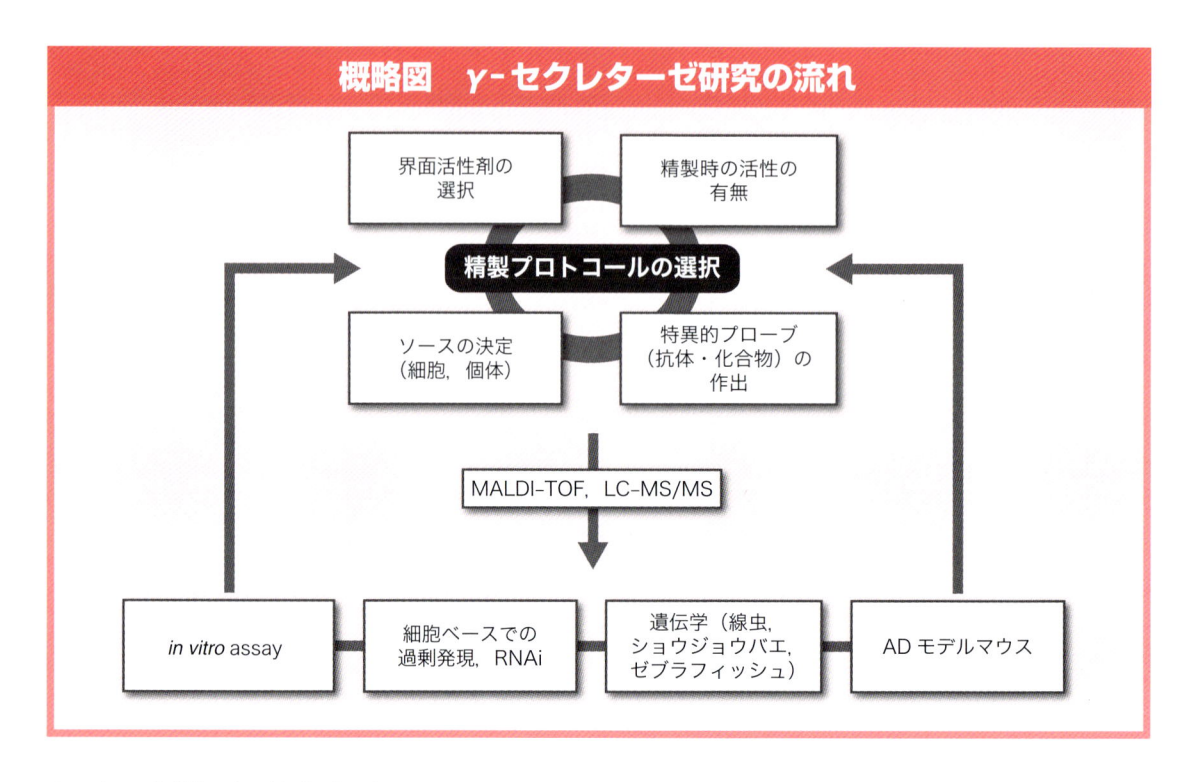

概略図　γ-セクレターゼ研究の流れ

```
          界面活性剤の         精製時の活性の
            選択                 有無
              ↓                    ↓
           ┌──── 精製プロトコールの選択 ────┐
           ↑                              ↑
          ソースの決定          特異的プローブ
          (細胞，個体)         (抗体・化合物)の
                                   作出
                        ↓
               MALDI-TOF，LC-MS/MS
                        ↓
  in vitro assay ← 細胞ベースでの ← 遺伝学(線虫, ← AD モデルマウス
                    過剰発現，RNAi   ショウジョウバエ,
                                   ゼブラフィッシュ)
```

クレターゼ活性に必須な分子であることが明らかとなった．さらに並行して進められたγ-セクレターゼ阻害剤（γ-secretase inhibitor：GSI）の同定により，γ-セクレターゼ研究は急速な展開を遂げた．遷移状態アナログ型GSIであるL-685,458（図2A）の同定は，その化学構造的な特徴からγ-セクレターゼがアスパラギン酸プロテアーゼであることを示した．さらに遷移状態アナログ型GSIにPSが直接結合することが見出された[3]．そしてPSのアスパラギン酸残基周辺に類似した配列をもつ膜タンパク質ファミリーが同定され，その1つであるSignal peptide peptidase（SPP）は，特異的な遷移状態アナログ型阻害剤の開発とその化合物をもとにしたケミカルバイオロジーにより単離同定された[4]．これらの結果からPSはγ-セクレターゼ複合体の中の触媒サブユニットそのものであることが予測された．この成功には，阻害剤を「分子標的プローブ」として用いる，ケミカルバイオロジー的アプローチが大きな役割を果たした．

γ-セクレターゼ研究においては，膜タンパク質プロテオミクスが手法的に大きなウェイトを占めてきた．これは当初よりγ-セクレターゼ活性が生化学的にPSを含む1 MDa強の画分に観察されたためである[5]．実際に抗PS抗体を用いたアフィニティー精製とタンパク質化学的手法により，γ-セクレターゼ構成因子であるニカストリンが同定されている[6]．さらに残りの構成因子であるAph-1，Pen-2がともに線虫を用いた遺伝学的解析から同定されているが，同時にこれらはγ-セクレターゼ複合体に含まれることも確認されている．逆にニカストリンの機能解析においても，線虫が用いられている．これは線虫・ショウジョウバエ・ゼブラフィッシュなど各種モデル生物にもγ-セクレターゼが存在し，その活性が細胞分化・運命決定に重要な役割を果たすNotchシグナルに重要であることが明らかとなったためである．現在までにγ-セクレターゼはPS，ニカストリン，Aph-1，Pen-2の4つの膜タンパク質を最小構成因子とする複合体であることが明らかとなっている[7]．すなわち，プロテオミクスを基本とするタンパク質化学的な解析と，培養細胞やモデル生物を用いた分

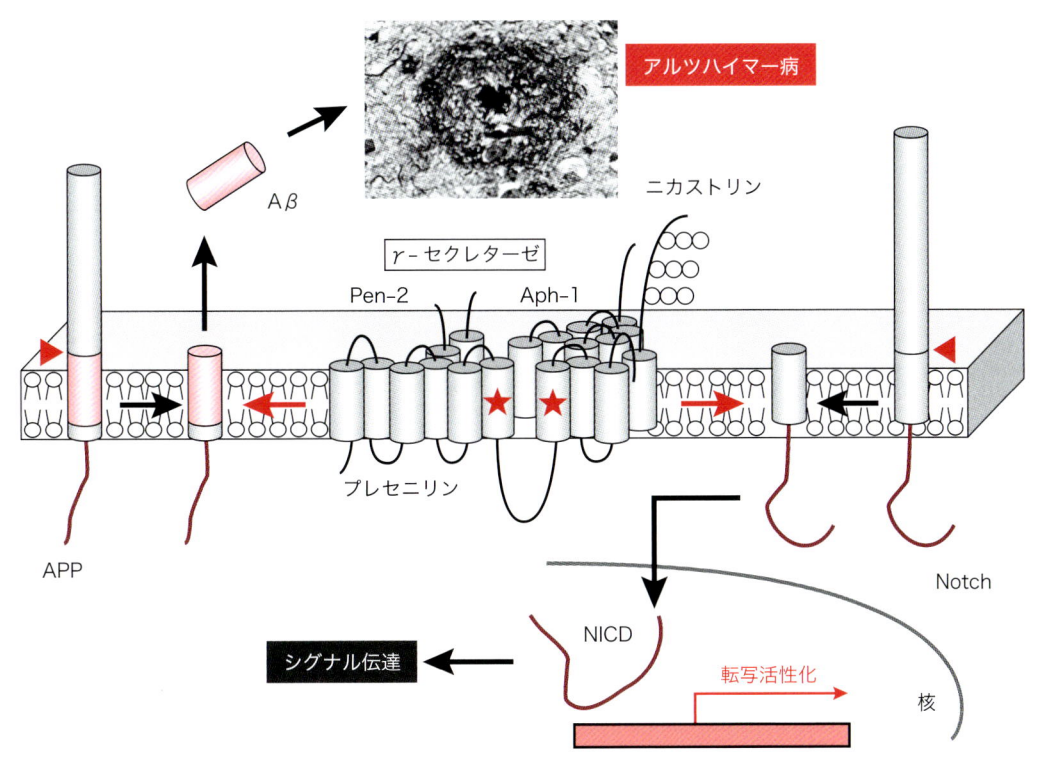

図1 γ-セクレターゼの構成因子と膜内配列切断

γ-セクレターゼは活性中心（星印）をもつプレセニリン，ニカストリン，Aph-1，Pen-2からなる高分子量膜タンパク質複合体である．基質であるAPP，Notchはともにシェディング（矢頭）を受けた後，γ-セクレターゼによる切断（赤矢印）を受け，Aβや細胞質内領域（NICD）を放出する．Aβの濃度が高まると最終的に老人斑として沈着する．NICDは核へ移行し，転写因子としてシグナル伝達を行う

子生物学・遺伝学的機能解析を両輪とし，さらにケミカルバイオロジーを加えた融合型研究がγ-セクレターゼ研究において進められてきた（**概略図**）．

2 研究のプランニング

1) γ-セクレターゼ阻害剤の開発

γ-セクレターゼは多種類の基質を切断することが知られているが，γ-セクレターゼ活性を失ったモデル生物においては，Notchシグナル欠損個体と類似した表現型が観察されている．またGSI投与によりAβ産生量の低下のほかに種々の副作用がみられるが，そのほとんどはNotchシグナル阻害により説明

可能である[1]．Eli Lilly社により開発された第一世代GSIの1つLY450139（Semagacestat，**図2B**）は，著明な副作用なく血漿中のAβ量を低下させ，現在PhaseⅢ治験（The IDENTITY trial）が進められているが，Notch阻害の回避は体内動態の改善によるものと考えられている．したがってAD治療薬開発においては，いかに「APP切断特異的にγ-セクレターゼ活性を阻害・制御するのか？」が大きな課題となっている．

近年，Notchシグナル阻害による副作用を回避し，Aβ産生を優位に阻害する「Notch-sparing GSI」（**図2C**）の報告が相次いだ．しかし標的分子を含め，その薬効発揮機序は明らかとなっていない．さらに膜非透過型GSIを用いた解析から，Notch切断が表

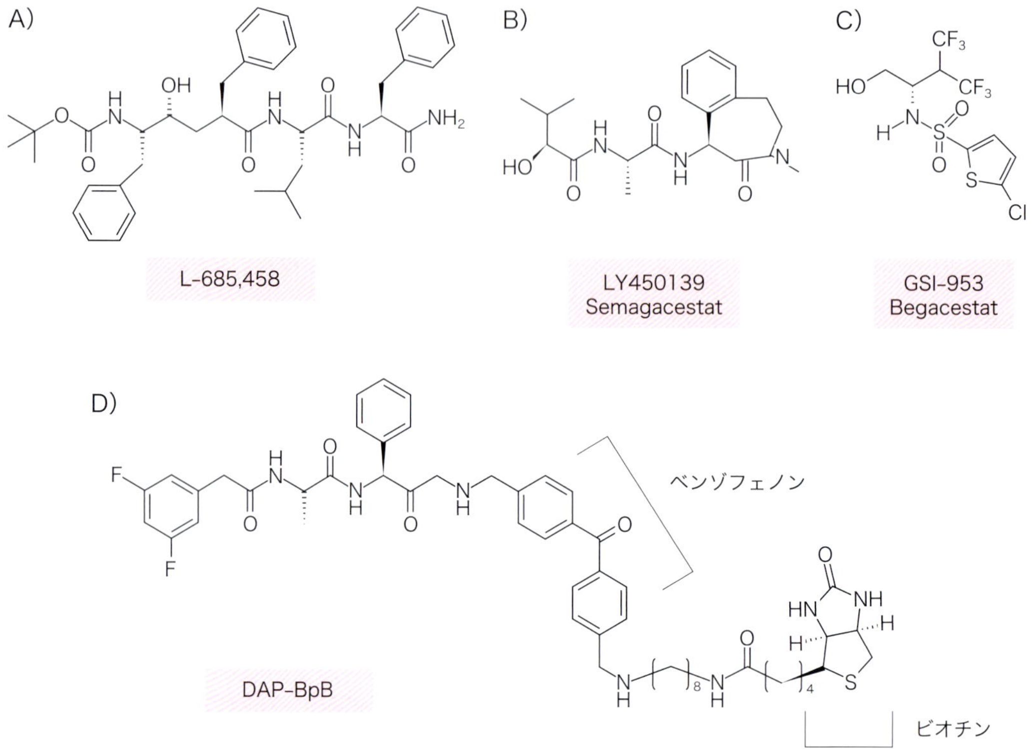

図2　代表的なγ-セクレターゼ阻害剤（GSI）およびプローブの構造式
A）L-685,458（遷移状態模倣型GSI），B）LY450139，C）GSI-953（Notch-sparing GSI），D）DAP-BpB（文献15より）

面膜近傍で生じるのに対して，APP切断は主に内膜系で起こることも示されている．これらの化合物の開発を通じて明らかとなってきた事実は，何らかの「基質特異性」をγ-セクレターゼに対して付与することが可能であるということであり，その分子機構の理解は今後のAD創薬の展開上重要である．また4構成因子の分子量を足しても250kDa足らずであることなどから，さまざまな一過性相互作用因子の存在，もしくは異なるサブユニット構成をもつ多様なγ-セクレターゼの存在が示唆されている．いずれにせよ，多様な相互作用因子のうち，γ-セクレターゼに基質特異性を何らかの形でもたらす分子は，副作用のないGSI開発において重要な標的分子であることからも，さまざまな手法によるプロテオミクス解析が進められている．

2）γ-セクレターゼの可溶化に用いる界面活性剤の選択

生化学的なγ-セクレターゼ解析において，常に考慮の必要な絶対条件は，界面活性剤の選択である．例えば，SDSやTriton X-100などの界面活性剤のほか，膜タンパク質解析に頻用されるn-dodecyl β-D-maltoside（DDM），ジギトニン，コール酸などはいずれもγ-セクレターゼ複合体の最小構成因子である4つのサブユニットをはじめ，さまざまな結合タンパク質の解離を引き起こすため，活性型γ-セクレターゼ複合体そのものの単離には適していない．これまでに共通して活性型γ-セクレターゼ複合体の

可溶化に用いられてきた界面活性剤はCHAPS, CHAPSOに限られる[5]．さらにわれわれはCHAPSOに加えてスルホベタインの1つであるNDSB-256の添加により酵素活性を損なうことなく抽出効率の上昇がみられることを観察している[8]．しかしこれらの界面活性剤の可溶化力はさほど高くなく，またある程度非特異的な膜タンパク質相互作用を生み出すことも経験しているので，得られた相互作用因子群に関する活性評価に関しては，多様な手法を組み合わせることが重要である．特に in vitro assayのほかにモデル生物を利用した遺伝学的解析を組み入れることは有効である．

一方，DDMやジギトニンを用いて精製した各サブユニットを用いてγ-セクレターゼ複合体を再構成することができることも報告されている．この場合にも，活性測定にあたってはCHAPSもしくはCHAPSOが必要となる．興味深いことに，可溶化γ-セクレターゼは0.25％というCMC値に近い濃度域でのみ活性を発揮し，可溶化時に用いられる1～2％ CHAPS, CHAPSOでは活性が消失する[5]．免疫沈降法などの生化学的実験条件下では，1％ CHAPSOでも基本構成因子間の相互作用自体は確認されているので，γ-セクレターゼが活性型構造をとることに対して，これら界面活性剤の濃度が影響を及ぼしている可能性がある．実際，精製γ-セクレターゼ複合体をプロテオリポソームとして再構成した場合に，その脂質組成が活性に大きな影響を示すことが知られており，活性制御分子機構として脂質とγ-セクレターゼ複合体の相互作用を考慮する必要があるだろう[9]．

さらに，GSIの種類によっては，可溶化の有無によってその阻害能が変化する化合物が存在する．これはもともとγ-セクレターゼが膜内配列を切断するプロテアーゼであり，活性中心が脂質二重膜内に存在することを考えると自然であるが，結合因子の機能解析を考えるうえでは重要な問題となりうる．また出発材料にも考慮が必要である．どのような細胞由来のγ-セクレターゼ画分を用い，いかなる処理条件をとるかにより，プロテオミクス解析の結果に大きな影響があることは言うまでもない．γ-セクレターゼ基本構成因子は全身性に発現がみられるが，臓器ごとの違いについてはあまり研究がなされていない．しかし複合体の組成や活性や阻害剤反応性が異なることなどが示されており，相互作用因子についても臓器特異性が存在する可能性は残る．この場合も界面活性剤の違いによりプロテオミクス解析によって得られる結果は異なるであろう．いずれにせよ，γ-セクレターゼのプロテオミクス研究においては，界面活性剤の選択が最も重要であることを再度強調したい．

3 研究例

前述したように，γ-セクレターゼ研究のなかでニカストリンの同定という大きな成功例があるため，われわれを含め，さまざまなグループがプロテオミクス解析を行っている．それぞれ特異性を出すための工夫が散見され，1) 特異抗体を用いて精製を行う[5]，2) 精製に適したタグを付加した基本構成因子を過剰に発現させた培養細胞を用いる[10)11)]，3) 各種GSIを精製プローブとして用いる[10]，4) ノックアウトマウス由来培養細胞をベースとして用いる[11]，5) 内因性γ-セクレターゼ複合体をタンパク質化学的性質の違いにより濃縮する[12]，6) ラット個体のアルデヒド灌流固定により非特異的架橋を行った臓器から精製する[13]，などが報告されている．ただいずれの場合も，基本構成因子のほかにγ-セクレターゼ活性に重要な影響を与える相互作用因子の同定に至った例はいまだ多くはない．最近になり，テトラスパニンファミリー分子群がアフィニティー精製を利用したプロテオミクス解析によりγ-セクレターゼ結合因子として同定され，そのファミリーの1つであるCD4やCD81をノックダウンするとAβ産生が

有意に低下することが報告された[11]．一方線虫の遺伝学的な解析から，異なるテトラスパニン分子であるTSPAN5やTSPAN33がNotchシグナルにかかわることが示された[14]．興味深いことに，CD9やCD81はNotchシグナルに影響を与えないことが後者のグループから示されており，テトラスパニンが基質特異性にかかわる可能性が提示されている．

われわれは特にジペプチド型GSIおよびNotch sparing GSIの標的分子の同定を目的として，これらの化合物をもとにした光親和性標識プローブを作出した．光親和性標識実験はUVに反応しラジカルを形成するベンゾフェノンなどの光官能基を利用して化合物と標的分子を架橋し，さらにビオチンなどの精製可能な官能基により化合物・標的分子複合体を単離同定する方法である（図2D）．本手法により，これらGSIの標的分子がPSであることを見出している[15]〜[17]．γ-セクレターゼのようにさまざまな薬効を示す活性制御化合物の開発が進んでいる分子においては，このように化合物を用いたケミカルバイオロジーとプロテオミクスの組み合わせは有用と考えられる．さらにわれわれはニカストリンを抗原として，γ-セクレターゼ機能阻害抗体の樹立に成功している．この抗体は特に活性型γ-セクレターゼ複合体を標的分子としていることが予測されたことから，本抗体をプローブとしLC-MS/MSを用いたショットガンプロテオミクスを行い，各種相互作用因子の同定に成功している（未発表データ）．そのうちのいくつかの分子は基質特異性に関連する可能性が明らかとなっている．このように，各種特異性を区別して認識可能な分子プローブを利用したうえでプロテオミクスを適用することで，特異的な複合体の精製解析から，新規γ-セクレターゼ構成因子の同定と新たな制御機構の理解が可能と予想している．

長寿社会を迎え，世界的にADは大きな社会問題となっている．最近，米国ケーブルテレビのHBOがAD研究の進展と未来についてドキュメンタリービデオ「The Alzheimer's Project」を公開し，これはインターネット上でも視聴可能である（http://www.hbo.com/alzheimers/）．興味ある読者はぜひご覧いただきたい．治療への実用化という観点においては，いくつかのγ-セクレターゼ活性制御化合物はすでに治験に入っているが，副作用の回避，薬効の増強を達成するには，さまざまなアプローチの開発が求められる．今後の基礎・臨床研究の展開に大いに期待したい．

文献

1) Tomita, T. : Expert Rev. Neurother., 9 : 661-679, 2009
2) Iwatsubo, T. et al. : Neuron, 13 : 45-53, 1994
3) Li, Y. M. et al. : Nature, 405 : 689-694, 2000
4) Weihofen, A. et al. : Science, 296 : 2215-2218, 2002
5) Li, Y. M. et al. : Proc. Natl. Acad. Sci. USA, 97 : 6138-6143, 2000
6) Yu, G. et al. : Nature, 407 : 48-54, 2000
7) Takasugi, N. et al. : Nature, 422 : 438-441, 2003
8) Takahashi, Y. et al. : J. Biol. Chem., 278 : 18664-1870, 2003
9) Osenkowski, P. et al. : J. Biol. Chem., 283 : 22529-22540, 2008
10) Fraering, P. C. et al. : Biochemistry, 43 : 9774-9789, 2004
11) Wakabayashi, T. et al. : Nat. Cell Biol., 11 : 1340-1346, 2009
12) Winkler, E. et al. : Biochemistry, 48 : 1183-1197, 2009
13) Schmitt-Ulms, G. et al. : Nat. Biotechnol., 22 : 724-731, 2004
14) Dunn, C. D. et al. : Proc. Natl. Acad. Sci. USA, 107 : 5907-5912, 2010
15) Morohashi, Y. et al. : J. Biol. Chem., 281 : 14670-14676, 2006
16) Fuwa, H. et al. : ACS Chem. Biol., 2 : 408-418, 2007
17) Imamura, Y. et al. : J. Am. Chem. Soc., 131 : 7353-7359, 2009

第Ⅲ部
技術開発編

創薬に向けた
更なる技術開発と応用

第Ⅲ部 技術開発編

① タンパク質導入法の開発とその医薬品応用への道

富澤一仁

近年，創薬研究においてバイオマーカー探索や作用機序解析でプロテオミクス技術が力を発揮している．しかし，プロテオーム解析で同定されたタンパク質が真の創薬標的分子であるか検討するためには，同定したタンパク質の細胞内あるいは *in vivo* での機能を解析することが重要となる．タンパク質導入法は，細胞膜透過性ペプチドをタンパク質，ペプチドあるいは低分子化合物に付加し，細胞内に直接導入し機能させる技術である．本技術を用いることにより，細胞・生体内におけるタンパク質の機能を迅速に解析することが可能である．本稿ではタンパク質導入法の原理から創薬研究への応用，さらに今後の展望まで紹介する．

1 創薬開発における技術上の問題点と課題

創薬研究において，翻訳後修飾解析や相互作用解析は不可欠な解析技術であり，これら解析を網羅的に行うプロテオミクス解析技術の近年における著しい発展は，第Ⅱ部までを読んでいただければ理解いただけたろう．一方，プロテオミクス解析技術が進歩すると解析感度がよくなり，おおむねデータ量が多くなる．これは，これまで同定されていなかった新しいタンパク質の発見に繋がるかもしれないが，膨大なデータから真実を探り当てる作業が必要となる．最近では，バイオインフォマティクスによりタンパク質を絞り込むことが可能になってきたが，創薬の標的になるかを見極めるためには，やはり細胞内におけるタンパク質の機能検証が不可欠である．

従来，細胞内におけるタンパク質機能解析には，タンパク質をコードする遺伝子を細胞内に導入し，タンパク質を発現させ，機能解析を行う方法が使われてきた．このような遺伝子導入法は，安定したタンパク質発現が期待できる．一方，遺伝子導入からタンパク質発現まで時間ずれがあり，遺伝子導入してすぐに解析を行うことが困難である．また，細胞により遺伝子導入効率が異なるため，細胞によってはウイルスベクターを使用する必要がある．

タンパク質導入法は，直接タンパク質を導入するため細胞内で速やかに機能することが期待できる．またリン酸化などの翻訳後修飾をさせたタンパク質を導入することも可能であり，翻訳後修飾解析への応用が期待できる．さらにタンパク質の相互作用部位に拮抗的に働くペプチドをタンパク質導入法により導入し，タンパク質-タンパク質間，薬剤-タンパク質間の相互作用解析に応用することが可能である．以上のように，タンパク質導入法は，プロテオミクス解析により得られた結果から細胞を用いて真のバイオマーカーや薬剤標的分子を同定するために有用な技術であると考えられる．

表 各膜透過性ペプチド（CPP）のアミノ酸配列

CPP名	アミノ酸配列
HIV-1 TAT	Tyr-Gly-Arg-Lys-Lys-Arg-Arg-Gln-Arg-Arg-Arg
HIV-1 Rev	Thr-Arg-Gln-Ala-Arg-Arg-Asn-Arg-Arg-Arg-Arg-Trp-Arg-Glu-Arg-Gln-Arg
FHV Coat	Arg-Arg-Arg-Arg-Asn-Arg-Thr-Arg-Arg-Asn-Arg-Arg-Arg-Val-Arg
HTLV-Ⅱ Rex	Thr-Arg-Arg-Gln-Arg-Thr-Arg-Arg-Ala-Arg-Arg-Asn-Arg
BMV Gag	Lys-Met-Thr-Arg-Ala-Gln-Arg-Arg-Ala-Ala-Ala-Arg-Arg-Asn-Arg-Trp-Thr-Ala-Arg
CCMV Gag	Lys-Leu-Thr-Arg-Ala-Gln-Arg-Arg-Ala-Ala-Ala-Arg-Lys-Asn-Lys-Arg-Asn-Thr-Arg
P22 N	Asn-Ala-Lys-Thr-Arg-Arg-His-Glu-Arg-Arg-Lys-Leu-Ala-Ile-Glu-Arg
λN	Met-Asp-Ala-Gln-Thr-Arg-Arg-Arg-Glu-Arg-Arg-Ala-Glu-Lys-Gln-Ala-Gln-Trp-Lys-Ala-Ala-Asn
9 (11) -R	Arg-Arg-Arg-Arg-Arg-Arg-Arg-Arg-Arg-（Arg-Arg）

赤字は塩基性アミノ酸を示す

2 本技術の原理

1）細胞膜透過性ペプチド（CPP）の特徴

　タンパク質導入法のためには，細胞内に導入するタンパク質に細胞膜透過性ペプチド（cell-penetrating peptide：CPP）を付加する必要がある．CPPとして最初に同定されたペプチドは，ヒト免疫不全ウイルスⅠ型が発現するTrans-activator of transcription protein（TATタンパク質）の11個のアミノ酸からなる膜透過性ドメインである[1]．TATタンパク質のCPPの特徴は，11個のアミノ酸のうち8個のアミノ酸がアルギニンならびにリジンという塩基性アミノ酸で構成されていることである（表）．その後，CPPとしてさまざまなペプチドが同定された（表）[2]．これらCPPの共通する特徴は，アルギニンあるいはリジンといった正電荷を帯びたアミノ酸が多く含まれることである．このことから，正電荷を帯びていることが膜透過性に重要であることが示唆された．そこで，われわれはTATタンパク質のCPPをすべてアルギニンに置換したペプチド（11R）を作製した．タンパク質の細胞内導入効率についてTATタンパク質PTDと比較したところ，11Rが，約5倍導入効率が高いことが明らかになった[3]．また9個のポリアルギニンからなるペプチド（9R）もCPPとして機能することが明らかになった[4]．

2）CPP融合タンパク質の作製

　CPPを付加したタンパク質・ペプチドの作製は難しくない．機能タンパク質・ペプチドにCPPを付加するだけである．タンパク質の場合，大腸菌あるいは昆虫細胞などに融合タンパク質として発現させた後，精製したものを用いることが多い．また短いペプチド（50アミノ酸残基以内）であれば，合成したものを用いることが多い．CPPは，タンパク質・ペプチドのどの部位（N末端，C末端あるいはタンパク質・ペプチド配列の途中に挿入）に付加すれば最適かという問題がある．膜透過性に関してはどの部位に付加しても問題はなく，また膜透過性の効率についても差がない．また，転写調節因子のPDX-1やNeuroDなどは，塩基性アミノ酸が連続するタンパク質導入ドメインを有しており，CPPを付加しなくても細胞内に導入される（図1）[5][6]．しかし，タンパク質・ペプチドによっては，CPPの塩基性アミノ酸により立体構造が変化し，従来の機能が阻害されることもあり，CPPの付加部位を厳密に決定する必要がある．また通常CPPとタンパク質・ペプチドの間に自由度をもたせるためグリシンなどからなるリ

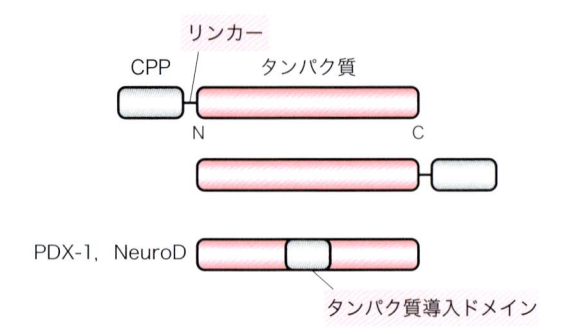

図1　膜透過性タンパク質の基本構造

ンカーを付加することが多い（図1）．

　大腸菌や昆虫細胞で発現させたCPP融合タンパク質は，精製時に8M尿素などで変性しても膜透過性を失わない．われわれは，CPPを付加したp53タンパク質を大腸菌で発現させ，尿素で変性後精製した．この膜透過性p53タンパク質は，がん細胞に効率よく導入され，また転写活性を有し，さらにがん細胞の増殖を抑制した[7)8)]．このことは，変性したタンパク質は細胞内に導入後，refolding（構造・修飾の再構成）されることを示唆している．一方でわれわれは，タンパク質の種類によってはrefoldingが十分に行われず機能しないことも経験している．どのようなタンパク質が細胞内でrefoldされることが困難か現在のところ明らかでない．

3) CPPによるタンパク質の導入メカニズム

　これまでCPPによるタンパク質導入機構に関してさまざまな議論がされてきた．TATタンパク質のCPPが同定された直後は，4℃でも細胞膜を通過することからエンドサイトーシスなどのATP依存性の取り込み機構ではないと考えられていた．このような仮説は，メタノールやパラフォルムアルデヒドで固定した細胞を使用し，細胞内にCPP融合タンパク質が存在することから提唱されていた．しかし，生細胞イメージングで観察するとCPPの膜透過性は4℃では阻害されることが判明した[9)]．そこで次に，エンドサイトーシスによる細胞内への取り込みが提唱されたが，クラスリンを介したエンドサイトーシスでは，取り込まれる分子の大きさはせいぜい120 nmである．一方CPPは，直径200 nmのリポソームを細胞内に導入する能力があり，エンドサイトーシスによる細胞内取り込みとも考えにくい．近年，CPPによるタンパク質導入機構としてマクロピノサイトーシスを介する機構が提唱されている[10)]．マクロピノサイトーシスは，アクチンフィラメントの重合により細胞膜が細胞表面から隆起し，細胞膜に結合している分子を覆い被さるようにして細胞内に取り込む機構である（図2）．アクチン重合阻害剤で細胞を処理するとCPPによる膜透過性が阻害されることも，マクロピノサイトーシスによる細胞内取り込み機構を支持する結果である[10)]．また，マクロピノサイトーシスでは，1μmを超えるような大きな分子も細胞内に取り込むことが可能であり，CPPによるタンパク質導入機構と合致する．

　CPPの細胞表面受容体として，ヘパラン硫酸プロテオグリカンが重要な役割を果たしていると考えられている．ヘパラン硫酸の合成を促進する酵素の変異細胞株では，野生株に比べてTATやポリアルギニンによる細胞導入効率が低下する[11)]．またヘパラン硫酸の抗体，あるいはヘパリンを培養液中に添加するとCPPの細胞内導入効率が阻害される[3)]．細胞表面に存在するヘパラン硫酸プロテオグリカンの硫酸化アミノ糖が負に荷電しているため，CPPの正の電荷と相互作用することが細胞内導入の第一ステップとして重要であると考えられている（図2）．タンパク質導入効率は，ヘパラン硫酸プロテオグリカンの発現と相関する．発現が低い細胞では，導入効率が悪い[3)]．

3　本技術でできること

　細胞の中には，核，ミトコンドリア，小胞体，ゴ

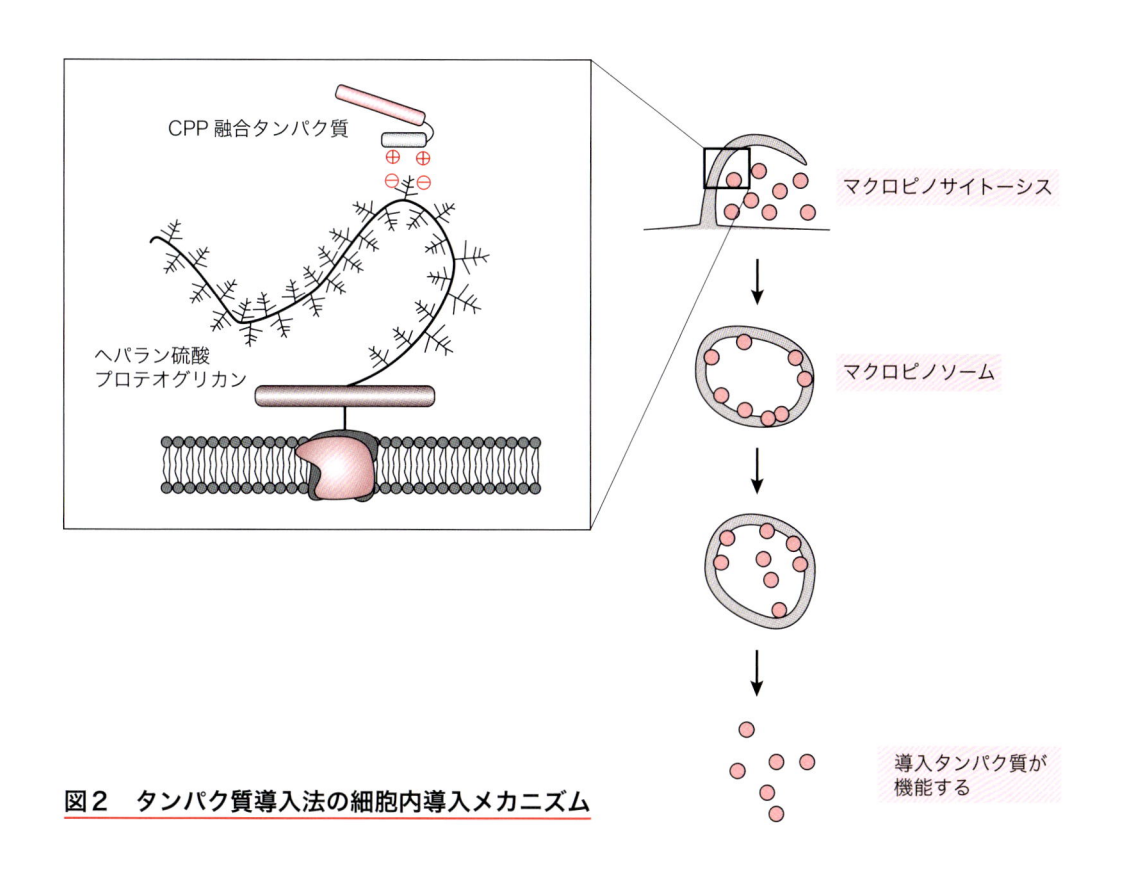

図2　タンパク質導入法の細胞内導入メカニズム

ルジ装置などの多数の細胞内小器官が存在し複雑な環境を呈している．タンパク質は細胞内のどの小器官・微小環境に存在するかによって，その機能は大きく異なる．例えばリン酸化酵素の場合，細胞質で機能するのと核で機能するのとでは，それぞれの微小環境における基質が異なり生理機能が全く異なる．すなわち，タンパク質を細胞内の特定の小器官・微小環境に局在・機能化させる技術はタンパク質の機能解析に有用である．そこで，タンパク質導入法を用いることにより，CPPを付加したタンパク質にさらに細胞内小器官局在化シグナルを付加することにより，導入したタンパク質を細胞内のある特定の微小環境で機能させることができる（図3）[3]．

また，この技術を応用することにより，特定の小器官・微小環境におけるタンパク質-タンパク質，薬剤-タンパク質の相互作用を阻害することができる．例えば，Ca^{2+}依存性脱リン酸化酵素，カルシニューリンは，DNA転写，イオンチャネル制御，形態制御，細胞死など細胞内で多機能を有する．カルシニューリンは，転写調節因子Nuclear factor of activated T cells（NFAT）を細胞質内で脱リン酸化することにより，同調節因子を核内へ輸送する．その結果，インターロイキンなどの転写が促進され，免疫反応が引き起こされる．免疫抑制剤は，カルシニューリンの活性阻害剤であり，同酵素活性を阻害することにより免疫反応を抑制する．しかし前述のようにカルシニューリンは多機能を有するため，免疫抑制剤にはインスリン分泌障害，腎・神経毒性などの副作用がある．われわれは，NFATの核移行を特異的に阻害することができれば，副作用の少ない免疫抑制剤の開発に繋がると考えた．そこで，NFATとカルシニューリンの結合を特異的に阻害するペプチドに11Rを付加したペプチドを作製し，T細胞ならびに膵島移植を受けたマウスに投与するとNFAT

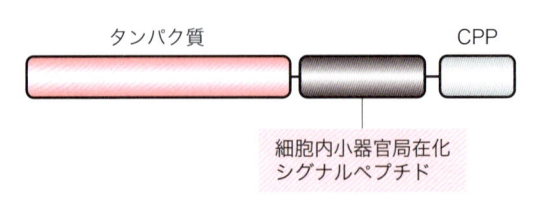

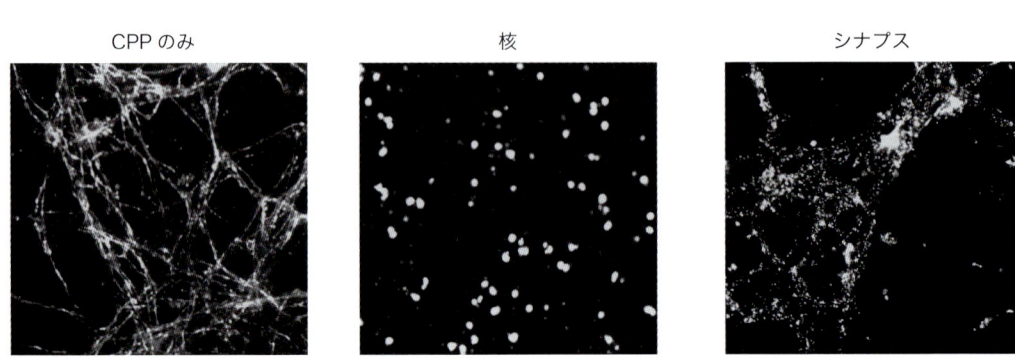

図3 初代培養神経細胞の細胞内小器官に緑色蛍光タンパク質（GFP）を導入した例
CPPのみでは，細胞全体にGFPが導入されている．SV40の核移行シグナルペプチドを付加すると，核に導入される．グルタミン酸受容体の1つ，NR2BのC末端ペプチドを付加すると，シナプスに導入される

の核移行を阻害できることを確認した[12]．

このようにタンパク質導入法を応用することにより，細胞内のごく微小環境のシグナルを制御することが可能である．本技術は，薬剤の標的分子同定や分子メカニズムの解明に応用が期待できる．

4 展望

タンパク質導入法は，ほぼすべての細胞に応用できること，導入したタンパク質，ペプチドが細胞内で速やかに機能することが利点として挙げられる．一方，タンパク質・ペプチドは細胞内で分解されるため，遺伝子導入法のように長期に機能させることが困難である．われわれは，細胞内で加水分解されにくいD体で人工合成したポリアルギニン付加ペプチドを細胞内に導入し，長期間機能させることに成功している[13][14]．しかし，難分解性タンパク質の導入法の開発は実現していない．今後，本法が創薬開発技術として日常的に用いられるためには，細胞内で長期に機能するタンパク質導入法の開発が重要である．

文献

1) Schwarze, S. R. et al.：Science, 285：1569-1572, 1999
2) Futaki, S.：Biopolymers, 84：241-249, 2006
3) Matsushita, M. et al.：J. Neurosci., 21：6000-6007, 2001
4) Michiue, H. et al.：J. Biol. Chem., 280：8285-8289, 2005
5) Noguchi, H. et al.：Cell Transplant., 14：637-645, 2005
6) Noguchi, H. et al.：Diabetes, 54：2859-2866, 2005
7) Takenobu, T. et al.：Mol. Cancer Ther., 1：1043-1049, 2002
8) Inoue, M. et al.：Eur. Urol., 49：161-168, 2006
9) Richard, J. P. et al.：J. Biol. Chem., 278：585-590, 2003
10) Wadia, J. S. et al.：Nat. Med., 10：310-315, 2004
11) Nakase, I. et al.：Mol. Ther., 10：1011-1022, 2004
12) Noguchi, H. et al.：Nat. Med., 10：305-309, 2004
13) Takayama, K. et al.：J. Control Release, 138：128-133, 2009
14) Araki, D. et al.：Urology, 75：813-819, 2010

② タンパク質複合体解析と創薬

夏目　徹

すべてのタンパク質は，他の何らかのタンパク質・核酸と相互作用することによりその機能を発揮する．また，化合物のターゲットはほとんどがタンパク質である．したがってタンパク質間相互作用をネットワークとして俯瞰し，創薬ターゲットを見定め，タンパク質間相互作用を指標としてスクリーニングを展開している．本稿ではこのプロジェクトの概要を紹介する．

1　創薬開発における技術上の問題点と課題

　生体を構成する個々の細胞には十数万種類のタンパク質が存在する．それらのタンパク質は，単独で機能するのではなく，常にグループ・組織を形成し，生体システムを構成する．すなわちタンパク質は機能複合体として，数個から時には100以上のタンパク質が1つの複合体として機能している．また，そのような複合体同士が結合・解離し，複雑で精緻な生命現象を紡ぎ出す．また，このような機能複合体のコンポーネントが状況により変化し入れ替わることも珍しくない．これらの，恒常的（permanent）あるいは一過性（transient）のタンパク質間相互作用をネットワークとして俯瞰し，細胞全体の生体応答のさなかに，個々のタンパク質がどのように働いているのかを知ることが重要である．したがって，タンパク質間相互作用ネットワーク解析が最も直接的なタンパク質機能解析の手段であるとともに疾患発症メカニズムの解明に直接的な貢献をする．
　また，ネットワーク解析は化合物の薬効メカニズムの解明にも大きな威力を発揮する．なぜなら，ほとんどの化合物は何らかのタンパク質に作用しその薬効を顕すわけであり，タンパク質間相互作用ネットワークを知ることこそが，化合物のターゲット同定，あるいは新規な化合物ターゲット発見の近道である．したがって，盤石な創薬基盤を構築するために，タンパク質の機能複合体がどのようなコンポーネントにより構成されているかを決定し，かつそのダイナミックな変化を知ることが必須といえる．
　このような背景から，Y2H（yeast 2 hybrid）タンパク質間相互作用解析や，あるいは最近では *in silico* 主体のタンパク質間相互作用予測などが盛んに行われた．われわれは10年前から質量分析をメインの解析プラットフォームとしたタンパク質間相互作用の大規模なネットワーク解析を開始した．そのために，まず，独自に世界最小のダイレクトナノLCシステムを開発し，失いやすい微量タンパク質を高感度に検出することに成功し，サンプル前処理を含めた世界最高感度を誇る質量分析システムを構築した．またbaitタンパク質のためのヒト完全長cDNAリソースを整備した[1]．その結果，現在までに変異体も含め2,200以上のbaitタンパク質を用い，ヒトの細胞中の約3,500の相互作用を検出した．これら

のうちの新規相互作用から，これまでのゲノムの情報のみからは予想できなかった新たな生命システムを発見するとともに，がん，生活習慣病，本態性高血圧，色素性乾皮症，ダウン症，骨パジェット病などの原因遺伝子の機能とともに，その疾患発症メカニズムを分子レベルで解明することに成功した[2]～[16]．そのなかで，プロテアソームのアッセンブリーファクターを例にとり，複合体解析から創薬ターゲットの発見とスクリーニング系の構築，さらにヒット化合物の創出の例を紹介したい．

2 解析の原理

1) プロテアソームのアッセンブリーと創薬ターゲット

ユビキチン化したタンパク質の分解を担うプロテアソームは巨大なタンパク質複合体である．この巨大タンパク質複合体は最終的には60個以上のコンポーネントからなるのであるが，これがどのように組み上げられるかは長らく謎であった．

われわれはこのプロテアソームを組み上げるアッセンブリー因子群と，そのプロテアソームとのネットワークを発見し，少なくとも4個以上のプロテアソームのアッセンブリー因子が協調的に働き，20Sのコアユニットが組み立てられることを明らかにした[5]～[9]．また，最近ではベースユニットを組み立てるアッセンブリーファクターも発見した[16]．興味深いことに，プロテアソームの各コンポーネントには組み上げられる順番があり，このアッセンブリーのプロセスを阻害すると新生プロテアソームはできあがらない．また，常に増殖し続けるがん細胞は，正常の細胞よりもプロテアソームへの依存性が高いと言われている．実際にプロテアソームの阻害剤が，強い抗がん作用をもつことは古くから知られている．しかし，プロテアソームはすべての正常細胞にも必須の機能であるから，この阻害剤は強い副作用を伴う．したがって他に治療法のない特殊ながんにしか，この阻害剤は用いられないのである．

ところが，われわれの発見したプロテアソームのアッセンブリー因子をノックダウンなどにより機能を低下させると，新生プロテアソームの量が減り，やはりがん細胞にとっては致命的であるが，正常細胞にはほとんど影響を与えないことを見出した．正常細胞はがん細胞ほどプロテアソームの要求性が高くないので，新生プロテアソームの量が減っても耐えられるのであろう．また，プロテアソーム機能そのものを完全に阻害してしまうのではないため，副作用も少ないことが予想された．したがって，このアッセンブリー因子同士，あるいはアッセンブリーファクターとプロテアソームのサブユニットとの相互作用は新規でより適切な創薬ターゲットと言えるのである．

したがって，このようなタンパク質ネットワーク解析より得られた情報をもとに，生体の分子ネットワークを化合物で制御するための基盤研究開発を4年前に開始し，タンパク質間相互作用を指標とした統一的なスクリーニングを実施している．

2) タンパク質間相互作用を指標とする統一的なスクリーニングプラットフォーム

これまでの化合物スクリーニングは，酵素活性や細胞死など，いわゆる生物活性を指標にした個別の表現型アッセイを構築しなければならず，スループットの高い優れたアッセイ系を構築するために多大な労力と時間が，各ターゲットごとに必要であり，これまでの化合物スクリーニングのボトルネックであった．しかし，タンパク質間相互作用を指標とするならば，個別のスクリーニング系を立ち上げることなく，共通のプラットフォームでのスクリーニングが可能であるため，真に効率的なスクリーニングが可能である．「効率的」とは，ただ単にスループットやコスト面のことだけではなく，スクリーニング系の構築そのものが効率的でなければならないという

がわれわれの研究コンセプトの柱である．

　タンパク質間相互作用を可視化する方法はいくつかあるが，現在われわれがもっぱら行っているのは，蛍光補完による蛍光あるいは発光イメージングである．蛍光・発光タンパク質は２つのフラグメントに分割し，相互作用するタンパク質ペアのそれぞれに，分割フラグメントを融合する．分割したままのフラグメントは蛍光・発光を発することはないが，融合したタンパク質ペアが相互作用すれば両者は補完され再びシグナルを発するという原理を利用している．この方法は in vitro と in vivo の両方の系で構築可能である．特に in vitro の系は非常にスループットが高く（50,000サンプル週），一人の担当者が複数の相互作用スクリーニングを運用可能でありきわめて効率的である[17]．

　実際にわれわれは，プロテアソームのアッセンブリーファクター同士の相互作用をターゲットとして，この蛍光補完法によるスクリーニング系を構築し，以下に述べる天然物ライブラリーよりいくつかのヒット化合物を発見している．その１つには，分子量が419というものもあり（図1）[18]，培養細胞内での相互作用の阻害の様子を，やはり蛍光補完法でモニターすると，この化合物の添加量に依存して，細胞内のプロテアソームの量が減り，細胞毒性もほとんどないことが示された（図2）．この化合物のターゲットとなっているプロテアソームのアッセンブリーファクターの相互作用界面には，化合物がはまりこむ，いわゆる「ポケット」はない．しかし，in silico のシミュレーションにより，相互作用界面を構成するβシートの緩やかな岡のような曲面に，この化合物が「絡まる」ように相互作用し，タンパク質間の相互作用を阻害しているという，興味深い計算結果を得た（図3）．これは，これまで人智では予測し得なかった相互作用の様式であり，かつ，このような巨大な相互作用界面を低分子の化合物でも制御できるという好例である．

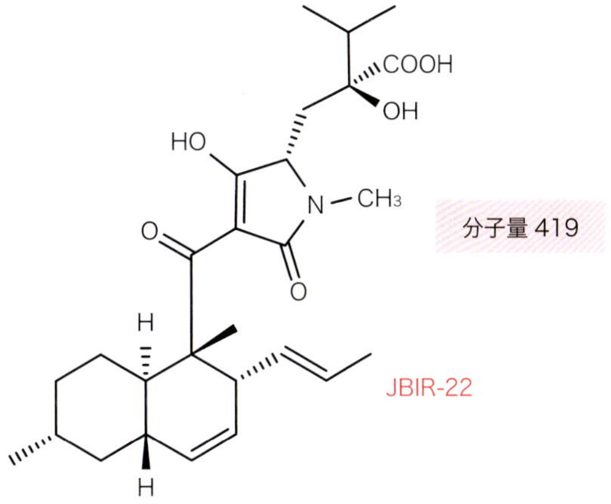

図1　プロテアソームアッセンブリー因子の相互作用を阻害する低分子化合物

3 本技術でできること

● **天然物化学の次世代化**

　さて，すでに述べたような汎用性の高いスクリーニング系を構築し得たとしても，一体何に対してスクリーニングを行えばいいのであろうか．欧米メガファーマのように200万合成化合物ライブラリーを使ったウルトラハイスループットスクリーニング等ということを，アカデミアの一研究プロジェクトにおいて実行することは不可能である．また，欧米追従などする気はない．そこで，われわれは天然物化合物を中心に据えたスクリーニングを展開している．

　世界でこれまで市販されている医薬品の80％以上は何らかの形で天然物の骨格および情報が反映されていると言われている[19]．わが国では天然物化学はお家芸で，国内の公的研究機関，および製薬企業などにノウハウを含むさまざまな経験，実績およびリソースが蓄積されている．しかし，天然物スクリーニングは，生理活性物質を単離・精製・構造決定するプロセスがつきまとい，ハイスループットスクリーニングには不向・非効率であると考えられ，時代遅れ感が高まった（近年の分析技術の向上から，この

100μM	
50μM	
0μM	

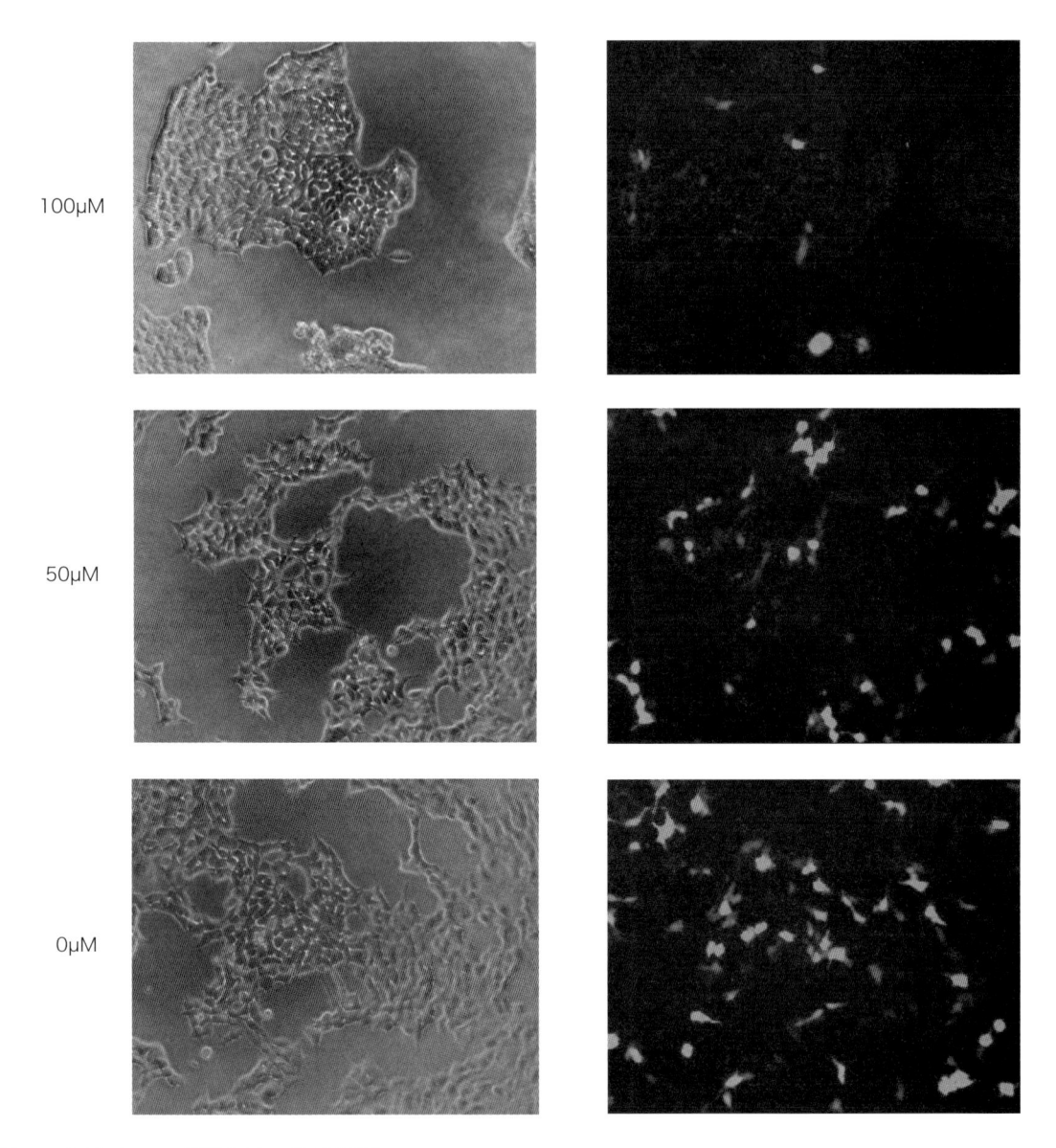

図2　細胞内での相互作用の阻害活性
　蛍光補完法による．細胞内のタンパク質間相互作用のモニター化合物を添加すると濃度依存的に蛍光強度が低下している（右パネル）．このとき，細胞毒性はみられない（左パネル）

問題は解決されつつある）．また，一般に天然物がそのまま薬になるのは稀で，周辺の各種誘導体を合成し最適化しなければならず，天然物からのヒットは構造が複雑であることから効率よく誘導体合成を行えなかった．ここ10年来，これらの理由から日本においてすら天然物スクリーニングソース・リソースが破棄され，巨大合成化合物ライブラリーを構築・購入し，莫大な費用をかけスクリーニングを行うという，完全なる欧米追従体制が敷かれた．しかし，最近では，合成化合物では，やはりケミカルスペース[※1]・多様性が乏しく，対費用効果が必ずしも優れているとは言い難いことも強く認識されはじめた．

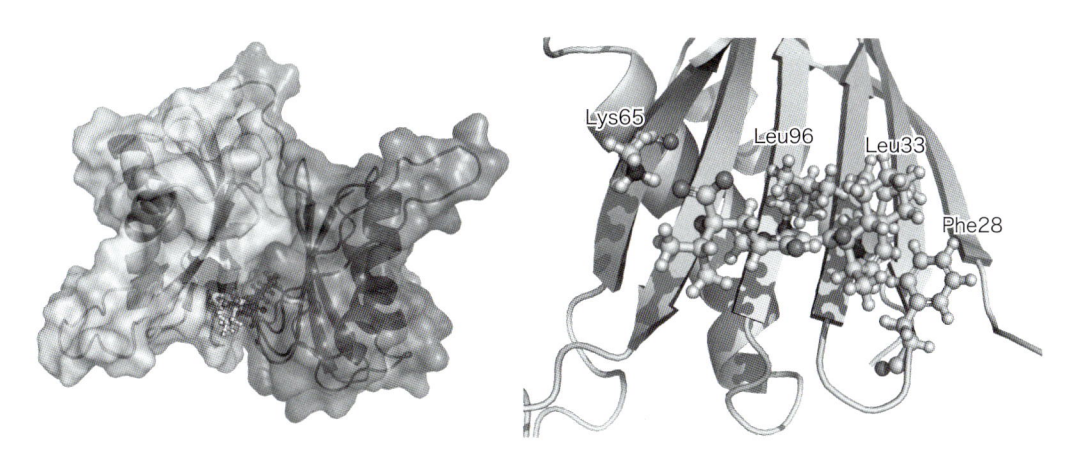

図3　*in silico*による化合物のドッキングモデル
計算機によるシミュレーションから，化合物が相互作用界面を構成する，緩やかな曲面にはまり込むことが示された（巻頭カラー図5参照，文献18より転載）

とは言うものの，本プロジェクトにおいて，伝統技術であった天然物スクリーニングをただ単に復興するだけでは意味がない．そこで，天然物ライブラリーの構築は，従来製薬業界が行ってきたアプローチをただ踏襲するのではなく，新たな収集法や海洋生物の寄生菌の培養なども試み新規な化合物ソースを発掘するとともに，わが国がこれまで蓄積してきた菌株・天然物化学を再有効利用するため，公的研究機関，製薬企業を含めた国内ソースを一局総結集した．またライブラリーの構築だけでなく，遺伝子解析，LC-MS，LC-NMRなどの機器分析による解析を組み合わせ，重複のないよりリッチな菌株ライブラリーを調製し，かつ化合物を先立って単離し天然物を単独の化合物としてライブラリー化することも積極的に行っている．

また，すでに述べたが，一般に天然物がそのまま薬になるのは稀で，周辺の各種誘導体を合成し最適化しなければならないが，優れた活性をもちながら，構造が複雑であることから誘導体展開が不可能であったり，あるいはできたとしても膨大な時間とコストがかかることが常である．そこで，天然物由来のランダムスクリーニングの結果得られた，天然化合物をもとに，*in silico*のドッキングシミュレーション[※2]を行い，活性が見込まれる活性母格を推定し，さらに最適化シミュレーションも行い，活性が見込まれる最低限の化合物のみを合成展開する戦略をとった．実際にこの方法で，天然化合物を手本に，わずか16個の合成展開を行い，オリジナルの天然化合物よりも低分子化し，かつ，20～100倍ほど高活性化することに成功した事例がある．

また，ヒットした天然化合物が全く合成不可能であったため，オリジナルの天然化合物とターゲットタンパク質のシミュレーション結果から，オリジナルとは全く構造が異なるが同様な相互作用をする合成化合物を創出することにも成功している．すなわち，*in silico*のシミュレーションを橋渡しとして，天然→合成の効率化を行い，両者を融合させたのである．

※1　ケミカルスペース
化合物ライブラリーの多様性を示す言葉．スクリーニングを行う際，骨格・官能基などの多様性をケミカルスペースとよぶ．スペースが大きいライブラリーほどヒット化合物が得られる可能性が高い．

※2　*in silico*のドッキングシミュレーション
化合物と，そのターゲットタンパク質との分子間相互作用を計算機により推測すること．分子間の結合の様式などを推定し，高活性化をめざし化合物の誘導展開を効率化する等のために行われる．

4 展望

●タンパク質間相互作用を制御する化合物

　創薬業界では，これまでタンパク質間相互作用をターゲットとするスクリーニングは積極的には行われてこなかった．事実，これまで上市された医薬品の大半は何らかの酵素阻害剤である．タンパク質相互作用を指標として医薬品がつくられたという事例は耳目がない．しかし，「タンパク質間の相互作用の制御は難しい」と忌避していては，酵素活性などわかりやすい指標を与えるタンパク質ターゲットのみしかスクリーニングを実施できず，創薬ターゲットは先細る一方である．その一方で，タンパク質間相互作用の界面の50〜60％は，druggability（化合物との親和性のもちやすさ）が高く，低分子化合物が「見向きもしない」わけではない，という最近の報告もある[20]．

　実際に，われわれの天然物を中心にしたスクリーニングの結果を見ると，ヒット率は低いながらも，そのほとんどの系でヒット化合物が得られている．予想に反して，ヒット化合物の分子量は280〜900とバラエティに富み，大分子量に偏ってはいない．興味深いことに，ヒットしたすべての化合物は不斉炭素を多く含み，特定の光学異性体のみが活性を示すようだ．すなわち，「凸凹として，かちっと」構造が規定された化合物でなければ，明確なポケットのないタンパク質間相互作用界面を制御できないのであろう．であるとすると，光学異性体を意識してつくられていない，合成化合物ライブラリーでは少々荷が重いことになる．

　繰り返しになるが，タンパク質は何らかの形で他の分子と相互作用することによって，その機能を果たすのであるから，まずタンパク質の複合体をネットワークとして理解し，相互作用を指標にするスクリーニングを展開するのが必須である．そして，得られた情報を検証し，相互作用を指標にしたスクリーニングを行う，それも，統一的なプラットフォームとして行う，これが筆者の考える，「個別スクリーニングからの脱却」である．またこのような相互作用をターゲットとした化合物が，医薬品とならなくても，これらを化合物プローブとして活用し，タンパク質機能を十分に解析できれば，その周辺に新たな第二・第三の創薬ターゲットを見つけることに貢献するのである．したがって，タンパク質の複合体解析・ネットワーク解析が創薬基盤を大きく底上げすることが期待される．

謝辞

この原稿を書くにあたり，参画いただいたプロジェクトの全メンバーに感謝する．また，化合物スクリーニングは，NEDOケミカルバイオロジープロジェクトの成果である．

文献

1） 夏目　徹：蛋白質核酸酵素，49：2222-2229，共立出版，2004
2） Ishigaki, S. N. et al.：J. Biol. Chem., 279：51376-51385, 2004
3） Nakayama, K. H. et al.：Dev. Cell, 6：661-672, 2004
4） Higo, T. M. et al.：Cell, 120：85-98, 2005
5） Hirano, Y. K. B. et al.：Nature, 437：1381-1385, 2005
6） Matsuda, N. et al.：DNA Repair（Amst），4：537-545, 2005
7） Moriguchi, T. et al.：J. Biol. Chem., 280：42685-42693, 2005
8） Yoshida, K. T. et al.：Nat. Cell Biol., 7：278-285, 2005
9） Hirano, Y. H. et al.：Mol. Cell, 24：977-984, 2006
10） Hishiya, A. S. et al.：EMBO J., 25：554-564, 2006
11） Hyodo-Miura, J. et al.：Dev. Cell, 11：69-79, 2006
12） Kitajima, T. S. et al.：Nature, 441：46-52, 2006
13） Iioka, H. et al.：Nat. Cell Biol., 9：813-821, 2007
14） Komatsu, M. et al.：Cell, 131：1149-1163, 2007
15） Saneyoshi, T. et al.：Neuron, 57：94-107, 2008
16） Kaneko, T. et al.：Cell, 137：914-925, 2009
17） Hashimoto, J. et al.：J. Biomol. Screen, 14：970-979, 2009
18） Izumikawa, M. et al.：J. Nat. Prod., 73：628-631, 2010
19） C & E NEWS/Oct. 4, 2004, pp32-43
20） Villoutreix, B. O. et al.：Curr. Pharm. Biotech., 9：103-122, 2008

③ 医薬品開発の効率化に向けた薬物体内動態予測法の開発

吉田健太, 前田和哉, 杉山雄一

新規に開発された薬剤が臨床開発の過程でドロップアウトしたり, 上市後に薬物間相互作用により予期せぬ副作用が発現するケースにしばしば遭遇するが, その主要な原因の1つとして, 薬剤の体内動態特性が関連する場合が挙げられる. このような事象を非臨床試験の段階で予見・回避するため, 種々の in vitro 試験系が開発されてきた. 近年特に, 薬物動態特性をタンパク質レベルで解明する研究が進んでおり, 薬物間相互作用により分子機能が阻害される場合のみならず, 遺伝子変異によるタンパク質機能変動が薬剤の動態特性に与える影響までも予測することが可能となってきた. 本稿では, 主に分子レベルの機能解析がどのようにして生体内での薬物動態の変動の予測へとつながっていくかについて, さまざまな実例を挙げて具体的に紹介したいと思う.

1 創薬開発における技術上の問題点と課題

一般的な創薬研究の流れとしては, 非常に多くの化合物ライブラリーのなかから, 開発対象とする薬効について, その強度の指標となるタンパク質との相互作用の親和性などを基準としたハイスループットスクリーニングによりリード化合物が探索される. その後, コンビナトリアルケミストリーなど網羅的な類縁体合成の技術を駆使してリード化合物の類縁体が多数合成され, より詳細な薬効標的への選択性・親和性, 生体に対する種々の毒性・薬物動態などさまざまな特性について, 多様な in vitro 実験系や動物実験による評価が実施される. そして, 各項目のデータを総合的に判断して医薬品開発候補化合物が選択され, 最後に治験を通じて, ヒトにおける有効性・安全性が評価され, 医薬品としての適否が判断される. 開発過程のなかで, 特にヒト臨床試験には, 莫大な資金と時間が必要となることから, 臨床試験に導入する化合物を選択する段階でいかに最適な判断ができるかが, 医薬品開発の成功を決めるうえで非常に重要な鍵となっている.

このために, さまざまな in vitro 試験系や動物実験が日々新たに構築されてきているものの, 現在においても臨床試験にまで到達する化合物のうち, 最終的に承認にまでこぎつける化合物の割合は10％以下にとどまっている[1]. その統計によると, 化合物が承認にまで至らない理由のなかで, 薬物動態が原因となっているものの割合は, 1991年の40％から2000年には10％まで低下している. 一方で, 不適切な薬効や予期せぬ毒性がドロップアウトの原因となる割合は依然として多い. しかし, この事実のみから薬物動態に関する検討は今以上に行わなくていいとするのは非常に短絡的であると考える. 薬効・副作用発現の決定要因の1つとして, 薬効・副作用標的における薬物の局所の濃度プロファイルが考えられるが, しばしば標的局所の濃度と血中濃度との間には大きな差異が存在することが知られている. 例えば脳や精巣など重要な組織には血液との間を隔てる関門組織が発達しており, 強固な細胞間結合を

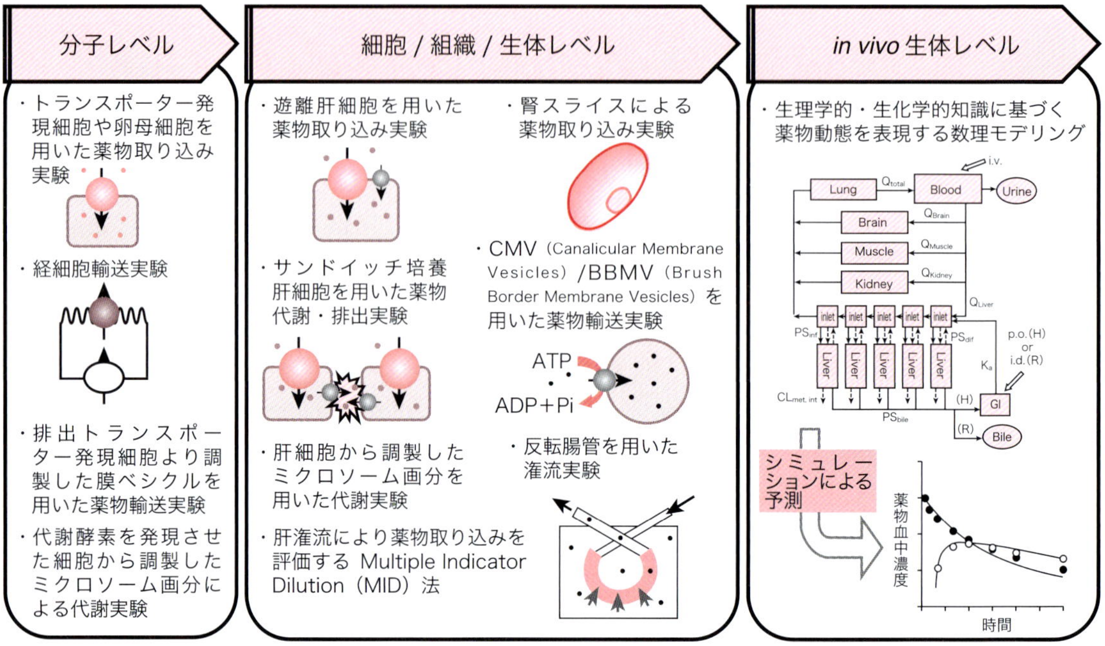

図1 ヒト in vivo での薬物動態予測に用いられる in vitro/in situ 実験手法の概略と予測への道筋
文献14より改変

分子レベル
- トランスポーター発現細胞や卵母細胞を用いた薬物取り込み実験
- 経細胞輸送実験
- 排出トランスポーター発現細胞より調製した膜ベシクルを用いた薬物輸送実験
- 代謝酵素を発現させた細胞から調製したミクロソーム画分による代謝実験

細胞 / 組織 / 生体レベル
- 遊離肝細胞を用いた薬物取り込み実験
- サンドイッチ培養肝細胞を用いた薬物代謝・排出実験
- 肝細胞から調製したミクロソーム画分を用いた代謝実験
- 肝潅流により薬物取り込みを評価する Multiple Indicator Dilution (MID) 法
- 腎スライスによる薬物取り込み実験
- CMV (Canalicular Membrane Vesicles) /BBMV (Brush Border Membrane Vesicles) を用いた薬物輸送実験
- 反転腸管を用いた潅流実験

in vivo 生体レベル
- 生理学的・生化学的知識に基づく薬物動態を表現する数理モデリング
- シミュレーションによる予測

介した静的なバリアを形成するのみならず，種々の排出トランスポーターを発現することにより積極的に薬物をくみ出すような動的なバリアが機能しており，血液と組織の間で大きな濃度勾配を形成している．したがって，このようなケースを含めて考えると，薬物動態が原因で撤退を余儀なくされた化合物は10％にとどまらないのではないかと考えられる．

さらに，承認された薬のなかでも，後述のように，遺伝子多型や薬物間相互作用により重篤な副作用が引き起こされ，場合によっては市場からの撤退を余儀なくされるケースも後を絶たない．このような事象を前臨床の段階でいち早く予測することができれば，あらかじめ薬剤の適用範囲を絞り込むことで市場撤退を免れた可能性もある．したがって，薬の重要な特性の1つである薬物動態の決定要因をタンパク質レベルで定量的に評価することは非常に重要であるといえる．薬物動態は，主に物質の構造変換を担う代謝酵素群と物質の能動的な膜透過を支えるトランスポーター群の働きに支配されており，これらと薬物との相互作用が体内での薬の動きを決定している．

本稿では，主にトランスポーターが消失の主経路となる薬物群に焦点を当て，タンパク質レベルでの研究成果を利用して，臨床での薬物動態とその変動を予測する方法論の現況について例を挙げながら述べる．

2 解析の原理とそれによってわかること

1) ヒトでの薬物動態予測に用いられる実験手法と in vivo 薬物動態の予測へ向けた方法論

ヒトでの薬物動態を前臨床段階で予測する場合，図1に示されているように，生体内で薬物動態に関与している個々の分子による代謝・輸送の素過程の能力をとらえるための in vitro 実験系，細胞や臓器

レベルでの機能を評価する実験系を利用し，さらには，動物実験を間に挟むことで，in vivo における薬物動態を把握したうえで，最終的にはこれらの結果を統合して，ヒト臨床研究から得られる in vivo レベルでの薬物動態を予測することとなる．

分子レベルの機能を明らかにする実験法としては，Cytochrome P450（CYP）やUDP-glucuronosyl transferase（UGT）等の代謝酵素を発現させた細胞から調製されたミクロソーム画分，トランスポーター発現アフリカツメガエル卵母細胞や不死化細胞などが挙げられる．次に，さらに複数の分子により構成された細胞・臓器レベルでの薬物の代謝・輸送能力を評価する系として，臓器から単離された初代培養細胞・遊離細胞や臓器スライス，臓器から調製されたミクロソーム画分や膜画分等を用いた in vitro 実験系，動物においては，in situ 臓器灌流法による臓器レベルでのクリアランス能力に関する検討が実施されている．

以上の実験系から得られた結果に基づき，薬物動態に関与する個々の素過程について，肝細胞への取り込み速度や代謝速度等の速度論的パラメータを得ることができる．これらを生化学・生理学的な知識に基づき数理モデルに統合化することで，最終的にはヒト in vivo での薬物動態を定量的に予測することをめざしている．さらにこのような数理モデルによる予測を行う利点として，各素過程に関与する分子の機能が遺伝子変異や薬物間相互作用により個々に変動した場合の in vivo 薬物動態への影響を，薬物の血中レベルと組織レベルの両方について定量的に予測することができるようになる．

図2には，生体内で薬物の膜透過輸送を司る取り込み・排出トランスポーターの機能が低下した場合，生体内での薬物動態がどのように変動するかについて，機能低下を起こしたトランスポーターの発現部位ごとにまとめたものを示した．例えば消化管吸収過程に関与するトランスポーター（図2①）については，薬物の取り込み能力が低下した場合には血漿中に移行する薬物量が減少し，その結果，各臓器中の濃度も減少する．逆に管腔側への排出能力が低下した場合，血漿・臓器中濃度はともに上昇する．一方で，脳などの薬効・副作用の標的臓器で，全身の分布容積と比較して標的臓器の分布容積が小さいようなケース（図2②）においては，トランスポーターによる輸送能力が低下した場合は，標的臓器中の濃度は変化するものの，血漿中濃度や他の臓器中濃度には影響を与えない場合があり，ヒトで容易にサンプリングできる血中濃度の変化では，このようなケースは予測できず注意が必要であるといえる．図2③に示したクリアランス臓器に発現するトランスポーターの機能変動については，クリアランスの律速段階に応じて複雑な挙動を示すので，本項3)において詳しく説明した．

以上から，トランスポーターの機能低下という同じ現象に着目しただけでも，起きる場所によって，血漿中や組織中の薬物濃度に与える影響はさまざまに異なってくることがわかる．そのため，トランスポーターの機能変動に伴う薬物動態変動を in vitro 実験系での結果から正しく予測するには，各機構を分子レベルまでさかのぼって解析する必要がある．

2）薬物トランスポーターの寄与率評価の重要性 ～肝臓でのOATP1B1の役割を例にとって～

生活習慣病として近年特に注目を集めている脂質異常症や高血圧症にはさまざまな治療薬が開発されているが，そのなかでも特に，HMG-CoA還元酵素阻害剤（スタチン）やアンジオテンシンⅡ受容体拮抗薬（サルタン）が汎用されている．これら2つの薬効群に属する化合物の大部分は，主に血中から肝細胞内にトランスポーターを介して能動的に取り込まれた後に，代謝や未変化体での胆汁排泄を受け，体内から消失することが知られている．特に肝臓における薬物の取り込み機構の分子実体としてOATP（organic anion transporting polypeptide）1B1やOATP1B3の重要性が明らかにされつつある[2)～4)]．

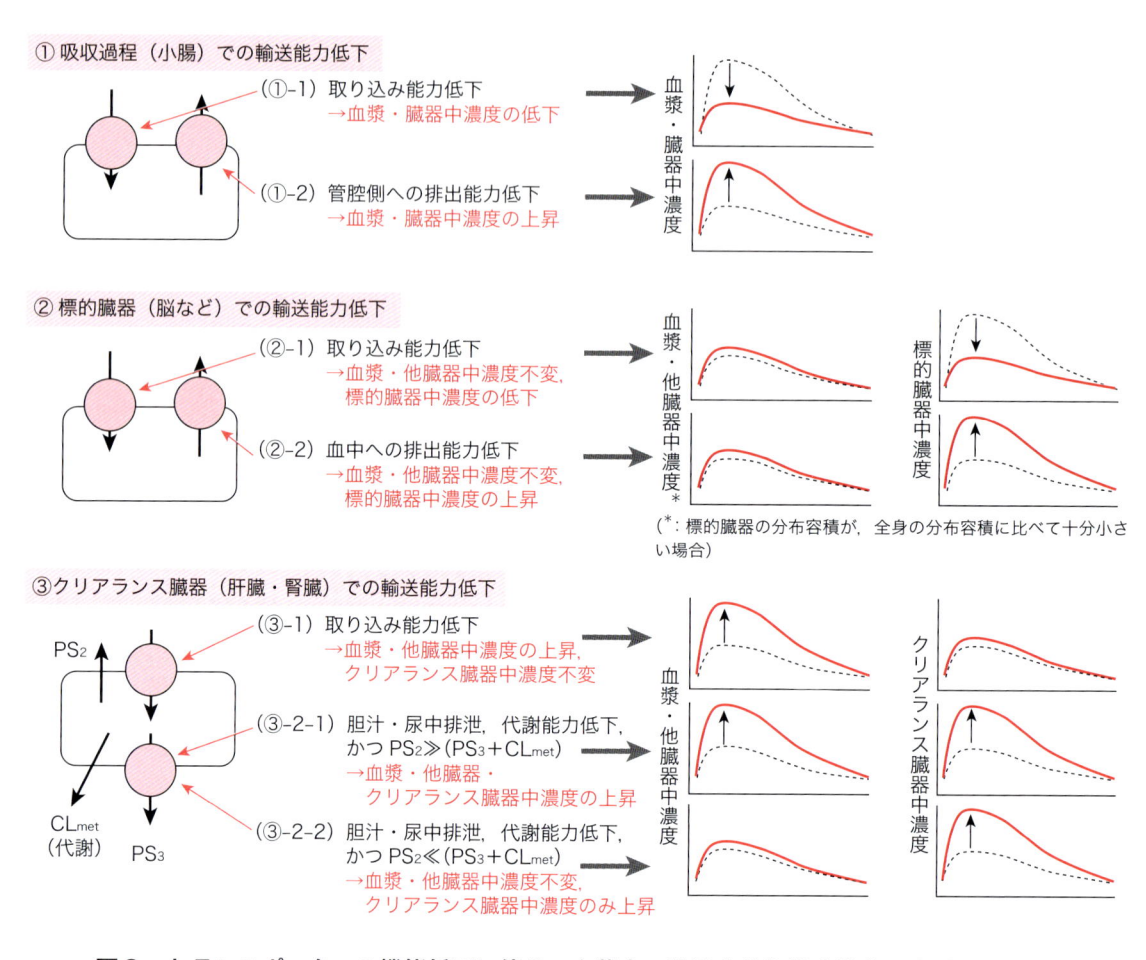

図2 トランスポーターの機能低下に伴う，血漿中・臓器中薬物濃度推移の変動の概略図

これまでOATP1B1については，比較的頻度の高い一塩基多型（single nucleotide polymorphism：SNP）として521T＞C変異が知られており，数多くのOATP1B1基質薬物について，この変異の保有者で血中濃度が有意に高値を示すことが明らかにされてきた[5]．また最近，simvastatin投与患者群において，スタチン類の主な副作用であるミオパシーや横紋筋融解症の発現リスクと唯一相関する統計的に有意なSNPとして，OATP1B1 521T＞CのみがGWAS（genome wide association study）解析の結果，明らかとされた[6]．このことから，OATP1B1を介した輸送経路が消失の主経路となる薬物では，このSNPにより薬物の血中濃度・全身暴露が上昇し，薬効や副作用に影響を及ぼしうることが示されている．

われわれのグループではこれまで，ヒト肝細胞への薬物の取り込み過程におけるOATP1B1，OATP1B3の寄与率を，図3に示したRelative Activity Factor（RAF）法や，選択的阻害剤を利用することによって定量的に評価する方法論を構築してきた[7]．RAF法においては，まず各トランスポーター選択的な基質を用い，ヒト肝細胞とトランスポーター発現細胞で取り込み実験を行う．この輸送活性の比（R値）を試験化合物のトランスポーター発現細胞における輸送活性に乗ずることで，ヒト肝細胞において各トランスポーターが担う輸送能力を算出

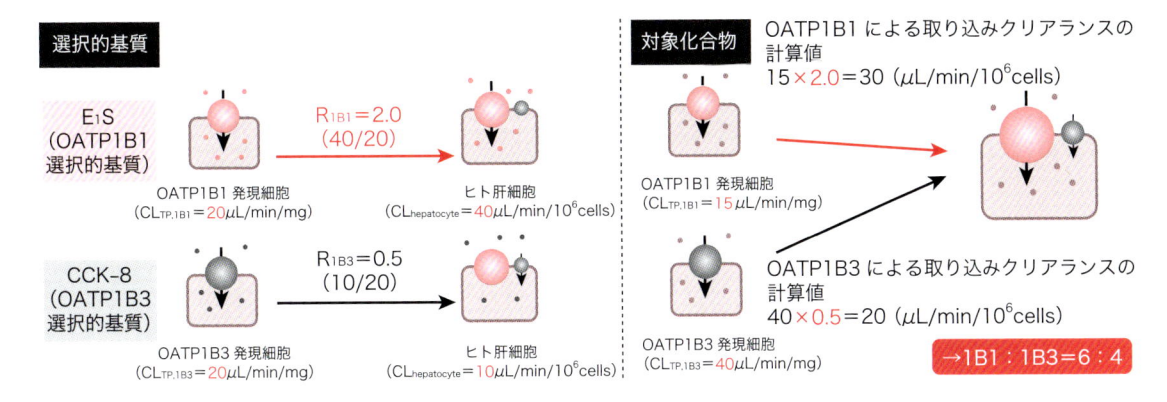

図3　RAF法による取り込みトランスポーターの寄与率評価法の概念図[4]

することができる．すなわち，OATP1B1とOATP1B3それぞれに対して同様の計算を行った後，その値を比較することで各経路の相対的な寄与率を求めることができる．また別の方法として，ヒト肝細胞とトランスポーター発現細胞の両方で各トランスポーターの発現量をWestern blotにより直接定量し，この比をR値とすることで寄与率を求めることも可能である．算出式は以下の通りである．

$$R_i = \frac{CL_{hepatocyte}(selective)}{CL_{TP,i}(selective)}$$

$$CL_{hepatocyte}(test) = \sum_i R_i \times CL_{TP,i}(test)$$

$$各トランスポーターの寄与率 = \frac{R_i \times CL_{TP,i}(test)}{CL_{hepatocyte}(test)}$$

ここで，$CL_{hepatocyte}$(selective)と$CL_{TP,i}$(selective)はそれぞれヒト肝細胞とトランスポーターiの発現細胞における選択的基質の輸送活性，同様に$CL_{hepatocyte}$(test)と$CL_{TP,i}$(test)はそれぞれ肝細胞とトランスポーターiの発現細胞における試験化合物の輸送活性を示す．

これに加えて，当研究室の石黒らは，estrone-3-sulfateによってOATP1B1の輸送機能を選択的に阻害できることを明らかにし，ヒト肝細胞を用いて取り込み実験をする際にestrone-3-sulfateを共存さ

せ，化合物の能動的な取り込みがどの程度阻害されるかを観察することで，OATP1B1の寄与を見積もることができるという方法論を確立した[3]．また，その方法を用いて，telmisartanがOATP1B3選択的に肝取り込みされるという興味深い発見をしている．これまで当研究室では，数多くの薬物についてOATP1B1，OATP1B3の寄与率の評価を実施してきたが，同じように肝臓に効率よく取り込まれる薬物であっても，OATP1B1，OATP1B3の相対的な寄与は薬物によって異なることが明らかとなっており，薬物動態について遺伝子多型や薬物間相互作用の影響の受け方の違いに影響が出ることが推察される．

実際，表1に示す通り，OATP1B1の寄与がほぼ90％程度以上と評価された薬物については，いずれも前述の521T＞C変異によって血中濃度が有意に上昇することがヒト臨床試験で示されている．一方，OATP1B1の寄与が50％程度であるolmesartanについては，521T＞C変異が血中濃度に有意な影響は与えないことが示されている．単一の分子が消失に大部分寄与する場合，その機能変動は，薬物動態全体に大きな影響を与えることから，前臨床段階において薬物を選択する際，その消失経路や寄与する分子種まで含めて定量的に評価し，なるべく単一でない複数の経路で体内から消失する薬物を選んでくることで，薬効や副作用に全体として個人差が少な

表1 OATP1B1の肝取り込み過程における寄与率評価と，遺伝子多型が基質薬物のAUCに与える影響[3)~5), 他]

	RAF法による寄与率の評価結果（%）		OATP1B1 521T>Cのホモ保有者でのAUC上昇率
	OATP1B1	OATP1B3	
atorvastatin	−	−	1.7~2.5
pravastatin	−	−	1.4~2.2
rosuvastatin	66.3~84.4	15.6~33.7	1.5~2.2
pitavastatin	85.7~95.1	4.9~14.3	2.6~3.1
fluvastatin	−	−	1.2
valsartan	21.5~71.1	28.9~78.5	−
olmesartan	44.3~62.2	37.8~55.7	1.1
telmisartan	0	100	−

表左部には，肝取り込み過程におけるOATP1B1とOATP1B3の寄与について，RAF法によって決定された寄与率をまとめた．表右部には，OATP1B1の遺伝子多型である521T>Cをホモで保有する群（521CC）のAUCが，control群（521TT）に対して何倍になっているか，過去の報告をまとめた．AUC：area under the blood concentration time curve，血中濃度の時間推移の曲線下面積，全身での薬物の暴露を評価する1つの基準となる

い薬物を選択できると考えられ，代謝酵素についてはすでにこの試みが始まっている．

3）肝臓の取り込みトランスポーターを介した薬物間相互作用

前述した脂質異常症治療薬であるスタチン類のなかで，致死的な副作用である横紋筋融解症の発生により市場からの撤退を余儀なくされた化合物として，cerivastatinを挙げることができる．この致死的な副作用について後に精査したところ，cyclosporin Aやgemfibrozilとの併用事例が複数あったことから，薬物間相互作用によってcerivastatinの血漿中濃度が大幅に上昇し[8) 9)]，その結果筋肉への暴露が上昇することで副作用の発生リスクが増強していることが疑われた．当初，cyclosporin Aとの相互作用は，cerivastatinの代謝酵素の1つであるCYP3A4を阻害することによって発生すると考えられたが，他のCYP3A4阻害剤であり，かつmechanism-based inhibitionを引き起こすerythromycinを同時に投与した際には血中濃度の上昇がみられなかった[10)]ことから，別のメカニズムによる相互作用が起きている

と考えられた．当研究室の設楽らの解析[11)]により，cyclosporin Aとcerivastatinの相互作用は，cerivastatinの取り込みトランスポーターであるOATP類の阻害によって起きていることを支持する結果を得ることができた．

このような，肝臓を介した薬物間相互作用を定量的に解析する際には，肝臓中の毛細血管内の薬物濃度が全身循環血の薬物濃度と必ずしも一致しないことに留意しなければならない．すなわち，経口投与された薬物の多くは小腸上皮細胞より門脈中へと移動し肝臓に至り，肝臓中の毛細血管を通る際には，代謝等による初回通過を受けてある程度消失したのち，全身循環へと移行していく．このため，肝臓の毛細血管内濃度は全身循環から来た薬物に消化管から吸収された薬物が加わるため，循環血中濃度よりも高くなる可能性があり，これを考慮に入れないと，発生しうる薬物間相互作用を見逃してしまう恐れがある．

当研究室の松島らは，過去に伊藤らによってfalse-negativeな予測を避けるために提唱された肝臓の門脈入り口でのタンパク質非結合型最大薬物濃度の予

表2 acid体で投与されるスタチン類が被相互作用薬となる薬物間相互作用の臨床報告と，該当する相互作用薬が影響を及ぼし得るトランスポーター・代謝酵素[2)13)19)，他]

基質薬物	ATV	PRV	ROS	FLV	PIT	CER	阻害され得る分子				
関与する代謝酵素	3A4	—	2C9/19 (minor)	2C9	2C9 (minor)	2C8, 3A4	OATP	MDR1	3A4	2C9	2C8
cyclosporin A	9〜15	5〜7.9	7.1	1.9〜3.5	4.6	3.8	○	○	○		
tipranavir/ritonavir	9.4		1.4				○	○	○		
saquinavir/ritonavir	3.5	0.5					○	○	○		
atazanavir/ritonavir			3.1				○	○	○		
fosamprenavir/ritonavir			NS				○	○	○		
lopinavir/ritonavir			2				○	○	○		
nelfinavir	1.7	0.5					○	○			
efavirenz	0.6	0.6									
gemfibrozil	1.3	2	1.9	NS	1.45	5.6	○				○
istradefylline	1.5							○	○		
rifampicin（単回投与）	7〜8.5	2.6					○	○			
rifampicin（持続投与）	0.2	0.69	1	0.5			○	○			
mibefradil	4.4	NS						○			
itraconazole	1.5〜3.4	1〜1.5	1.3	1.3		0.9〜1.3	○	○			
ketoconazole			1.0	NS				○	○		
fluconazole			1.1	1.8					○	○	
clarithrymycin	1.8〜4.4	2.1					○	○	○		
erythromycin			0.8	NS	1.2		○	○	○		
clopidogrel				1.2						○	
grapefruit juice	1.3〜2.5	NS		1				○	○		
orange juice		1.5						○			
baicalin				0.6							

薬物間相互作用の臨床報告については，AUCの上昇率を示した．阻害により影響され得る分子としては，阻害を起こす可能性があると判断されたものを○で示した．OATPとCYP2C8/9については，伊藤らの方法[12)]によって推定された門脈血中の最大非結合型薬物濃度が，*in vitro*での阻害定数より大きい場合に，CYP3A4とMDR1については，橘らの報告[20)]に従い，投与量をK値で除した値が，それぞれ2.8Lと10.8Lを上回った場合，阻害を起こす可能性があると判断した．ATV：atorvastatin, PRV：pravastatin, ROS：rosuvastatin, FLV：fluvastatin, PIT：pitavastatin, CER：cerivastatin, NS：not significantly changed

測式[12)]を用い，肝取り込みトランスポーターを介した薬物間相互作用が発生する可能性についてさまざまな化合物で検証を行った[13)]．その結果，cyclosporin Aやrifampicin，clarithromycin，azithromycin，probenecid等がOATP1B1や1B3を阻害することで薬物間相互作用を誘起しうるということが見積もられた．表2には，acid体（活性体）で投与されるスタチン類に関する臨床でみられる薬物間相互作用についてまとめたものを示した．松島らの結果と，現在までに知られている代謝酵素を介した薬物間相互作用，また表には含めていないが，代謝酵素やトランスポーターの発現誘導（例：rifampicinやritonavir等の持続投与によるOATPやCYPの誘導）を併せて考慮に入れることにより，報

告されている薬物間相互作用のほぼすべては定量的に説明可能になると考えている．また，あわせて近年，代謝で体内より消失することが既知の薬物のうち一部が，肝取り込みトランスポーターの基質ともなっていることが明らかとなり，肝取り込み過程の相互作用についても考慮する必要性が高まっていることにも目を向ける必要がある．

4) 排泄トランスポーターの機能変動と薬物の血中・臓器中蓄積

前述の通り，薬物動態と薬効や副作用を結びつけて定量的な解析を行う場合，厳密には薬物の血中濃度ではなく，その薬効標的臓器での薬物濃度が重要である．しかしながら，実際にヒトで薬物濃度を測定する際，血液・尿以外を採取することは技術的・倫理的な面から考えて非常に困難である．動物実験においては，臓器を採取して臓器中濃度を測定することも可能ではあるが，種差の問題もあることから，動物での結果を安易にヒトに外挿できないことに留意しておく必要がある．このため，種々の in vitro 実験系を用いた臓器内濃度の予測や薬物間相互作用などの要因による臓器中濃度・薬効の変動予測が行われてきた．

特に，肝臓や腎臓などのクリアランス臓器において排泄トランスポーターが阻害された際には，以下のような考え方により，薬物の臓器内濃度には影響を大きく及ぼす一方で，血中濃度には影響を与えず，血中濃度しか採取できないヒトでは相互作用の有無が容易に判定できないような薬物間相互作用が起こっている可能性がある．このことは，前述した図2の③-2-2の状況に対応する．

すなわち，血中から臓器中への取り込みクリアランス（反応速度を基質濃度で除したもの）を PS_1，臓器から血中への backflux に対応するクリアランスを PS_2，臓器から胆汁中や尿中への排泄に対応するクリアランスをまとめて PS_3，臓器内での代謝クリアランスを CL_{met} と表現した場合，血中からの「見かけの」消失クリアランス CL_{app} は，定常状態において以下のように記述される．

$$CL_{app} = PS_1 \times \frac{PS_3 + CL_{met}}{PS_2 + PS_3 + CL_{met}}$$

このとき，$PS_2 \ll (PS_3 + CL_{met})$ であるならば $CL_{app} \sim PS_1$ となるので，臓器からの消失過程が阻害されて $(PS_3 + CL_{met})$ の値が影響を受けた場合であっても，依然として $PS_2 \ll (PS_3 + CL_{met})$ の関係が成立するならば，血中濃度に与える影響は小さいことがわかる（図2の③-2-2の左図に対応）．一方，薬物の臓器内濃度は定常状態においては $(PS_3 + CL_{met})$ の値に反比例するので，血中濃度に影響が出ていない場合でも，臓器内濃度が大幅に上昇している可能性が考えられる（図2の③-2-2の右図に対応）．当研究室の渡邉らは，pravastatin の薬物動態に関する生理学的モデルを構築し，取り込みや排泄に関与するトランスポーターの機能が変動した場合に，血中・肝臓中濃度にどのような影響が出るかのコンピュータシミュレーションを実施した．その結果，PS_3 に対応する排泄トランスポーターの機能が変動した場合，その影響は肝臓中濃度に対してのみ現れ，血中濃度には大きく影響しないことが示されている[14]．

当研究室の伊藤らは，糖尿病治療薬として広範に用いられている metformin の薬効・副作用標的が肝臓であることに着目し，肝臓からの排泄過程の分子実態の解明およびその機能変動と副作用発現の連関について動物実験を通じた解析を行った[15]．

metformin の肝臓・腎臓からの排泄過程に関与する分子としては，近年大塚らによって発見された[16] MATE（multidrug and toxin extrusion）が着目されていた．臨床においては，MATE の intron に存在する SNP である rs2289669 によって metformin の血漿中濃度に変動がないという報告[17]と，一方で薬効は増強するという報告[18]が存在した．ここでは，上に述べた図2の③-2-2に対応する状況，つまり臓

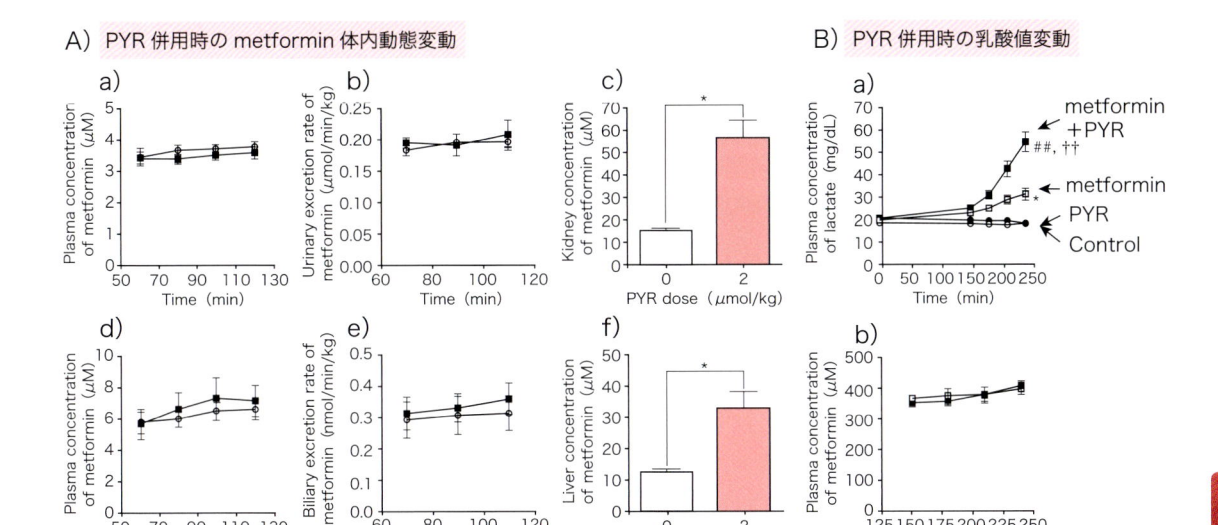

図4 PYR併用時のmetformin体内動態変動（A）と血漿中乳酸値の変動（B）（文献15より改変）
A）metformin単独投与群（○）とPYR併用群（■）での，尿道カニュレーション下でのmetformin血漿中濃度（a），尿中排泄速度（b），腎臓中濃度（c），ならびに胆管カニュレーション下での血漿中濃度（d），胆汁中排泄速度（e），肝臓中濃度（f）（n=3.4, mean±SE）．B）Control群（○），PYR単独投与群（●），metformin単独投与群（□），metformin＋PYR併用群（■）での血漿中乳酸値の変動（a）と血中metformin濃度（b）（n=4, mean±SE）

器中濃度のみが変動し，血中や他の組織中の濃度には影響を与えないという状況が実際に起きているのではないかと考えられた．

そこで伊藤らは，MATE特異的な阻害剤である抗マラリア薬のpyrimethamineをマウスに投与し，その後metforminを投与した．まず，MATEを安定発現させたHEK293細胞により，metforminの輸送機能に対するpyrimethamine（PYR）の阻害定数を算出，MATEが選択的に阻害されるような投与量を設定した．この投与量でマウスに薬物を投与した結果，期待されていたとおりに，肝臓中・腎臓中のmetformin濃度の上昇がみられる一方で（図4A-c, f, 図2の③-2-2の右図に対応），血中濃度には影響が観測されなかった（図4A-a, b, d, e, 図2の③-2-2の左図に対応）．さらに，metforminの副作用として知られている乳酸値の上昇が，metformin単独投与時に比べて，pyrimethamine併用時に顕著に増大することが確認された（図4B）．

metforminのみならず，前述したスタチン類も肝臓を薬効標的としているため，胆汁排泄トランスポーターの遺伝子多型や薬物間相互作用によって，血中濃度に影響を与えないにもかかわらず，薬効には個人差が出ている状況が考えられうる．このように，薬効標的が血液中もしくは血液と瞬時に平衡が成立する臓器以外であるような薬物を開発する際には，*in vitro*実験系を用いた結果をもとに適切な数理モデルを構築し，臓器内濃度を予測できるような方法論が非常に重要な役割を果たすと考えられる．

3 展望

近年，PET（positron emission tomography）を用いて薬物の臓器内蓄積を非侵襲的に実測すること

が可能となってきている．先ほど述べたように，標的臓器内の薬物濃度は in vitro 実験系によって予測をすることしかできなかったが，PETを用いることでその予測の妥当性を定量的に捉えることができるようになる．また，より直接的に薬物の臓器内濃度と効果を結びつけることができるようになるため，創薬初期段階において薬効や副作用を今まで以上に正確に予測することができるようになると期待される．

ただし，このような方法は多大な費用と時間を要するため，実際に臨床現場で薬効の個人差を評価するには適さない．他方で，個人ごとの薬物応答に合わせた投与形態であるテーラーメード医療が脚光を浴びている．従来は，特定の遺伝子多型を有する患者を対象とした薬物処方の層別化を意味していたが，今後，メタボロミクスやプロテオミクスなどの方法により，薬物動態の個人間変動を定量的に評価できるバイオマーカーが包括的に探索され，臨床現場でそのデータをもとにして投与設計がなされるようになれば，現在の薬物投与法が大きく変わるほどのインパクトを与えうるのではないかと期待される．

文献

1) Kola, I. & Landis, J. : Nat. Rev. Drug Discov., 3 : 711-715, 2004
2) Shitara, Y. & Sugiyama, Y. : Pharmacol. Ther., 112 : 71-105, 2006
3) Ishiguro, N. et al. : Drug Metab. Dispos., 34 : 1109-1115, 2006
4) Hirano, M. et al. : J. Pharmacol. Exp. Ther., 311 : 139-146, 2004
5) Maeda, K. & Sugiyama, Y. : Drug Metab. Pharmacokinet., 23 : 223-235, 2008
6) Link, E. et al. : N. Engl. J. Med., 359 : 789-799, 2008
7) Maeda, K. & Sugiyama, Y. : Drug Transporters (You, G. and Morris, M. E., Editors), pp 557-588, Wiley InterScience, 2007
8) Muck, W. et al. : Clin. Pharmacol. Ther., 65 : 251-261, 1999
9) Backman, J. T. et al. : Clin. Pharmacol. Ther., 72 : 685-691, 2002
10) Muck, W. et al. : Eur. J. Clin. Pharmacol., 53 : 469-473, 1998
11) Shitara, Y. et al. : J. Pharmacol. Exp. Ther., 304 : 610-616, 2003
12) Ito, K. et al. : Pharmacol. Rev., 50 : 387-412, 1998
13) Matsushima, S. et al. : Drug Metab. Dispos., 36 : 663-669, 2008
14) Watanabe, T. et al. : J. Pharmacol. Exp. Ther., 328 : 652-662, 2009
15) Ito, S. et al. : J. Pharmacol. Exp. Ther., 333 : 341-350, 2010
16) Otsuka, M. et al. : Proc. Natl. Acad. Sci. USA, 102 : 17923-17928, 2005
17) Tzvetkov, M. V. et al. : Clin. Pharmacol. Ther., 86 : 299-306, 2009
18) Becker, M. L. et al. : Diabetes, 58 : 745-749, 2009
19) Pelkonen, O. et al. : Arch. Toxicol., 82 : 667-715, 2008
20) Tachibana, T. et al. : Xenobiotica, 39 : 430-443, 2009

索 引

数 字

11A5抗体 ………………………… 94
2D-DIGE ………………… 121, 125, 182
2DICAL ………………………… 90

欧 文

A～D

$A\beta$ ………………………… 191, 197
Abl ………………………………… 173
ABPP ……………………………… 47
ACEI ……………………………… 64
AFP-L3 …………………………… 108
α1-microglobulin …………… 123
α1アンチトリプシン …………… 96
α1-酸性糖タンパク質 ………… 117
APEX法 …………………………… 21
AquaFirmus ……………………… 151
ARB ……………………………… 64
Auto-2D-Western blotting ……… 186
CKD ……………………………… 63
COMPARE analysis ……………… 157
CyDye DIGE Fluor minimal dye
………………………………… 127
CyDye DIGE Fluor saturation dye
………………………………… 127
C型肝炎ウイルス ………………… 116
C末端アミド化 …………………… 164
Decoy データベース ……………… 83
DS法 ……………………………… 98

E～G

ECD法 …………………………… 21
Electrospray ionization ………… 165
ELISA法 ………………………… 91
emPAI法 ………………………… 21
EphA4 …………………………… 195

Ephrin …………………………… 195
ETD法 …………………………… 21
FFPE ……………………………… 134
"First-in-class"の薬剤 ………… 160
FK506 …………………………… 143
FKBP ……………………………… 143
Forward Chemical Genetics …… 147
γ-セクレターゼ ……………… 191, 197
GANPマウス ……………………… 94
GeMDBJ Proteomics …………… 127
GO解析 …………………………… 187
G検定 …………………………… 139

H～K

HAMMOC ………………………… 25
ICAT法 …………………………… 19
IgA腎症 ………………………… 122
IGOT ……………………………… 117
IMAC ……………………………… 33
in vitro安定同位体標識法 ……… 32
In-Gel消化 ……………………… 159
iPEACH ………………………… 185
iTRAQ …………………………… 33, 183
Kaplan-Meier生存率曲線 ……… 139
KAYAK法 ………………………… 170

L～P

LC ………………………………… 14
LC-MS法 ………………………… 14
Liquid Tissue …………………… 135
LTQ-Orbitrap …………………… 39
MALDI-TOF-MS ………………… 100
MANGO ………………………… 184
Mascot …………………………… 18
MRM ……………………… 67, 93, 103
MS ………………………………… 14
MS/MSイオン検索法 …………… 82
mTRAQ …………………………… 35
N-グリコシダーゼ ……………… 41

Notch …………………… 191, 199
$NSAF$ …………………………… 139
N型糖鎖修飾 …………………… 39
N型糖鎖のコンセンサス配列 …… 41
OATP1B1 ………………………… 217
PMF法 …………………………… 82

R～Z

Reverse Chemical Genetics …… 147
RNA干渉法 ……………………… 54
RPPA ……………………………… 91
R_{SC} ……………………………… 139
S/N ………………………………… 84
SAC法 …………………………… 149
SELDI-QqTOF-MS ……………… 93
SELDI-TOF MS ………………… 175
SILAC ……………………… 19, 24
SRM (Selected Reaction Monitoring)
………………… 35, 67, 68, 93, 103, 135
SRM transition ………………… 69
TagIdent ………………………… 177
TATタンパク質 ………………… 205
Three-step法 …………………… 98
UniProtKB/Swiss-Prot Protein
Knowledgebase ……………… 23
VEGF-PLAP assay ……………… 157
zyxin …………………………… 103

和 文

ア行

アガロース二次元電気泳動法 …… 100
アスパラギン結合型糖鎖 ………… 105
アッセンブリー因子 ……………… 210
アビジン ………………………… 38
アフィニティーカラム …………… 47
アフィニティー樹脂 ……… 147, 154
アミロイドβペプチド … 191, 197
アライメント …………………… 84

アルツハイマー病	191, 197	
安定同位体標識法	15	
イオン・カレント画像法	137	
イオン抑制現象	21	
医薬品開発	215	
インタラクトーム	75	
エキソサイトーシス	167	
オープンソース	86	
オーリライド	146	

カ行

解析プログラム	182
界面活性剤	200
化学療法感受性	187
化学療法副作用マーカー	95
化合物スクリーニング	210
化合物プローブ	49
肝細胞がん	116
間質性膀胱炎	121
がん性糖鎖	114
関節リウマチ	109
肝線維化	116
完全メチル化	108
がんの治療成績の向上	131
キナーゼ活性ヒートマップ	171
キナーゼ阻害剤（キナーゼ阻害薬）	28, 51
逆遺伝学的手法	31
競合的結合阻害	143
競合溶出	49
金属イオンアフィニティーカラム	168
グライコジーン	114
グライコプロテオミクス	104, 112
グリオキサラーゼ1	145
グローバル解析	134
クロストーク	88
蛍光補完法	211
血液毒性	95
血漿膵がん腫瘍マーカー	93
血清/血漿	56
血清・血漿バイオマーカー	97
血清バイオマーカー	79, 112
ケミカルバイオロジー	198
ケミカルプローブ	154
ゲムシタビン治療	95
検証過程	93
抗がん剤	177
合成化合物ライブラリー	211
高速液体クロマトグラフィー	14
抗体依存性細胞傷害	42
抗体医薬の標的探索	42
抗体プロファイリング	79
好中球エラスターゼ	121
抗チロシンリン酸化抗体	168
固定化金属アフィニティークロマトグラフィー	24
個別化医療	133

サ行

最適化シミュレーション	213
細胞内小器官局在	207
細胞表面タンパク質	38
細胞表面バイオマーカー	42
細胞膜透過性ペプチド	205
細胞膜トランスポーター	71
酸化金属クロマトグラフィー	24
三連四重極型質量分析計	68
シアル酸	109
シグナル伝達	31
シグナル伝達因子	178
ジスルフィド結合	166
質量分析計	14
樹脂担体	145
腫瘍マーカー	113
消化管間質腫瘍	132
衝突誘起解離	167
ショットガンプロテオミクス	202
ジルコニア	24
腎炎	122
神経原線維変化	191
腎臓病	62
親和性	48
水酸化プロリン α-フィブリノゲン	94
スケジュールドMRM	71
スペクトラルカウント	42
スワップ実験	171
製薬	46
生理活性物質	141
生理活性ペプチド	162
絶対定量	83
遷移状態アナログ	198
全細胞抽出液プロテオミクス	170
選択反応モニタリング法	15
前立腺特異抗原	109
臓器特異性	201
相対定量	83
ソフトウェアツール	86

タ行

ターゲット・プロテオミクス	135
大腸がん	102
ダイナミックレンジ	97
ダイレクトナノLC	209
多次元クロマトグラフィー	58
多段階質量分析法	115
探索過程	93
タンデム質量分析法	16
タンパク質間相互作用	75, 209
タンパク質導入法	204
タンパク質リン酸化修飾	23
タンパク質レベルでの分離	58
チタニア	24
ディファレンシャル解析	83
低分子量タンパク質・ペプチド	99
定量解析	69
定量的リアルタイムPCRアレイ	114
電子移動解離	30, 167
電子捕獲解離	30, 167
天然物	51
天然物化学	211
天然物スクリーニング	213
統合プロテオミクス	171
統合マイニング	182
糖鎖遺伝子	104

糖鎖生合成関連遺伝子	114
糖鎖付加位置安定同位体標識	114
糖鎖プロファイル	104, 114
糖タンパク質	112
糖タンパク質捕捉	40
同定エンジン	82
糖尿病性腎症	123
糖ペプチド	108
トランスクリプトーム	182
トランスポーター	217
トランスレーショナルリサーチ	133

ナ行

内在性内部標準法	138
内在ペプチド	162
内部標準	129
ニカストリン	194
二次元電気泳動法	125
二重標識SILAC法	26
日本尿バンク	65
ニュートラルロス	30
尿	62, 119
ネガティブ化合物	50
ネガティブプローブ	156
ネットワーク解析	209
ネフェロメトリー法	91
ノイズとシグナル比	84

ハ行

バイオインフォマティクス	81
バイオマーカー	90
ハイスループットスクリーニング	76
配列タグ法	18
パネル化	62
ハプトグロビン	95
バリデーション実験	120
ピーク検出	86
ヒートマップ	43
ビオチン	38
ビオチン−ヒドラジド試薬	40
光親和性標識	202

光親和性モイエティー	159
ヒト悪性グリオーマ	187
非特異的結合	48
非特異的結合タンパク質	141
ヒト腎臓・尿プロテオームプロジェクト	62
ヒトプロテオーム機構	62
ヒドラジド	39
泌尿器系疾患	119
標識プローブ	76
標的分子	47
フェチン	132
ブラジエノライド	154
プリカーサーイオン	68
ブリッジング	59
プレセニリン	191
プローブ化合物	154
プロセシング	163, 180
プロダクトイオン	69
プロテアソーム	210
プロテインキナーゼ	31
プロテインチップ	175
プロテインマイクロアレイ	75
プロテオーム	182
プロテオームインフォマティクス	81
プロテオリポソーム	201
プロリン変換	26
分子ネットワーク	75
分子標的薬	178
分泌顆粒	167
分泌ペプチド	164
ヘパラン硫酸	206
ペプチドミクス	162
変異配列	88
膀胱炎	119
翻訳後修飾	91, 180

マ行

マイクロアレイ	47
膜タンパク質	48
マクロピノサイトーシス	206
マスクロマトグラム	84

慢性腎臓病	63
ムチン型糖鎖	105
無標識定量比較解析	90
メジャータンパク質	97
免疫沈降	179

ヤ行

薬剤	46
薬物間相互作用	220
薬物動態	215
薬物トランスポーター	217
薬効	215
融合プロテオミクス	182
ユビキチン	210
予後予測マーカー	95

ラ行

ラパチニブ	29
ラフト	194
リバースフェーズプロテインアレイ	91
リンカー	144
リン酸化タンパク質	178
リン酸化プロテオーム	23, 32
リン酸化プロテオミクス	168
リン酸化プロファイリング	173
リン酸化ペプチド	31
臨床病理情報	130
レーザースキャナー	125
レーザーマイクロダイセクション法	128
レクチン	111, 114
レクチンアレイ	114

◆編者プロフィール

小田吉哉(おだ よしや)

京都大学卒業,京都大学大学院修了,薬学博士.エーザイ株式会社バイオマーカー＆パーソナライズド・メディスン機能ユニットヘッドとして日本,米国,英国の3カ国4拠点を統括している.分析化学を専攻し,生体試料中の微量分析,微量定量に従事.1996年から質量分析によるプロテオーム解析を開始.現在はバイオマーカーとして低分子代謝物や脂質,タンパク質,RNA/DNAといったバイオマーカーから放射線や核磁気を用いたイメージングマーカーまでを分析対象にしている.

長野光司(ながの こうじ)

1995年東京工業大学大学院生命理工学研究科修士課程修了.1999年東京大学大学院医学系研究科博士課程修了.1999〜2001年Ludwig Institute for Cancer Research UCL(ロンドン大学)博士研究員(二次元電気泳動を用いたプロテオミクス解析).2001〜2005年東京大学医科学研究所プロテオーム解析寄付研究部門助手(LC-MSによるプロテオミクス解析).2005年12月中外製薬株式会社入社.プロテオミクス解析を創薬に役立てることをめざして研究を行っている.

実験医学別冊

創薬・タンパク質研究のためのプロテオミクス解析
バイオマーカー・標的探索,作用機序解析の研究戦略と実践マニュアル

2010年7月20日　第1刷発行

編　集	小田吉哉,長野光司
発行人	一戸裕子
発行所	株式会社羊土社
	〒101-0052
	東京都千代田区神田小川町2-5-1
	TEL　03(5282)1211
	FAX　03(5282)1212
	E-mail　eigyo@yodosha.co.jp
	URL　http://www.yodosha.co.jp/
装　幀	株式会社エッジ・デザインオフィス
印刷所	広研印刷株式会社

ISBN978-4-7581-0176-9

本書の複写にかかる複製,上映,譲渡,公衆送信(送信可能化を含む)の各権利は(株)羊土社が管理の委託を受けています.
JCOPY <(社)出版者著作権管理機構 委託出版物>
本書の無断複写は著作権法上での例外を除き禁じられています.複写される場合は,そのつど事前に,(社)出版者著作権管理機構(TEL 03-3513-6969,FAX 03-3513-6979,e-mail:info@jcopy.or.jp)の許諾を得てください.

「創薬・タンパク質研究のための プロテオミクス解析」広告 INDEX

会社名	頁	会社名	頁
ILS㈱	後付 3	ザルトリウス・ステディム・ジャパン㈱	後付 29
アイメジャー㈲	後付 20	㈱GPバイオサイエンス	後付 9
アジレント・テクノロジー㈱	後付 1, 2	㈱セルフリーサイエンス	後付 8
アナテック㈱	後付 31	中外製薬㈱	後付 21
㈱イニシアム	後付 32	東京化成工業㈱	後付 35
インタクト㈱	後付 30	日本ダイオネクス㈱	後付 5
㈱エービー・サイエックス	後付 10	日本ベクトン・ディッキンソン㈱	後付 4
㈱エムエステクノシステムズ	後付 22	㈱バイオクラフト	後付 20
カルナバイオサイエンス㈱	後付 6	プライムテック㈱	後付 23
関東化学㈱	後付 24	プロテノバ㈱	後付 28
倉敷紡績㈱	後付 26	マトリックスサイエンス㈱	後付 27
神戸天然物化学㈱	後付 7	㈱リポニクス	後付 19
コンビメートリックス㈱	後付 19	㈱リライオン	後付 25
サーモフィッシャーサイエンティフィック㈱	後付 33, 34	和光純薬工業㈱	後付 17, 18

(五十音順)

広告資料請求サービス

【PLEASE COPY】

▼広告製品の詳しい資料をご希望の方は、この用紙をコピーしFAXでご請求下さい。

	会社名	製品名	要望事項
①			
②			
③			
④			
⑤			

お名前（フリガナ）

TEL.　　　　　　　　FAX.

E-mail アドレス

勤務先名

所属

所在地（〒　　　）

ご専門の研究内容をわかりやすくご記入下さい

FAX：03 (3230) 2479　　E-mail：adinfo@aeplan.co.jp　　HP：http://www.aeplan.co.jp/

広告取扱　エー・イー企画

「実験医学」別冊
創薬・タンパク質研究のための
プロテオミクス解析

Agilent Technologies

ミクロフロイディクス技術を利用した HPLC-Chip/MSによるリン酸化ペプチド分析

アジレント・テクノロジー株式会社

> **はじめに：**
> Agilent 1200シリーズHPLC-Chip/MS（図1）は、ミクロフロイディクスChip技術をベースとした、ナノスプレーLC/MS向けにデザインされたシステムである。HPLC-Chip/MSにより、複雑なサンプル中でも多くのタンパク質を同定することができる。ここでは、Phosphochipに焦点をあてる。

1. HPLC-Chip製品化の背景

　従来型ナノフローLCは、分析カラム・濃縮カラム・配管・ナノスプレーTipの接続や位置調整・漏れや詰まりに気を使う手間のかかるものであった。アジレントは、HP時代より持つインクジェットプリンタ技術をバイオアナライザ、DNAマイクロアレイなどの微細加工技術に応用してきた実績をもつ。その技術を応用して、カラム、接続配管、ナノスプレーTipをポリマーチップ表面に直接構築したHPLC-Chip（図2）により、ピーク拡散を排除し、比類ないクロマトグラフィ性能を実現した。更にHPLC-ChipⅡ（図3）では、表面特性の劇的な向上により接続やシーリングを最適化し、チップの寿命が2倍に向上し、分析1回あたりのコストが低下し、チップ間および分析間の再現性が向上している。

　研究者はアプリケーションに応じてHPLC-Chipを差し替え、バイオマーカー探索とバリデーション、翻訳後修飾（PTM）でのリン酸化ペプチド分析、インタクトなモノクローナル抗体のキャラクタリゼーション、糖鎖と糖タンパク質分析、定量プロテオミクスなど、自由自在なLC/MS分析を行うことができる。

図1
ナノLC、Chipキューブと6000シリーズLC/MSの全体像。Agilent MassHunterソフトウェアからシステムを制御する。

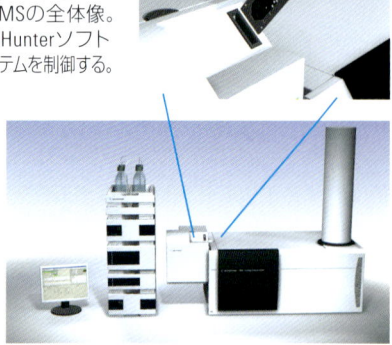

2. Phosphochipの特長
〜ワンステップでのリン酸化ペプチド分析〜

　リン酸化反応は、細胞内のシグナル伝達を理解するうえで重要な翻訳後修飾（PTM）である。リン酸化タンパク質は複雑な混合物中に少量しか存在しないため、リン酸化プロテオームを詳しく調べるには、LC/MS/MS分析に先立ち、分析対象となるリン酸化タンパク質およびペプチドを濃縮する必要がある。

1）Phosphochip – ワークフローを単純化
- マルチレイヤーミクロフロイディクスHPLC-Chipは、リン酸化ペプチド濃縮用のサンドイッチ型RP1-TiO2-RP2トラッピングカラムを搭載している（図4）。
- デュアルモード分析により、複雑なタンパク質消化物に含まれるリン酸化ペプチドと非リン酸化ペプチドの両方を分析できる。

2）複雑なサンプルに含まれるリン酸化ペプチドのラージスケール同定
- Phosphochipでは、使いやすく効率の良いHPLC-Chipシステムに一般的なリン酸化ペプチド濃縮アプローチを組み込んでいる。ヒト細胞の複雑な消化物に含まれる大量のリン酸化ペプチドを同定することが可能となる（図5）。

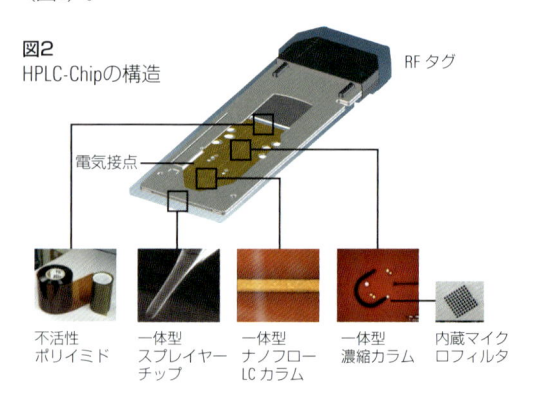

図2
HPLC-Chipの構造

RFタグ
電気接点
不活性ポリイミド　一体型スプレイヤーチップ　一体型ナノフローLCカラム　一体型濃縮カラム　内蔵マイクロフィルタ

PR記事

図3
HPLC-Chipは、幅広いアプリケーションに対応します。炭素イオンインプラントフィルタを導入した第2世代のHPLC-Chip 技術では、表面特性の劇的な向上により接続やシーリングを最適化し、ローターとポリイミドチップ間の摩擦を低減している。

3. ワークフローの一貫性を向上させる サンプル前処理ツール

前処理ツールを含むプロテオミクス研究のワークフロー例を図6に示す。

マルチプルアフィニティ除去システム（MARS）カラム/スピンカートリッジ

アジレントのマルチプルアフィニティ除去システムは、高濃度タンパク質を効率的に除去し、低濃度タンパク質の探索と同定を容易にする（図6中の"除去"）。

マクロ多孔性逆相（mRP）高回収率タンパク質カラム

マルチプルアフィニティ除去システムと組み合わせることで、mRP-C18、mRP-C8カラムは従来のRP HPLCカラムよりも優れたサンプル回収率を示す。複雑なタンパク質サンプルの分画、脱塩、濃縮を行う。

3100 OFFGEL Fractionator

アジレントの3100 OFFGEL Fractionatorは、新しい等電点電気泳動法を使用し、再現性高くpIベースの分離を実現する。従来のゲルベースの方法と違い、溶液中にフラクションが回収されるため、LC/MSへの移送が容易となる（図6中の"分画"）。

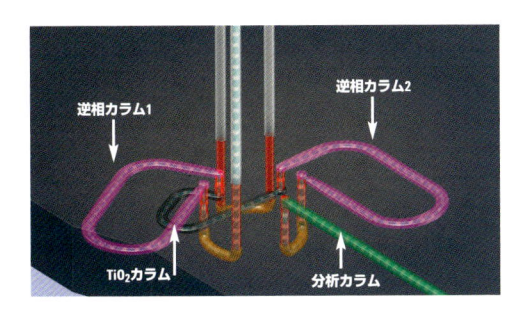

図4
HPLC-Chipでは、濃縮カラムおよび分析カラムとスプレーチップが、チップ上で直かつシームレスに統合されている。

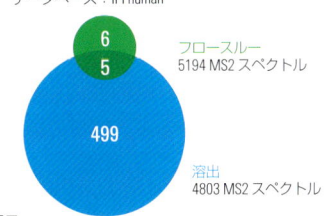

図5
Phosphochipは、ヒト細胞の複雑な消化物に含まれる大量のリン酸化ペプチドの同定を可能にする（データ提供：Albert Heck教授、ユトレヒト大学、オランダ）。

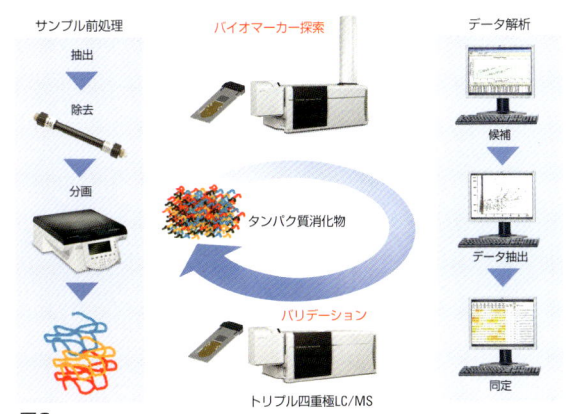

図6
プロテオミクス研究のワークフロー

4. おわりに

Agilent Phosphochipは、究極の使いやすさを備えたリン酸化ペプチド分析ツールである。一体型設計のミクロフロイディクスChipにより、従来型ナノフローLCで見られる詰まりや配管接続などの手間を省きながら、リン酸ペプチドのルーチン分析を実行することができる。サンプル前処理ツールと合わせ、生産性向上に向けたトータルソリューションを提供する。

参考文献
5989-9897JAJP：Agilent 1200シリーズHPLC-Chip/MSシステムカタログ
5990-5357EN：Proteomics：Biomarker Discovery and Validation Application Compendium

Agilent Technologies

アジレント・テクノロジー株式会社

〒192-8510　東京都八王子市高倉町9-1
TEL：0120-477-111　FAX：0120-565-154
URL：http://www.agilent.com/chem/jp
MAIL：email_japan@agilent.com

American Peptide Company, Inc.(APC)

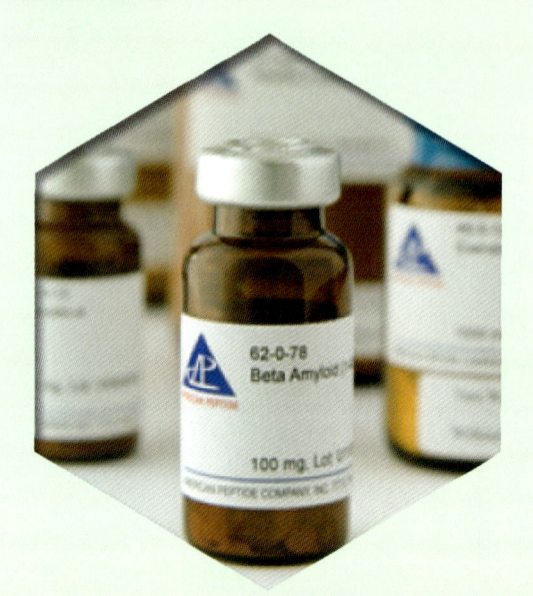

American Peptide Company, Inc.は、米国San Francisco近郊のSunnyvale市に本社をおくペプチド受託合成会社です。

カタログペプチド

現在カタログに1800品目以上を収載しております。100％自社合成のペプチドメーカーとして自信を持ってお届けできます。また、1990年代初めよりβ-Amyloidペプチドの合成をスタートし、現在では高純度でのg単位の供給が可能な世界でも数少ないペプチド合成会社です。

カスタム合成

長年蓄積された膨大な合成データに基づき、ご依頼内容（アミノ酸配列、純度、量、修飾等）にあわせて最低限のコストと納期を実現可能にする最適な合成法（tBoc、Fmoc、固相、液相等）を選択し、ご提供します。

GMP対応ペプチド

米国San Diego近郊のVista市に外国製造業認定を受けたGMP工場を有し、g〜kgオーダーのGMPペプチドを製造しています。本工場はFDAの査察を受けている他、医薬品医療機器総合機構のGMP適合性調査の経験もあります。
精製施設の拡張が完了し、より大量多品種の製造が可能になりました。

国内総発売元　**ILS株式会社**

※2009年4月に伊藤ライフサイエンス株式会社からILS株式会社に社名を変更しました。

〒302-0104　茨城県守谷市久保ヶ丘一丁目2番地1
URL：www.ils.co.jp
TEL：(0297)45-6342　　FAX：(0297)45-6353　　E-mail：apc-japan@ils.co.jp

American Peptide Company, Inc. (APC)は、米国カルフォルニア州サンフランシスコ南郊のシリコンバレーに1988年に設立されたILS株式会社100％出資会社です。

BD Phosflow™ Technology
フローサイトメトリーによる細胞内リン酸化蛋白の検出

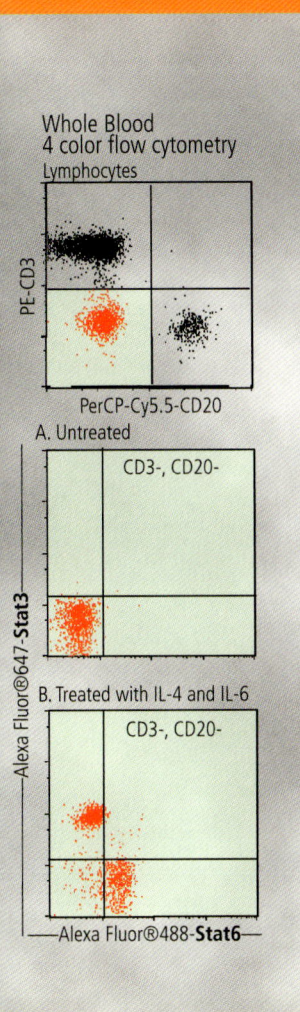

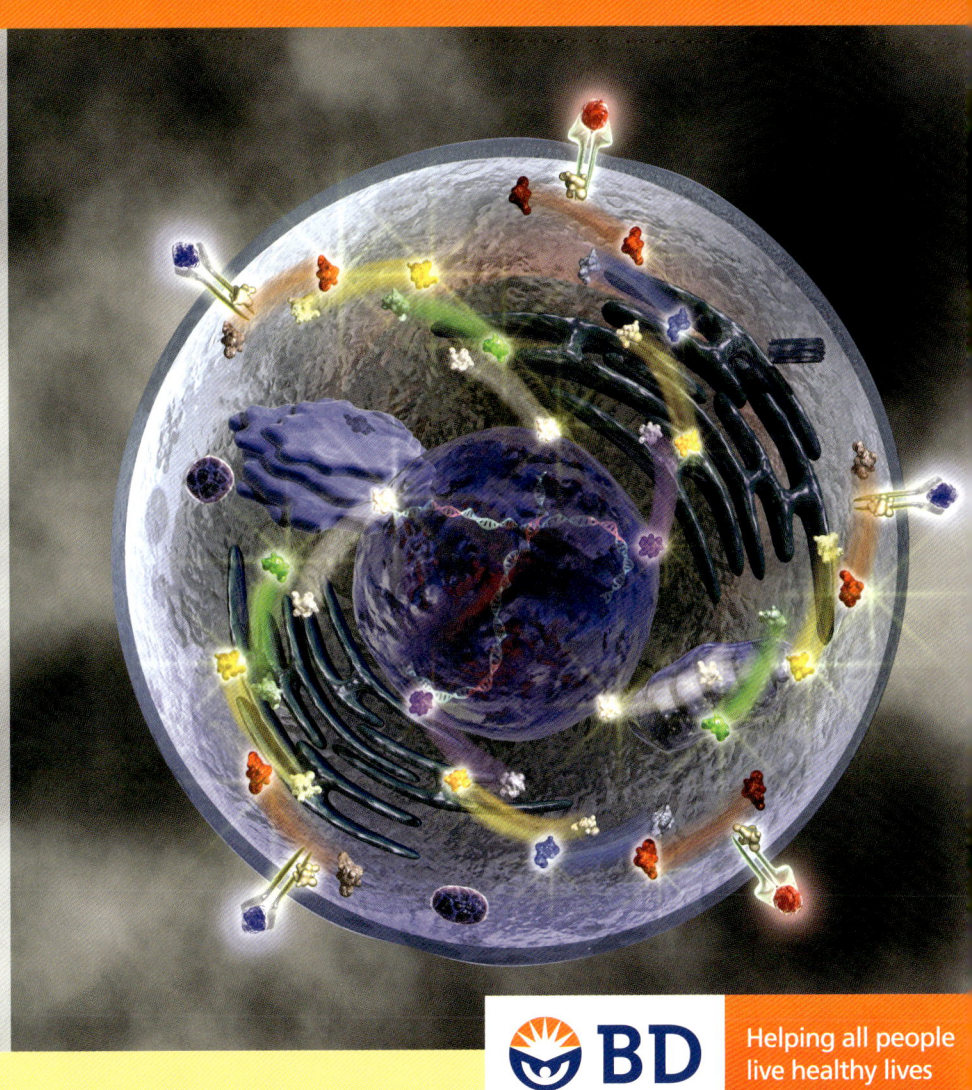

Whole Blood
4 color flow cytometry
Lymphocytes

PE-CD3 / PerCP-Cy5.5-CD20

A. Untreated
CD3-, CD20-
Alexa Fluor®647-Stat3

B. Treated with IL-4 and IL-6
CD3-, CD20-
Alexa Fluor®488-Stat6

BD Helping all people live healthy lives

- フローサイトメーターのマルチカラー解析を用いて、細胞表面抗原と細胞内リン酸化蛋白を同時に解析することにより、細胞レベルでの細胞内リン酸化状態を把握することができます。
- BD Phosflow™ブランドの直接蛍光標識抗体は、細胞内リン酸化蛋白の検出に適した抗体濃度、蛍光色素が選択、標識されています。
- 細胞の種類に応じた細胞内リン酸化蛋白アッセイ専用の細胞固定・細胞膜浸透化サポート試薬（BD Phosflow™ Fix Buffer I, II, III, IVなど）専用プロトコールを提供しています。

製品の詳細については、下記ウェブサイトまたはBD Phosflow™ Technologyカタログをご参照ください。

www.bdj.co.jp/s/phosflow/

PerCP-Cy™5.5	PE	Alexa Fluor® 488	Alexa Fluor® 647
CD3	CD3	Lck	p38
CD20	CD4	p38	p44 (ERK1/2)
	CD8	p44 (ERK1/2)	stat1
	Lck	stat1	stat3
	p38	stat3	stat5
	p44 (ERK1/2)	stat5	Zap70
	stat1	Zap70	
	stat5		
	stat6		
	Zap70		

Validated reagents for multiplexed analysis of T- and B-Cells in PBMCs.
All possible combinations shown in this table have been validated in whole blood and PBMC samples. Please visit www.bdbiosciences.com/phosflow for sample data, recommended color combinations and protocols.

日本ベクトン・ディッキンソン株式会社
お客様情報センター 0120-8555-90　www.bd.com/jp/

＊Alexa Fluor®はMolecular Probes Inc.の商標です。Cy™はAmersham Biosciences Corp.の商標です。
＊BD、BDロゴおよびその他の商標はBecton, Dickinson and Companyが保有します。©2010 BD

UltiMate
究極の高分離&高感度
UltiMate® 3000 RSLCnano システム

特長

- 分析時間を1/3に短縮
- 分離能を2倍に向上
- 幅広い流量と圧力範囲(Max.80MPa)
- 操作性の向上とゼロデッドボリューム接続を可能としたnanoViper超高圧フィンガータイトフィッティング
- 優れた操作性を実現したスプリットレスフロー連続送液システム
- DCMS^Link ソフトウェアによるMSソフトウェアとの一元化
- 注入量範囲を拡大するプレカラム濃縮用バルブ

UltiMate 3000 RSLCnano システムのアプリケーション範囲

	Nano	Cap	Micro
流量	20-1,000nL/min	1-10μL/min	10-50 μL/min
最大使用圧力	80MPa(800bar)	80MPa(800bar)	80MPa(800bar)
カラム内径	25-150 μm	150-500 μm	500-1000 μm
相対感度*	4,000	250	30
特長	感度	注入量	スピード
一般的なアプリケーション	ディスカバリプロテオミクス	バリデーションプロテオミクス、バイオアナリシス	メタボロミクス、バイオファーマシューティカルアナリシス

*内径4.6mmカラムと比較した場合の相対感度

Passion. Power. Productivity.

DIONEX

日本ダイオネクス株式会社

URL http://www.dionex.co.jp

- □ 本　　　社　大阪市淀川区西中島6-3-14 (〒532-0011) TEL(06)6885-1213 FAX(06)6885-1215
- □ 東 京 支 社　東京都荒川区東日暮里5-17-9 (〒116-0014) TEL(03)5850-6080 FAX(03)5850-6085
- □ 名古屋営業所　名古屋市中村区名駅3-16-3 (〒450-0002) TEL(052)571-8581 FAX(052)571-8582
- □ 大阪営業部　大阪市淀川区西中島6-3-14 (〒532-0011) TEL(06)6885-1335 FAX(06)6885-1215
- □ 九州営業所　福岡市博多区祇園町1-28 (〒812-0038) TEL(092)271-4436 FAX(092)262-0737

CARNA BIOSCIENCES

336 種類（376製品）
2010年6月 現在

- **32** Cytoplasmic Tyrosine Kinases
- **48** Receptor Tyrosine Kinases
- **252** Serine/Threonine Kinases
- **4** Lipid Kinases

随時更新中
最新情報は当社HPで

Ever-growing number of kinases!

ヒトキナーゼの
リーディングメーカーとして世界トップクラスの製品数を取り揃えています

お客様のin-houseプロファイリングやスクリーニングにご利用いただける高い活性を有するプロテインキナーゼ・脂質キナーゼを少量（5ug）サイズからバルクまで製造、販売しております。クローニングからキナーゼ遺伝子を昆虫細胞や大腸菌に導入、発現、精製までを一貫して行ない、品質安定に努めています。また、お客様のご要望により各種キナーゼの変異体作製も可能です。

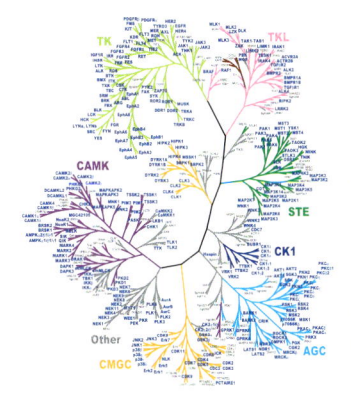

当社ではこれら自社製品を用いてお客様の化合物の最適化プロセスにおいて必要な選択性情報を迅速に提供する受託サービスを行なっています。オン・オフターゲットを1キナーゼから選択いただけるカスタムプロファイリングのほか、当社が独自にキナーゼ種を選択した特徴あるQuickScout®パネルプロファイリングシリーズ（TK20, STK30, MAPK30, CellCycle30）を組み合わせてのご利用も可能です。

製品、サービスに関する詳細はお気軽にお問合せ下さい。

カルナバイオサイエンス株式会社

〒650-0047
神戸市中央区港島南町 1-5-5 BMA3F
電話：078-302-7091（営業本部直通）
FAX：078-302-7086
E-mail：info@carnabio.com

www.carnabio.com

安定同位元素標識化合物
－生化学研究用－

Max－Planck研究所にて開発した新製法

Chemolithoautotrophic bacteriaをベースにした安定同位元素標識の新製法で製造された標識（2H,13C,15N）化合物（アミノ酸、核酸、ペプチド、タンパク等）を国内正規代理店として販売しております。特注品もお受けいたします。

商品例

世界初！！

- 【1】 Mouse diet(35商品)　：マウスを丸ごと標識
- 【2】 Nucleotide/Nucleicide(75商品)　：核酸の標識
- 【3】 Media for E.coli and Yeast(27商品)　：大腸菌、酵母での発現タンパクの標識

詳細は弊社ホームページ（http://www.kncweb.co.jp）でご覧いただくか、info@kncweb.co.jp まで資料をご請求下さい。

NEW！！ Max-Planck研究所のテクノロジーを使用して、標識マウスへの薬剤投与、蛋白解析まで一貫してお受けいたします。お客様の研究効率アップが図れます。

NEW！！
ＷＩＴＡ社（ドイツ）の国内正規代理店として最新鋭の二次元電気泳動装置 "WITA NEPHGEシステム"の販売を開始いたしました。

- 【特長1】 1次元にＮＥＰＨＧＥ (non-equilibrium pH gradient electrophoresis) 法採用。
- 【特長2】 2Dラージゲルで高分解能実現。
- 【特長3】 広いｐＨ/分子量レンジで多スポット（最適条件で10000以上）検出可能。
  （JHUPO第8回大会, 7/26,27, 千葉、弊社ブースにて展示予定）

NEW！！
１４８００種類以上の抗体試薬の自社ブランドでの販売を開始いたしました。

神戸天然物化学 株式会社
KNCバイオリサーチセンター

〒651-2241　神戸市西区室谷1-1-1
TEL 078-224-5106　FAX 078-990-3215
E-mail　info@kncweb.co.jp
URL　http://www.kncweb.co.jp/

ENDEXT® Technology
コムギ胚芽無細胞タンパク質合成技術
·····次世代プロテオミクス解析のために·····

- ●多種類のヒト完全長タンパク質の発現実績
- ●抗体作製に最適な抗原タンパク質の合成
- ●構造解析・質量分析用各種ラベル化タンパク質の合成

小麦
この時点では胚乳部分に翻訳阻害因子が含まれている

↓ 温和な粉砕胚乳除去

小麦胚芽

↓ 粉砕抽出

小麦胚芽抽出液

mRNA添加 ↓ 添加 アミノ酸／ATP, GTP／クレアチンキナーゼ

タンパク質合成へ

タンパク質自動合成機 Protemist®DT Ⅱ

転写 — 翻訳 — 精製

本装置は、約20時間で遺伝子発現と4℃での精製が全自動で行える卓上型自動合成機です。鋳型DNAと試薬をセットし、外部PCによる操作のみで、6穴プレートに約1.5mgのタンパク質が合成できます。

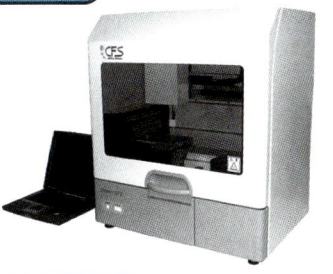

試薬・キット WEPRO®シリーズ

転写、翻訳に最適化した試薬を独自に開発しました。
Protemist® DT用の試薬キットもあります。

転写反応試薬
SP6 RNA Polymerase
RNase Inhibitor
NTP mix
Transcription Buffer

翻訳反応試薬
コムギ胚芽抽出液 WEPRO®シリーズ
基質溶液 Sub-Amix®

タンパク質受託合成サービス

- ●発現でお困りの遺伝子についてご相談ください。
- ●ベクター入手後、2週間で発現と可溶性試験結果をご報告。
- ●スケールアップ合成サービスも可能です。
- ●費用　〜20万円/サンプル（サンプルが複数の場合はご相談ください。）

CFS CellFree Sciences　株式会社セルフリーサイエンス

(本 社)
〒790-8577
愛媛県松山市文京町3番
愛媛大学内ベンチャービジネスラボラトリー4階
TEL：089-925-1088　FAX：089-925-1099

(横浜事業所・営業部)
〒230-0046
神奈川県横浜市鶴見区小野町75番地1
リーディングベンチャープラザ201号
TEL：045-500-2119　FAX：045-500-2137

ENDEXT®, WEPRO®, Protemist®は、株式会社セルフリーサイエンスの登録商標です。

www.cfsciences.com

GPBioSCIENCES

すぐにできる糖鎖スクリーニング
タンパク質の翻訳後修飾
"糖鎖"の網羅的な高感度解析

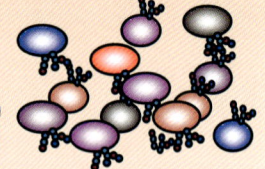

生体内におけるタンパク質のほとんどが糖鎖付加されています。調べてみませんか？

受託解析サービスを行っています！

■ 糖鎖修飾の影響と解析法

（例）ある標的タンパク質を血清から免疫沈降し、Western Blotting すると‥

2本に分かれる　　**スメア状になる**　　**位置が変わる**

糖鎖修飾の違いが原因かもしれません！

レクチンのブロッティング、ELISA 等の測定では、網羅的に糖鎖を調べるには大変です。

レクチンマイクロアレイ解析が最適！

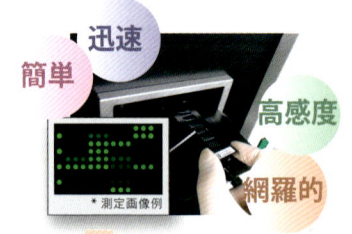

簡単／迅速／高感度／網羅的

レクチンと糖鎖の結合性は一般に弱いことが知られていますが、弊社のエバネッセント場蛍光励起法のスキャナーでは、サンプルを洗浄せずにダイレクトに測定することができます。レクチンは厳選された 45 種類が 3 スポットずつ固定化され、1チップで7サンプルまで測定できます。

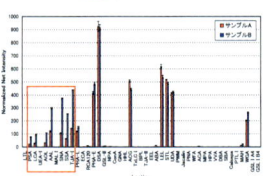

- サンプル量は必要ありません。(100ng〜)
- フコース、シアル酸、ガラクトース、マンノース、O結合型糖鎖認識等、網羅的に解析できます。
- シグナル値の比較で相対定量できます。

株式会社 GP バイオサイエンス　糖鎖解析事業部：〒225-0012 神奈川県横浜市あざみ野南 1-3-3
TEL：045(913)5803　　FAX：045(511)8570　　E-mail：info@gpbio.jp　　URL：http://www.gpbio.jp/

TripleTOF™ － 衝撃の質量分析パフォーマンス

「長い質量分析の歴史において最も意味のある進歩の1つだ」

Gerard Hopfgartner, Ph.D., Professor and Scientist,
University of Geneva's Mass Spectrometry Centre

スピード、精度、分解能、感度、そして定量性 ―
すべてを手に入れた衝撃のプラットフォーム

AB SCIEX のダイナミックなイノベーションは続きます ―
トリプル四重極システム同様の定量分析を可能にし、卓越したスピードと感度を併せ持つ世界初の高分解能・精密質量LC/MS/MSシステム、**AB SCIEX TripleTOF™ 5600 System** の誕生です。

クラス最高の定性・定量性能を実現、すべてを一台のプラットフォームに収めました。高性能トリプル四重極システムのMRMモードに匹敵する感度、低分子から高分子領域にわたり30,000 を超える分解能、100 スペクトル/秒におよぶスキャンスピード、1ppm以下の質量精度、いずれの要素も妥協することなく、すべてを同時に発揮できる驚きのプラットフォームです。このシステムは異次元のパフォーマンス、まったく新しいワークフローをみなさまの研究にもたらします。
さあ、あなたもこの驚きの体験を。

AB SCIEX TripleTOF™ 5600 Systemの詳細は、当社ホームページでご覧いただけます。

http://www.absciex.jp/ad/5600JIB

AB SCIEX TripleTOF™ 5600 system

株式会社 エービー・サイエックス
本社：〒104-0032　東京都中央区八丁堀4-5-4　TEL.0120-318-551　FAX. 0120-318-040
URL：http://www.absciex.jp/　E-mail：jp_sales@absciex.com

For Research Use Only. Not for use in diagnostic procedures.
The trademarks mentioned herein are the property of AB Sciex Pte. Ltd. or their respective owners. AB SCIEX™ is being used under license.
© 2010 K.K. AB SCIEX. All rights reserved.

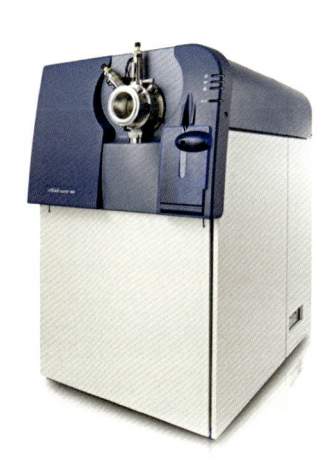

AB SCIEX

※AB SCIEXは、2010年2月1日、Applied Biosystems の質量分析事業部門とMDS Analytical Technologies が合併し、新会社としてスタートしました。AB SCIEXは、変わらず質量分析システムの精度と定量性を保証します。

実験医学 別冊 **実験ハンドブックシリーズ**

改訂 培養細胞実験ハンドブック

基本から最新の幹細胞培養法まで完全網羅!

監修／黒木登志夫
編集／許 南浩, 中村幸夫

培養細胞を用いる解析法を網羅した大好評実験書が, ついに改訂!

■ 定価(本体7,200円＋税)　■ B5判　■ 330頁　■ ISBN978-4-7581-0174-5

シリーズ最新刊

好評既刊

分子間相互作用解析ハンドブック
編集／礒辺俊明, 中山敬一, 伊藤隆司
■ 定価(本体6,900円＋税)　■ B5判
■ 287頁　■ ISBN978-4-7581-0170-7

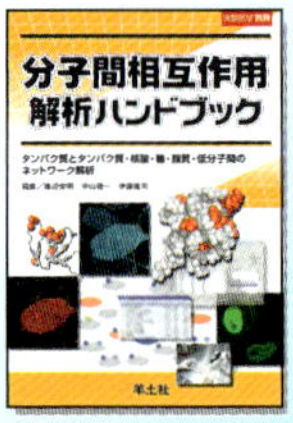

生命科学のための機器分析実験ハンドブック
編集／西村善文
■ 定価(本体8,500円＋税)　■ B5判
■ 306頁　■ ISBN978-4-7581-0169-1

改訂第4版 新遺伝子工学ハンドブック
編集／村松正實, 山本 雅
■ 定価(本体7,400円＋税)　■ B5判
■ 335頁　■ ISBN978-4-89706-373-7

染色・バイオイメージング実験ハンドブック
編集／高田邦昭, 斎藤尚亮, 川上速人
■ 定価(本体6,900円＋税)　■ B5判
■ 335頁　■ ISBN978-4-7581-0804-1

ゲノム研究実験ハンドブック
編集／辻本豪三　編集協力／金久 實
　　　田中利男　　　　　　村松正明
■ 定価(本体6,500円＋税)　■ B5判
■ 346頁　■ ISBN978-4-89706-886-2

タンパク質実験ハンドブック
編集／竹縄忠臣
■ 定価(本体6,900円＋税)　■ B5判
■ 281頁　■ ISBN978-4-89706-369-0

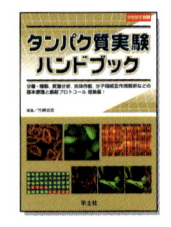

発行　**羊土社 YODOSHA**　〒101-0052　東京都千代田区神田小川町2-5-1　TEL 03(5282)1211　FAX 03(5282)1212
E-mail:eigyo@yodosha.co.jp
URL:http://www.yodosha.co.jp/

ご注文は最寄りの書店, または小社営業部まで

辞書としても教科書としても使えるコンパクトなガイドブック

ライフサイエンス 試薬 活用ハンドブック
特性，使用条件，生理機能などの重要データがわかる

編／田村隆明

生理活性物質，酵素，阻害剤，蛍光／発光試薬などバイオ実験で必須の試薬・物質約700点の重要データを網羅！各試薬の性質や使用条件，生理機能，入手先などの知識を押さえてトラブル回避！

■ 定価（本体5,600円＋税）　■ B6判　■ 701頁　■ ISBN978-4-7581-0733-4

細胞・培地 活用ハンドブック
特徴，培養条件，入手法などの重要データがわかる

編／秋山　徹，河府和義

細胞生物学，分子生物学，疾患研究などの各研究分野で頻出する主要な細胞の特徴・由来から実際の培養に必要な具体的な情報までコンパクトに解説！

■ 定価（本体4,500円＋税）　■ B6判　■ 398頁　■ ISBN978-4-7581-0718-1

阻害剤 活用ハンドブック
作用機序・生理機能などの重要データがわかる

編／秋山　徹，河府和義

シグナル伝達，アポトーシス，血管新生，癌などのライフサイエンス研究で頻出する主要な阻害剤を網羅！

■ 定価（本体4,600円＋税）　■ B6判　■ 469頁　■ ISBN978-4-7581-0806-5

発行　羊土社 YODOSHA　〒101-0052　東京都千代田区神田小川町2-5-1　TEL 03(5282)1211　FAX 03(5282)1212
E-mail：eigyo@yodosha.co.jp
URL：http://www.yodosha.co.jp/

ご注文は最寄りの書店，または小社営業部まで

バイオ研究者が知っておきたい 化学シリーズ

齋藤勝裕／著

バイオ研究者がもっと知っておきたい化学（全3巻）

① 化学結合でみえてくる分子の性質

「化学結合」を知れば分子の物性，反応性，構造がもっとわかる！

序章　バイオ研究と化学結合／1章　原子のなりたち／2章　放射線と同位体／3章　共有結合／
4章　分子の形／5章　不飽和結合／6章　分子軌道法／7章　配位結合／8章　分子間力／9章　超分子

■定価（本体3,200円＋税）　■B5判　■182頁　■ISBN978-4-7581-2006-7

② 化学反応の性質

「化学反応」を学べばバイオ実験の原理がもっとわかるようになる！

序章　バイオ研究と化学反応論／1章　有機化学反応の基礎／2章　有機化学反応の種類／
3章　アルコール・エーテル類の反応／4章　カルボニル化合物の反応／5章　N，S，Pを含む化合物の反応／
6章　芳香族の反応／7章　金属の反応と触媒作用／8章　反応速度論／9章　反応とエネルギー

■定価（本体3,500円＋税）　■B5判　■188頁　■ISBN978-4-7581-2007-4

③ 溶液の性質

酸・塩基，酸化・還元，コロイドなど溶液の基礎知識が身につく！

序章　バイオ研究と化学溶液論／1章　物質の三態／2章　溶解と溶液の基本／
3章　コロイド溶液の化学／4章　酸・塩基／5章　中和反応と塩の性質／6章　酸化・還元／
7章　溶液の電気的性質／8章　錯体の性質と反応／9章　生命現象と無機化学

■定価（本体3,500円＋税）　■B5判　■165頁　■ISBN978-4-7581-2008-1

▶▶序章の全文を無料ダウンロードできます！　詳しくは下記サイトへ
www.yodosha.co.jp/jikkenigaku/chemistry/

もっと初歩的な化学から学び直したい方はこちら！

バイオ研究者が知っておきたい 化学の必須知識

バイオ実験や生命現象など，化学の観点から解説．

1章　タンパク質を作るもの／
2章　分子間力は生命を作る／
3章　二重らせんの秘密／
4章　分子膜／5章　生体エネルギー
／6章　光と電気／7章　反応速度／
8章　生体と放射能／9章　毒物／
10章　バイオ実験の化学的側面

■定価（本体3,200円＋税）　■B5判　■183頁　■ISBN978-4-7581-0732-7

発行　羊土社　YODOSHA
〒101-0052　東京都千代田区神田小川町2-5-1　TEL 03(5282)1211　FAX 03(5282)1212
E-mail：eigyo@yodosha.co.jp
URL：http://www.yodosha.co.jp/

ご注文は最寄りの書店，または小社営業部まで

ライフサイエンス辞書プロジェクトの英語の本

ライフサイエンス 必須英和・和英辞典 改訂第3版

編著／ライフサイエンス辞書プロジェクト
- 定価(本体4,800+税)　■660頁　■B6変型判
- ISBN978-4-7581-0839-3

PubMed抄録の93%をカバーした生命科学系ポケット辞書！

発音注意語などの音声データもダウンロードできる！

ライフサイエンス英語 類語使い分け辞典

編集／河本　健　監修／ライフサイエンス辞書プロジェクト
- 定価(本体4,800円+税)　■510頁　■B6判　■ISBN978-4-7581-0801-0

同じ意味の単語を比較し，具体的な使い分け方がわかる！

ライフサイエンス 英語表現使い分け辞典

編集／河本　健，大武　博
監修／ライフサイエンス辞書プロジェクト
- 定価(本体6,500円+税)　■1118頁　■B6判　■ISBN978-4-7581-0835-5

単語ごとに場面や文脈に応じた正しい用法がわかる！

ライフサイエンス 論文作成のための英文法

編集／河本　健
監修／ライフサイエンス辞書プロジェクト
- 定価(本体3,800円+税)　■294頁　■B6判　■ISBN978-4-7581-0836-2

単語ごとに場面や文脈に応じた正しい用法がわかる！

ライフサイエンス 文例で身につける英単語・熟語

著／河本　健，大武　博
監修／ライフサイエンス辞書プロジェクト
英文校閲・ナレーター／Dan Savage
- 定価(本体3,500円+税)　■302頁　■B6変型判　■ISBN978-4-7581-0837-9

重要単語や表現を効率良く習得できる！

音声教材ダウンロードでリスニング学習・発音練習もできる！

ライフサイエンス 論文を書くための英作文&用例500

著／河本　健，大武　博　監修／ライフサイエンス辞書プロジェクト
- 定価(本体3,800円+税)　■229頁　■B5判　■ISBN978-4-7581-0838-6

論文特有の「主語-動詞の組合わせ」パターンから，すぐに英文が作れる！

発行　羊土社　YODOSHA

〒101-0052　東京都千代田区神田小川町2-5-1　TEL 03(5282)1211　FAX 03(5282)1212
E-mail：eigyo@yodosha.co.jp
URL：http://www.yodosha.co.jp/

ご注文は最寄りの書店，または小社営業部まで

実験医学

バイオサイエンスと医学の最先端総合誌

1983年創刊以来のご愛読に感謝して
より新しく、より便利に
あなたの研究をますます強力にサポート!!

最先端トピックス & 研究情報満載！

ウェブ限定コンテンツ & 書籍情報充実！

便利な定期購読は
最寄の書店，または弊社営業部まで

- 月刊のみ (通常号12冊) : **22,680円** (税込)
- 月刊＋増刊 (通常号12冊＋増刊号8冊) : **68,040円** (税込)

※ 国内送料弊社負担

http://www.yodosha.co.jp/jikkenigaku/

TEL 03(5282)1211　FAX 03(5282)1212　eigyo@yodosha.co.jp
WEB http://www.yodosha.co.jp/　⇒画面右上の「雑誌定期購読」ボタンから簡単申込み！

羊土社 YODOSHA

◆Wako

シー・イノベーション株式会社

システム生物学ソフトウェア
Cell Illustrator Online 4.0
セルイラストレータオンライン 4.0
～パスウェイ作成からシミュレーション解析まで～

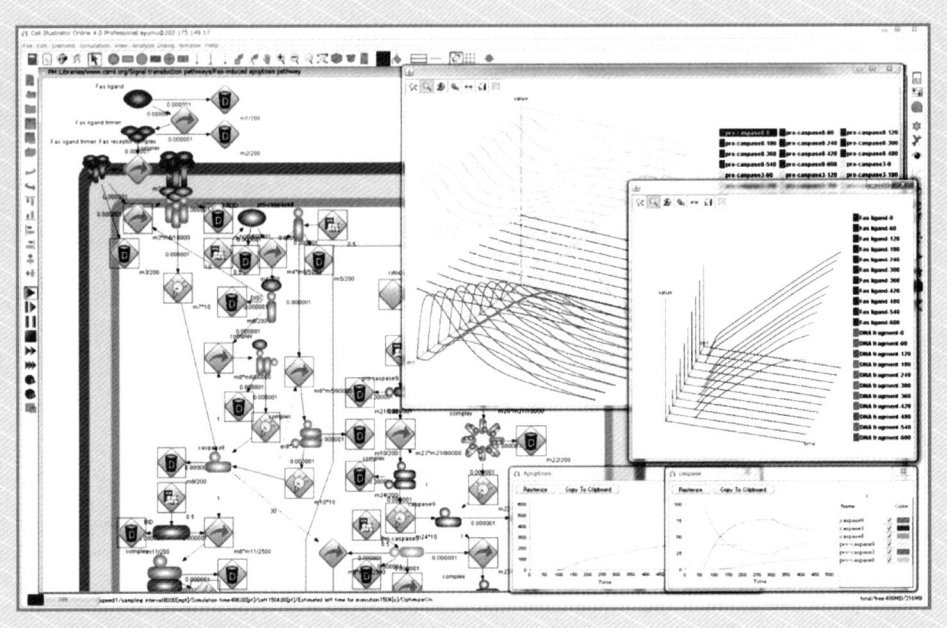

　生命システムを構成する複雑なパスウェイ（代謝経路、遺伝子制御ネットワーク、シグナル伝達経路、細胞間の制御反応など）をPC上でまるで絵を描くように作成できるシステム生物学のためのソフトウエアです。
　作成したパスウェイはPC上でそのまま簡単にシミュレーションすることができ、生体内の動的な振る舞いを観察・検証できます。

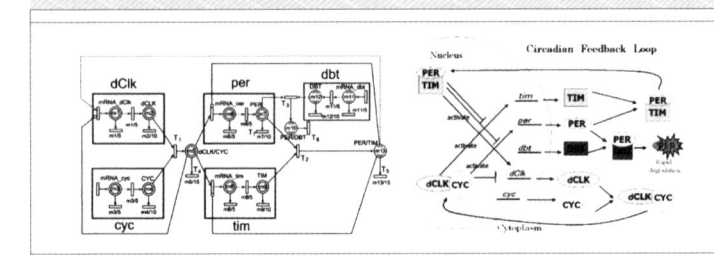

ドイツのC. A. Petri（ペトリ博士）が考案した情報・制御システムの記述・設計・解析・検証に有用なモデル化手法「ペトリネット」をベースに、東京大学が独自に開発した高機能ビジュアル・モデリング・アーキテクチャを使用しています。

▶ 詳細は、Cell Illustrator ホームページ（http://www.cellillustrator.com/jp/home）をご覧下さい。

※本製品は、東京大学医科学研究所で開発されたものです。

和光純薬工業株式会社

本　　社：〒540-8605 大阪市中央区道修町三丁目1番2号
東京支店：〒103-0023 東京都中央区日本橋本町四丁目5番13号
営 業 所：北海道・東北・筑波・横浜・東海・中国・九州

問い合わせ先
フリーダイヤル：0120-052-099　フリーファックス：0120-052-806
URL：http://www.wako-chem.co.jp
E-mail：labchem-tec@wako-chem.co.jp

Wako MALDI-TOF-MS プロテオーム解析関連試薬

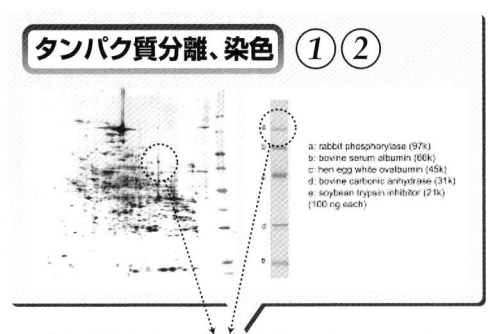

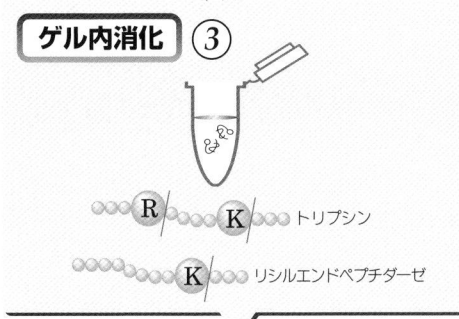

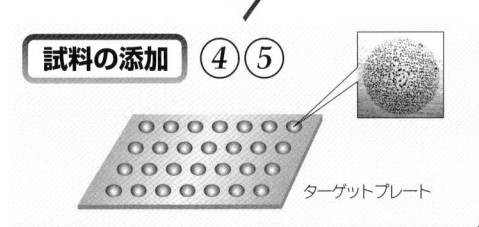

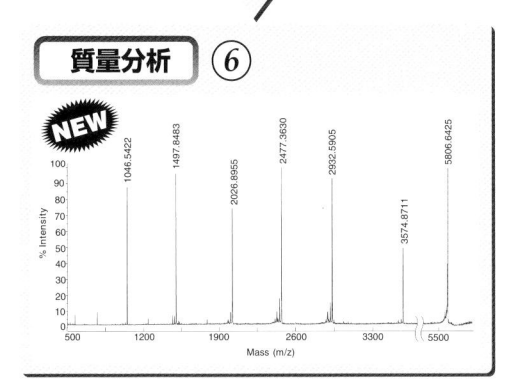

タンパク質分離、染色 ①②

① ポリアクリルアミドプレキャストゲル
- スーパーセップ™シリーズ

② MS用染色キット
- 銀染色MSキット
- ネガティブゲル染色MSキット

a: rabbit phosphorylase (97k)
b: bovine serum albumin (66k)
c: hen egg white ovalbumin (45k)
d: bovine carbonic anhydrase (31k)
e: soybean trypsin inhibitor (21k)
(100 ng each)

ゲル内消化 ③

③ ゲル内消化酵素；質量分析グレード
- リシルエンドペプチダーゼ
- トリプシン，ブタ膵臓由来

※トリプシンとリシルエンドペプチダーゼを併用するとリシン残基の切断の確実性が増し、得られるペプチド数が増加します。
Reference
Wada, Y., and Kadoya, M. : *J. Mass Spectrom.*, **38**, 117(2003)

トリプシン — R K
リシルエンドペプチダーゼ — K

試料の添加 ④⑤

④ 高純度マトリックス；プロテオーム研究用
- α-シアノ-4-ヒドロキシけい皮酸
- シナピン酸
- 2,5-ジヒドロキシ安息香酸

⑤ カチオン化マトリックス；プロテオーム研究用
- 2,5-ジヒドロキシ安息香酸ナトリウム
- 2,5-ジヒドロキシ安息香酸リチウム

※カチオン化剤としてDHBと9:1の割合で混合すると、シアル酸含有鎖・糖脂質サンプルにおいてマススペクトルのイオン強度の改善やシアル酸脱離の抑制などの効果が得られます。

質量分析 ⑥

⑥ MALDI-MSキャリブラント
- アンジオテンシンⅡ、他 （分子量の目安は500刻み）

MALDI-TOF-MS試験適合

- 製品内容などは
  http://wako-chem.co.jp/siyaku/index_life.htm
- プロテオーム解析受託サービスについては
  http://wako-chem.co.jp/siyaku/jutaku
- 製品検索は、検索サイトwww.siyaku.com をご利用ください。

和光純薬工業株式会社

本　　社：〒540-8605　大阪市中央区道修町三丁目1番2号
東京支店：〒103-0023　東京都中央区日本橋本町四丁目5番13号
営 業 所：北海道・東北・筑波・横浜・東海・中国・九州

問い合わせ先
フリーダイヤル：0120-052-099　フリーファックス：0120-052-806
URL：http://www.wako-chem.co.jp
E-mail：labchem-tec@wako-chem.co.jp

後付18

VISUAL PROTEIN

銀染色をお使いの方 必見
VisPRO 5 minutes Protein Stain Kit

簡単5分！高感度!!
固定や脱色の必要はありません。

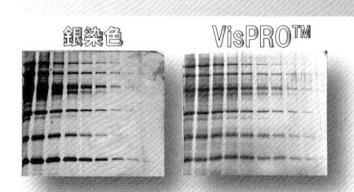

電気泳動ゲルを1液と2液で順に浸すだけ。
ゲルを染色するためタンパク質を傷つけません。
1ng以下のタンパク質を検出します。

VISUAL PROTEIN 製品ラインナップ

- VisGlow™ 化学発光基質, HRP
- VisGlow™ plus 化学発光基質, HRP
- PhosPRO™ リン酸化タンパク質精製キット
- HybriMore™ 化学合成ハイブリドーマ増殖促進因子
- ImmunoFast™ 水溶性乳化型アジュバント

ご注文・お問い合わせはコンビメートリックス株式会社まで

COMBiMATRIX Discover the possibilities
コンビメートリックス株式会社
〒150-0021
東京都渋谷区恵比寿西1-21-5 West 21 ビル
Tel: 03 (5457) 7117 Fax: 03 (5457) 0390
URL: http://www.combimatrix.co.jp
E-mail: sales@combimatrix.co.jp

超コンパクトなケミルミ専用撮影装置

LIPONICS

LumiCube （ルミキューブ）

ウエスタンブロッティング
化学発光をグッと身近に！

価格 395,000 円 （税別）

持ち運び自由自在のコンパクトボディ (18cm(W)×18cm(D)×31.5cm(H)) でありながら、化学発光の高感度撮影ができる装置です。お手持ちのPCと接続して遠隔操作で撮影することも可能です。

製造元 販売元
株式会社リポニクス
〒143-0025　東京都大田区南馬込1-6-9　TEL : 03-6411-4245　FAX : 03-6411-4287
E-mail : info@liponics.co.jp　　URL : http://www.liponics.co.jp

おかげさまで創業22周年

ミニゲル用電気泳動装置 各種	クールスラブ電気泳動装置 各種	トランスファー装置 各種
BE-S22	BE-14R	BE-330

K-boxゲル（切出可）撮影装置	B-boxゲル撮影装置 各種	UVトランスイルミネーター各種
DX-410 (イルミネーター別売り)	DS-400S・DS-400	CI-300

プリキャストゲル 各種	パワードライブ 各種
リアルゲルプレート	BP-TW10

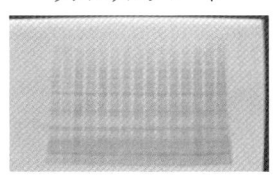

『総合カタログ』のご請求は
株式会社バイオクラフト
〒173-0004 東京都板橋区板橋2-14-9
TEL03-3964-6561
FAX03-3964-6443
URL：http://www.bio-craft.co.jp

定量性と感度を求めるなら蛍光イメージャー

『CBB染色、銀染色に代わって蛍光試薬を導入したい。
しかし、蛍光イメージャーは高価で。。』

お待たせしました　蛍光・可視イメージスキャナ
ＧＥＬＳＣＡＮ　をぜひお試しください。
- 光源に長寿命LEDを搭載、メンテナンスフリーです。
- ＠180万円より。
- 国産(EPSON)イメージスキャナエンジンをベースに電気泳動ゲル専用に新規開発しました。
- SYPRO Ruby, Flamingo, SYBR Gold, FITC, CBB検証済。
- 導入実績：東京大学、北海道大学、長崎大学、滋賀県立大学、埼玉大学、信州大学、愛媛大学、他。順不同。

2次元電気泳動像の比較

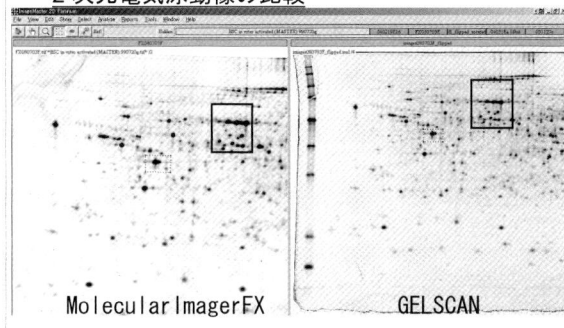

MolecularImagerFX　　　GELSCAN

ImageMaster(GE)を用いた3D表示による比較

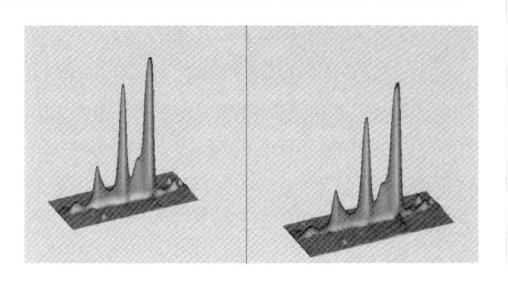

MolecularImagerFX　　　GELSCAN

資料提供：東和環境化学株式会社

アイメジャー有限会社　〒399-0741 長野県塩尻市大門幸町1-18 〈Phone〉0263-50-8651 〈Facsimile〉0263-50-8652
〈WebSite〉http://www.imeasure.co.jp/　〈e-Mail〉info@imeasure.co.jp

ここから、薬ができるんだ。

がん、リウマチ、
腎性貧血、C型肝炎。
私たちは、
最先端のテクノロジーで
病気に立ち向かっています。

バイオ、ゲノム、抗体医薬。
最先端テクノロジーから生み出された
中外製薬の医薬品は、
さまざまな疾病領域の治療に貢献しています。
新しい治療薬を待ち望む人がいる限り、
私たちの挑戦は終わることはありません。

CHUGAI 中外製薬
Roche ロシュ グループ

今までにない医薬品を、今までにない力で創り出す。　http://www.chugai-pharm.co.jp/

バイオ医薬品研究開発にお勧めのシステム

研究開発の効率化とコストダウンに貢献

1. ターゲット分子探索

定量的ウェスタンブロット解析から in vivo イメージングまで、同じプローブが利用できる LI-COR 社の近赤外蛍光イメージングシステム

LI-COR 社
Odyssey インフラレッドイメージャー
- 2-color ウェスタンブロット解析
- In-Cell ウェスタン解析

LI-COR 社
Pearl Impulse in vivo イメージャー
- 2-color in vivo イメージング
- 1-color リアルタイムイメージング

2. PBMC を利用した安全性試験／ペプチドワクチン開発

CTL 社
ImmunoSpot S5 UV アナライザー
- ELISPOT アッセイ、FluoroSpot アッセイ
- プレート利用のハイスループット蛍光セルベースアッセイ

3. 抗体医薬の品質管理試験

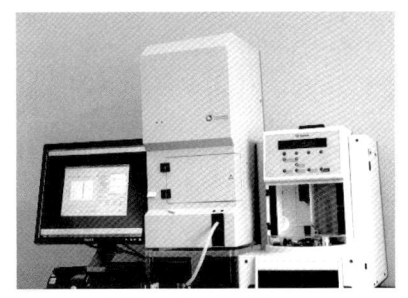

Convergent Bioscience 社
iCE280 プロテインアナライザー
- 製品キャラクタリゼーション
- フォーミュレーション研究

株式会社エムエステクノシステムズ

- 東京 〒162-0805 東京都新宿区矢来町 113
  TEL 03-3235-0673 / FAX 03-3235-0669
- 大阪 〒532-0005 大阪市淀川区三国本町 2-12-4
  TEL 06-6396-6616 / FAX 06-6396-6644

http://www.mstechno.co.jp
E-mail: technosales@technosaurus.co.jp

Label-free, real-time, BIOMOLECULAR Interactions Analysis

生体分子間相互作用解析システム

fortéBIO

従来のSPRとは異なる、
画期的なバイオセンサー技術を採用。
全自動16サンプル同時計測＆高速解析！

【タンパク質 - タンパク質】、【タンパク質 - ペプチド】、
【タンパク質 - 低分子量物質】間の相互作用を、
標準の384ウェル/96ウェルマイクロプレートを用い、
ハイスループット且つ簡単・高速・正確に行う事が
できます。

ハイスループット
計測で創薬研究
開発を促進！

- ◆ サンプルにセンサーを浸すだけのシンプルで高速な計測
- ◆ フローセル・マイクロ流路不要 ◆ ラベルフリー、クルードサンプル使用可
- ◆ サンプル温度・濃度の均一性を保持 ◆ 再生可能な多種類のバイオセンサー
- ◆ プレート自動搬送ロボットへの適応（384ウェルモデル）

octetシリーズ

16本のバイオセンサーが、標準の
384ウェルまたは96ウェルマイクロ
プレートを一度に16ウェルずつ
全自動で計測することにより、
ハイスループットな計測が可能です。

＜Octet384シリーズ使用の場合＞
384サンプルの
タンパク質定量化：約75分、
リアルタイムカイネティクス
　　　計測：約5分〜4時間
　　　で行うことができます。

※Octetシリーズには、96ウェル／384ウェル対応モデル、
低分子対応モデルなど、各種モデルがございます。

お問合せは
こちらまで

forteBio社日本総代理店
プライムテック株式会社 バイオサイエンスグループ
PRIMETECH CORPORATION
東京都文京区小石川 1-3-25 (Phone) 03-3816-0851
www.primetech.co.jp　bio@primetech.co.jp

タンパク質蛍光検出用試薬

Rapid FluoroStain KANTO
タンパク質の高感度検出に！

Rapid FluoroStain KANTOは電気泳動後のゲル上のタンパク質を高感度で、かつ簡便に検出する蛍光染色試薬です。

特長

高感度
1ng以下のタンパク質を検出できます（銀染色と同程度）。

迅速
ゲルの洗浄～染色～脱色まで1時間程度。泳動との同時染色（先染め）も可能です。

幅広い応用
2次元電気泳動ゲルにも使用できます。

SDS-PAGEゲル上でのタンパク質染色例

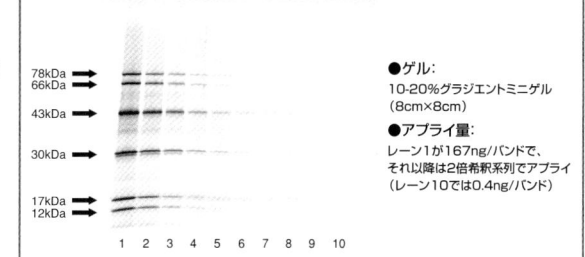

- ゲル：
  10-20%グラジエントミニゲル
  （8cm×8cm）
- アプライ量：
  レーン1が167ng/バンドで、それ以降は2倍希釈系列でアプライ
  （レーン10では0.4ng/バンド）

■標準的な染色プロトコール

SDS-PAGEゲル
- 洗浄：1%Tween80溶液でゲルを洗浄[※1]
- 染色：水－25mMリン酸バッファー（pH2.5）－メタノール（45:45:10）で1,000倍に希釈して使用[※2]
- 脱色：1%Tween80溶液でゲルを脱色[※1]
- 検出：レーザースキャナー（励起波長:532nm、カットフィルター波長:575nm）

製品情報

製品番号	製品名	規格	包装	価格
36510-63	Rapid FluoroStain KANTO ラピッド フルオロステインKANTO	電気泳動用	1ml（ミニゲル20枚分）	¥15,000
36512-59	ラピッド フルオロステイン洗浄液[※1]	電気泳動用	5L	¥5,500
36511-79	ラピッド フルオロステイン希釈液[※2]	電気泳動用	1L	¥4,500

（Rapid FluoroStain KANTOは、独立行政法人 産業技術総合研究所と共同で開発されました。）

関東化学株式会社
試薬事業本部　試薬部

〒103-0023　東京都中央区日本橋本町3丁目11番5号　（03）3663-7631
〒541-0048　大阪市中央区瓦町2丁目5番1号　（06）6231-1672
〒812-0007　福岡市博多区東比恵2丁目22番3号　（092）414-9361
http://www.kanto.co.jp　e-mail: reag-info@gms.kanto.co.jp

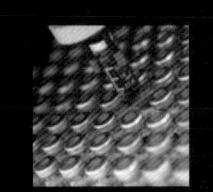

短期間 2〜3週間、少量サンプル 1〜20μg、一斉同定・定量 数百〜数千 が可能

GeLCMS（Gel-enhanced LC-MS）& Spectral countingによる
タンパク質の一斉同定＆相対定量でバイオマーカー探索を強力にサポートします。

GeLCMS & Spectral countingのワークフロー

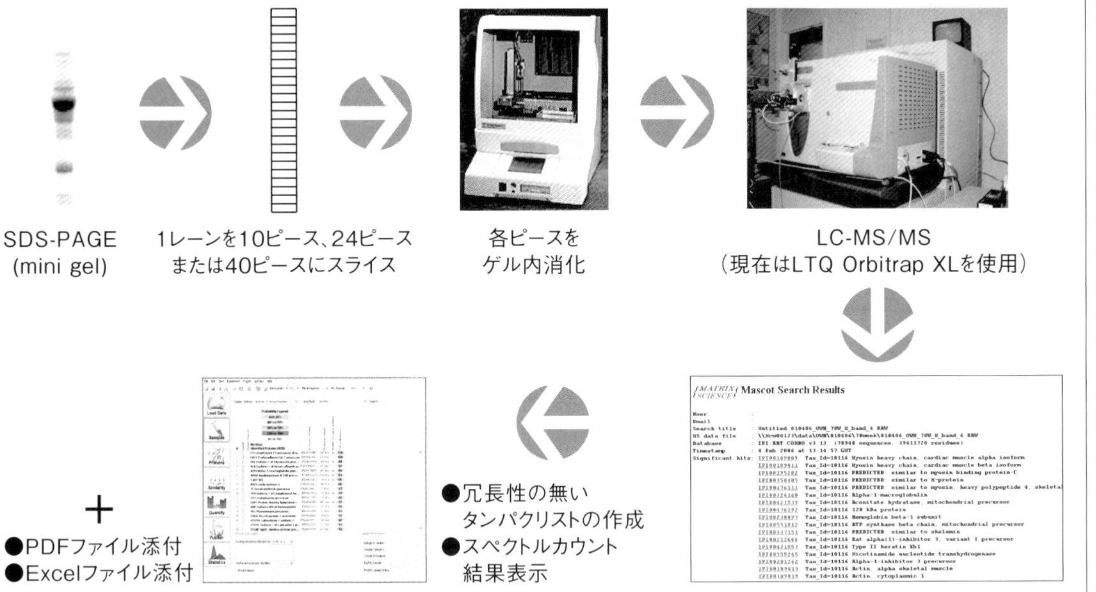

SDS-PAGE (mini gel) → 1レーンを10ピース、24ピースまたは40ピースにスライス → 各ピースをゲル内消化 → LC-MS/MS（現在はLTQ Orbitrap XLを使用）

Scaffoldファイル
- PDFファイル添付
- Excelファイル添付

- 冗長性の無いタンパクリストの作成
- スペクトルカウント結果表示

Mascot search

■ 2次元電気泳動→定量解析→MS同定の従来の方法で得られる以上の結果を2〜3週間で得られます。

■ 使用する質量分析計は感度・精度ともに優れたThermo Scientific社のLTQ Orbitrap XLです。

■ 必要サンプル量は1-20μgと少なく、解析の結果、数百から数千のタンパク質の同定と同時に各タンパク質の相対定量をすることができます。
複数サンプル間での比較が容易なので、バイオマーカー探索に有効です。

■ すべてのサービスをリーズナブルな価格でご提供しています。

□ 他のサービス　iTRAQ・SILAC/GeLCMS・MRM Assay各種解析＆相対定量サービス

新着情報　糖タンパク質糖鎖（N-結合型、O-結合型）のプロファイリング（HPLCまたはMALDI-TOF/MS）、シアル酸定量、単糖組成分析などのサービス（提携先:GlycoSolutions社）を開始いたしました。

RELYON　株式会社リライオン　〒108-0074 東京都港区高輪2-15-24 三愛ビル竹館101
Tel: 03-3280-0990　Fax: 03-3280-0991　E-mail: desk90@relyon.co.jp　URL: www.relyon.co.jp

KURABO 研究専用

提携先:inGenious Targeting Laboratory社

あなたに合った化合物を
海外より厳選してお届けします。

ロシア　インド　フランス　アメリカ2社

フォーカスト低分子化合物ライブラリーを用いた
創薬スクリーニング受託サービス

従来、新薬の開発では約50万～100万もの化合物を調べ、その効果を検証してきました。
しかし、そのため多額の費用・長い年数が必要で、新薬が完成しても投資以上の利益を得れないケースが増加し、問題になっています。
創薬スクリーニング受託サービスは、長年培ったノウハウにより、効果が予想される5000化合物を提供するサービスで、
これにより費用・時間が圧縮できるだけでなく、海外からの化合物も入手することができます。

特長1 海外[※1]の原料会社から、採用条件と除外条件を設定した「厳選ルール」に該当する
5000化合物[※2] のライブラリーをカスタムで構築　　※1 現在はロシア、インド、フランス、アメリカ2社です。　※2 希望数がある場合は、ご相談ください。

特長2 米国製薬企業にて豊富な経験を持った専門家が担当しています。

特長3 作業は、豊富なKOマウス作製技術を持つ米国の提携先(iTL社)で実施します。
提携先保有技術をベースに遺伝子改変マウスより作製したプライマリー細胞を用いてスクリーニングを行うことも可能です。

クラボウ　倉敷紡績株式会社　バイオメディカル部　バイオ試薬課　URL：http://www.kurabo.co.jp/bio/

大　阪　本　社	〒541-8581 大阪市中央区久太郎町2-4-31	TEL.06-6266-5010　FAX.06-6266-5011
東　京　支　店	〒103-0023 東京都中央区日本橋本町2-7-1 NOF日本橋本町ビル2F	TEL.03-3639-7077　FAX.03-3639-6998
テクニカルサポート	〒572-0823 大阪府寝屋川市下木田町14-41 クラボウ寝屋川ビル5F	TEL.072-820-8027　FAX.072-820-8026

質量分析蛋白同定システム "MASCOT®" {MATRIX SCIENCE}

MASCOT Server

- ◆質量分析（MS,MS/MS）データから核酸・蛋白質データベース検索を行い、試料蛋白質を同定します。
- ◆ペプチドマスフィンガープリント法、シーケンスクエリー法 MS/MSイオンサーチ法、検索手法に対応。
- ◆規定・独自翻訳後修飾を加味した検索パラメータの設計可能。
- ◆**MASCOT Daemon** により検索の自動化が行えます。
- ◆**MASCOT Cluster** へのアップグレードにより、検索負荷をスケーラブルに解消できます。
- ◆主要質量分析メーカーファイルフォーマットに対応。
- ◆MudPIT（多次元蛋白質同定技術）対応。
- ◆各種定量解析：emPAI法、iTRAQ法に対応、Distillerとの組合せでは、Silac法、ICAT法、^{18}O法に対応します。

www.matrixscience.com/ にてトライアル検索可能！

ピークデータ処理ソフトウエア

MASCOT *Distiller*

"*De Novo* シーケンシング"
"定量性解析 Silac, ICAT, 18O, 法"対応

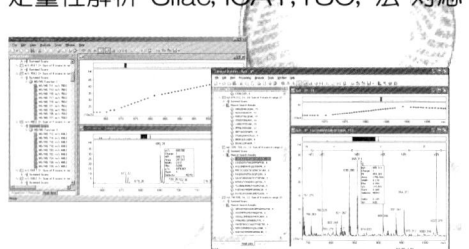

- ◆各社質量分析装置からのRAWデータに対し、理論ピークフィッティングを行い最適なモノアイソトピック・ピークリストを作成し、MASCOT検索に最適のピーククエリを生成します。**MASCOT Daemon** との組み合わせにより、ピークリストから蛋白同定、定量解析までを連続自動化するデータ処理が可能となります。

30日間トライアル試用！ダウンロード先
www.matrixscience.com/distiller_support.html

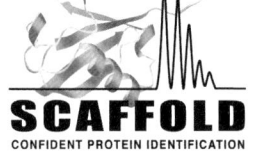

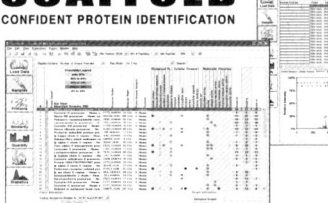

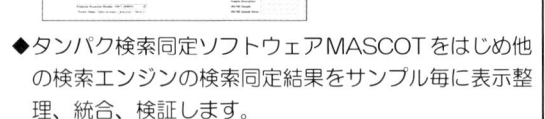

検索結果解析表示ソフトウェア

SCAFFOLD
CONFIDENT PROTEIN IDENTIFICATION

PROTEOME SOFTWARE

- ◆タンパク検索同定ソフトウェアMASCOTをはじめ他の検索エンジンの検索同定結果をサンプル毎に表示整理、統合、検証します。
- ◆検索同定結果をベイズ統計解析する事により、擬陽性判定解析を行う事が可能です。
- ◆データ入力時のフィルタ機能により、解析不要なデータは削除可能です。
- ◆データはフラットファイル形式で保存され、Xlsファイル形式でアウトプット可能です。
  ＜2週間のトライアル試用可能です。
  お問い合わせ下さい。＞

プロテオミクスとともに・・・・

{MATRIX SCIENCE}

マトリックスサイエンス株式会社

〒101-0021　東京都千代田区外神田 6-10-12 KN ビル 3 階
電　　話：03-5807-7895　　ファクシミリ：03-5807-7896
電子メール：info-jp@matrixscience.com
URL: www.matrixscience.com/

プロテノバの受託サービス

―疾患・薬効・毒性マーカーや生理活性物質の探索～同定―

ProteinChip® SELDI システムによる多検体定量比較解析
&
微量ターゲットタンパク質の迅速精製・MS/MS 同定

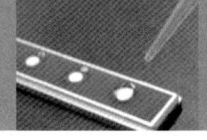

バイオマーカー探索

★ 血清1マイクロリットルから高感度にオンチップMS解析
★ サンプル前処理は不要
★ 血清、尿、組織抽出液、LCM など多様な生体サンプルを解析可能
★ ロボットによる自動化でハイスループットな定量的比較解析
★ 多彩な統計処理とマルチマーカー解析で信頼性の高いマーカーを探索

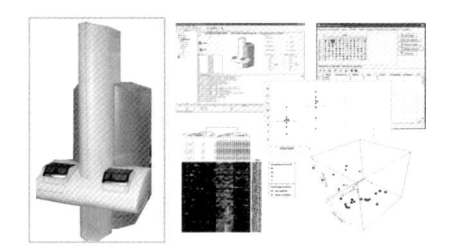

バイオマーカーが探索されたら。。。

⇩

バイオマーカーの精製・同定
受託サービスをご利用ください。

バイオマーカーの精製・同定

★ 多彩なタンパク質の微量精製同定経験とノウハウ
★ 豊富なカラムワーク
★ 超高速分析用 HPLC による高純度微量精製
★ MS/MS, Peptide mass fingerprinting によるタンパク質同定

その他の受託解析サービス
抗体チップ解析、糖組成分析、電気泳動、ブロッティング、
液体クロマトグラフィ、HPLC分画、糖ペプチドの調製

プロテノバは、バイオ・ラッド社公認の ProteinChip® SELDI システム
受託解析サービスプロバイダーです。

プロテノバ株式会社
〒761-0301 香川県高松市林町2217-44 ネクスト香川 201
TEL/FAX 087-897-2073

URL: http://protenova.com
E-mail : mitsuhashi@protenova.com

ProteNova Ⓡ

膜分離技術のパイオニア　　　　　　　　　　　　　sartorius stedim biotech

時間とコストの削減を実現!!
限外ろ過シリーズ

高速遠心ろ過ユニット
ビバスピン シリーズ（0.1～20mL用）

タンパク濃縮
脱塩処理なら…
ビバスピン

分画分子量（MWCO）：3,000～1,000,000

- 高流量でpHレンジの広いPES膜（一部CTA, Hydrosart®）を採用
- 膜を縦方向に装着し、目詰まりを極限まで抑え良好なろ過効率を獲得。更にろ液をスムーズに回収する多溝構造板の採用で処理時間を大幅に短縮できます!!
  ※ 他社比：約1/2以下
- 遠心し過ぎても必ずサンプルが残るデッドストップ構造により、バッファー涸れの心配無用!!
- 遠心力に強いポリカーボネイトを本体に採用。高速回転で処理時間をさらに短縮可能
  ※ 他社時間比：1/2～1/3（参考値）

●遠心時間短縮

【膜材質】
- PES：高流量・広いpHレンジ（pH 1～9）
- CTA：低タンパク吸着
- Hydrosart®：低タンパク吸着・高耐薬性

ビバコン シリーズ（DNA・タンパク溶液濃縮他 用）

分画分子量（MWCO）：2,000～100,000

DNA溶液
濃縮用に
特化した…
ビバコン

- タンパク低吸着で好評な、ザルトリウス独自の膜材質 Hydrosart®を採用 DNAでも低吸着を実現
- 回収率93%を再現!!
  ※ 1kbp のdsDNA 30ng/mLをMWCO 100k 膜にて
- 膜の孔径は2k～100kの5種類
  ※ 適応塩基対は10bp～600bp以上
- 微量なDNA回収に威力を発揮!! ロスを最小限に抑えます!!
- DNAの脱塩・バッファー交換にも適応可能
- 微量なタンパク回収にも有用

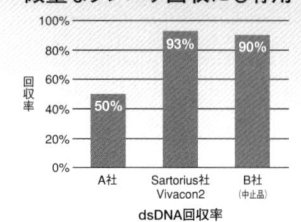

ビバコン 500

●優れた回収率

ビバコン 2

dsDNA回収率
- A社：50%
- Sartorius社 Vivacon2：93%
- B社（中止品）：90%

※ ビバコンのご使用には固定式アングルローターが必要です。

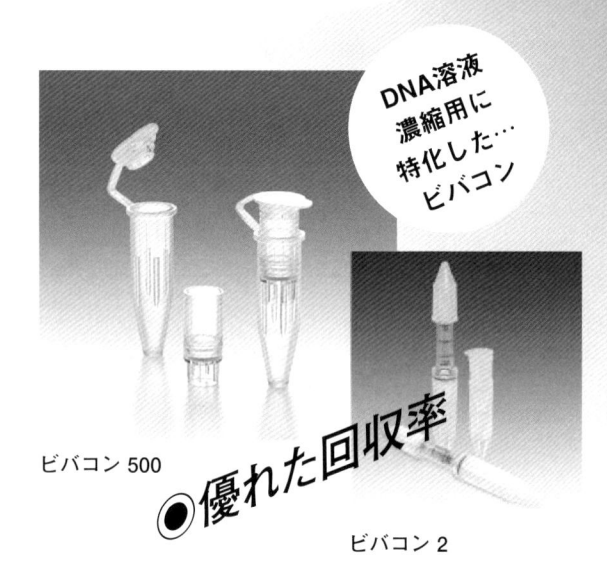

ザルトリウス・ステディム・ジャパン株式会社
〒135-0042 東京都江東区木場5-11-13 木場公園ビル
Tel.（03）5639-9981　Fax.（03）5639-9983
（ラボ製品営業代行）

ホームページ：http://www.sartorius.co.jp/

ザルトリウス・メカトロニクス・ジャパン株式会社
メカトロニクス事業部　営業部
本　社／〒140-0001 東京都品川区北品川1-8-11
　　　　Tel.（03）3740-5408　Fax.（03）3740-5406
大　阪／〒532-0003 大阪市淀川区宮原4-3-39 大広新大阪ビル
　　　　Tel.（06）6396-6682　Fax.（06）6396-6686
名古屋／〒461-0002 名古屋市東区代官町35-16 第一富士ビル
　　　　Tel.（052）932-5460　Fax.（052）932-5461

HPLC分析
高分解能2μm非多孔性ODSカラム
Presto FF-C18
プレスト

ペプチドから蛋白質まで，卓越した逆相分離性能を発揮します

♪ プロテオミクス

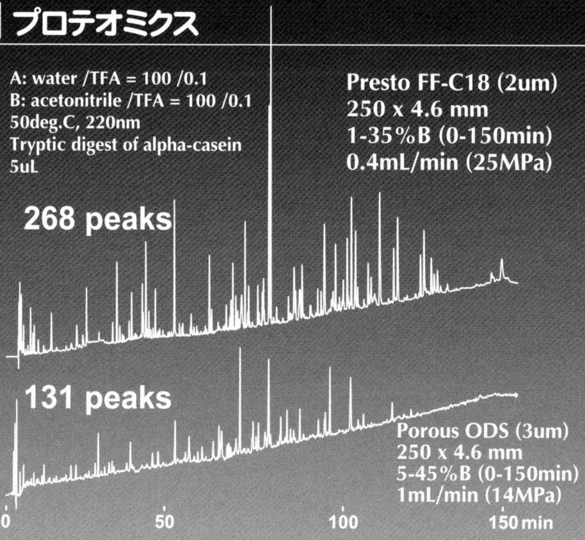

A: water /TFA = 100 /0.1
B: acetonitrile /TFA = 100 /0.1
50deg.C, 220nm
Tryptic digest of alpha-casein
5uL

Presto FF-C18 (2um)
250 x 4.6 mm
1-35%B (0-150min)
0.4mL/min (25MPa)

268 peaks

131 peaks

Porous ODS (3um)
250 x 4.6 mm
5-45%B (0-150min)
1mL/min (14MPa)

0　　50　　100　　150 min

細孔を持たないノンポーラスODS, Presto FF-C18は，ペプチド分離に大きな威力を発揮します。
プロテオーム解析では極微量のペプチドの解析が重要です。Presto FF-C18は，従来の多孔性ODSでは限界のあった微量ペプチドまで溶出させることができ，溶出ピーク数は約2倍まで増加します。
ノンポーラスODS Presto FF-C18によって，プロテオミクスの世界が大きく変わります。

♪ モノクローナル抗体の逆相分離

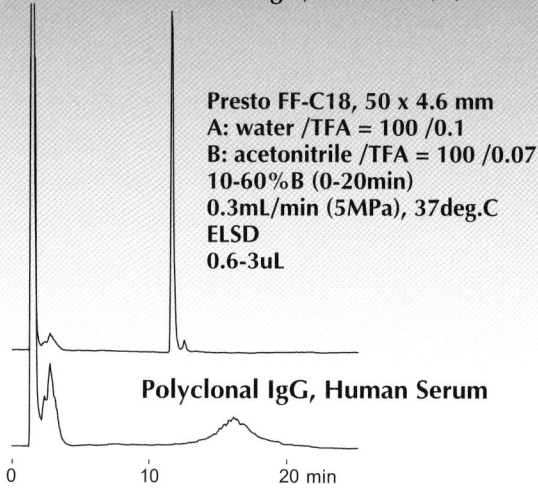

Monoclonal IgG, Anti-hUK(H)

Presto FF-C18, 50 x 4.6 mm
A: water /TFA = 100 /0.1
B: acetonitrile /TFA = 100 /0.07
10-60%B (0-20min)
0.3mL/min (5MPa), 37deg.C
ELSD
0.6-3uL

Polyclonal IgG, Human Serum

0　　10　　20 min

免疫グロブリン(IgG)は分子量約15万Daで，大きさとその特異な構造から，一般の逆相カラムでは細孔が原因となり良好なピークが得られませんでした。
細孔を持たないノンポーラスODSカラム Presto FF-C18は，アミノ酸配列がまったく同じであるモノクローナル抗体と，抗原認識部位のアミノ酸配列が異なるポリクローナル抗体を見事に識別することができます。
従来カラムでは困難であった抗体分離の世界が Presto FF-C18 によって大きく変わります。

世界へ発信する日本のカラム技術
Imtakt インタクト株式会社　www.imtakt.com
PHONE: 075-315-3006　FAX: 075-315-3009　E-MAIL: info@imtakt.com

プロテオミクス分野での二次元電気泳動システム

● アナテックは二次元電気泳動の専門メーカーです。泳動から解析まで完全にサポートを行っています。

クールホレスター®二次元電気泳動ベーシックシステム　¥1,100,000.

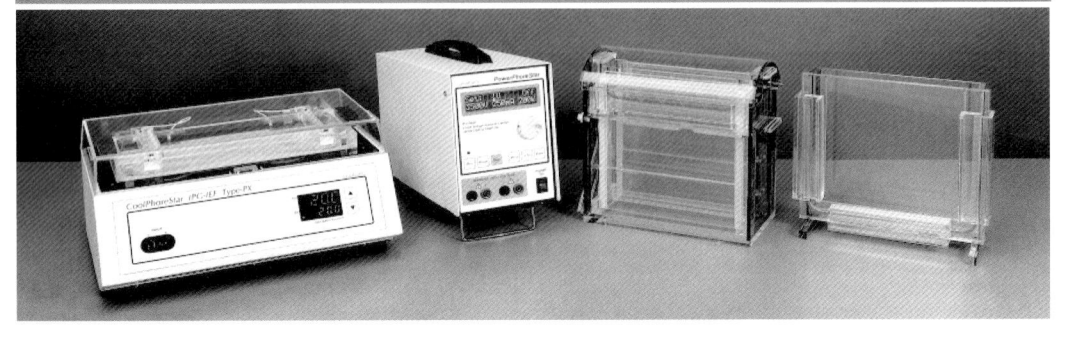

- ✓ 18cmのゲルストリップに対応。
- ✓ 二次元電気泳動装置が手軽に始められるシステムです。

サンプル：ラット肝臓の2Dパターン
pH4　　　　　　pH7

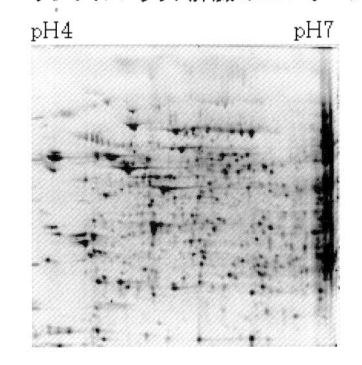

システム内訳

クールホレスター®IPG-IEF Type-PX	1式
パワーホレスター®Pro3900	1台
クールホレスター®SDS-PAGE Dual-200K	1式
SDS-PAGE用ゲルメーカー 37/200	1式

蛍光染色ゲル撮影・切り出し装置　¥2,950,000.～¥3,800,000.
（フルオロホレスター®3000）

- ✓ 二次元電気泳動で蛍光染色されたゲルの撮影・切り出し装置です。
- ✓ とても簡単な操作性で、特別にマニュアルを必要としません。
- ✓ LEDランプを使用し、45万又は140万画素の冷却CCDカメラにて素早く画像撮影を行います。
- ✓ 全てのタンパク質を検出する**SYPRO Ruby染色**。
  リン酸化タンパク質を特異的に検出する**ProQ Diamond染色**と**Phospho QUANTI染色法**に対応します。

---

anatech　アナテック株式会社

〒113-0033 東京都文京区本郷3丁目15番2号　本郷二村ビル
TEL: 03-3812-8701　FAX: 03-3818-9167
URL http://www.anatech.co.jp/

進化する QCM

従来の分子間相互作用測定に加え、
吸着物の物性評価も可能なQCM装置が登場！

initium

分子間相互作用測定

+

AFFINIX Q Pro

物性評価

+

微量計測

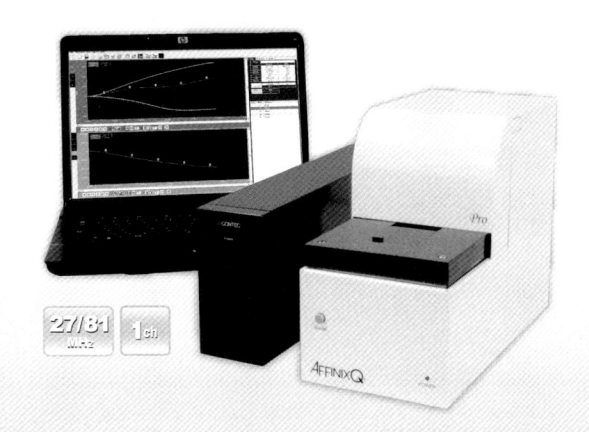

- 吸着分子・膜の構造変化計測 
- 極微量粘性・粘弾性微量計測 (min 10μL)

従来の分子間相互作用測定装置ラインアップ

AFFINIX Qμ　　**AFFINIX Q**　　**AFFINIX Q4**

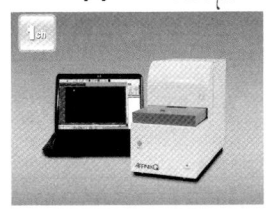

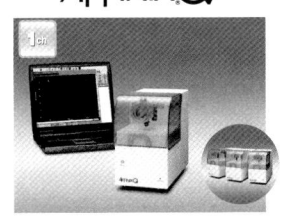

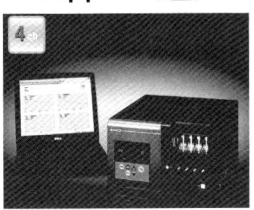

株式会社イニシアム
http://www.initium2000.com
〒104-0028　東京都中央区八重洲2-3-1
TEL:03-5218-8030　FAX:03-5218-8031　E-mail:info@initium2000.com

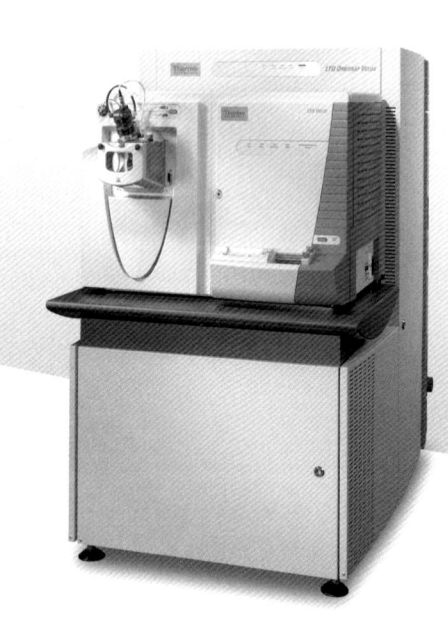

優れた質量精度が保証する最高の信頼性
LTQ Orbitrap シリーズ

- 優れた質量精度により擬陽性の混入を低減
- 試料中の微量成分についても検出が可能
- 高品質のMS^{n}スペクトルによる同定と構造解析
- タイトな実験計画にも対応可能なハイスループットと耐久性
- ETD(電子移動解離オプション)により、翻訳後修飾やインタクトタンパク質の複雑な分析に対応
- 超伝導マグネットが不要な電場型FTMS

**あらゆるライフサイエンス研究の最前線で活躍する
サーモフィッシャーサイエンティフィックの質量分析計**

高感度と高い選択性を追及した定量機
TSQ Vantage シリーズ

- 新デザインのS-Lensによる高いイオン導入効率
- 高分解能四重極による高い選択性
- バイオマーカー探索に対応する3000SRMs/分析
- タンパク質定量分析用ソフトウェアPinPoint対応
- m/z 1500とm/z 3000までの2機種から選択可能

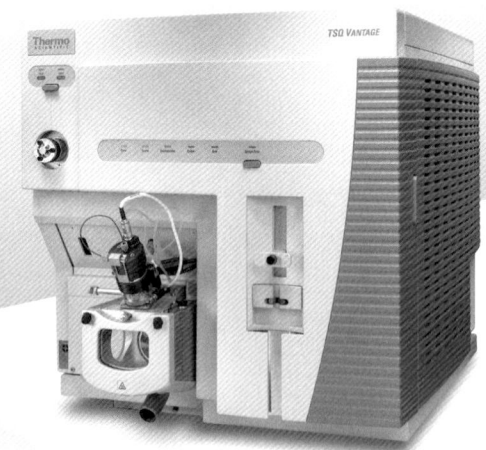

サーモフィッシャーサイエンティフィック株式会社
クロマトグラフィー & MS営業部　　0120-753-670　Fax.0120-753-671
〒221-0022 神奈川県横浜市神奈川区守屋町3-9 C-2F　〒561-0872 大阪府豊中市寺内 2-4-1 (緑地駅ビル)
E-mail: info-jp@thermofisher.com　www.thermoscientific.jp

Thermo SCIENTIFIC

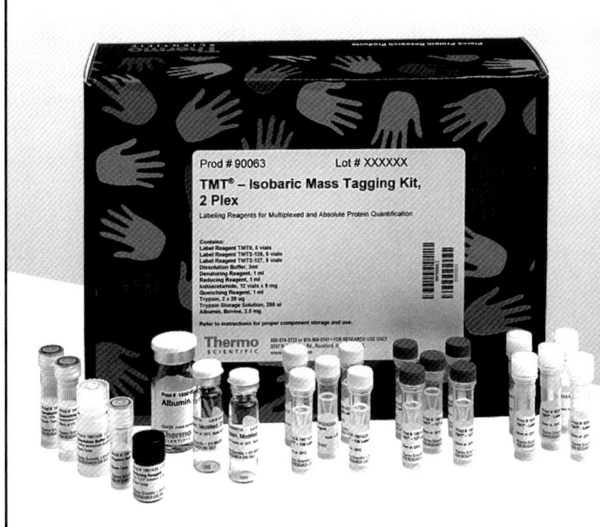

高分解能MS測定に対応した TMT (Tandem Mass Tag) 試薬

- 細胞、組織、体液などの複数のサンプルについてタンパク質の同定と定量が可能
- 2種類のサンプル(TMTduplex)と6種類までのサンプル(TMTsixplex)に対応
- ラベルされる修飾基の質量は各タグで同じのため、高分解能MS測定に対応

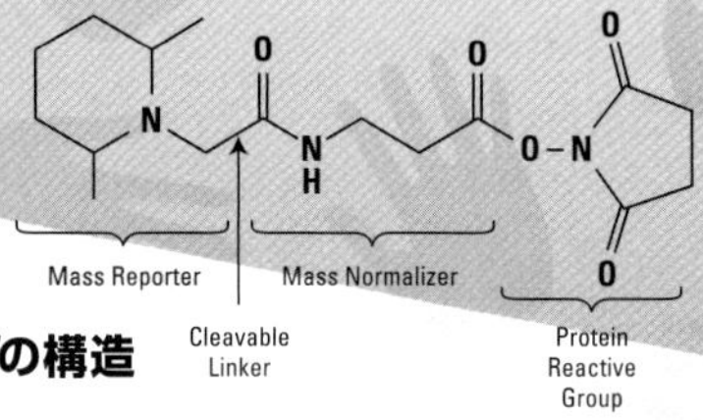

TMTの構造 — Mass Reporter / Cleavable Linker / Mass Normalizer / Protein Reactive Group

質量分析計によるタンパク質解析をサポートする Thermo Scientific Pierce のプロテオミクス試薬

調製の楽な還元・アルキル化試薬

No-Weigh Dithiothreitol (DTT)
製品コード番号 20291 7.7 mg DTT/Tube 48 tube

- 分注済のため、100 μLの水またはバッファーを添加するだけで500 mMのDTT溶液を簡単に調製できます

Iodoacetamide (IAM), Single-Use
製品コード番号 90034 9.3 mg IAM/Tube 24 tube

- 分注済のため、132 μLのバッファーを添加するだけで375 mMの溶液を調製できます

Bond-Breaker TCEP Solution, Neutral pH
製品コード番号 77720 0.5 M TCEP溶液 5 mL

- Ready-to-use の調製済み試薬

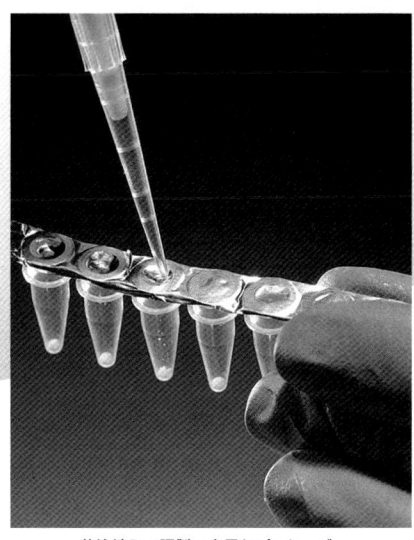

分注済みで調製の容易なパッケージ

サーモフィッシャーサイエンティフィック株式会社
バイオサイエンス事業本部

■ 価格・納期・注文お問い合わせ
TEL 03-3811-3621
E-mail:sales.bid.jp@thermofisher.com
www.thermoscientific.jp/bid

■ 製品技術お問い合わせ
TEL 045-453-9089
E-mail:info.bid.jp@thermofisher.com

Thermo SCIENTIFIC

東京化成工業のバイオ研究用試薬

タンパク質の高感度MALDI質量分析用試薬

Dimethyl[3-(trimethylammonio)propyl]silyl Silica Gel Chloride
(Irregular form, pore size: 6 nm, particle size: 5 μm) (1)　　100mg 12,000円 **[D3447]**

廣田らは，四級アンモニウム塩を側鎖に持つ破砕状シリカゲル（1）をマトリックス添加剤として用いることにより，SDSを除去することなくタンパク質のMALDI測定を行う方法を開発しました[1]。この破砕状シリカゲルを用いることで，以下のスペクトルの質の改善が期待されます。

（1）SDSを含むタンパク質溶液の MALDI-MS 測定
（2）可溶化が困難なタンパク質の MALDI-MS 測定
（3）タンパク質の高感度測定

シトクロムcの例では検出限界を25fmolまで高めることが可能

1) M. Asanuma, S. Fukuzawa, T. Matsuda, H. Hirota, *Rapid Commun. Mass Spectrom.* **2009**, *23*, 1647: S. Fukuzawa, M. Asanuma, K. Tachibana, H. Hirota, *Anal. Chem.* **2005**, *77*, 5750.

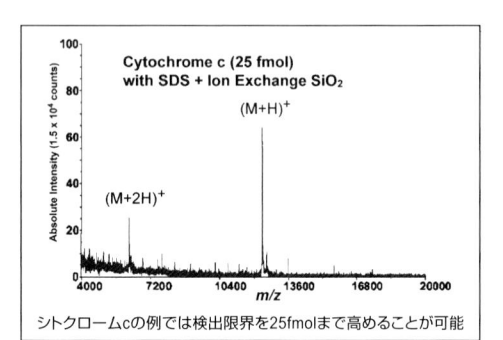

関連製品　Sodium Dodecyl Sulfate [for Electrophoresis]　　25g 2,000円 500g 9,800円 **[S0588]**
　　　　　Sinapinic Acid [Matrix for MALDI-TOF/MS]　　　　　　　　5g 12,000円 **[D2932]**

タンパク質の蛍光／質量分析用ラベル化剤

DAABD-Cl [=4-[2-(Dimethylamino)ethylaminosulfonyl]-7-chloro-2,1,3-benzoxa-diazole] [for Proteome Analysis]　　　　　　　　　　　　100mg 18,800円 **[A5596]**

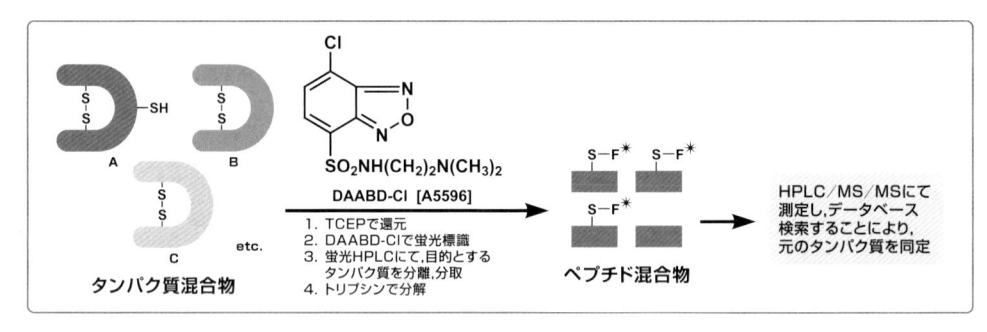

タンパク質混合物
1. TCEPで還元
2. DAABD-Clで蛍光標識
3. 蛍光HPLCにて，目的とするタンパク質を分離，分取
4. トリプシンで分解

ペプチド混合物 → HPLC／MS／MSにて測定し，データベース検索することにより，元のタンパク質を同定

DAABD-Clは今井らにより開発された蛍光分析，質量分析用ラベル化剤で，LC-MSを用いて高感度にプロテオーム解析が行えます。従来法では見過ごされていた，存在量のわずかな病原タンパク質，異常タンパク質を見い出すことができます。

M. Masuda, C. Toriumi, T. Santa, K. Imai, *Anal. Chem.*, **2004**, *76*, 728; M. Masuda, H. Saimaru, N. Takamura, K. Imai, *Biomed. Chromatogr.*, **2005**, *19*, 556; T. Ichibangase, K. Moriya, K. Koike, K. Imai, *J. Proteome Res.*, **2007**, *6*, 2841.

関連製品　Tris(2-carboxyethyl)phosphine Hydrochloride　　　　　1g 7,400円 5g 22,500円 **[T1656]**
　　　　　Buffer Solution pH8.7 (6mol/L Guanidine Hydrochloride)　　100ml 6,800円 **[B2904]**

東京化成工業株式会社　Tel: 03-3241-0573　Fax: 03-3246-2094　www.tokyokasei.co.jp
モバイルサイト・いつでもどこでも弊社製品が検索できます